首席数据官

知识体系指南 CDOBOK

Chief Data Officer
Body Of Knowledge

上海市静安区国际数据管理协会　编著

人民邮电出版社
北京

图书在版编目（ＣＩＰ）数据

首席数据官知识体系指南 / 上海市静安区国际数据
管理协会编著. -- 北京 : 人民邮电出版社，2024.3
ISBN 978-7-115-63773-4

Ⅰ．①首… Ⅱ．①上… Ⅲ．①数据管理－知识体系－
指南 Ⅳ．①TP274-62

中国国家版本馆CIP数据核字(2024)第019249号

内 容 提 要

首席数据官（Chief Data Officer，CDO）是数字时代的产物，它在数字化转型的过程中，以及在转型成功后的数字经济中，都会起到关键作用。本书旨在建立一套相对完整的关于首席数据官的知识体系，帮助读者更好地参与数字时代的发展。

本书共 5 篇，系统而详细地讲解了与 CDO 相关的各方面内容。第一篇"CDO 概论"介绍 CDO 的产生背景、发展趋势、主要职责、组织架构、必备技能、个人特质、行动指南等内容。第二篇"管好数据"讲解数据战略、数据治理、数据制度、元数据和数据资源目录、数据标准、数据架构、数据质量管理、数据安全和隐私保护、数据合规管理、主数据管理、指标数据、数据建模、数据集成、数据存储、数据管理能力成熟度评估、数据生命周期管理、非结构化数据管理、数据分析和挖掘等内容。第三篇"做好转型"讲解数据伦理、数据开放与共享、数字化转型与数字文化、数据要素、公共数据授权运营等内容。第四篇"建好团队"讲解数据团队建设、CDO 及其数据团队的绩效考核、数据项目的管理等内容。第五篇"新技术、新模式、新业态"介绍新型数据科技、基于数据的商业运营新模式，以及基于数据的新业态。

本书适合对数据，特别是对首席数据官这一职业感兴趣的读者，期望或者已经成为首席数据官的读者，以及需要与首席数据官协同工作的读者阅读。

♦ 编　　著　上海市静安区国际数据管理协会
　　责任编辑　龚昕岳
　　责任印制　王　郁　焦志炜

♦ 人民邮电出版社出版发行　　北京市丰台区成寿寺路 11 号
　　邮编 100164　电子邮件 315@ptpress.com.cn
　　网址 https://www.ptpress.com.cn
　　固安县铭成印刷有限公司印刷

♦ 开本：787×1092　1/16
　　印张：25.75　　　　　　　　2024 年 3 月第 1 版
　　字数：672 千字　　　　　　2024 年 12 月河北第 7 次印刷

定价：119.80 元
读者服务热线：(010)81055410　印装质量热线：(010)81055316
反盗版热线：(010)81055315
广告经营许可证：京东市监广登字 20170147 号

编写组成员

序

2020 年，我国发布《中共中央 国务院关于构建更加完善的要素市场化配置体制机制的意见》，提出要加快培育数据要素市场。为此，我们协会（上海市静安区国际数据管理协会）召开了一个小型研讨会。大家一致认为，数据是数字经济的基础，数据管理是数字化转型的前提；首席数据官是数字时代的产物，它在数字化转型的过程中，以及在转型成功后的数字经济中，都会起到关键作用。

然而，除了《DAMA 数据管理知识体系指南（原书第 2 版）》（DAMA-DMBOK2）外，当时业界关于首席数据官的文章和论著寥寥无几。因此，我们深感有必要建立一套相对完整的关于首席数据官的知识体系。很高兴，前后花了两年多的时间，我们终于完成了本书。

本书阐述了我们协会对于"如何建设首席数据官"的一些思考和实践。本书首先介绍首席数据官产生的背景及发展趋势，而后详细讲解首席数据官的三个主要工作——管好数据、做好转型、建好团队，最后介绍与首席数据官有关的新技术、新模式和新业态。

2020 年，我们翻译出版了《DAMA 数据管理知识体系指南（原书第 2 版）》。当时我写了一篇序。我在其中写道，在 DAMA-DMBOK2 里面我们看不到中国的元素，我们更多的只是翻译和引进，但是我们要努力，DAMA 以后的版本里一定要有中国的声音。这次在编写《首席数据官知识体系指南》时，我们牢记并实现了这个愿望。本书是我们对国际数据管理协会（DAMA International）的一点贡献。我们期待本书的英文版在国外出版发行的那一天。

参与本书编写的人员众多，我们感谢各位编者的无私付出。同时，我们也感谢给予我们指导与支持的各位领导和专家，特别是 DAMA 国际主席、《首席数据官之路》的作者彼得·艾肯（Peter Aiken）博士，麻省理工学院教授理查德·王（Richard Wang）博士，企业数据管理委员会（Enterprise Data Management Council）主席约翰·博泰加（John Bottega）先生，以及国际首席数据官协会（International Society of Chief Data Officers，isCDO）的罗伯特·阿巴特（Robert Abate）先生。最后，我还要感谢人民邮电出版社信息技术分社的陈冀康社长和龚昕岳编辑对我们的鼓励与支持。

2023 年 10 月，在参加 DAMA 中国数据管理峰会期间，"数据仓库之父"比尔·恩门（Bill Inmon）在北京曾对我说，他写了 67 本书，每写完一本都感到诚惶诚恐，总觉得某些地方写得还不够好，甚至担心有误。面对《首席数据官知识体系指南》一书，我也有了这种感觉。尽管这本书是集体智慧的结晶，但作为编写组的组长，我是 RACI 模型①里面的那个"A"，自然压力巨大。

---

① RACI 模型是在进行专案管理或组织改造时常用的工具，主要用来定义活动参与人员的角色和责任。RACI 模型中包含 4 个角色：责任者（Responsible），即实际工作任务的完成者；审批者（Accountable），即任务的最终决策者；咨询者（Consulted），即为任务提供咨询和建议的人；知情者（Informed），即任务完成后被告知的人。

　　本书是我们的第一次尝试，难免存在不足之处，欢迎大家对我们进行批评和指正。我们也会建立相应的工作机制，对本书进行不断的完善。我们将始终秉承公益、志愿、共享、开放和服务的原则，和大家互相学习、携手并进、合作努力、共同提高！

汪广盛

国际数据管理协会（DAMA）大中华区主席

上海市静安区国际数据管理协会会长

2023 年 11 月

资源与支持

资源获取

本书提供如下资源：

- 本书思维导图；
- 异步社区 7 天 VIP 会员。

要获得以上资源，您可以扫描下方二维码，根据指引领取。

提交勘误

作者和编辑尽最大努力来确保书中内容的准确性，但难免会存在疏漏。欢迎您将发现的问题反馈给我们，帮助我们提升图书的质量。

当您发现错误时，请登录异步社区（https://www.epubit.com），按书名搜索，进入本书页面，单击"发表勘误"，输入勘误信息，然后单击"提交勘误"按钮即可（见下图）。本书的作者和编辑会对您提交的勘误进行审核，确认并接受后，您将获赠异步社区的 100 积分。积分可用于在异步社区兑换优惠券、样书或奖品。

图书勘误		发表勘误
页码： 1	页内位置（行数）： 1	勘误印次： 1
图书类型： ● 纸书 ○ 电子书		

添加勘误图片（最多可上传4张图片）

+

提交勘误

与我们联系

我们的联系邮箱是 contact@epubit.com.cn。

如果您对本书有任何疑问或建议，请您发邮件给我们，并请在邮件标题中注明本书书名，以便我们更高效地做出反馈。

如果您有兴趣出版图书、录制教学视频，或者参与图书翻译、技术审校等工作，可以发邮件给我们。

如果您所在的学校、培训机构或企业想批量购买本书或异步社区出版的其他图书，也可以发邮件给我们。

如果您在网上发现有针对异步社区出品图书的各种形式的盗版行为，包括对图书全部或部分内容的非授权传播，请您将怀疑有侵权行为的链接发邮件给我们。您的这一举动是对作者权益的保护，也是我们持续为您提供有价值的内容的动力之源。

关于异步社区和异步图书

"异步社区"（www.epubit.com）是由人民邮电出版社创办的 IT 专业图书社区，于 2015 年 8 月上线运营，致力于优质内容的出版和分享，为读者提供高品质的学习内容，为作译者提供专业的出版服务，实现作者与读者的在线交流互动，以及传统出版与数字出版的融合发展。

"异步图书"是异步社区策划出版的精品 IT 图书的品牌，依托于人民邮电出版社在计算机图书领域 30 余年的发展与积淀。异步图书面向 IT 行业以及各行业使用 IT 的用户。

目　　录

第一篇　CDO 概论

第二篇　管好数据

第三篇 做好转型

第五篇　新技术、新模式、新业态

第一篇

CDO 概论

第1章

CDO 是数字时代的产物

当数据越来越重要并最终成为组织的核心资产时，数据从 IT（Information Technology，信息技术）的"堡垒"中慢慢独立了出来。IT 有首席信息官（Chief Information Officer，CIO）在管理，那么谁来管理数据这个崭新的生产要素呢？答案是首席数据官（Chief Data Officer，CDO）。

1.1 CDO 的定义

CDO 有时也指首席数字官，但一般指首席数据官。下面我们介绍一下二者的区别。

1.1.1 首席数字官

首席数字官对应的英文是 Chief Digital Officer。首席数字官是 IT 领域的一个角色，关注的是与数字化技术相关的内容，其工作的侧重点是在组织中建立一个数字生态系统，将传统的物理业务转变为数字业务。首席数字官主要关注的是数字技术和数字底座。

1.1.2 首席数据官

首席数据官对应的英文是 Chief Data Officer。与首席数字官主要关注数字技术和数字底座不同，首席数据官主要关注的是数据资产，并且要思考如何管好数据并实现数据的价值。

本书中所讲的 CDO 是指首席数据官。

首席数据官有三层含义。

（1）"首席"是指最重要的席位或级别最高的职位。首席数据官和首席执行官（Chief Executive Officer，CEO）、首席财务官（Chief Financial Officer，CFO）、首席信息官（Chief Information Officer，CIO）、首席运营官（Chief Operational Officer，COO）等一样，一般是组织的高级管理层的成员。

（2）"数据"意味着 CDO 管理的对象是数据，不是业务，也不是应用和技术。首席数据官负责的对象是组织的数据及其价值实现，旨在通过提高组织的数据能力来实现组织发展的业务战略。

（3）"官"，言下之意，指高级管理性质的职位。能够胜任该职位的不是一般的数据管理人员，而是能够承担领导责任的复合型数据专业人才，要求具备良好的管理能力与协调能力，还应该具有优秀的数据管理和应用能力，并熟悉数据相关的法律法规和政策。

在本书的后面，我们将根据上下文使用"首席数据官"或其英文简写 CDO，二者所表达的含义是完全相同的。

1.2 CDO 产生的背景

数字时代已经到来，这是一场新的、由于新技术的发展而出现的经济形态的革命。数字时代的核心资产是数据。随着数据的重要性日益凸显,首席数据官这一角色和职位应运而生。

1.2.1 《领导者数据宣言》

2017 年,几位著名数据管理人士和业界领袖在美国亚特兰大举办的企业数据世界大会(Enterprise Data World,EDW)上倡议发布了《领导者数据宣言》(*The Leader's Data Manifesto*),明确强调了数据资产在数字经济时代的核心作用和意义,并呼吁各界领导者充分关注数据和数据资产。

该宣言指出,组织有机增长的最佳机会在于数据。对于组织而言,数据提供了巨大的、未开发的潜力,包括创造竞争优势以及新的财富和就业机会等。对于社会而言,通过数据也可以改善医疗保健,提高社会安全,从而改善人类状况。该宣言的发起人之一雷德曼说:"我们相信,改善人类状况的最佳机会在于数据。"

该宣言还指出,对于大多数已经将数据视为资产的组织来说,它们距离数据驱动还很远。许多人不知道他们拥有什么数据,也不知道对业务关键的数据是什么。他们混淆了数据和信息技术,并对二者进行了错误的管理。他们没有关于数据的战略蓝图,同时低估了数据管理相关工作的重要性。这些情况增加了管理数据的挑战。我们应该充分认识到对组织转型成功至关重要的因素——坚定的领导以及组织中所有人的参与。

该宣言进一步指出,倡导首席数据官的作用源于人们认识到管理数据会带来独特的挑战,成功的数据管理必须由业务驱动,而不是由 IT 驱动。CDO 可以领导数据管理计划,使组织能够利用其数据资产并从中获得竞争优势。然而,CDO 不仅要发起倡议,还必须领导文化变革,使组织能够对其数据采取更具战略性的方法。

该宣言敦促组织在人员、结构和文化层面进行大规模变革,以真正成为数据驱动的组织。

"我们的行动还不够快,"雷德曼说,"我们需要做得更好、更有效率。"

该宣言的另一位发起人拉德利说:"看看人类状况的其他重大变化,比如蒸汽机的引入……那些等待(直到这些技术)成熟或完善(才使用它们)的落后者是消失的企业。"

该宣言呼吁包括数据从业者在内的人,将该宣言背后的想法传达给他们的高级领导层和董事会,以帮助迫使他们放弃数据属于 IT 的概念。例如,向他们证明数据质量对他们也很重要,因为这会影响他们收到的报告是否准确,也会影响他们做出关键决策的基础。该宣言称,领导层应该牢记更好地保护和管理数据的呼吁,并推进适合其严格要求的管理系统,这是他们对股东和公民负责的重要内容。

除了指出高级管理层和董事会将数据与 IT 或数字技术混为一谈之外,该宣言还指出,组织中数据管理问题的根本原因在于,人们不完全知道自己拥有什么数据,也不知道数据对企业而言是至关重要的东西,缺乏定义数据的愿景或数据的战略。

该宣言尽管内容并不多,但具有非常重要的意义。特别是在数据管理和数字化转型业内,大家都把该宣言当作数字经济和数据资产管理的一个重要里程碑。图 1-1 展示了该宣言的封面。

图 1-1 《领导者数据宣言》的封面

1.2.2 数据是生产要素

在我国,数字经济的蓬勃发展是与"数据要素"这一概念的提出紧密联系在一起的。数据要素的提出既表示数字时代的到来,也表明我国对数据的高度重视。在认可数据是资产的前提下,我国更把数据提升到了生产要素的高度,这是任何其他国家的不及之处。我国关于数据要素的概念主要体现在如下几个意见和文件中。

- 2020 年 4 月发布的《中共中央 国务院关于构建更加完善的要素市场化配置体制机制的意见》提出,要加快培育数据要素市场,推进政府数据开放共享,提升社会数据资源价值,加强数据资源整合和安全保护。这里首次明确提出了数据要素的概念。
- 2020 年 5 月发布的《中共中央 国务院关于新时代加快完善社会主义市场经济体制的意见》提出,要加快培育发展数据要素市场,建立数据资源清单管理机制,完善数据权属界定、开放共享、交易流通等标准和措施,发挥社会数据资源价值,推进数字政府建设,加强数据有序共享,依法保护个人信息。
- 2022 年 12 月,《中共中央 国务院关于构建数据基础制度更好发挥数据要素作用的意见》(简称"数据二十条")发布。其中提出,"以习近平新时代中国特色社会主义思想为指导,深入贯彻党的二十大精神,完整、准确、全面贯彻新发展理念,加快构建新发展格局,坚持改革创新、系统谋划,以维护国家数据安全、保护个人信息和商业秘密为前提,以促进数据合规高效流通使用、赋能实体经济为主线,以数据产权、流通交易、收益分配、安全治理为重点,深入参与国际高标准数字规则制定,构建适应数据特征、符合数字经济发展规律、保障国家数据安全、彰显创新引领的数据基础制度,充分实现数据要素价值、促进全体人民共享数字经济发展红利,为深化创新驱动、推动高质量发展、推进国家治理体系和治理能力现代化提供有力支撑。"
- 2023 年 2 月,中共中央、国务院印发了《数字中国建设整体布局规划》(以下简称《规划》),并发出通知,要求各地区各部门结合实际认真贯彻落实。《规划》指出,建设数字中国是数字时代推进中国式现代化的重要引擎,是构筑国家竞争新优势的有力支撑。加快数字中国建设,对全面建设社会主义现代化国家、全面推进中华民族伟大复兴具有重要意义和深远影响。

在这些意见和文件的精神指导下,在国家有关部门的大力推动下,我国的数字经济有了显著的发展。中国信息通信研究院发布的《中国数字经济发展报告(2022 年)》显示,2012—2021 年,我国的数字经济规模从 11 万亿元高速增长到 45 万亿元,同时数字经济占国内生产总值的比重由 21.6%提升至 39.8%。

"数据要素"的提出显示我国的数字时代已经全面开启!

1.2.3　数据是数字经济的基础

作为生产要素,数据是数字时代的核心资产。

国际数据管理协会(DAMA International,简称 DAMA 国际)认为数据是数字时代的核心资产。没有数据,我们无法做分析和决策。没有数据,我们甚至无法出行。

当然,数据资产和其他资产有许多不一样的地方。数据资产的独特性见表 1-1。

表 1-1　数据资产的独特性

资产类别	是否可复制	用后是否消耗	是否容易估值	实体还是无形	是否用起来才有价值实现
石油	否	是	是	有形	是
金钱	否	是	是	有形	否
血液	否	是	部分	有形	是
人力	否	部分	部分	部分	是
房产	否	部分	是	有形	否

续表

资产类别	是否可复制	用后是否消耗	是否容易估值	实体还是无形	是否用起来才有价值实现
物料	否	是	是	有形	部分
知识产权	是	否	部分	无形	部分
数据	是	否	否	无形	是

尽管数据资产和其他资产不一样，有自身的独特性，并且和传统的资产属性有许多不一样的地方，但数据的资产属性是非常鲜明的。

2022年，中央全面深化改革委员会第二十六次会议也指出：

"数据作为新型生产要素，是数字化、网络化、智能化的基础，已快速融入生产、分配、流通、消费和社会服务管理等各个环节，深刻改变着生产方式、生活方式和社会治理方式。"

数据是数字经济的基础，是数字时代的核心资产。

1.2.4 数据管理是数字化转型的前提

有了数据是否就万事大吉了？不是！

2022年，国务院关于加强数字政府建设的指导意见指出：

"坚持数据赋能。建立健全数据治理制度和标准体系，加强数据汇聚融合、共享开放和开发利用，促进数据依法有序流动，充分发挥数据的基础资源作用和创新引擎作用，提高政府决策科学化水平和管理服务效率，催生经济社会发展新动能。"

数据作为数字时代的生产要素，需要建立相应的数据管理制度以及数据标准体系，还需要清洗、融合、开发，而后才能实现共享，从而实现创新。数据需要管理。数据的质量需要管理，数据的安全需要管理，数据的架构也需要设计和管理。

光有数据是不够的。

为了管好数据，参照《DAMA 数据管理知识体系指南（原书第 2 版）》（DAMA-DMBOK2），在技术层面，我们至少有 11 项工作要做，包括数据治理、数据架构、数据建模和设计、数据存储和操作、数据安全、文件和内容（非结构化数据）管理等（见图 1-2）。

除了技术层面的 11 项工作要做之外，还有业务层面的许多工作要做，包括数据分类、数据成熟度评估、数据价值评估、原则与伦理、战略、文化变革、管理与所有权、政策等（见图 1-3）。

如果说数据是数字经济的基础，那么数据管理就是数字化转型的前提。数据是黄金、是石油，也是数字经济的基础；但是，如果没有管理，数据就不可能成为黄金，甚至有可能成为巨大的风险。

数据为王，治理先行。

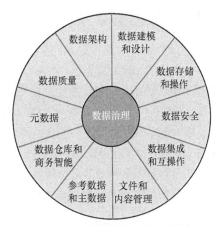

图 1-2　DAMA 数据管理车轮图（技术层面）

图 1-3　DAMA 数据管理车轮图（业务层面）

1.2.5　数据必须从 IT 中分离出来

数据作为一种生产要素，需要从 IT 中分离出来。数据治理也需要从 IT 治理中分离出来。

DAMA-DMBOK2 提出，数据治理要与 IT 治理分开。IT 治理制定关于 IT 投资、IT 应用组合和 IT 项目组合的决策，包括硬件、软件和总体技术架构。IT 治理的作用是确保 IT 战略、投资与企业目标、战略的一致性。美国的 COBIT（Control Objectives for Information and Related Technology，信息及相关技术的控制目标）框架提供了 IT 治理标准，但是其中仅有很少部分涉及数据和信息管理。其他一些重要框架甚至法律条文，如《萨班斯-奥克斯利法案》（Sarbanes-Oxley Act），则跨越企业治理、IT 治理和数据治理等多个领域。这些框架和法律条文都没有把数据当作一个独立的领域对待。

数据治理需要从其他治理中分离出来，数据治理聚焦于管理数据资产和作为资产的数据。

1.2.6　谁来管理数据

我们已经有 CIO 来管理 IT，现在我们需要 CDO 来管理数据。

十几年前，没有多少公司提供 CDO 的职位。CDO 的出现无论在国外还是国内，都是最近的事。CDO 是数字时代的产物。

农业经济的核心生产要素是土地和劳动力，工业经济的核心生产要素是技术和资本，而数字经济的核心生产要素是数据。表 1-2 对农业经济、工业经济和数字经济做了比较。

数据作为独立的生产要素需要进行专门的管理。而管理数据的核心领导者就是首席数据官。

表 1-2　农业经济、工业经济和数字经济的比较

	农业经济	工业经济	数字经济
生产要素	土地、劳动力	技术、资本	数据
结束时代	18 世纪 60 年代	20 世纪 70 年代	尚未结果
典型技术	农业、手工制作	蒸汽机、电力、计算机等	大数据、人工智能
产业生态	相对封闭	全球化	全球化深度发展
主要国家	中国、印度、埃及等	英国、德国、美国等	美国继续领先，中国的战略机遇

1.3　国外 CDO 发展的状况

1.3.1　国外 CDO 概念的历史由来

1988 年，DAMA 首次提出首席数据官（CDO）的概念。彼时，这个概念并没有受到重视。毕竟一般的企业至少有 5 个 CXO（CEO、CFO、COO、CTO、CIO），现在再提一个 CDO，CDO 的作用和价值在哪里？

随着人们对数据重要性认识的加深，从 2009 年起，人们对首席数据官重要性的认识也发生了重大变化。2009 年，美国科罗拉多州首设政府首席数据官。美国新奥尔良、纽约、芝加哥、费城等城市紧随其后，纷纷设立首席数据官。美国的首席数据官制度最初是从政府部门开始的。

2014 年，DAMA 和 DATAVERSITY 再次提出 CDO，明确了 CDO 的职责和权限等。

欧洲的首席数据官于 2015 年首先在法国设立，英国政府随后也正式任命了首席数据官。2017 年，新西兰的国家统计局任命了首席数据分析与管理官。

2018 年，美国发布《循证决策基础法案（2018）》（*Foundations for Evidence-Based Policymaking Act of 2018*）。该法案得到美国国会两党的强烈支持。除其他事项外，该法案要求美国联邦政府的所有机构都任命一名首席数据官，并采取行动以使其数据能力现代化，从而在整个美国联邦政府层面实现数据驱动决策。这个法案从法律的角度确定了美国联邦政府首席数据官的地位和职责。

1.3.2　国外与 CDO 相关的组织

1. 美国联邦政府首席数据官委员会

美国联邦政府首席数据官委员会从 2018 年开始筹划，并于 2020 年在美国国会授权下根据《循证决策基础法案（2018）》正式成立。

该委员会主要由以下人员组成：

- 美国联邦政府各机构的首席数据官；
- 电子政务办公室管理员（或指定人员）；
- 信息和监管事务办公室管理员（或指定人员）；
- 涉及数据管理的其他美国联邦政府成员。

该委员会的愿景是，通过提升数据的管理、使用、保护、传播和生成，为美国政府决策和运营提供支持，增加国家利益，实现政府使命。

为了便于工作，该委员会设立了一些高级别工作组和细分专业委员会，以承载该委员会的利益和活动。以下是最初的名单。这个名单预计会随着理事会的发展而增加，并随着 CDO 社区需求的变化而发展。

最初成立的细分专业委员会的名单包括：

- 数据共享；
- 数据资源目录；
- 数据素养；
- 大型政府部门委员会；
- 小型政府部门委员会；
- 数据伦理。

该委员会的主席 Ted Kaouk 在其欢迎辞中写道：

"我坚信，作为美国联邦首席数据官，我们有机会通过《联邦数据战略》中描述的基本步骤，从事有意义和变革性的工作。数据必须解决重大的公共挑战。美国联邦政府首席数据官委员会致力于为首席数据官创造一个支持性环境，让他们分享有关促进数据驱动组织的最佳实践的信息，同时，我们通过合作和共享领导力来识别和解决跨领域的联邦数据挑战。"

该委员会的工作目的包括：

- 定期召开会议，制定政府范围内数据管理、使用、保护、传播和生成的最佳实践；
- 促进和鼓励各机构之间的数据共享协议；
- 确定各机构可以改进数据以供决策使用的方法；
- 就如何改善对美国联邦政府数据资产的访问，与公众协商，并与政府数据的私人用户和其他利益相关者接触；
- 确定和评估改进数据收集和使用的新技术解决方案。

该委员会与其他开展和影响数据相关活动的跨部门理事会分担责任，包括那些专注于信息技术、统计、信息安全、评估、隐私、信息自由和其他政府目标的理事会。该委员会与这些理事会和机构协调其活动，以确保这些活动是互补的并能够高效、有效地进行。

该委员会的目标包括：

- 符合法定要求，包括向美国国会提交所需报告；
- 通过广泛确定最佳实践和资源，促进《循证决策基础法案（2018）》的实施，成为一个学习社区；
- 领导实施美国联邦数据战略行动计划。

2022—2023 年，该委员会的目标如下。

目标 1：加强联邦工作人员使用数据的能力。

- 开发资源，帮助机构增强员工能力；
- 围绕数据的使用促进集体学习和信息共享。

目标 2：通过简单、无缝与安全的客户体验实现有影响力的结果。

- 支持各机构有效使用和共享数据；
- 支持安全可靠的数据访问；
- 促进各机构之间的合作。

目标 3：支持数据伦理与公平的应用。

- 管理联邦数据伦理框架；
- 促进数据公平资源的使用。

目标 4：支持将数据战略性地用于智能政府运作。

- 参与联邦数据问题；
- 了解 CDO 的结构性作用；

- 促进跨理事会合作，解决数据的战略使用问题；
- 支持公众和利益相关者参与联邦数据问题；
- 有效管理美国联邦政府 CDOC（Chief Data Officer Council，首席数据官委员会）运营。

该委员会认为，虽然美国联邦政府中有许多与数据管理有关的角色，但首席数据官（CDO）已经成为组织中致力于数据开发和利用的核心力量。CDO 以多种方式实现数据驱动的决策，从提供和利用集中的机构分析能力到创建工具和平台，实现跨机构和面向公众的自助服务。CDO 担任关键领导职位，对相关机构的运作具有可见性，并且地位足够高，可以定期与其他机构领导层接触，包括机构负责人。

2. CDOIQ

国际首席数据官和信息质量研究会（International Chief Data Officer and Information Quality Symposium，简称 CDOIQ）成立于 2007 年，到 2023 年已进入第 17 个年头。麻省理工学院（Massachusetts Institute of Technology，MIT）的华人教授、博士 Richard Wang 是创办人和执行主任。这是历史最久，也是国际上最为专业的研究首席数据官的机构。

该机构的目的是分享和交流关于数据和首席数据官的前沿思想、理论和最佳实践。在所有行业和地区、国家推广相关知识，发挥首席数据官（CDO）的作用，使每个组织受益。数据是每个组织成功的一个关键方面，CDOIQ 的重点是对 21 世纪的这一关键生产要素进行探讨和研究。该机构每年举办一次大会，基于 MIT（麻省理工学院）的强大背景，这是数据从业者、供应商和学者之间关于数据赋能的首要论坛。研讨会以实践为导向，通过包括专项研讨会、论文和报告等形式，宣传、介绍和讨论有关数据首席数据官的内容，并对全球性的数字化挑战提出可能的解决方案。

从 2010 年起，除了美国本土之外，该机构还会在拉美、欧洲地区举办年度大会。2023 年，该机构首次在新加坡举办亚太区首席数据官研讨会。

3. isCDO

isCDO 是 International Society of Chief Data Officers（国际首席数据官协会）的简称。

isCDO 的创始人和现任主席 Michael Servaes 说：

"欢迎加入国际首席数据官协会。这个协会是由一群 CDO 创建的，我们定期参加麻省理工学院 CDOIQ 组织的会议，并认识到需要一个在线空间。除了每年大家在大会期间相聚一次之外，我们还应该通过一个协会，以便全年随时随地都能将数据领导者聚集在一起。我们为数据领导者提供虚拟和真实的会议空间，让大家聚在一起，分享想法、发展和问题，目的是确保世界各地的数据领导者（即 CDO）能够更好地发挥他们的作用，领导他们所属的组织，从他们创建、收集和存储的数据中获得更大的价值。

"我们是为 CDO 服务并由 CDO 建立的第一家供应商中立的专业组织，旨在提升首席数据官的数据领导力。isCDO 是一个由个人组成的专业协会，这些人在组织中担任首席数据官。isCDO 为所有成员、CDO 协会、CDO 及 CDO 的同行们提供咨询和资源。

"作为会员，我们发现投入得越多，无论是参与网络研讨会、分享论文还是参与讨论，从会员资格中获得的收益就越多。你对一个问题的想法或观点可能是另一个会员的解决方案，反之亦然。请记住，分享你发现的问题可能会帮助他人避免这些问题，就像他们的分享可能会帮助你一样。"

4. EDMC

EDMC（Enterprise Data Management Council，企业数据管理委员会）成立于 2005 年 5 月。当时，来自美国华尔街的十几家著名机构（包括花旗、高盛等）和 5 家领先的数据管理供应商在纽约齐聚一堂，讨论了管理跨系统和跨应用程序的数据流动和数据价值的实现问题。参会者大多为技术执行总裁。他们有足够的技术背景，但对于数据管理和如何发挥数据的价值缺乏足够的经验。

这次会议的成果是，大家都同意和承诺开展数据管理的最佳实践，并成立 EDMC。

经过多年的努力和实践，EDMC 树立起了其著名品牌 DCAM 和 CDMC。这些理论、标准和最佳实践首先在华尔街被使用，而后在各行各业得到普遍使用。

如今，EDMC 是一个全球性的非营利性协会，旨在将数据管理实践提升为业务和运营优先事项。EDMC 是制定和实施数据标准、最佳实践以及综合培训和认证计划的主要倡导者，拥有来自美国、加拿大、英国以及欧洲、南非和亚太地区的 350 多个成员组织，以及 25 000 多名数据管理专业人员。

世界上著名的银行、保险公司、证券机构、投行、金融咨询公司都是 EDMC 的成员，其成员还包括谷歌、可口可乐等互联网公司和饮料制造商等，最近美国军方也加入了 EDMC。EDMC 的 DCAM 和 CDMC 在这些组织中被普遍应用。

在我国，目前只有中国农业银行纽约分行是 EDMC 的成员组织。

EDMC 的成功得益于如下几点。

- 深耕金融行业近 20 年。EDMC 专精金融行业，包括银行、证券、保险、财务、租赁等。由于行业的特殊性，数据管理和数字化转型很难有"放之四海而皆准"的评估系统。评估需要考虑到行业和场景。在金融行业，排行第一的非 EDMC 莫属。
- 起点高。EDMC 的发起单位都是华尔街的一流机构。到目前为止，EDMC 的成员组织几乎囊括国外所有的大型金融机构。
- 可以横向比对。由于拥有国外各银行的评估数据，且积累了大量评估信息，因此可以通过横向比对找出差距，从而提高成熟度。DCAM 在评估过程中会给出业界平均水平的参考值，帮助企业了解自身数据管理水平在整个行业所处位置。
- 更新及时。时代在变化、技术在变化，评估模型也需要及时更新。EDMC 几乎年年更新。
- 自我定制。DCAM 和 CDMC 的评估参数有很多，范围也很广，但都可以自选。
- 将技术作为评估的一个方面。与 DAMA 和 DCMM 不同，EDMC 认为技术是成熟度评估不可或缺的一部分。

在其所有的活动中，EDMC 每两年发布一次首席数据官的市场调研报告，该报告在业界享有一定的知名度。

5. 数据领导者（The Data Leaders）

该组织于 2017 年在亚特兰大的 EDW 会议上宣布成立，同时发布《领导者数据宣言》。

该组织相对松散，但一直致力于数据和数据价值的研究与推进。该组织称：

"我们是在信息（所有数据、信息和知识）资产管理方面志同道合、拥有一致且专注的思想和实践的领导者们组成的联盟。

"我们希望帮助世界各地的领导人认识到，他们的数据可能是具有巨大价值的资产，必须对其进行管理。我们希望加快这一进程。

"您的组织实现有机增长的最佳机会在于数据。但大多数组织远未实现数据驱动。如果没有坚定的领导和组织各级人员的参与，就不会有根本性的变革。"

1.3.3　国外与 CDO 相关的研究和著作

1. 《首席数据官之路》

《首席数据官之路》是由 Peter Aiken、Todd Harbour 等 5 位国际数据管理的顶尖专家最新合著的一本书，其中深入浅出地讲解了数据管理的概念，在数据资产和数据管理方面给企业的领导者提供了很多有益的建议，有助于首席数据官为他们的组织创造以数据为中心的价值。

Peter Aiken 博士是 DAMA 国际的现任主席，也是 MIT CDOIQ 的执行副主任，具有相当高的学术和科研水平。Todd Harbour 是美国纽约州的第一任首席数据官,具有丰富的实践经验。

2. *CDO Magazine*

CDO Magazine 源于麻省理工学院的年度 CDO 和信息质量大会——自 2007 年以来,由麻省理工学院下属的斯隆管理学院与国际首席数据官协会(isCDO)和 ComSpark 合作举办。*CDO Magazine* 的愿景和使命是成为首屈一指的全球出版物,并在战略数据管理和分析能力方面为全球领导者发声,这些能力构成了数字时代的基础和核心。*CDO Magazine* 提供了一些值得高管采纳的见解,这些见解对于加速组织采用在新的数字社会中取得成功所必需的企业学科至关重要。

CDO Magazine 致力于成为连接全球 CDO/CIO 城市社区的催化剂,在这里,数据和分析领导者可以通过创建一个平台来促进知识共享、合作和创新,从而体验更深刻的社区感。*CDO Magazine* 是 Lead Tribune media Group 的媒体财产。

1.4　国内 CDO 发展的状况

随着我国数字经济的发展,首席数据官也得到越来越多的重视。在企业界,最早设立 CDO 职位的是阿里巴巴。目前广东省、上海市、江苏省均已出台文件,鼓励数字化基础较好、拥有较大规模数据资源、数据产品和服务能力较突出的各行各业设立首席数据官。

在政府 CDO 领域,党的十九届四中全会首次明确提出"数字政府",此后各地政府纷纷开展政府首席数据官(CDO)试点工作。通过建立政府 CDO,统领数字政府发展全局,提高数据管理能力,从而提升政府数字化治理水平。2023 年 3 月,中共中央、国务院印发了《党和国家机构改革方案》,同意组建国家数据局。数字政府、数字中国建设进一步提速。

下面是各地关于首席数据官(CDO)试点的一些大致情况。

1.4.1　广东省

2021 年 4 月,广东省人民政府办公厅正式印发《广东省首席数据官制度试点工作方案》(以下简称《方案》)。广东省选择在省公安厅、省人社厅、省自然资源厅、省生态环境厅、省医保局、地方金融监管局等 6 个省直部门以及广州、深圳、珠海、佛山、韶关、河源、中山、江门、茂名、肇庆等 10 个地市开展试点工作,推动建立首席数据官制度,深化数据要素市场化配置改革。

《方案》明确广东省各级政府部门设立首席数据官制度,明确首席数据官职责范围,推进数字政府建设,统筹数据管理和融合创新,实施常态化指导监督,加强人才队伍建设。

在企业层面,企业拥有丰富的数据资源,是培育发展数据要素市场的重要力量。企业设立 CDO,有利于加强数据管理,推进数据资产化和数据驱动决策,有利于完善数据标准制度,推动数据价值深度挖掘和应用,还有利于推进数据资源市场化配置,建立健全数据要素市场体制机制。

2022 年 8 月 24 日,广东省工业和信息化厅正式印发《广东省企业首席数据官建设指南(2022 年)》,指导重点行业、重点地区、重点企业落实落细 CDO 建设,积极探索培育数据要素市场的广东路径。

1.4.2　浙江省

浙江省杭州市高新区(滨江)区府办在 2021 年 5 月发布了《杭州高新区(滨江)首席数据官制度》。其中指出,首席数据官(CDO)是公共数据资源的管理人、行业数据统筹的协调人、信息系统应用的负责人、数据安全保障的防护人。

为确保各首席数据官工作任务落实,高新区(滨江)将进一步搭建全区首席数据官架构体系,建立联络沟通机制、培训指导机制、责任清单机制、考核激励机制,加强组织领导,密切协作配合，强化安全教育，严格奖惩激励。建立首席数据官制度是全区落实国家大数据战略的重要举措，是提升区域治理体系和治理能力现代化的创新之路，是推动公共数据安全、开放、共享的重要手段，是助力数字化改革的重要保障。

2023 年 7 月，浙江省企业首席数据官联盟正式成立。浙江省企业首席数据官联盟由各企业单位信息化和数字化负责人、企业和公共数据全生命周期管理者、数字化和大数据等领域相关部门和科研院所行业专家组成。该联盟受浙江省经济和信息化厅的指导和监督管理，由浙江省企业信息化促进会作为主要负责人牵头，下设秘书处和企业数据基础设施、数据中台、数据应用三个职能委员会。

1.4.3　江苏省

江苏省工业和信息化厅在 2021 年 6 月发布了《关于在全省推行企业首席数据官制度的通知》（以下简称《通知》）。《通知》指出，为了不断增强企业数据战略意识，推动企业构建数据驱动的管理体系和决策模式，在全省建立起一支核心数字化高级人才队伍，激发数据要素潜力，江苏省工业和信息化厅决定在全省推行企业首席数据官制度，并开展第一批企业 CDO 制度试点工作。试点任务是建立企业 CDO 队伍，并为 CDO 所在企业建立起企业 CDO 制度。试点期结束后，达到要求的企业通过试点。

1.4.4　山东省

山东省工业和信息化厅在 2021 年 8 月发布了《关于组织开展企业总数据师制度试点工作的通知》（以下简称《通知》）。《通知》指出，为深入贯彻国务院关于加快培育数据要素市场、工信部关于推动大数据产业发展的战略部署，落实《山东省推进工业大数据发展的实施方案（2020－2022 年）》（鲁政办字〔2020〕160 号）有关精神，增强企业数据战略意识，推动企业构建数据驱动的生产模式、管理体系和决策方式，在全省建立一支企业数字化高级人才队伍，经研究，拟在全省探索推行企业总数据师制度，现组织开展企业总数据师试点工作。

1.4.5　上海市

2021 年 8 月，上海市发展和改革委员会正式发布了《上海市促进城市数字化转型的若干政策措施》（以下简称《若干政策措施》）。《若干政策措施》是上海数字化转型"1+3+1+1"制度体系的重要组成部分，共计 27 条。其中提到，在部分委办局和国有企事业单位试点"首席数字官"制度，建立数字化转型和公共数据开放的勤勉尽职和容错机制，支持数字化转型事业单位设置创新性特设岗位，不受本单位岗位总量、结构比例和岗位等级限制。

2023 年 5 月，上海市通信管理局发布《上海市电信和互联网行业首席数据官制度建设指南（试行）》通知。通过在上海市电信和互联网行业试点建立首席数据官制度，将数据战略引入自身的日常管理运营，指导行业全面统筹数据开发、数据利用和数据安全，引导企业构建、激活数据管理能力。

1.4.6　北京市

2022 年 7 月 27 日，北京市第十五届人大常委会第四十一次会议对《北京市数字经济促进条例（草案）》（以下简称《条例》草案）进行了一审，《条例》草案主要涉及数字基础设施、数据资源、数字产业化、产业数字化、智慧城市建设、数字经济安全和保障措施。

在数字经济安全方面，《条例》草案提出，开展数据处理活动，应当建立数据治理和合规运营制度，履行数据安全保护义务，严格落实个人信息授权使用、数据安全使用承诺和重要数据出境安全管理等相关制度，结合应用场景对匿名化、去标识化技术进行安全评估，并采取必要技术措施加强个人信息安全保护，防止非法滥用。鼓励各单位设立首席数据官。

1.4.7 四川省

2022 年 12 月 18 日，四川省经济和信息化厅要求，引导规上工业企业设立首席数据官，释放数字生产力，引导规上工业企业设立首席数据官，聚焦制造业关键环节推广"数字工程师"，围绕数字产业化升级和产业数字化转型打造"数字工匠"。

1.4.8 工业和信息化部

2021 年 11 月 30 日，工业和信息化部（简称工信部）举行"十四五"大数据产业发展规划新闻发布会，并发布了《"十四五"大数据产业发展规划》（以下简称《规划》）。

会上，有媒体提问，"当前，企业采集和汇聚的数据越来越多，但不会管、不会用等问题也日益突出。请问企业应该怎么做？"对此，工信部信息技术发展司数字经济推进处领导表示，在企业数字化转型的大潮中，无论是国有企业还是民营企业，都在摩拳擦掌准备为企业数字化转型大干一场。但有些企业在实际面对数字化工作时，却又一筹莫展，无从下手。还有些企业没有章法，"大干快上"，最终结果可能是在数字化上走了弯路，没有达到预期效果。针对这个问题，工信部在《规划》中也做了明确部署。企业可以从两方面着手。

一是开展数据管理能力成熟度国家标准的贯标工作。"十三五"期间，工信部指导全国信标委借鉴国际上的先进经验做法，研制了《数据管理能力成熟度评估模型》，也就是 DCMM 国家标准。开展 DCMM 国家标准的贯标评估，有助于科学地帮助企业掌握数据管理方法，事半功倍地提高数据管理能力，促进数据要素价值释放。目前，北京、天津、山西等 9 个省或直辖市率先开展了评估试点工作，并取得积极成效。所以，工信部在《规划》中建议企业积极开展贯标工作。同时，工信部也鼓励有条件的地方积极出台 DCMM 相关配套政策，在资金补贴、人员培训、贯标试点等方面加大支持力度。

二是推广首席数据官制度。工信部支持企业强化数据驱动的战略导向，通过设立首席数据官，将数据战略引入自身的日常管理运营中，协调企业整体范围内数据管理和运用，带领企业构建、激活并保持企业的数据管理能力。今年，江苏等地方已经率先开展试点，推动企业构建数据驱动的管理体系和决策模式，取得了一定成效。下一步，工信部将在更多的地区推广首席数据官制度。

1.4.9 关于 CDO 的一些城市级政策

除了工信部以及多个省或直辖市推进 CDO 制度之外，许多地级市（包括副省级城市）也推出了相应的 CDO 试点制度。

沈阳市在 2022 年 6 月，为完整、准确、全面落实新发展理念，深化数据要素市场化配置，全力打造"东北数字第一城"，建立跨部门、跨层级、跨领域、跨业务的数字政府协同管理体系，制定和发布了《沈阳市推行首席数据官制度工作方案》。推行首席数据官制度是沈阳市加快政府数字化转型工作的一项创新举措，主要目标就是要在市区两级政府内部建立起一支"懂业务、懂技术、懂管理"的复合型干部队伍，通过不断提升沈阳市首席数据官队伍的综合素质，引进数字化思维倒逼政府改革，释放数据要素红利。

沈阳市探索建立首席数据官组织体系、任用机制、职责范围、工作制度、评价机制等规章制度，重点选取首批 28 家试点单位，包括市直部门 18 家、公共企事业单位 5 家、区县（市）5 家，努力在数据采集、共享、开放、交易和安全防护方面实现突破性探索。

2022 年 3 月，杭州市积极适应数字化改革需要，试点推行首席数据官制度，在全市 115 家市直部门、市属国有企业设立首席数据官、数字专员，为数字政府建设整体推进提供了重要人才保障。

杭州市首席数据官的职责范围很广，既包括本单位数据的归集与治理、上级统建系统的推行与实施、多跨场景应用的推动与落地，又包括本系统项目的申报、网络安全的维护等，数字专员则在本单位首席数据官领导下开展工作。杭州市首席数据官与数字专员制度的实施，将有助于进一步建立健全数字化工作体系，提升全市数字治理与服务水平。

1.5　CDO 发展的趋势

随着数字经济的进一步发展，人们对 CDO 的认知也在不断加深。CDO 发展的趋势到底会怎样？

1.5.1　全球 CDO 调研

Thomas H. Davenport 与 MIT CDOIQ 合作调研和编撰的《2023 首席数据官调研报告》（*Chief Data Officer Agenda 2023*）显示，应优先关注商业价值创造。

该报告显示，数据是每个应用程序、流程和商业决策的核心。所有组织都在力求更加以数据为导向，从而更快地发现洞察并采取行动。为了加速这一变革，他们开始求助于首席数据官（CDO），以确保组织能够充分利用自己的数据。CDO 是新增的首席级职位之一，2002 年首次在 Capital One 中出现。自那时起，许多公司都设立了 CDO 职位，最初是金融服务公司，然后是一些美国联邦机构，最后多个行业纷纷效仿。这个职位相对较新，但它正在快速发生变化。

虽然 CDO 以往的任务是利用数据进行防御（即通过进行数据管理，将风险降至最低），但对数据驱动一切这一需求的日益增长正迫使这个职位发生变化。现在他们专注于为企业创造明显的价值，并根据项目的影响来确定项目优先次序。研究显示，42% 的首席数据官将成功定义为实现业务目标，36% 的首席数据官认为专注于一小部分关键的分析或人工智能（AI）项目可以带来最大价值。

这种重心的转移很可能会在未来几年内重新定义 CDO 职位，并引发下面几个问题：CDO 如何转变其战略计划？他们面临的主要挑战与机遇是什么？CDO 如何创造商业价值？

为了找到答案，Davenport 和 CDOIQ 组织一起，对全球 350 多位数据专业人士进行了调查，并进行了 25 次一对一的访谈，以揭示 CDO 最关心的问题、他们如何定义成功，以及他们如何利用数据创造商业价值。

1. CDO 专注于创造商业价值

42% 的受访者将成功定义为实现业务目标。即使是那些主要拥有技术背景的 CDO，将实现业务目标或企业目标定义为成功的可能性，也比将实现技术目标定义为成功的可能性高出 7 倍左右。

2. 数据、分析和人工智能计划被认为能带来最大价值

36% 的受访者认为，与其他活动相比，专注于一小部分关键的分析或 AI 项目可以带来最大价值，如数据素养培训和数据变现。大多数受访者（占 64%）将他们的时间花在了实现基于数据、分析或 AI 的新业务计划上。

3. 数据治理是重中之重

44% 的受访者认为数据治理是重中之重，其次是采用数据产品方法（占 38%），最后是建立和维护高级分析和 AI 项目（占 36%）。

4. 打造数据驱动型文化仍然是首要任务，同时也是一项挑战

69% 的受访者将大部分时间花在数据驱动型文化举措上，55% 的受访者认为缺乏数据驱动型文化是实现业务目标的主要障碍。

5. 对数据主要责任者的认定仍然不统一

只有 41% 的受访者表示他们对数据负有主要责任，而 30% 的受访者认为应与其他首席级高管共同负责。

6. 人们并不太了解 CDO 角色

62% 的受访者认为,相比其他首席级角色,人们对 CDO 角色的了解更少,这使得他们需要采取"多部署、少研发"的方法和更好的内部沟通策略。

该报告指出,在全球范围内,各行各业都将越来越多地看到首席数据官,这些首席数据官也将在他们各自的领域为企业创造实实在在的价值。

该报告最后还指出,CDO 取得成功的 10 个关键因素如下。

(1)将分析和 AI 添加到职责组合中。

(2)采用"数据产品"和"分析/AI"产品导向。

(3)通过构建并成功部署一些高价值使用案例,尽早展示成功。

(4)不要好高骛远,应使数据环境实现现代化以支持关键使用案例,包括构建分析和 AI 解决方案。

(5)专注于简化数据的使用和访问,而不是使用封闭平台,要从数据治理计划中获得更多价值。

(6)在业务所有者的职能和范围内联合起来。

(7)制定更广泛、更多样化的举措,向数据驱动型文化迈进。

(8)始终专注于为组织创造有形的业务价值。

(9)衡量数据计划的价值和影响,并广泛传达。

(10)久而久之,专注于构建可重复使用的数据集、数据市场、分析/AI 模型和特征存储。

1.5.2 CDO 在我国的发展趋势

根据 DAMA 国际于 2021 年对美国市场的调研,以及 DAMA 中国区于 2021 年对我国市场的调研,我们认为 CDO 在我国有如下发展趋势。

- 随着我国国家数据局的成立,会有更多的地方政府和央企开展 CDO 试点。
- 与美国的模式不一样,中国的 CDO 将被赋予更大的权利和职责。
- 绝大多数 CDO 的工资会超过 CIO。
- 2023 年的推广力度会加大。
- 领跑的将是广东和上海。

1.5.3 中美 CDO 的比较:谁在推动数据管理工作

中美两国在这个问题上的差异比较大。

谁在推动数据管理工作?图 1-4 给出了美国的情况。

- 所有人都参与。
- C 级领导(高级管理层)的支持。
- Data Governance Lead(数据治理总监):34%(2021 年)。
- CDO:25%(2021 年)。
- CIO:25%(2019 年),23%(2020 年),21%(2021 年)。
- 数据架构师:22%(2021 年)。

图 1-5 给出了中国的情况。在我国,基本还是由 CIO 在推进数据管理和数字化转型工作。这主要是由于我国的 CDO 制度基本还处于试点阶段,许多组织还没有设立 CDO 的职位(见图 1-6)。

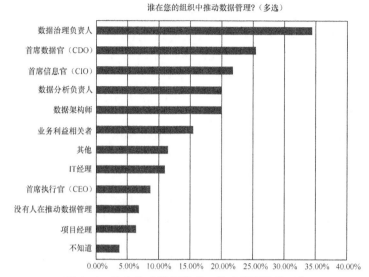

图 1-4　谁在推动数据管理工作（美国的情况）

10. 在您的单位中，谁在推动数据管理工作？【选择所有适用的选项】		占比
A.首席信息官（CIO）		17.16%
B.首席数据官（CDO）		6.37%
C.首席执行官		8.82%
D.项目经理		10.29%
E.IT经理		13.73%
F.数据架构师		11.27%
G.数据分析主管		8.82%
H.商业利益相关者		6.86%
I.没有人在推动数据管理		6.86%
J.不知道		3.43%
K.其他（请具体说明）		6.37%

图 1-5　谁在推动数据管理工作（中国的情况）

9. 贵单位是否已经有CDO的职位？【单选】		占比
A.我们已经有CDO的职位了		10.92%
B.我们正在进行CDO的试点		2.52%
C.我们没有CDO的职位，但已经有规划		14.29%
D.我们没有CDO的职位，也没有相关的规划		61.34%
E.不知道		9.24%
F.其他（请具体说明）		1.68%

图 1-6　在我国，许多组织还没有设立 CDO 的职位

1.6　本章小结

　　本章对首席数据官的定义进行了说明，而后对首席数据官产生的背景做了解读。首席数据官是数字时代的产物。随着数字经济的发展，数据是数字经济的基础，是数字时代核心的生产要素。然而，有了数据并不表示数据的价值就能自然实现，数据需要管理，数据管理是数字化转型的前提。如果没有得到很好的管理，数据不但不可能成为黄金和石油，甚至还会成为巨大的风险。为了统领数据管理工作，从而实现数据的价值，数字时代呼唤首席数据官。作为未来发展的趋势，首席数据官的作用将越来越显著，设立首席数据官的组织也会越来越多。

第 2 章

CDO 的主要职责和组织架构

关于 CDO 的职责及其相应的权限，业界并没有一个统一的界定。然而这是 CDO 在开展工作前首先需要考虑的关键内容之一。与此相关，组织架构的调整也是一个必要的步骤，比如是否确实需要设立 CDO 这个职位，如果确实要设立，那么 CDO 到底是否应该设立在 C（Chief）一级的层面，汇报机制又应该怎样设定等。但无论如何，旧的组织架构是无法让我们实现数字化转型和数字化发展的。

2.1 概述

不同的组织以及同一个组织在不同的发展阶段对 CDO 职责的定义是不一样的，而且 CDO 的职责也是多重的。一般而言，CDO 的主要职责包括如下三个方面（见图 2-1）。

（1）管好数据：管好数据、实现数据的价值。

（2）做好转型：响应、促进和引领数字化转型。

（3）建好团队：建设和管理数字化团队。

图 2-1　CDO 的主要职责

2.2 关于首席数据官职责的一些观点

首席数据官的职责有哪些？我们先来看看国际上的一些机构对这个问题的解答，包括：

- 美国联邦政府首席数据官委员会的观点；
- isCDO 的观点；
- CDOIQ 的观点；
- EDMC 的观点；
- DAMA 的观点。

2.2.1 美国联邦政府首席数据官委员会的观点

美国联邦政府首席数据官委员会认为，美国联邦政府中有许多与数据管理相关的角色，但自 2018 年以来，首席数据官（CDO）开始全面负责美国联邦政府数据相关事务。美国联邦政府中的 CDO 以多种方式支持数据驱动的决策，从数据架构到数据集成，从数据标准到数据安全，从数据报表到数据挖掘，CDO 都处于核心的领导地位。CDO 能够了解相关机构的运营情况，并且地位足够高，能够定期与其他机构领导层（包括机构负责人）进行接触。

美国通过立法的形式（《循证决策基础法案（2018）》）在组织内正式确立了 CDO 的职位，CDO

通过下述职能并与其他机构领导人协调，来确保成功履行其所在机构的数据管理职责。该法案还要求 CDO 是其所在机构的非政治任命雇员。CDO 的具体职能包括：

- 通过建立有效的程序、标准和控制来管理数据生命周期每个阶段的数据，以确保数据的质量、准确性、访问和保护，以及管理信息资源；
- 与负责使用、保护、传播和生成数据的机构官员进行协调，以确保满足该机构的数据需求；
- 管理机构的数据资产；
- 确保机构数据符合数据管理最佳实践；
- 让机构员工、公众和承包商参与使用公共数据资产，并鼓励采用协作方法来改善数据使用；
- 支持机构的绩效改进官员和评估官员识别和获取数据以履行必要的职能；
- 审查机构的基础设施对数据资产可访问性的影响，并与机构的首席信息官协调改进基础设施，以减少阻碍数据资产可访问性的障碍；
- 最大限度地利用机构内的数据；
- 确定与开放数据使用和实施相关的角色和职责的联系人；
- 担任机构数据治理委员会的主席，并作为该机构与其他机构管理和预算办公室的联络人，探讨将现有机构数据用于统计目的的最佳方式。

2.2.2 isCDO 的观点

与美国联邦政府首席数据官委员会侧重于政府机构中的 CDO 不同，isCDO 关于 CDO 职责的描述更加侧重于企业层面。isCDO 认为，CDO 的工作职责主要包括如下几个方面。

1. 制定企业数据战略

（1）为企业建立数据管理的当前状态、未来状态和差距分析，包括其成熟度和对等组织的定位。

（2）建立和实施一个具有目标的愿景，并实现组织安全地、以隐私为首位地利用其数据，更好地交付透明的产品和服务。

（3）从概念到实施，建立数据支持的战略。

（4）以数据隐私为设计要求，部署战略以增加数字化交易的数量和可靠性。

2. 制定数据标准

（1）推荐开放数据技术标准和术语，供部门/机构、合作伙伴使用，权衡与云存储相关的多变因素的影响，包括隐私性、安全性、合规性、拥有权和性能问题。

（2）建立和监督企业数据的数据政策、标准和组织。

（3）创建一个企业范围的企业数据合规性（Enterprise Data Compliance）计划和政策，然后在企业中实施。

（4）创建一个企业范围的企业数据保护（Enterprise Data Protection）计划和政策，然后在企业中实施。

（5）创建一个企业数据伦理（Enterprise Data Ethics）政策，并将其传达给整个组织。

（6）创建、管理和遵守所有的法律、规则和（或）跨部门/跨机构的数据需求，这是首席数据官（CDO）的主要工作产物。

3. 建立并实施企业数据管理

（1）与各部门/各机构协商，制定企业数据清单，描述由每个各自的业务单元创建或收集的数据。

（2）不断地研究和倡导针对数据管理的具有成本效益并由业务需求驱动的最佳技术解决方案。

（3）建立企业数据管理标准，包括主数据管理和治理标准，以及针对数据链接和数据互操作性的流程。

（4）定义数据生命周期责任模型，参与角色包括业务人员、IT 人员和高管。

（5）推荐跨部门/跨机构的标准化数据的潜在方法，专注于促进互操作性和减少重复数据的收集、管理或存储。

（6）推荐开发和维护开放的、机器可读的数据目录的选项。

（7）管理企业数据目录的部署及其增强和演化。

（8）管理和支持将数据作为一种服务（Data as a Service，DaaS）提供给企业和合作伙伴的利益相关者。

（9）领导与企业业务流程模型集成的企业数据模型的开发，并包括非结构化数据的考虑因素。

（10）确定新的数据种类、类型和来源，以实现整个组织的创新。

（11）创建和监督采购外部数据的集中服务，以确保高质量、可追溯性、及时性、可用性和成本效益。

（12）定义流程和沟通，以有效、集成地引入新的数据源。

4. 建立有效的利益相关者关系

（1）创建 CDO 办公室章程、愿景和使命，并在组织内分发。

（2）与所有部门/机构的负责人会面，并建立他们的数据问题清单。

（3）协助首席信息官（Chief Information Officer，CIO）确定数据带宽需求、数据存储需求以及安全性和隐私性需求。

（4）与首席信息安全官（Chief Information Security Officer，CISO）进行协调，以评估数据漏洞和协作，从而更好地保护组织的数据。

（5）与主要的企业架构师（Enterprise Architect）和架构团队进行协调，以帮助促进企业数据模型的开发，以及主数据和参考数据的计划、治理和数据互操作性等工作。

5. 促进数据素养和数据文化的成熟

（1）为组织的员工提供进行数据治理（Data Governance）、数据管理专员制度（Data Stewardship）文化、角色和职责的教育机会。

（2）促进制定和使用符合既定数据标准的部门之间/机构之间的数据共享协议。

（3）与部门/机构合作，为企业数据管理利益相关者（DG 委员会）和数据管理专员建立最佳实践。

（4）建立一个数据成熟度的评估过程，并在数据管理流程的持续改进方面与各部门/各机构合作。

（5）跨越整个企业，促进数据驱动的文化、相关能力和数据素养的形成。

6. 领导企业的分析、AI/ML、BI、数据可视化和故事化的战略开发

（1）定义和监控数据的 KPI（Key Performance Indicator，关键绩效指标）。

（2）制订企业分析计划，以支持领导者进行基于数据和（或）告知数据的决策制定。

（3）为组织的员工提供数据分析、机器学习（Machine Learning，ML）、人工智能（Artificial Intelligence，AI）、商务智能（Business Intelligence，BI）和数据故事化（Data Storytelling）的教育机会。

（4）扩展企业的研究和分析的产品，特别是在新兴的分析方法、技能和技术方面，将其重点放在数字化业务创新上。

7. 管理数据投资、技术和工具集的使用

确保数据实践与组织要求保持一致，以管理 IT/数据投资的优先级和审批。

2.2.3 CDOIQ 的观点

2021 年，MIT CDOIQ（Chief Data Officer and Information Quality，首席数据官和信息质量组

织）和埃森哲公司一起做了一个市场调研。该调研涉及 28 个国家以及 19 个不同的行业。86%的调查对象为企业 C 级高层领导；剩余 14%的调查对象为高级副总裁，这些副总裁直接向 C 级高层领导汇报。根据该调研：

- 数据人才的缺乏是 CDO 面临的首要挑战；
- 78%的 CDO 认为，他们最重要的职责是推动业务增长和价值创造；
- CDO 的终极目标是成为变革推动者和其他业务的传道者；
- 86%的 CDO/代理 CDO 参与组织数据战略的制定。

然而，CDO 目前的主要角色和想要达到的角色之间存在着巨大的差距。在负责制定企业经营战略和指导业务方向上，有 15%的差距；在希望通过创建新的或经过调整的商业模式来产生收入方面，有 17%的差距。

但积极的一面是，市场发生了转变，提升了 CDO 的作用，凸显了其重要性。调查中有 78%的 CDO 声称，由于竞争优势的需要，他们的角色和责任正变得更加重要。

2.2.4   EDMC 的观点

2023 年，EDMC 发布了《2023 年全球数据管理基准报告》，指出了 CDO 在各行各业的重要性，以及数据管理作为组织内正式学科的发展趋势。

这份报告中的数据揭示了 CDO 角色和数据管理实践日益增长的战略意义，同时也说明了 CDO 在数字经济时代承担的一系列重要职责，特别是：

- 65%的受访者表示，他们的公司已正式任命 CDO 或首席数据执行官，高于 2020 年的 60%；
- 86%的金融业 CDO 现在向高管报告，高于 2020 年的 72%；
- 非金融市场 80%的数据主管向高管报告，剩余 20%的数据主管直接向 CEO 报告；
- CDO 统领数据相关工作。

2.2.5   DAMA 的观点

2014 年，在 DAMA 的指导下，DAMA 合作伙伴 Dataversity 发布了一份研究报告，概述了 CDO 的常见职责。虽然 CDO 的工作内容受限于每个组织的文化、组织结构和业务需求，但他们肩负的职责大致相同。CDO 的工作内容包括：

- 建立组织数据战略；
- 使得以数据为中心的需求与可用的 IT 和业务资源保持一致；
- 建立数据治理标准、政策和程序；
- 为依赖数据支持的业务提供建议（也许还有服务），例如业务分析、大数据、数据质量和数据技术；
- 向内部和外部业务利益相关者宣传良好的信息管理原则的重要性；
- 监督数据在业务分析和商务智能中的使用情况；

Dataversity 的研究报告还显示，不同行业的 CDO 的关注点存在差异。此外，同一个企业在不同的发展阶段，CDO 的职责也会不一样。

2.3   一个示例：美国俄勒冈州交通部 CDO 招聘

下面我们以美国俄勒冈州交通部 CDO 一职的招聘启事为例，看看 CDO 的职责和主要工作内容都有哪些。这份招聘启事写得比较全面且清晰，原文于 2021 年 11 月发表于美国俄勒冈州交通部官网。

2.3.1　职位介绍

俄勒冈州交通部全面负责俄勒冈州的所有交通业务，包括规划、实施、投资等，共有员工 4700 人，接下来两年的总预算为 46 亿美元。俄勒冈州交通部管理着 8000 多英里[①]的高速公路，以及客运和货运铁路、公共交通和非机动交通。俄勒冈州交通部提供了一个安全可靠的多式联运系统，以帮忙繁荣俄勒冈州的社区和经济。俄勒冈州的经济依赖于一个安全可靠的交通系统。

本次招聘的首席数据官（CDO）将与俄勒冈州交通部的领导和从业人员合作，为数据办公室人员和办公室的设立，以及其他资源需求提出规划和建议。重点是发展整个机构范围内的数据和信息战略及服务，使俄勒冈州交通部（Oregon Department of Transportation，ODOT）能够识别和解决跨部门、机构和政府实体（如司法管辖区和县）的共同数据需求；制定一致性的指导和共同解决方案，以解决整个机构和机构之间普遍存在的数据问题（如数据质量和数据访问问题，包括数据共享、标准和公私伙伴关系）；跟踪机构数据管理的表现，评估和实施所需的变化，以确保从数据投资中获得最佳收益；通过内外部的协调和协作，确定增加价值和优化信息开发的机构成本的机会。

考虑到数据和技术之间存在紧密的关系，CDO 和数据方案部门（Data Solutions Branch，DSB）将与信息系统部门（Information Systems Branch，ISB）和首席信息官（Chief Information Officer，CIO）全面合作。

2.3.2　通用职责/领导职责

本次招聘的 CDO 是一名高级主管，负责企业级的、整体的数据管理、分析和价值创造，促进和推广数据治理，并建立关键的数据基础能力，以确保 ODOT 成为一个敏捷的、数据驱动型的机构。本次招聘的 CDO 将提高组织数据管理的成熟度，并为全机构范围的数据生命周期管理设定预期目标，以提高运营效率、优化成本、改善服务交付并提高对可靠的机构数据的访问，以支持本机构的任务。本次招聘的 CDO 将把数据作为一种战略资产，并在保护机构数据和系统的同时促进开放性和互操作性。本次招聘的 CDO 还将为推进 ODOT 的数据管理和使用提供愿景和战略，以确保本机构能够充分地满足不断变化的数据和信息需求。

本次招聘的 CDO 将成为高级领导者、运营顾问和主题专家，并提供最佳实践、治理、战略和服务，以确保对数据价值的充分认可。本次招聘的 CDO 是高级领导团队的重要成员，他将与 ODOT 的首席信息官（CIO）、技术与数据委员会以及机构技术和业务领导者密切合作。

本次招聘的 CDO 必须是一名非常有效的沟通者，要求具有很强的领导能力，并且要能够与部门管理团队、机构领导团队和执行战略团队合作，以协调业务和数据倡议，并为其他相关机构的战略规划和实施工作作出贡献。本次招聘的 CDO 将就需要改进数据和信息管理、政策决策和需求方向的领域为机构领导提供咨询。ODOT 的 CDO 将与高管、美国联邦政府和其他州机构、司法管辖区合作，整合部门的目标，提供高水平的决策和监督。

ODOT 的 CDO 将与州政府的 CDO 密切合作，以确保符合本州的标准和政策，并在全州的战略、标准、政策、计划开发和实施方面展开合作。

2.3.3　具体的职责和职务

俄勒冈州交通部 CDO 的职责包括如下内容。

---

① 1 英里约 1609 米。

1. 机构、州和国家的领导（占比 20%）

（1）作为 ODOT 与美国联邦政府、州、地区和机构合作伙伴之间的联络人，目的是制定战略、识别、创建和管理流程、服务和工具，以提高满足战略数据和信息需求的有效性和高效性。例如，代表 ODOT 加入美国国家道路和运输官员协会（American Association of State Highway and Transportation Officials，AASHTO）的数据管理和分析委员会。

（2）与高管、美国联邦政府、俄勒冈州和其他州机构、司法管辖区合作，整合部门目标，提供高水平的决策和监督。

（3）出席并参加俄勒冈州和地区的同行交流会、研讨会、网络研讨会，分享 ODOT 在技术和数据治理、数据管理、信息开发、协作和合作、数据素养（data literacy）等方面的改进方法，从而影响全州范围的交通数据管理和交付。

（4）建立和维护与全州数据领导者的关系，并代表俄勒冈州企业级规划和政策小组，包括俄勒冈州 CDO 委员会和相关团体。

（5）建立和保持与其他机构领导者的合作关系，以发展对机构业务需求的广泛而清晰的理解。

（6）负责机构级的数据和分析价值创造，将数据治理作为一门战略学科不断发展，并建立关键的基础能力，以确保 ODOT 成为一个敏捷的数据驱动型组织。

（7）参与 OTC/ODOT 战略和运营计划的制订和执行，如战略业务计划、战略行动计划和机构的战术计划。

（8）参与机构规划和治理委员会、团队和理事会，驱动项目优先级排序的标准、绩效指标、创新和方法，作为技术和数据委员会以及数据指导团队的特定成员。

（9）根据机构计划中规定的指导和期望，包括但不限于 ODOT 战略行动计划、战略业务计划和战略数据业务计划，作为机构数据实践的拥护者。

（10）提供与数据管理相关的最佳实践和前瞻性战略的熟练知识。

（11）为一群多元化的利益相关者提供领导和指导。

2. 项目规划、实施和监督（占比 50%）

（1）愿景与战略：

- 负责实现使命的愿景与战略，以确保全机构的数据和分析价值创造，提升数据治理观念，并建立关键的基础能力，以确保 ODOT 成为一个敏捷的数据驱动型组织；
- 与机构领导合作，开发和更新机构范围内的数据战略，包括战略数据业务计划（Strategic Data Business Plan）；
- 评估需求，识别问题或机会，生成潜在的解决方案或行动，并确定旨在进一步实现 ODOT 的数据治理、数据投资、管理、交付和使用能力及资格的计划。

（2）确保数据价值：

- 领导跨机构努力适当调整资源，将数据作为战略资产进行管理，并使高质量的数据可用、可发现、可使用，提高 ODOT 执行其任务的有效性；
- 领导确定需要的培训和教育，以帮助实施和维护整个机构的数据管理项目和数据素养（data literacy）；
- 确定为商务智能（business intelligence）和预测分析（predictive analytic）的使用和共享现有数据的方法。

（3）数据治理：

- 建立指定和跟踪权威数据源（或记录的来源系统）的方法，并设置和跟踪机构的数据标准、指南和规程；

- 负责监督代理机构的数据管理标准、指南和政策；
- 与高管、数据受托人、数据管理专员、系统受托人和管理专员合作，以实现和维护数据管理的最佳实践，包括数据的准确性和高质量；
- 协助建立整个机构范围的技术和数据治理；
- 负责一个正式的数据治理框架内的优先级设置和协调；
- 建立数据治理，组织和实施政策、规程、结构、角色和职责，概述和执行参与规则、决策角色和职责，以及有效管理战略数据资产的责任；
- 为 ODOT 创建和维护负责战略数据集和受托人的战略数据清单，并识别相关的系统；
- 监督和促进整个机构的数据治理的成熟度；
- 确保本机构的努力适合地遵从美国国家开放数据标准 ORS276.A350；
- 与 ODOT 的首席信息官（Chief Information Officer）协调，协助确定具体和一致的安全性、隐私性和透明性要求；
- 与俄勒冈州的 CDO 以及 ODOT 的 CIO 和利益相关者合作，提供数据安全性、透明性和隐私性指导。

（4）建立关键的数据基础：

- 支持 ODOT 数据成熟度模型的开发，其中包括数据管理、治理和质量绩效测量及指标标准的建立；
- 与 CIO 合作，创建一个机构范围的方法来实现数据架构、数据清理、数据合理化以及开发主数据和参考数据管理，作为系统和应用程序放置和替换的组成部分。

3. 培训和沟通（占比 10%）

（1）向所有与数据管理和分析、数据治理有关的 ODOT 部门提供全面的关于数据素养的教育和培训。

（2）建立和维护沟通方法，以征求公众就将数据发布到俄勒冈州数据网站门户（以及其他可能链接到俄勒冈州数据网站门户的 IP 地址）的优先次序的反馈。

（3）就机构发布可公布数据的状况进行适当的沟通；沟通机构内部和机构之间的数据共享状况；以及支持跨机构分析，为公共目的提供信息，包括但不限于方案设计和预算决策。

（4）对分支机构和计划（program）的活动及表现做出有效沟通。

4. 分支机构和部门管理（占比 15%）

（1）推动和促进一个多元化、无歧视、无骚扰的工作场所，以支持 ODOT 公平框架。

（2）与所有联系人建立并保持专业、有效、协作的工作关系。

（3）营造一个积极、尊重和富有成效的工作环境，保持定期和准时出席。

（4）作为支持服务管理团队（Support Services Management Team）的积极成员，作为部门管理的值得信赖的顾问和合作伙伴。

（5）以一种安全的方式履行所有的职责。

（6）遵从所有的政策和规程。

（7）成为一个受人尊敬的领导者和团队成员，其中包括与各种具有不同文化信仰、价值观和行为的个人或群体进行有效和适当的沟通及协作。

（8）管理两年期的财年（fiscal year）计划（program）和部门的预算及支出。

（9）负责通过招聘、选择和保留受保护阶层的个人，来实现部门的平权行动（Affirmative Action，AA）目标。通过与员工、申请人、利益相关者、社区合作伙伴和土地所有者的互动，促进和支持部门对平等就业机会（Equal Employment Opportunity，EEO）、平权行动（AA）、多样性和工作指南（Working Guideline）的价值。

  5. 合同管理工作（占比 5%）

  （1）遵循承包准则，制定承包商的工作声明、工作范围和其他承包文件，以实施与数据项目计划和倡议对齐的、已识别的工作机构。

  （2）管理合同；管理承包商和承包工作；审查和接受可交付成果，以确保符合合同规范；监督和评估承包商的绩效，审查发票，批准/拒绝付款。

2.3.4　成功的度量指标

  这份招聘启事还描述了旨在评估 CDO 是否成功的一些度量指标，包括如下内容。

- 在工作中是否有一个有效的工作架构。
- 是否能够与首席信息官（CIO）建立良好的工作计划。
- 是否能够建立完整的数据战略，并使得该数据战略在两年内执行并完成。
- 是否能够支持变革。CDO 需要掌握变更管理技能，并通过建立一个新的分支机构和领导这个职能领域，来支持本机构及其员工。

2.3.5　背景要求和最低资格要求

  本次招聘的 CDO 需要在公共或私营组织有 6 年的管理经验，包括但不限于承担以下职责：

- 制订计划（program）规则和政策；
- 制订长期和短期的目标及计划（plan）；
- 计划（program）评估；
- 以及预算准备。

  为了能够担负起上述职责，候选人最好具有如下经验（注意，并非需要具备所有这些经验才可以获得这个职位）：

- 了解州机构、政府或大型组织如何运作；
- 有制定或提供推进机构数据管理的愿景和战略的经验；
- 有提供领导和沟通技能的经验，以建立和维持一个共享服务计划（program），该共享服务计划的资源来自多个部门、州和地方机构、行政服务部、企业总部和供应商；
- 有规划、实施和审查大型数据计划（program）或管理项目（project）的丰富经验；
- 具备与可能有竞争利益的不同利益相关者群体建立牢固关系的能力；
- 了解大型组织中的承包实践、政策和规程，掌握数据管理和交付的方法和最佳实践。

2.4　首席数据官的主要工作职责

  通过以上对首席数据官职责的描述，以及美国俄勒冈州交通部 CDO 招聘启事的说明，我们可以看到，首席数据官在数字化转型中发挥了重要的作用。结合我国的具体情况，首席数据官的主要工作职责是管好数据、做好转型和建好团队。

2.4.1　管好数据

  管好数据是 CDO 核心的工作职责。作为专职管理数据的高层领导，CDO 应该统领数据相关的所有工作，具体如下。

- **数据战略**：CDO 应该主导数据战略的制定，保证数据战略和业务战略一致并为业务战略服务。
- **数据治理**：CDO 应该制定各项数据制度，设立相应的组织架构，建立相关的指导、监督和审计流程。
- **数据制度**：数据战略是 CDO 应该制定的最重要的数据制度，其他的还包括数据安全、数据存储等制度。CDO 还需要编写相应的实施细则、手册等。
- **元数据和数据资源目录**：梳理企业数据资产，通过编目，了解数据资源、数据分布和数据价值链。
- **数据标准**：CDO 应该主导数据标准的制定，并协调各部门贯彻实施。
- **数据架构**：CDO 应该主导从数据库到数据仓库，再到"湖仓一体"的建设，这既包括基于数据中心的架构，也包括基于云端的现代数据架构等。CDO 还应该对齐业务需求，以及规划组织的最佳数据架构。
- **数据质量管理**：建立数据质量评估维度和数据质量报告，通过数据认责、PDCA（Plan-Do-Check-Act）等方法论，提升数据质量。
- **数据安全和隐私保护**：确保企业数据免遭泄露、破坏或损坏，确保数据的机密性和安全性。
- **数据合规管理**：对企业数据可能遇到的风险进行识别、评估与控制。
- **主数据管理**：对于共享的数据，通过标准化的过程来提高数据的质量，特别是提高数据的准确性（黄金数据）和唯一性。
- **指标数据**：对指标数据进行全面的建设和管理，而不要仅仅把指标体系的建设当作数据仓库建设的附属品。
- **数据建模**：数据建模对数据存储的成本和数据应用的性能具有直接影响。CDO 应该建立起优良的概念模型、逻辑模型和物理模型。
- **数据集成**：规范数据处理的流程和标准，以及内外部数据的集成方案等。
- **数据存储**：CDO 应该和 CIO 一起，负责确定数据存储方案，包括数据的保留和退役制度，以及数据是集中式存储还是分布式存储等。
- **数据管理能力成熟度评估**：CDO 应该了解组织自身的数据管理现状，从而有针对性地采取提升策略，为业务提供数据的量化支持。
- **数据生命周期管理**：数据有生命周期。CDO 应该对数据的整个生命周期进行管理。
- **非结构化数据管理**：除了结构化数据，CDO 还应该关注非结构化数据的管理，包括图片、文档、音频和视频等。
- **数据分析和挖掘**：数据管理的最终目的是实现数据的价值。CDO 应该利用数据促进创新，改进客户体验，提供商业建议，帮助企业不断改善策略，不断挖掘数据价值，开拓与数据有关的新业务，降低运营成本，提升企业效益。

2.4.2 做好转型

数字化转型的基础是数据，管好数据是为了进行数字化转型并最终实现业务战略。CDO 承担着领导、参与、支持数字化转型的重任，具体工作内容如下。

- **数据伦理**：CDO 应该建立组织的数据伦理制度，并协同各方落实和提升组织的数据伦理。
- **数据开放与共享**：数据的开放是对整个社会的开放，数据的共享是一定范围内的共享。这是 CDO 应该关注的数据应用的一个重要方面。
- **数字化转型**：推动企业的数字化转型，CDO 也许并不一定直接决定数据底座相关的技术选择，但 CDO 应该参与战略性新型数据平台的采购和建设。

- **数字文化**：加强企业数字文化建设，提升员工的数据素养，提高大家的数据资产意识与数据安全意识。
- **数据要素**：CDO 应该关注和参与数据交易相关制度的建设，包括数据确权、数据价值评估、数据利益分配等，采用合法交易方式，为市场提供企业数据服务，实现数据资产的市场价值。
- **公共数据授权运营**：作为生产要素，数据需要进入流通环节，CDO 应该关注数据的运营，包括数据运营的授权、谁有资格授权、谁有资格被授权，以及数据应该被如何运营和运维等。

2.4.3 建好团队

无论是为了数据管理本身还是数字化转型，CDO 都需要建立一支有效的数据团队。除了内部成员之外，外包公司也是重要的数据团队组成部分。

- **数据团队的建设**：CDO 负责企业数据团队的建设，组织开展培训教育，为企业培养数据人才。
- **CDO 及其数据团队的绩效考核**：CDO 负责采用科学的考核方式，评定自身及数据团队的工作完成情况及个人发展情况，并将评定结果反馈给员工。
- **数据项目的管理**：CDO 负责数据项目的立项、预算和落地。CDO 应该充分认识到数据项目的独特性，并采取相应的方式和方法。

2.4.4 CDO 职责架构图

CDO 的主要职责见图 2-2。

图 2-2 CDO 职责架构图

在图 2-2 中，顶部的数据战略指向业务，底部的数字底座指向技术。CDO 的主要职责就是搭建起技术和业务之间的桥梁。为了搭建好这座桥梁，数据治理指导所有的数据管理的具体工作，数字化团队则是完成这些工作的组织载体。

本书的各章将对图 2-2 中的所有领域做进一步的解读。

2.5 首席数据官的汇报路径和组织架构

2.5.1 CDO 与其他 CXO 的关系

适当的汇报路径是 CDO 成功的先决条件之一。CDO 应向跨职能高管或具有明确跨职能授权的职能主管报告，比如首席转型官（Chief Transformation Officer，CTO）、首席创新官（Chief Innovation Officer，CIO）等。

如图 2-3 所示，按照 CDOIQ 的观点，在 CDO 出现的早期（2023 年之前），CDO 的汇报路径无外乎以下三种。

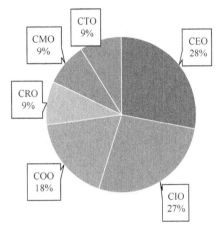

- 第一种：CDO 直接汇报给 CEO/COO，比如 FRB、Seattle Children's Hospital、Boa Vista-Brazil 等。
- 第二种：CDO 汇报给 CIO、CMO、CRO 等，比如 US Army、Microsoft、GBM-Mexico、Conning 等。
- 第三种：CDO 不属于 C 级高层领导，但属于最高级别的管理数据的专业人员，比如 TD Ameritrade、FCC 等。

图 2-3　CDO 的汇报路径

在 2023 年 10 月发布的 CDOIQ 调研中，23% 的 CDO 直接向 CEO 汇报，21% 向 CIO/CTO 汇报，23% 向另一位首席级高管汇报。

基于我国的具体情况，不同行业、不同公司，CDO 的定位和汇报对象往往不同，大致可以分为 4 类（见表 2-1）。在刚开始出现 CDO 这个职位时，CDO 向首席信息官（CIO）或首席技术官（CTO）汇报工作，这种汇报关系更多是把 CDO 作为技术角色或数据科学家，此类 CDO 在数据专业技术上有比较突出的表现，但与企业业务的融合程度低。随后，在关注用户体验的公司里出现了业务定位的 CDO，此类 CDO 向公司的首席营销官（CMO）汇报，他们专注于提升客户体验和用户增长，擅长某个业务线的数据应用，但对公司整体的数据组织建设和数据资产化等方面往往比较欠缺。

表 2-1　CDO 汇报路径的分类

类型	汇报路径	优点	缺点
直接向 CEO 汇报	CFO 兼任，向 CEO 汇报	• 对公司商业模式理解透彻，能作为业务与数据的桥梁 • 有能力和资源保障数据战略落地实施和组织转型	对技术的敏感度较低
	CIO 兼任，向 CEO 汇报	对技术的敏感度比较高	资源管控不足
不直接向 CEO 汇报	向 CIO 汇报	在专业技术上比较突出	与企业业务的融合程度低
	向 CMO 汇报	专注于提升客户体验和用户增长	数据组织建设和数据资产化等方面往往比较欠缺

在数据要素时代，更多的企业意识到数据和数字化不仅仅是业务发展的辅助手段，还是企业战略和运营的核心，可能重构企业的商业模式和竞争力。因此，越来越多的 CDO 直接向首席执行官（CEO）汇报。目前，CDO 由 CFO 兼任，直接向 CEO 汇报，这主要基于以下考虑：首先，CFO 是数据治理的最大受益者；其次，CFO 对公司商业模式理解透彻，能作为业务与数据的桥梁；再次，CFO 有能力和资源保障数据战略落地实施和组织转型；最后，CFO 负责整个公司的绩效管理、价值管理、目标管理等，对数据战略的管控力更强。

在实践中，CDO 和 CIO 的工作职责最接近，有时还会有一定的重叠。目前，企业中最普遍的情况是，CDO 和 CIO 往往是一种平级关系，他们的工作侧重点是不一样的。

图 2-4（摘自 DAMA-DMBOK2）很好地说明了 CDO 和 CIO 工作内容的不同。

根据图 2-4，做出选择 Oracle 数据库还是 MySQL 数据库的决策是 CIO 的权限，CDO 可以参与和提出建议，但最终的责任和决策人应该是 CIO。同样，数据要不要上云也是 CIO 的决策。然而，数据如何为业务赋能，则是 CDO 的决策和职责。

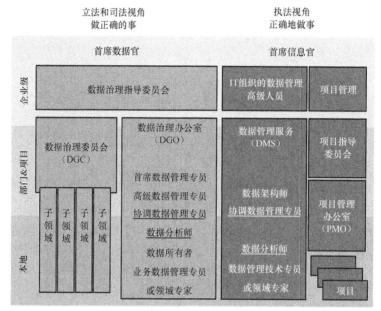

图 2-4　CDO 和 CIO 工作内容的不同

2.5.2　CDO 和数字化转型委员会的关系

CDO 需要委员会的支持。在实践中，这个委员会可能是数字化转型委员会，也可能是数据治理委员会，还可能是企业战略委员会等。

DAMA 在 DAMA-DMBOK2 中描述了一种典型的数据治理委员会组织架构，如表 2-2 所示。

表 2-2　数据治理委员会组织架构示例

数据治理机构	职责描述
数据治理指导委员会	组织中数据治理的主要部门，也是最权威部门，负责监督、支持和资助数据治理活动，由跨职能的高级管理人员组成。 数据治理指导委员会通常根据 DGC 和 CDO 的建议，为数据治理发起的活动提供资金。该委员会可能会反过来受到来自更高级别组织或委员会的监督
数据治理委员会	管理数据治理规划（如政策或指标的制定）、问题和升级处理。根据所采用的运营模型，数据治理委员会由相关管理层人员组成
数据治理办公室	持续关注所有 DAMA 知识领域的企业级数据定义和数据管理标准，由数据管理专员、数据分析师和数据所有者等协调角色组成
数据管理团队	聚焦于一个或多个领域或项目，与项目团队在数据定义和数据管理标准方面进行协作、咨询[①]，由业务数据管理专员、技术数据管理专员或数据分析师构成
本地数据治理委员会	大型组织可能有部门级或数据治理指导委员会分部，在企业数据治理委员会（DGC）的指导下主持工作。小型组织应该避免这种复杂设置

注：① 偏重于管理职责。

　　按照 DAMA 的观点，数字化转型需要两个"车轮"——技术和业务。CDO 负责的更多的还是数据层面，致力于在业务和技术之间搭建起一座可以贯通的桥梁。CDO 的工作既包括技术层面也包括业务层面，涉及许多触点（touch point）。CDO 需要一个强大的委员会作为后盾来支持其开展工作。没有这个委员会，CDO 的工作就会受到相当大的阻力。这是导致 CDO 失败的主要原因之一。

　　CDO 需要真正的支持，而不是同情。

　　CDO 不需要所有的委员会成员都全力支持他。但是，CDO 需要关键参与者站在他这一边。关键参与者必须相信 CDO 和数据办公室是必要的，并且必须相信他是担任这个角色的合适人选。

2.5.3　CDO 和数据所有者的关系

　　数据所有者（data owner）更多的是一种问责机制，而不一定是真正的财产所有人。在许多情况下，数据所有者就是权益人；然而也有一些情况，数据所有者并非数据权益人，这种情况下的数据所有者更多的是数据持有人。

　　数据所有者（最终责任人）应该是具体的业务部门。IT 部门不是也不应该成为业务数据的所有者。数据部门、CDO，同样也不应该是这些业务数据的所有者。在一定的意义上，CDO 是为业务部门服务的。

　　CDO 不是业务数据的所有者，但是仍有大量的数据在 CDO 的管理范围之内，从而 CDO 也是许多数据的所有者，具体包括：

- 经过整合后的数据；
- 数据团队创建的各种报表数据；
- 参考数据或基础数据，比如企业自有的国家行政区划、货币种类等参考数据。

2.5.4　CDO 和数据管理专员的关系

　　数据管理专员有时也称为数据管家（steward），其职责是为别人管理财产。数据管理专员代表组织管理数据资产，以使组织获得最大收益。数据管理专员代表所有相关者的利益，确保组织获得高质量数据，以及这些数据得到有效应用。数据管理专员对数据治理活动负责，并有一部分时间专门从事这些活动。

　　数据管理专员一般是业务角色，而不从属于 CDO 团队。

　　作为数据管理专员，其管理职责的焦点因组织的不同而不同，具体取决于组织战略、文化、试图解决的问题、数据管理成熟度水平以及管理项目的形式等因素。然而在大多数情况下，数据管理专员的活动主要集中于以下方面（并非全部）。

- **创建和管理核心元数据（creating and managing core metadata）**：业务术语、有效数据值及其他关键元数据的定义和管理。通常情况下，数据管理专员负责整理的业务术语表，将成为与数据相关的业务术语记录系统。
- **记录规则和标准（documenting rules and standards）**：业务规则、数据标准及数据质量规则的定义和记录。通常情况下，数据管理专员基于创建和使用数据的业务流程规范，来满足对高质量数据的期望。为确保在组织内部达成共识，可以由数据管理专员帮助制定规则并确保它们得到连贯的应用。
- **管理数据质量问题（managing data quality issues）**：数据管理专员通常参与识别、解决与数据相关的问题，或者促进问题解决的过程。
- **执行数据治理运营活动（executing operational data governance activities）**：数据管理专员

有责任确保数据治理政策和计划在日常工作或每一个项目中得到遵循和执行。数据管理专员需要对决策发挥影响力，确保以支持组织总体目标的方式管理数据。

2.6   本章小结

CDO 的职责和期望应该很明确。CDO 应该有一个雄心勃勃而又现实的业务战略目标。为了实现这个业务战略目标，CDO 应该做好三项工作：管好数据、做好转型并建好团队。本章通过对多家机构关于 CDO 职责的观点的解读，并通过对美国俄勒冈州交通部 CDO 招聘启事的陈述，总结了 CDO 的核心职责和工作内容，同时对 CDO 的汇报机制以及 CDO 与其他数据相关部门及人事之间的关系做了总结说明。

第 3 章

CDO 的必备技能和个人特质

经常有人问：CDO 应该是个技术角色、业务角色，还是复合型的角色？CDO 应该具有怎样的技能？又应该拥有怎样的个人特质？毫无疑问的是，并非所有人都可以成为 CDO，就像并非所有人都可以成为 CIO 或者 CFO 一样。

3.1 概述

首席数据官应该具备公司高层视角的战略眼光，并充分理解组织的业务知识，拥有良好的管理沟通技能和优秀的数据素养，以及具有强大的数字化领导力。首席数据官要把握与数据有关的信息技术趋势，能够驾驭数据风险，在组织内科学、高效地开展数据管理工作，并积极创建组织数据文化，从而充分为组织的战略目标和业务目标赋能。首席数据官应是一位有开放心态，且抱有终身学习目标的优秀管理者。

3.2 首席数据官面临的挑战

美国有一位博客专家，名叫 Scott Brinker，他专门研究科技在市场营销中的作用。他坚信科技正在改变营销的一切方法和活动，所以科技应该植入每个营销人员的 DNA 中。他提出了营销科技（Marketing Technology）一词，简称 MarTech，后来又进一步简称为 MarTec。由此，他提出了 Martec 定律，见图 3-1。

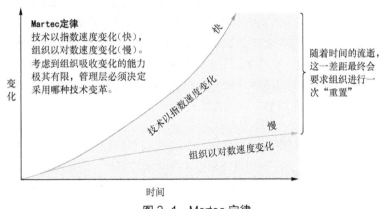

图 3-1 Martec 定律

按照 Martec 定律，技术按指数形式变化，但组织和管理是按对数形式变化的。

技术按指数形式变化，就是摩尔定律的一种现象，更广泛地说，是库兹韦尔的加速回报定律（Kurzweil's Law of Accelerating Returns）。但是我们知道，组织不会很快变化。人的行为与企业文化的变化需要时间。所以，从大体上讲，组织按对数形式变化，相比技术以指数形式变化要慢得多。

于是就出现了一个巨大的管理挑战：在瞬息万变的技术环境中，如何管理相对变化缓慢的组织？

面对技术的快速发展，市场营销是这样，数据首席官又何尝不是这样呢？

首席数据官是数字时代的产物，是数字化时代因组织变革而出现的新职位，同样也面临着一系列挑战。比如，身处大数据技术催生的 5V①时代，首席数据官如何做好数据管理？如何让数据作为资产服务于组织的业务目标？

在具体的工作中，CDO 至少面临着以下挑战。

- 人们对 CDO 这一角色知之甚少，现任者对工作的期望分散且任期较短。
- 即使 CDO 随着时间的推移不断改进数据，数据也永远不会完美。
- 数据管理方面的任何改进可能都不易识别或衡量；相反，数据中出现的任何问题（黑客攻击、数据泄露、数据丢失或无法访问、数据质量差等）都会被即刻曝光。
- 数据作为资产有一些自身的独特性，这些独特性需要 CDO 对数据资产的管理采用一些和其他资产不一样的方法，而这些方法要么还没有，要么还不完善。

3.3 首席数据官可能担当的角色

在前面的章节中，我们已经描述了首席数据官的职责。与职责相对应，从另一个角度，我们来看看首席数据官可能担当的角色。

并非所有组织都有相同的需求和优先事项，因此 CDO 的角色因组织和时间而异。此外，CDO 的角色可以随着组织需求的变化而变化，也可能同时兼具多重角色。下面我们来分析 CDO 可能担当的角色。

（1）内部协调员角色

担当内部协调员角色的 CDO（后文称协调者 CDO）是数据的统筹人和协调人。协调者 CDO 需要统一管理组织的数据资源，并建立一个框架来优化内部业务部门之间的数据协作，以及业务部门和技术部门之间的协作。

协调者 CDO 关注的重点是内部数据，这使得协调者 CDO 能够向组织中的数据消费者交付高质量的数据以实现其业务目的，从而提高业务绩效。

（2）外部大使角色

作为数据大使，CDO 旨在促进企业间数据政策的制定，以用于业务战略和外部协作（对外战略）。其着重点是行业间的甚至于跨境的合作，往往超出组织自身范围的数据。20 世纪 90 年代，南美洲的一家国际银行经历了战略转型，需要重大流程改进和数据治理机制的建立。在转型过程中，CDO 向 CFO 汇报，并领导与其他金融机构的重大合作，以提高电子国际汇款流程的数据安全性和信息交换。这一转型对于这家国际银行的业务战略至关重要，为向客户提供新服务创造了机会，而在此之前由于数据安全缺陷，这是无法实现的。

（3）报告者角色

在金融和医疗保健等受到严格监管的行业，CDO 担当着报告者角色。在这些强监管的行业，CDO 需要关注企业数据，同时更需要满足外部报告和合规性要求。

与协调者 CDO 一样，担当报告者角色的 CDO（后文称报告者 CDO）通过提供一致的事务数据（传统数据）来履行业务义务（服务）。然而，报告者 CDO 的最终目标是为外部报告（对外）提供高质量的企业数据服务。例如，在美国，许多医疗机构的首席数据官负责监督一组选定数据的准备工作，以便定期向州政府报告。报告者 CDO 需要与首席医疗官、首席财务官等其他公司高

---

① 5V 是指 Volume（大量）、Velocity（高速）、Variety（多样）、Value（低价值密度）和 Veracity（真实性）的数据。

管以及外部官员密切合作，确保及时提交报告，并准确有效地反映机构的活动。

同样，报告者 CDO 也经常出现在金融服务组织中，与合规或风险管理团队合作，以满足外部报告要求。

（4）管理员角色

作为管理员，CDO 需要了解足够的数据管理知识，不但要把组织内部的数据管理起来，同时也需要管理好与外部数据的对接和共享。特别是公共数据，作为一种公共资源，CDO 应该保证数据的可用性，并为公共事业提供数据服务。

作为管理员，CDO 还要把握好数据的应用，防止不恰当的和不符合伦理的数据应用。

（5）分析师角色

作为分析师，CDO 专注于通过利用大数据来提高组织业务绩效，并对业务创新提供数据量化支持。例如，美国的一家信用卡公司设立了一名 CDO，负责监督内部团队评估和分析大数据，如有关信用卡使用的地理标记数据和在线客户调查数据。这名 CDO 与首席风险管理官合作，为数据科学家提供指导。随后，这家信用卡公司实施了企业范围内的大数据分析方法，以改善风险管理和欺诈检测。

（6）营销者角色

担当营销者角色的 CDO（后文称营销者 CDO）与外部数据合作伙伴和利益相关者建立关系，以利用大数据改进外部提供的数据服务。数据产品公司的 CDO 通常是营销者 CDO。他们与购买其公司数据的零售商、金融机构和运输公司建立工作关系。

例如，一家医疗数据产品公司的 CDO 与该公司的客户（医疗和保险公司）密切合作，从病人提供的非结构化数据中提取见解，对药品进行反馈，为研发提供指导。同时，营销者 CDO 负责对这些数据进行分析，找出医疗机构服务不足的原因。

（7）开发者角色

担当开发者角色的 CDO（后文称开发者 CDO）对接企业内部，以便为组织寻找利用大数据的新机会。例如，零售组织中的 CDO 充当开发人员，与首席营销官合作，根据地理标记中的消费者行为进行数据挖掘以及从社交媒体中获取的消费者反馈数据来寻找新产品和服务的机会。利用这一庞大的信息源，开发者 CDO 将为公司制定个性化的营销策略。

（8）探索者角色

担当探索者角色的 CDO（后文称探索者 CDO）与供应商和同行等外部合作者合作，利用大数据来探索新的、未知的市场、产品和服务。通过跨行业的强大协作关系，探索者 CDO 可以访问多种数据源，并利用它们来开拓新市场以及确定组织发展的创新战略。

（9）数据保护人角色

首先，作为数据保护人，CDO 需要保护数据的安全。数据作为组织的核心资产，数据的泄露就是资产的损失，且很有可能导致一系列不可想象的后果。

其次，作为数据保护人，CDO 需要保护个人隐私。对个人隐私的保护对于任何一个组织都是至关重要的。

最后，作为数据保护人，CDO 还需要保护数据的应用。数据的应用必须符合基本的伦理原则，数据必须在合理合法的前提下才可以使用。

（10）战略架构师角色

作为战略架构师，CDO 侧重于利用数据或内部业务流程为组织开发新机会（战略），负责与业务战略相一致的数据战略。

例如，一家数据公司的 CDO 负责建立一个企业架构，以产生增值的客户数据产品。在 CDO 的领导下，这家数据公司制定了一份规范，描述了交付新数据产品的业务流程、每个流程所需的时间以及每个流程的负责人。这份规范被用于与组织成员进行日常协作。这位 CDO 回忆道："我们制作了每个人的'地图'。每个人都知道自己在公司中的数据角色。""地图"中还附有数据产品的改进建议。这位 CDO 报告称，"地图"将新数据产品的上市时间缩短了 50%。此外，这家数据公司还领先竞争对手研发出了更好的数据产品，从而获得市场的战略优势。

3.4 CDO 的必备技能（美国联邦政府首席数据官委员会的观点）

按照美国联邦政府首席数据官委员会的要求，联邦 CDO 要想发挥作用，就需要掌握广泛的技能。他们必须具有数据治理（包括数据标准的创建、应用和维护）以及实施数据政策和数据战略的经验。他们还需要了解与开放数据的使用和实施相关的责任。最后，他们必须是数据布道者，负责改变组织文化，利用数据解决实际问题，并将组织的数据标准作为副产品来提高整体数据质量。

根据美国联邦政府首席数据官要求的规定，担任 CDO 职位的人员必须具备以下能力：

- 向所有受众传达和翻译复杂的概念；
- 了解组织的业务挑战、确定它们的优先级，并在这些领域实现价值；
- 建立并领导整个组织的数据团队；
- 保持目标导向，专注于通过建立结构和管理成果来实现特定目标；
- 适应并处理对不同客户具有重要意义的不同问题；
- 影响他人实现数据的使命价值；
- 管理组织内部的变化。

3.5 CDO 的数据能力：数据素养

CDO 必须具有数据能力。组织管理和决策的基础是数据，要以数据为驱动，赋能组织的业务运作和决策，这就要求组织具备数据战略、数据架构、数据治理等一系列的数据能力。

这种数据能力有时也称为"数据素养"。

根据 Gartner 给出的定义，数据素养是在上下文相关内容中读取、写入和交流数据的能力，包括理解数据源和结构、应用的分析方法和技术，以及描述用例、应用程序和结果价值的能力。

首席数据官是组织数据领域最高负责人，必须具备非常优秀的数据素养，并能够通过培训、交流、对标等方法提升整个组织的数据素养。

有良好数据素养的组织使用数据读写工具来提高整个组织的数据读写能力。一个好的数据读写工具将提供业务词汇表管理和自助数据发现等功能。最终的结果是打造一个在存储、发现、使用数据方面更加流畅和高效的组织。

当组织中的所有干系人都能有效地"讲数据"时，组织可以更好地理解和识别他们所需要的数据，在访问和准备数据时更加自给自足，并且能够更好地与其他消费者分享他们在数据方面的知识和经验，为获取更大的收益作出贡献，从而在数据（管理和治理）方面更有效地与合作伙伴协作，以提高效率和数据质量。

关于数据素养的具体内容，我们将在第 26 章阐述。

3.6 CDO 的业务能力

CDO 应该具备足够的业务能力。数字化转型是数字技术对传统商业模式、业务模式、运用模式、决策模式等方面的重塑与再造，业务能力是数字化生产活动的最终目标，也是组织需要通过自身或者协同合作伙伴提升的必要能力。

首席数据官应具备良好的业务知识，并且需要熟悉组织的采购、供应链、生产、营销等业务情况。只有充分地理解业务，首席数据官才能通过数据的关联关系为组织把脉。

当组织确定数字化战略并制定出战略地图后，组织将结合组织运营模式来梳理业务地图，并依次推导算法地图、数据地图和应用地图。业务地图是企业实现战略地图的行动方案，包括业务流程和业务方式。企业只有梳理了业务地图，才能弄清楚哪些业务环节可以优化、重组。企业若拥有不同维度的业务，特别是核心业务，则在规划初期便应分解出相关举措，对现有业务架构进行梳理，分析当前面临的问题及痛点。

首席数据官在业务地图变得清晰后，应积极与首席信息官分工和协作，科学、合理地开展数据管理和数据治理有关工作。首席数据官应有较强的流程优化能力，对业务场景与数据的关联性有敏感的嗅觉和洞察力，进而能够推动数据驱动业务的落地。

3.7 CDO 的技术能力

首席数据官应具备足够的技术能力。CDO 需要具备对技术的甄别能力、架构能力、应用能力以及整合能力等，并能够结合实际情况进一步追踪技术趋势对自身数字化转型的影响，以及评估数字化技术深化应用对组织业务目标实现的价值。

首席数据官应具备强大的数据管理技术知识体系，并具备 IT 领域的知识体系，了解最新信息技术原理和应用情况。

首席数据官应该对数据领域有充分的理论体系和实践经验，能够在充分理解数据是数字经济以及企业数字化的重要基础这一原则的前提下，较好地组织企业数据治理以及数据驱动业务的工作，尤其是在实际工作中，当遇到复杂场景时，要能够找到有效解决办法。首席数据官应该能够把握数据要素市场的发展动态，充分挖掘企业数据的价值与潜力，甚至在数据要素市场落地的可能性。首席数据官要熟悉数据中台与业务中台等技术框架，要能够对有关产品进行科学合理选型，并不断改善产品的有效运转以达到业务目标。首席数据官应能够有力组织搭建数字化共享平台，以便为企业数字化转型提供有效支撑和促进。

首席数据官应理解 5G 技术、IoT（Internet of Things，物联网）技术、数字孪生、云计算、人工智能、区块链等信息技术的原理，要能够对新技术在行业和企业的实践应用有深刻认识，特别是要有将新技术与大数据、数据管理相互促进融合的能力。

对于这些新技术，我们将在后面的章节中展开介绍。

3.8 CDO 的团队能力

首席数据官应具备人才保障与资源供给能力。组织的数字化转型需要一支具有跨职能授权和强大支持的团队，这支团队能够应用数字化工具或系统改进组织的价值创造模式。

首席数据官应能够有效管理企业内数据团队的运作，积极提高数据团队的组织绩效，并且应能够充分开展企业数据团队人才挖掘和培养工作。

首席数据官还应该能够对数据管理中的相关安全风险有深刻的洞察力，从而引导公司的合规、法务、IT 等部门与数据团队一起，在法律法规和公司制度要求的指导下，落实好数据安全工作。

3.9　CDO 的战略规划能力

数字化转型是自上而下的深层次变革，CDO 必须从顶层设计落实到所涉及业务的有效行动，其中就要求 CDO 具备从变革驱动、创新能力、组织架构等多个维度规划组织数字化转型蓝图的能力，以及进行知识与经验转化的能力。

首席数据官是组织高层团队中的一员，应深刻理解企业的发展战略，了解企业的核心业务知识，并洞悉行业的发展趋势。

首席数据官应能根据企业战略和企业实际情况，与首席执行官、首席信息官、首席财务官等高管深度配合，科学构建企业的数据战略，并积极打造组织的数字化转型委员会或其他数字化决策机构。

首席数据官应精通数据收集、管理、分析等方面的业务理论和技术，具备对数据资产管理运用工作进行全局战略规划和布局、配置企业内外部数据资源、制定企业发展目标和工作计划的战略思维与规划执行能力。

3.10　CDO 的沟通交流能力

首席数据官应具备强大的沟通交流能力，包括对董事会或首席行政官等高层领导的向上沟通能力，对业务部门的数据需求以及数据绩效的沟通能力，落地数据战略对业务部门的影响力，以及对数据团队工作的全面掌控力。

首席数据官应有效构建企业数据文化，提升企业内从高管到中层员工，再到普通员工的数据素养和数据管理能力，并通过有效沟通，收集各方积极反馈，结合组织实际情况积极优化、调整有关数据管理的工作。

3.11　CDO 的性格特征

首席数据官最重要的性格特征是具备积极开放的心态，既能在组织内团结数据团队、IT 团队、业务团队，也能积极主动学习行业优秀的数据管理实践，力争做到在博采众长之后，因地制宜地应用到组织中。

积极开放的心态有助于首席数据官了解国内外数据领域最新的发展动态，准确把握数据领域国内外有关政策、法律、标准的内涵，充分关注国内外一些重要机构在数据领域的研究新动向。

3.12　本章小结

本章首先分析了 CDO 面临的一些挑战，而后分析了 CDO 有可能担当的一些角色。基于这些内容，本章提出了 CDO 应该具备的能力和性格特征。CDO 首先应该具备数据能力（数据素养），包括数据战略的规划能力等，同时还应该具备一定的业务和技术能力。作为数据领域的最高负责人，CDO 应具备建设和带领数据团队的工作能力。在性格特性上，CDO 应该具有开放的心态，能够接受新兴事物，保持好学的精神。

第 4 章

CDO 的行动指南

CDO 的成功有赖于可操作的行动路线图，尤其是在任职的第一个 90 天。本章描绘了 90 天或 100 天内 CDO 的关键工作，用以帮助 CDO 进行成功的角色转换，为未来的履职奠定稳固的基础。

4.1 概述

CDO 工作职责繁多，千头万绪。事实上，仅仅数据战略这一项，就需要 CDO 花费大量的时间来了解一个新组织的核心业务、管理模式、公司战略、数据管理情况、信息化建设情况等内容。为了起草与业务高度契合的数据战略，CDO 需要了解组织的业务目标并与主要利益相关者建立融洽的关系。归根结底，CDO 工作的有效性始终取决于他们影响决策者和争取变革支持的能力，这并不是一件容易的事。

根据 Gartner 的调研，在美国，90% 的大型组织已经设立了 CDO，但这些 CDO 中大概只有 50% 最终可能会成功。成功与失败之间的差异在很大程度上取决于 CDO 履职的第一个 90 天。

4.2 国外关于 CDO 行动计划的一些观点

4.2.1 isCDO 关于 CDO 的 90 天行动计划

基于最佳实践，isCDO 对 CDO 的行动路线图提出了"CDO 的 90 天行动计划"。该文档由罗伯特·阿巴特（Robert Abate）于 2019 年起草，并经过业内多位思想领袖参与编写和修订，最终于 2021 年发布。

在最新发布的 1.6 版本中，该文档将 CDO 履职的第一个 90 天分为第 1～30 天、第 31～60 天、第 61～90 天三个阶段，每个阶段都包括若干活动和成果，详见图 4-1。

图 4-1　isCDO 关于 CDO 的 90 天行动计划图

CDO 除了着眼于最近 90 天的活动和成果之外，还应该具有一到两年的投资规划能力。isCDO 关于 CDO 的第一年和第二年行动路线图如图 4-2 所示。

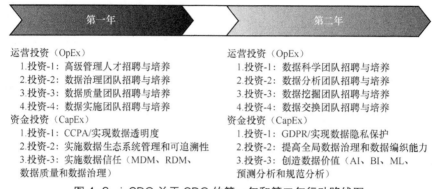

图 4-2   isCDO 关于 CDO 的第一年和第二年行动路线图

4.2.2   Gartner 关于 CDO 的 100 天行动计划

关于 CDO 的行动计划，Gartner 给出了一份名为"CDO 的 100 天"的文档作为指导。该文档的上次审查时间为 2017 年 3 月 31 日，Gartner 将 CDO 履职的前 100 天分成 6 个不断循环、相互重叠的阶段——准备、评估、规划、行动、测量和沟通，其中沟通贯穿始终。该文档强调了沟通对于 CDO 的成功起到至关重要的作用。Gartner 关于 CDO 的 100 天行动路线图如图 4-3 所示。

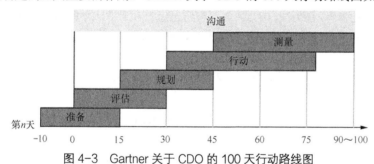

图 4-3   Gartner 关于 CDO 的 100 天行动路线图

图 4-3 所示模型中的活动相互重叠，沟通贯穿始终。这非常类似于项目管理的交付过程（参考 PMBOK 第 6 版）。另外，Gartner 还强调了在就职之前，就提前启动准备工作。

每个阶段都包括关键的目标成果、活动和资源，以及在时间和资源允许的情况下需要考虑的一些可选想法。沟通阶段跨越整个过程，其余每个阶段都包括有效沟通的具体行动。

对于准备、评估、规划、行动和测量这 5 个阶段，文档"CDO 的 100 天"中都提供了详细的描述，并且每个阶段都包括目标成果、活动、沟通和资源等相同的结构。

4.2.3   CDOIQ 关于 CDO 的 90 天行动计划

CDOIQ 关于 CDO 的 90 天行动计划与 isCDO 的计划比较接近，也采用了敏捷的方法。

1. 阶段性推进

30 天为一个小周期，90 天为一个大周期，反复循环、持续推进。在每个 90 天的周期中，都包括重塑团队思维模式的过程，包括愿景、文化价值观和行动准则，并在完成差距分析之后制定解决方案、规划路线图和投资计划，以及敏捷冲刺和重复过程。

CDOIQ 认为，虽然在不同企业内部，在建立 CDO 办公室的过程中存在差异，但以下内容通用地总结了 CDO 在履职前 90 天内应该完成的工作。

（1）CDO 将负责与内部利益相关者建立牢固的关系，从 IT、法律、人力资源、财务和风险部门的人员开始。与这些部门就数据治理的业务收益和他们各自领域的盈利进行沟通是至关重要的。

（2）从 CIO 所在的组织中任命两个以信息为中心的 IT 角色作为副 CDO。一个副 CDO 专注于技术，另一个副 CDO 专注于业务场景。

（3）建立一个与业务战略相关联的数据战略。

（4）在组织内招聘以数据为中心的角色——数据架构师和数据管理专员，开始组建 CDO 团队。

（5）参与 CDO 学习社区（研讨会）、认证项目、在线 CDO 论坛等。活跃的想法以及从其他CDO 中学习，将是学习曲线的重要组成部分。

（6）开始建立里程碑，定义和传达现实的、可测量的、有时限的目标。

（7）开始赢得小胜利，帮助 CDO 角色获得可信度。长远规划，从小做起，快速行动。

2. CDO 的短期行动计划

CDO 在就职之前主要做两件事情：

- 了解组织的业务、技术、文化价值观、行为准则等；
- 与关键利益相关者建立非正式沟通，展示能力和成就。

第 1 日，办理入职手续，与关键利益相关者相互认识：

- 了解公司的办事流程并接受必要的培训；
- 与直属上级会面，建立沟通渠道和汇报机制；
- 与直属下级会面，建立沟通渠道，并展示能力和成就。

第 1 周，建立沟通，与主要利益相关者相互认识：

- 与人力资源（HR）专员会面，相互认识，建立沟通渠道；
- 与其他关键利益相关者会面，相互认识，建立沟通渠道。

第 1 月，收集需求，并与直属上级和 HR 保持沟通：

- 收集关键/主要利益相关者的真实需求并记录；
- 整合需求，分析需求，并对其排列初始优先级；
- 制定解决方案以及人员能力和人员数量需求；
- 人员现状评估和差距分析，制订人员需求计划；
- 与 HR 进行协同，启动人员招聘和培养工作。

第一季度，建设 CDO 办公室，并建立信任关系：

- 招聘必要的人员，并进行新招聘人员和现有人员的培训；
- 依据业务战略，建立数据战略，对齐数字化转型战略；
- 建立 CDO 办公室的文化价值观和行为准则并推广；
- 交付风险小、见效快的小项目，以建立信任关系；
- 积小胜为大胜，奠定 CDO 和 CDO 办公室的地位。

3. CDO 的中长期行动计划

第 1 个半年，构建 CDO 办公室的数据驱动型组织能力：

- CDO 办公室建立统一的文化价值观和行为准则；
- CDO 办公室建制齐全，人员配合良好，有战斗力；
- 可以启动大型项目，推动数字化转型战略落地实施。

第 1 年，打造基础数据和数字化能力，提高组织数据素养：

- 建立数据治理平台，打造数据治理能力，保障数据质量；

- 建立主数据和参考数据平台，推广数据标准和数据共享；
- 建设数据仓库/数据湖/数据集市/BI，建立数据分析能力。

第 2 年，推动数据资产自动化/智能化，推动数字化转型：

- 打通全域数据，统一数据标准，保证数据高质量；
- 组建数据科学团队，推动数据资产变现和决策能力；
- 用数据驱动型组织能力支撑数字化转型重塑业务模式。

第 3 年及之后，建设持续的数据驱动型组织能力并创造价值：

- CDO 办公室要保持创新精神、敏捷思维和进取心；
- 深入利用人工智能（Artificial Intelligence，AI）、机器学习（Machine Learning，ML）等新兴技术；
- 形成具有自我更新和自我完善能力的团队和业务模式。

4.3   DAMA 的 CDO 行动路线图

简单而言，为了顺利开展工作，CDO 应该首先重视与业务部门和高级管理者沟通，然后尽快取得短期成效，最后制订并持续执行组织的中长期规划，让组织保持持续的成功。具体而言，包括如下重要工作内容。

4.3.1   获得支持并确定具体目标

CDO 应该将前 90 天的一半时间用于和业务部门进行正式或非正式的沟通，尤其是研发、运营、销售、售后服务等部门。这样才能为后续成功做好准备。

这段时间的工作重点是与关键利益相关方建立融洽的关系，更好地理解他们的关键业务目标，以及了解组织对数据管理的诉求和数据管理的成熟度。CDO 在前 90 天应该与业务部门建立牢固的关系，同时对组织的痛点有清晰的了解。

1. 确保获得 CEO 的支持

CDO 的首要任务应该是确保与 CEO 沟通，除此之外没有更好的方法来了解组织现有的业务战略以及数据战略。CDO 的目标应该是牢牢掌握整个公司的数据角色和使用情况，比如：

- 数据是否已经被普遍认可为资产？
- 公司数据的管理是交给 IT 部门还是业务部门？
- 组织是否尝试过数据管理，但未能成功实施？如果是这样，出了什么问题？
- 组织是根据数据做出决定，还是靠直觉驱动？

回答这些问题将使 CDO 充分了解公司现有的数据文化，同时找到前进道路上可能遇到的障碍。

除了明确 CEO 的目标和期望之外，CDO 还应该利用沟通的机会为未来的数据计划争得其他高管的支持。如果 CDO 能够得到 CEO 的支持，那么与其他高管沟通并制定优先事项和目标就会轻松许多。

为了避免陷入为了数据治理而治理的困境，CDO 必须始终坚持业务驱动的心态。此外，CDO 还应该将业务需求放在首位，明确未来几天做什么和不做什么。

2. CDO 需要向管理层解释自身的角色，为变革提供基础

除了需要明确来自 CEO 的支持之外，CDO 还需要向业务领导和高级员工解释 CDO 的角色和主要职责。业务领导需要清楚地了解 CDO 将如何帮助各业务实现特定的目标。CDO 的角色不是命令其他部门为自己服务，更不是增加其他部门的负担。CDO 应该为业务部门提供帮助，特别是为业务部门提供数据的量化支持。

CDO 的工作是向高管解释为何数据是主要的业务驱动力，以及为何应该利用数据提高竞争力。换句话说，CDO 应该向大家说明数据是一种核心的生产力，同时也要向大家说明数据管理的全部内容。

让管理层了解数据治理的好处可能很困难，但为了获得支持，CDO 需要能够提出有说服力且相关的变革案例。比如，就企业内部而言，良好的数据如何帮助销售团队改善客户关系和提高营销活动的绩效、如何优化产品工艺和业务流程等；就企业外部而言，数据管理如何可以帮助组织避免法规风险等。

要真正赢得高管的支持，CDO 需要事实和数据。比如，当 CDO 说到为什么要做主数据管理时，以下这些就是很有说服力的数据。

主数据管理可以帮助我们实现直接的经济价值：
- 物料主数据的建设将能够降低集团整体库存 8%～20%；
- 财务主数据的建设将能够提高资金周转率 5%～15%；
- 客商主数据的建设将能够提升集团市场开拓能力 12%～18%。

主数据管理还有如下管理价值：
- 提高集团管理效率 3%～12%；
- 降低集团运营风险；
- 降低 IT 集成及运维成本；
- 提升数据质量，增强决策能力；
- 实现供应商精确管理，提高供应商管控能力。

最后，主数据管理还有如下社会价值：
- 实现客户精准服务，提高客户满意度；
- 提高企业形象；
- 解决社会就业问题等。

3. 确定长期的数据战略和具体的业务目标

CDO 最终应该建立一个有效的、能够落地的数据战略。为了制定有效的数据战略，CDO 需要对组织的关键业务目标有清晰的了解。为此，CDO 应该尽可能多地了解组织的长期战略和具体的业务目标。

鉴于 CDO 的前 90 天将面临数量众多的会议，因此建议开展一些准备工作。CDO 甚至在正式开始行动之前，就应该与业务领导和 IT 高管举行会议，这有助于更好地了解组织的情况。对于 CDO 而言，这些会议既是为了给利益相关方留下良好的第一印象，也是为了收集信息。

4.3.2 了解组织的数据和技术现状

一旦详细了解组织的长期战略和具体业务目标，并清楚了解组织的主要利益相关者的需求，CDO 就可以准备好进入其前 90 天行动计划的下一阶段了。

CDO 的下一步工作是与 CIO 及其技术团队合作，了解公司当前的数据环境，包括评估企业当前的数据平台、数据架构和数据分析解决方案，以及了解现有的数据采集、存储、传输、处理、应用等情况。

CDO 还应该评估数据处理人员的技术能力，如数据架构能力、数据分析能力、数据质量管理能力等。组织可能拥有所需的所有数据，但仍缺乏有效使用数据所需的技术和技能。

在该阶段，CDO 不应该一开始就寻求做出任何重大改变，该阶段的工作仍然是定位和评估。

按照 DAMA 的观点，数据管理的直接目标是提高数据质量。为了了解组织现有的数据和技术状况，数据质量是一个很好的突破口。

另一个很好的突破口是数据安全。通过对组织自身的数据安全进行审计，也可以很好地了解组织的数据和技术状况。

1. 通过快速评估了解数据质量

为了全面衡量组织现有的数据，CDO 需要开始进行各种数据审计，并关注主要数据的质量问题。

显然，根据组织的规模和技术环境的复杂性，进行全面的数据质量审计可能需要非常长的时间，因此最好与技术部门联手进行，同时也要求业务部门的支持和参与。

在这个阶段，CDO 不应该审计所有的数据，而应该选择一些重点的关键数据——那些对组织来说最重要的数据。CDO 甚至可以专注于单一操作或关注业务域，如客户数据。考虑到这个单一的操作或流程，CDO 应该挑选一些（比如十几个）需要完善的数据属性（如客户姓名、账号、手机号码、身份证号码等）来开展审计。

2. 识别数据质量问题和数据缺陷

在粗略评估数据的质量之后，CDO 的下一个目标应该是确定公司现有数据管理实践的薄弱点。与数据质量问题一样，CDO 应根据严重程度对这些薄弱点进行分类，并相应地优先考虑未来的解决方案。

CDO 很可能会发现一些数据质量问题，比如：

- 缺少数据定义，存在不明确或未定义的关键数据元素；
- 字段不完整或不准确；
- 数据的及时性问题，无法满足用户的要求；
- 业务孤岛和不完善的流程导致数据孤岛；
- 缺乏统一的集成规范等。

有些问题需要进行复杂的、制度性的或结构性的更正，而另一些问题可能只需要找到更有效的工具即可解决。

虽然投资于强大的数据质量工具或数据管理软件似乎是解决公司数据质量问题的万能解决方案，但事实是，工具只是大局中的一小部分。在投资于工具之前，CDO 应始终专注于公司的人员和内部流程。毕竟，如果组织一开始就没有明确的方法来定义、共享或采取行动，高质量的数据又有什么用呢？

在记录公司现有数据的状态并标记所有明显的问题后，CDO 的下一步工作是询问组织是否真的有足够的数据来合理地实现其目标。

- 如果答案是否定的，那么 CDO 需要启动新的数据收集和共享实践，为公司提供所需的所有基本信息。
- 如果答案是肯定的，并且组织有足够的数据，那么 CDO 就可以准备开始制定如何使这些数据发挥作用的战略。

4.3.3　评估组织数据管理能力成熟度

对数据质量的评估，往往是在组织内部进行的；而对组织数据管理能力成熟度的评估，则一般请外部机构来进行。

有多种方法和体系可以用来进行这个成熟度评估，比如 EDMC、IBM、CMMI 等都有相应的评估模型。我国也有 DCMM 评估标准。关于这些评估体系，我们后续会单独介绍。

作为 CDO，就这个成熟度评估而言，需要特别关注如下几点。

1. 角色和责任是否明确

CDO 需要绘制出数据在组织中的流动和传递方式——数据的来源、管理人、组织和沟通方式，以及最终如何将数据应用于实际业务运营。

CDO 需要确定数据所有者、数据管理员和所有其他数据处理员工是否真正了解他们的职责和期望。

2. 技术团队与业务目标是否保持一致

技术团队在战略上与组织的业务目标保持一致是至关重要的。DAMA 提出的战略一致性模型和阿姆斯特丹模型，强调的都是在战略上，技术必须为业务服务。在业务部门设立和任命数据所有者就是一种很好地解决这个问题的方法。

考虑到每个部门都可能有自己特定的需求和业务目标，定义企业级的业务目标是一项跨职能的工作，这需要协作和沟通。

3. 业务术语表和关键数据是否已定义

如果没有业务术语表来建立通用术语，则任何讨论都可能很快变成数据争吵。各部门对相同的数据会有自己的理解，通常是不相容的解释。例如，销售部门可能认为客户是曾经购买过东西的人，而财务部门可能会将客户限定为那些支付成功的人。面对相同的数据，这两个部门得出了截然不同的结论，而且双方都无法为业务做出自信的、数据驱动的决策。为了防止这种情况发生，业务术语表是必不可少的。

同样，关键数据（Critical Data Element，CDE）的识别和梳理也需要达成共识。

图 4-4 给出了目前普遍接受的定义关键数据的流程图。

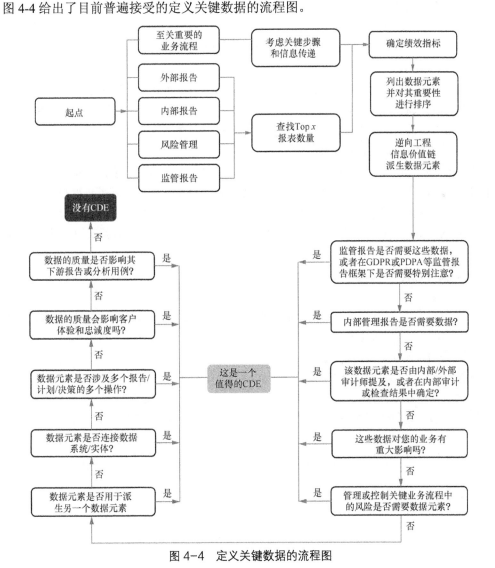

图 4-4　定义关键数据的流程图

定义关键数据和构建业务词汇表的最终目标是，为公司的关键决策者提供对最有可能为业务创造价值的所有数据的一致理解。在达成共识并掌握基本数据后，组织将更有能力做出自信的、数据驱动的业务决策。

4.3.4　制定路线图并设置合理的 KPI

在确定了组织的业务目标、评估了数据和技术的现状，并对组织自身的数据管理能力成熟度做了全面评估后，CDO 就可以开始制定解决方案了。该解决方案就是我们后面将要讲到的数据战略。

数据战略应该包括如下两部分：

- 数据战略设计和规划；
- 数据战略实施路线图。

在制定数据战略的同时，CDO 需要用公司的 KPI（Key Performance Indicator，关键绩效指标）建立一个现实的时间表。KPI 对于有意义地衡量进度以及让 CDO 及其所有活动对业务完全负责是绝对必要的，并且也是 CDO 设定明确期望并准确定义成功的最实用方法之一。

为确保所有数据计划始终以业务为中心，CDO 应该将其所有 KPI 与可量化的业务里程碑联系起来，而不仅仅是技术和工具。KPI 可以反映成本节约或优化、销售改进、营销转换和流失率，甚至可以反映使用更好数据开发的附加服务的数量。KPI 还应该反映组织数据所有者的活动。

关于 KPI 的更多内容详见第 29 章。

无论 CDO 选择哪种 KPI，理想情况下，它们都应该以价值表示，并且对绩效有明确的影响。

在这个阶段，CDO 应该尽可能保持其 KPI 和时间表的可落地性，毕竟重大变化需要时间。

随着数据战略的起草、项目时间表的确立和可量化目标的设定，CDO 需要把数据战略向各方传达，并得到高管的同意和持续支持。

随着数据战略被批准，CDO 的前 90 天工作也将结束。在此后的阶段，CDO 需要不断实践和迭代他们的初始路线图，与团队经理和利益相关者沟通、讨论，以获取定期进度报告。

为了能够赢得管理层的持续支持，CDO 应该努力尽可能多地实现一些短期效益。数据战略一般是 3～5 年的规划，但在具体落地时，我们必须小步快跑，每 3～6 个月就实现一些短期的目标。

4.4　本章小结

CDO 职责繁多，千头万绪。到底如何开展工作，并保证自己能够及时融入组织的管理团队？CDO 入职最初的 90 天至关重要。

在入职最初的 90 天，CDO 应该：

- 获得 CEO 和高层管理者的支持；
- 了解组织的业务目标，并从战略的角度保持与业务目标一致；
- 通过内部自查和外部评估，了解组织自身的数据状况和数据管理的成熟度；
- 制定蓝图。按照业务目标和自身的状态，制定切实可行的数据战略。

在完成以上所有这些准备工作和评估后，CDO 就可以准备开始后续的工作了。

第二篇

管好数据

第5章

数据战略

作为企业战略的一部分，制定企业数据战略是 CDO 的核心工作，甚至是 CDO 最重要的工作。数据战略确立了企业数据管理的目标是什么、如何使用数据、如何管理数据、资源的投入等。数据战略是企业开展数据管理，从而推进数字化转型的指南。

5.1 概述

5.1.1 战略是企业的生死大计

对于"战略"一词，维基百科给出的解释是，"为实现某种目标（如政治、军事、经济、商业或国家利益等方面的目标）而制订的高层次、全方位的长期行动计划"。美国著名政治家、军事家威廉·科恩说："在任何场合，企业的资源都不足以利用它所面对的所有机会或回避它所受到的所有威胁。因此，战略在本质上是一个资源配置的问题。成功的战略必须将主要的资源利用于最有决定性的机会。"

对于数据战略，DAMA 给出的定义是，"数据管理计划的战略，是保存数据和提高数据质量、完整性、安全性和存取的计划，包括利用数据来获得竞争优势和支持企业目标"。数据战略必须来自对业务战略中固有数据需求的理解——组织需要什么数据，如何获取数据，如何管理数据，如何确保数据的可靠性，以及如何利用数据。麻省理工学院信息系统研究中心数据委员会认为，数据战略是"一个集中的、综合的概念，旨在阐明数据将如何启动和激发商业战略"。

显然，战略（尤其是数据战略）是企业的生死大计，决定了企业能否拥有独特的"护城河"，从而引领企业实现高质量发展，在数字化转型的浪潮中脱颖而出。

5.1.2 数据赋予企业的机遇和挑战

1. 数据提供的机遇

一是，企业通过数字化转型可以提升生产效率和运营管理水平。以我国家电行业股票市值第一的美的集团为例，美的集团通过数字孪生技术实现全流程数字化生产管控，在全集团工厂部署 AI 技术智能化体系，实现生产效率提高 50%，产品品质提高 10%，并通过 AI 技术实现订单预测、智能排产和最优路径规划，使排产效率提升 70%，排产准确率达 90%，交期缩短 35%。

二是，通过数据驱动的产品和服务创新为企业带来新的价值增长点。2021 年，特斯拉汽车的应用软件业务营业收入达到 38.02 亿美元，占特斯拉总收入的 7.06%，同比增长 65%。

三是，完成业态转变，形成数字新业务，企业的数据可以作为商品进行交易，实现从数据驱动型公司向数据公司的转变。2021 年 10 月，南方电网制发全国首张公共数据（企业用电数据）资产凭证，通过有力整合电力大数据资源和银行金融服务资源，快速为中小微企业"画像"，切实破解企业融资难题，同时也探索出一条电力数据价值化的路径。

2. 海量的数据也给企业带来风险和成本

一是，爆炸式的数据增长给企业带来了大量数据的存储成本。企业每年要消耗 460 亿美元用于数据存储，占全球数据中心基础设施投入的 26%[①]。然而，海量的数据里只有 2%能被利用[②]，这意味着企业需要为大量的"沉默数据"支付高额的存储成本。

二是，堪忧的数据质量。垃圾数据会给企业带来直接的损失和低下的使用效率。据 Gartner 统计，每年的数据质量问题会给企业造成平均 1290 万美元的损失。Econsultancy 也有相关统计，部分数据不佳的公司损失了约 30%的收入，还有 21%的企业因此声誉受损。此外，数据质量低下还给数据分析人员带来大量额外的工作，如今，输出一份数据分析报告平均有 60%的时间需要花在数据清洗上。

三是，数据存在安全风险，数据所有权尚未明确，监管压力大。2022 年 IBM 中国调研发现，恶意数据泄露平均给调研中的受访企业带来 445 万美元的损失，比系统故障和人为错误等意外原因导致的数据泄露损失高出 100 多万美元。

5.1.3 企业需要有数据战略

传统的企业战略包含业务战略、营销战略、技术战略、人才战略等，随着市场环境的发展，企业战略的内容也在不断丰富和调整。

过去，系统/应用解决一切问题，企业制定了 IT 战略，而数据仅仅作为 IT 系统的副产品，通常仅视为技术公司和专家的关注点。现在，随着数据的传输速度和数据量不断提升，大多数业务领导者意识到，有效的数据管理对企业的成功至关重要，在竞争日益激烈的经济和商业环境中，数据是企业能够应对变化的关键。数据在企业中的地位不断提升，数据战略与业务战略深度融合，上升到企业战略的顶层（见图 5-1）。

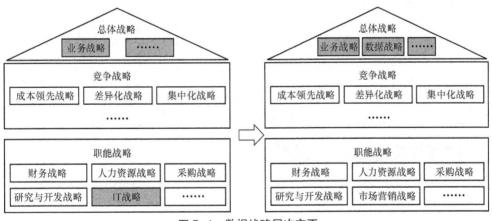

图 5-1 数据战略层次变更

随着数字经济的加速发展，业务数字化程度加深，企业数字化投入不断加大，数据已成为企业的重要战略资源。中国企业数字化进程稳步推进，数字化转型成效显著的中国企业数字化比例已从 2018 年的 7%攀升至 2021 年的 17%[③]。中小企业对数字化的投入占每年营收的平均比例为 27.5%[④]，近六成企业表示未来一到两年将加大数字化投资力度。IDC 预计，中国 2022—2026 年数

① 数据来自网络文章《十倍存储成本节省，上讯信息 ADM 助力企业"降本增效"》。
② 数据来自网络文章《全球仅 2%数据被利用，AI 能否深挖数据红利？》。
③ 数据来自埃森哲发布的《2022 中国企业数字化转型指数》。
④ 数据来自腾讯研究院发布的《中小企业数字化转型发展报告（2022 版）》。

字化转型总支出将达到 2.38 万亿美元[1]。

有效的数据战略可以为组织带来显著的竞争优势，如降低运营成本、提高客户满意度、增强经营效益等。2021 年，我国有 42% 的企业将数字化转型战略作为企业业务的支撑[2]。在我国实施数字化转型战略的企业中，通过数字化转型的实施给 85% 的企业带来了 5% 的收入提升，给 48% 的企业带来了 10% 的收入提升[1]。

因此，企业需要制定数据战略来有效管理和利用数据，塑造核心竞争力。

5.1.4 部分国家或地区的数据战略

当下，数据已成为国家治理中不可或缺的工具，成为关系国家安全和国际竞争力的重要资源。近年来，中、美、英等国相继出台国家数据战略，力图搭建国家层面的数据治理方案，探索数据价值利用之道。表 5-1 列出了部分国家或地区的数据战略。

表 5-1 部分国家或地区的数据战略

国家或地区	时间	部门	政策	特点
美国	2019 年 12 月 23 日	行政管理和预算办公室	《联邦数据战略与 2020 年行动计划》	以政府数据治理为主要视角，描绘了未来十年的数据愿景和关键行动，并初步确定各政府机构在 2020 年需要采取的关键行动
欧盟	2020 年 2 月 19 日	欧盟委员会	《欧洲数据战略》	概述欧盟未来 5 年实现数字经济所需的政策措施和投资策略。以数字经济发展为主要视角，推动构建欧洲单一数据市场，提升竞争力
英国	2020 年 9 月 9 日	数字、文化、媒体和体育部	《国家数据战略》	设定 5 项"优先任务"，研究英国如何利用现有优势来促进企业、政府和公民对社会数据的使用
中国	2015 年 10 月	中共十八届五中全会	首次提出实施国家大数据战略	全面推进我国大数据发展和应用，加快建设数据强国，推动数据资源开放共享，释放技术红利、制度红利和创新红利，促进经济转型升级
	2020 年 3 月	中共中央、国务院	《中共中央 国务院关于构建更加完善的要素市场化配置体制机制的意见》	首次将数据与劳动、土地、知识、技术和管理并列为重要的生产要素，强调要加快培育和发展数据要素市场，数据要素市场化配置正式上升至国家战略

5.1.5 数据战略的三个必答题

数据已成为重要的战略资源，为有效利用数字化带来的机遇，降低潜在风险和损失，数据战略的三个必答题如下。

- Why：为什么要制定数据战略，数据战略对企业有什么重要意义？
- What：数据战略包含哪些内容？
- How：如何制定、执行及评估数据战略？

5.2 数据战略七要素

数据战略的具体内容包含如下 7 个要素：

[1] 数据来自 IDC 发布的《2021—2026 年中国数字化转型市场预测：通过应用场景践行数字化优先策略》。
[2] 数据来自 2021 中国数字化年会发布的《2021 中国数字企业白皮书——四年（2018—2021）对标篇》。

（1）愿景；

（2）数据文化；

（3）数据组织；

（4）业务场景；

（5）数据能力；

（6）数据底座；

（7）实施路线图。

下面对这 7 个要素分别加以说明。

5.2.1 愿景：企业要成为一家怎样的数据驱动型公司

数据战略必须解答的问题是企业**要成为一家怎样的数据驱动型公司**，也就是公司的数据愿景。而成为怎样的数据驱动型公司，通常是由企业的主业数据决定的。我们可以通过数据发展方向来定位一家公司的战略类型。

1. 企业数据战略分类

"共享型"数据驱动型公司更倾向数据支撑业务目标，推动数据共享，挖掘数据价值。**"合规型"数据驱动型公司**更倾向管制数据，聚焦于数据合规、数据风险最小化。

从行业层面看，业务需求做加法，监管做减法。业务需求决定企业要去采集和共享哪些数据，监管决定企业对数据控制的程度——对数据分类分级、收集此类数据是否获得授权、要投入哪个级别来控制等。因此，企业数据战略方向由企业所在行业监管要求和业务需求决定。对于某些大型并且业务复杂的公司来说，可能同时强调业务需求和监管是最佳选择；但对于大多数组织，在起步阶段有所偏重才能提高组织资源利用效率。如图 5-2 所示，医疗数据涉及病人的健康隐私，政府和行业监管部门对此类数据有非常强的管控要求，而且数据泄露将给企业带来重大的声誉和财产损失。因此，对于医疗行业而言，合规大于共享，在数据合规方面应投入更多资源。

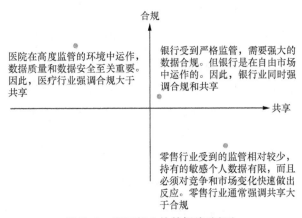

图 5-2 不同行业的数据战略倾向

从企业层面看，并不是偏向合规的公司就不需要考虑数据价值挖掘。在企业内部，各类数据面临不同监管要求和业务需求。因此，不同数据根据使用策略，应在企业内部合理分配资源。

如图 5-3 所示，客户数据是主营业务的核心，也是企业提高业务效益及监管合规的重点。因此，客户数据在合规和共享两个方向上要求很高，需要投入的数据管理资源自然更多。企业既需要把握合规和共享之间的平衡，也需要把握关键数据之间投入的平衡。

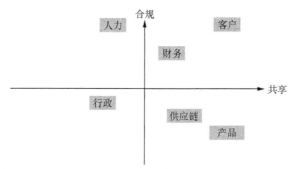

图 5-3　企业内部数据战略倾向

2. 企业战略不是一成不变的

企业战略既不是一成不变的，也不是非此即彼的，原因有以下两个。

（1）企业业务不断变化

企业业务转型自然造成公司拥有数据资产，数据资产的类型变了，企业就会有不同的战略倾向。另外，企业自身的成熟度也在不断变换。比如招商银行信用卡，前期就已经在数据的监管合规上做了大量工作，以确保数据在安全合规的情况下使用。如今，招商银行信用卡开始在数据挖掘上不断创新。

（2）外部监管的要求也在变化

各国都在不断地规范用户隐私数据的收集和使用，监管要求越来越高。自 2015 年以来，我国颁布了《中华人民共和国国家安全法》《中华人民共和国网络安全法》《中华人民共和国数据安全法》《中华人民共和国个人信息保护法》《中华人民共和国民法典》等多部法律。其中，2021年颁布施行的《中华人民共和国数据安全法》更是将数据安全提升到了国家安全的高度。

因此，刚开始实施数据战略时，企业更应根据自身的业务特征和监管要求选择保守型、分析型或兼顾型的数据战略。随着业务的扩张、监管环境的变化以及企业在实践过程中不断提高的数据能力，企业可以进一步增强自身在管控数据和利用数据上的资源和力量，逐步成为一家数据驱动型公司，如图 5-4 所示。

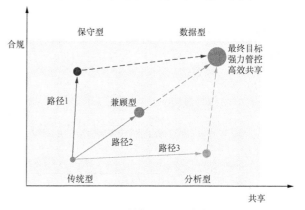

图 5-4　数据战略演进路径

5.2.2　数据文化：将数据思维植入组织文化

建设数据文化是首席数据官（CDO）的要务之一，指的是在企业内部形成"用数据思考、用数据说话、用数据管理、用数据决策"的价值观，**这归根结底是一种决策文化**[1]。数据文化的决策方式是通过数据来呈现现状、说明因果关系，这种文化可以使企业高效而正确地做出决策。表 5-2列出了常见的组织文化类型。

---

① Aaron Kalb. What is Data Culture and Why Do You Want One?[EB/OL].

表 5-2 常见的组织文化类型

	等级文化	共识文化	数据文化
价值观	地位、资历	一致意见	有理有据
决策点	领导的想法	争议小的事情	正确的事情
优点	高效	正确率高	又好又快
缺点	员工缺乏创造力、犯错率高	低效、缺乏创新	对组织、员工要求高

常见的组织文化类型有共识文化、等级文化和数据文化。在数据要素时代，CDO需要构建企业的数据文化。例如，对于是否开发一款新产品，等级文化的企业，就是领导决定后马上执行，效率很高，但有时候失败也更快；共识文化的企业，决策方式是"通过"，可能是民主投票，但只要有少部分人持异议，这个计划就不知道拖延到什么时候；而数据文化的企业，则通过用数据分析这项工作是否有可行性，预测出新产品的销售额有多少，只要能论证得出开发新产品对企业的战略有利，就可以执行。Forrester Research 声称，具有数据文化驱动的企业实现两位数利润增长的可能性要高出其他组织近 3 倍。

5.2.3 数据组织：构建业务负责制的数据管理组织

数据战略的执行需要组织保障。首席数据官负责引领企业数据愿景、任务和业务，并提供支持组织战略的数据能力来实现企业统一的数据文化。

数据组织至少包括：

（1）CDO，可以设立专门的 CDO 职位或由 CIO 兼任；

（2）数据委员会，名称可以因人而异，比如有的称为数据治理委员会，也有的称为数字化转型委员会等（数据委员会可以是实体机构，也可以是虚拟机构）；

（3）数据团队；

（4）数据管理专员等。

5.2.4 业务场景：让数据战略对齐业务战略

数据战略在本质上是以解决企业实际问题为出发点和归属的，DAMA 称其为"初始化项目"。数据战略必须满足特定的业务需求才能产生真正的价值，否则，企业可能会走弯路，浪费时间和资源，甚至有对整个组织的数据计划失去兴趣和信心的风险。因此，找到合适的业务场景来践行数据战略是成功的关键。可基于以下三个方向找到合适的场景，确定关键的数据项目和优先级。

方向一：企业管理领域，选择效率、效益提升方向。

在企业经营管理中，核心是要坚持提升效率和效益两个导向。效率从人、物（也就是员工、资产）角度切入，关注的是衡量要素投入的效率；效益从收入角度切入，关注的是产出效益。具体可以从生产要素投入、产出切入，可以通过收入和成本的转换率提升，以及通过业绩计列、营销正常质效、欠费回收管控等，构建盈利的管理能力和管理体系。在员工作业方面，可以分析员工在岗、作业动作和产能有效性以及产能和薪酬匹配的一致性，构建按劳分配的管理能力和管理体系，实现智慧决策、智慧执行、智慧洞察、智慧管理，让感知越来越灵敏、执行越来越穿透、协同越来越高效、决策越来越精准。

方向二：解决制约业务发展的瓶颈问题，指引业务战略未来的方向。

企业的数据战略要规划好如何利用企业的数据和数据技术，发挥数据要素叠加倍增作用，进一步实现产品创新，形成新的商业模式，从中获取差异化优势，或者从中开拓新的业务增长点。

比如，特斯拉通过售卖神经网络算法和基于大数据的完全自动驾驶（Full Self-Drive，FSD）软件获利 38.02 亿美元，占其总收入的 8.6%。某通信运营商售卖智能客户解决方案，年获利 3.5 亿元。上面的例子都通过数字技术为企业提供了新的盈利点。

方向三：强化数据安全，合规用数和防范降低风险方向。

随着企业数字化转型的推进，各类数据迅猛增长、海量聚集，对业务发展、企业管理、日常生产产生了重大而深刻的影响，特别是要避免在数据使用过程中发生数据泄露、数据盗用、数据滥用等安全事件，通过数据监管员工的违规行为，避免恶意分子给企业带来损失；此外，还要确保遵守国家法律或行业规定。Google 公司由于未经用户明确同意就利用数据进行定向广告推送，被认定违反 *GDPR* 中的规定，罚款 5000 万欧元，此类事件会给企业造成难以挽回的损失。

在制定数据战略时，一定要选择对齐业务战略目标的业务场景。只有这样，数据战略才能更好地在业务场景中验证效果，为企业的数字化转型提供信心。

5.2.5　数据能力：提供制度和流程支撑

企业应为数据治理、数据管理、数据分析应用等数据能力提供制度和流程支撑，提高企业数据管理能力和运营效率。

企业需要建立关键的管理流程。

- 管理数据所有者（Owner）和数据源认定流程。
- 管理数据使用权限流程。
- 管理数据项目申请流程。

企业还需要构建核心制度。

- **数据架构**：专注于有效、可持续地组织、结构化和标记数据。
- **元数据**：提供数据资产目录和元数据，以便访问和理解，了解变更系统的影响。
- **主数据**：为运营业务所需的共享数据指定跨企业的单一真实来源。
- **数据质量**：在向用户提供数据时，确保数据质量并对资产有清晰的理解。
- **数据安全**：确保正确的用户有权访问正确的数据。

5.2.6　数据底座：让数据可用、好用

数据底座既是数据平台和工具，也是企业使用数据的载体，直接影响数据战略的落地执行。"工欲善其事，必先利其器"，数据平台和工具主要发挥如下作用。

- 建立统一的数据平台，强化数据管理能力。
- 归集企业的数据资产，方便后续的挖掘。
- 提供便捷的数据服务，降低数据使用成本。

5.2.7　行动路线图：数据战略实施路线图

行动路线图是企业数据战略最终的可执行成果。有了明确的行动路线图，便能厘清数据战略要做哪些项目、哪些任务，以及优先级如何。行动路线图关键是要传递出企业数据战略的目标、项目、任务、负责人、考核指标等信息。以某运营商为例，其数据战略的行动路线图（见图 5-5）包括规划图、路线图、施工图、里程碑、任务书、绩效表等，可分为如下两块核心内容。

（1）项目的前因后果。"规划图"说明了公司数字化转型的目标有哪些，以及各项目是为哪个战略目标服务的。"路线图"说明了要提升哪些关键的数据能力。"施工图"说明了有哪些关键项目。"里程碑"说明了各项目的重点交付物和交付时间。

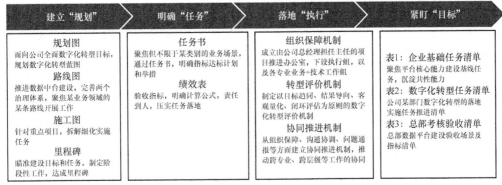

图 5-5 某运营商的行动路线图

（2）**各项目的范围和评估方式。** "任务书"说明了每个项目都有哪几项核心任务，以及这些任务的时间、要求等信息。"绩效表"说明了关键的交付任务有哪些，谁负责交付。

除此之外，以下内容也是在制定行动路线图时需要考虑的：

- 组织、人员是否到位；
- 企业投资预算的约束；
- 可能会阻止正确资源参与的竞争性项目。

5.3 数据战略实施的 Y 形路径

如图 5-6 所示，企业数据战略的实施包含 4 个步骤：数据战略分析、数据战略制定、数据战略实施和数据战略评估。

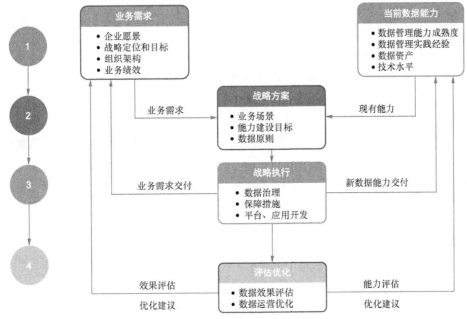

图 5-6 企业数据战略的实施

5.3.1 数据战略分析

要想数据战略可实施，首先要对企业自身的情况有充分了解，并且要对企业现有能力与业务需求之间的差距有清晰了解。

业务需求分析：在分析业务需求时，企业需要对内外部环境有全面认知。企业可以通过成熟的分析工具来进行全面的分析，成熟的分析工具有波特五力分析、PEST 分析、波士顿矩阵、价值链分析等。一方面，要找到企业在竞争市场中独特的价值主张，企业要在哪些业务上发力，以及是否可以通过数字化手段加强这种竞争力；另一方面，要对企业业务能力与目标的差距有清晰的认识。

当前数据能力分析：企业可以通过数据管理能力成熟度评估来了解企业目前的数据能力水平（如数据安全、主数据管理、数据质量等）如何，是否满足业务需求，沉淀的数据资产可否用于关键业务或者成为新的业务增长点？

5.3.2　数据战略制定

在进行完数据战略分析，并弄清楚"需求"与"现状"之间的差距后，我们就知道应该做哪些事情了，也明白了应该怎么去做。

1. 确定数据战略目标和实施路径

关于怎么落地各项数据工作，首先要做的是对各项数据工作进行合理的安排，不能顾此失彼，要有全局的战略部署。合理的安排，在严格意义上，就是对利益相关者，结合组织的共同目标和实际商业价值进行数据职能任务优先级排序。

2. 确定业务案例，找到数据与业务融合切入点

数据能力的提升最终是为满足业务需求和提升企业竞争力服务。业务战略决定了要做哪些业务、不做哪些业务，以及重点投入哪些业务，这样对应的数据战略要为哪些场景赋能就很清晰了，而且特定的业务场景也是对数据价值的快速验证。

3. 数据驱动原则

数据驱动原则是组织内对数据倾向的一致价值观，用于指导企业在大方向上做出选择。比如"内部+外部生态"，就是为了指导企业推进数据共享，鼓励数据的内外部活动，并借助组织内外部的力量对数据价值进行充分的利用。因此，当遇到组织内外部数据共享的问题时，企业首先考虑的不是数据要不要共享，而是如何构建安全合规的共享环境。

正如 DAMA-DMBOK 中所提及的，数据战略规划的交付物如下。

（1）数据战略章程，包括总体愿景、业务案例、目标、指导原则、关键成功因素、可识别的风险、运营模式等。

（2）数据管理范围声明，包括一些规划目的和目标，以及负责实现这些规划目的和目标的组织、角色和领导。

（3）数据管理实施路线图，用于确定特定计划、项目、任务分配和里程碑。

5.3.3　数据战略实施

制定好数据战略后，就到实施阶段了。数据战略实施主要分为两部分。

1. 数据治理是数据战略执行过程中的首要工作

数据治理提供组织、制度、流程等保障，确保各个数据项目有序进行。做好数据治理工作，是保证企业数据战略成功的第一步。

2. 数据平台和应用开发

在数据战略执行过程中，数据平台和应用开发是数据战略落地的载体，企业内外部人员通过平台、应用管理和使用数据。因此，在数据战略落地的过程中，要确保工具和平台的功能可满足数据管理人员对数据架构、安全的要求以及业务分析人员对数据应用的及时性、便捷性要求等。

5.3.4　数据战略评估

数据战略评估的本质是一种管控手段，旨在对数据战略实施结果与战略目标进行对比分析，找出偏差并采取措施及时纠正，确保实施与路线图保持一致。同时，及时地反馈数据战略成效，有利于加强企业数字化转型的信心。企业最好能实现数据战略成效的自动化呈现，这样每个员工就可以清晰地看到自己为公司贡献了多少数据资产，以形成良好的正反馈。

数据战略评估方法总结起来就是将数据收益与业务成效挂钩，这样才能确保数据战略与业务战略一致。下面将要介绍的两种数据战略评估方法体现了上述思路。

1. 数据战略评估方法

（1）平衡计分法

常见的数据战略评估方法分为财务指标和非财务指标两种。平衡计分法很好地综合了这两种方法。企业可从财务、客户、学习与创新、内部运营、数据 5 个角度来观察数据战略带来的收益（见图 5-7）。

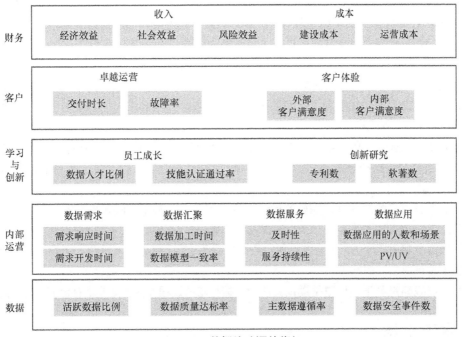

图 5-7　数据战略评估指标

- **财务角度**：业务案例带来了多少经济效益，数据项目投入了多少成本。
- **客户角度**：主要是要达成对企业内外部客户的卓越运营和敏捷交付。卓越运营主要关注效率和质量，因此交付时长、故障率、一次验收通过率是关键指标。敏捷交付则影响客户体验。客户体验主要关注客户的满意程度和个性化服务，因此企业内外部客户的满意度、故障解决率和解决时间需要重点关注。
- **学习与创新角度**：主要关注企业员工的能力是否有所提升，因为企业的核心资源是员工，员工能力提高了，企业的效率、核心竞争力才能得到根本性提高。比如数据人才比例、技能认证通过率、技能的培训时长等指标。
- **内部运营角度**：主要关注数据全生命周期服务情况，包括数据需求阶段的需求响应时间和需求开发时间，数据汇聚阶段的数据加工时间以及用于确保数据模型没有重复开发的数据模型一致率，数据服务阶段的及时性、服务持续性等。数据应用阶段关注数据应用的人数和场景，因此可设置 PU/UV、使用的部门数等指标。

- **数据角度**：数据本身是否有所提升，比如数据活跃比例、数据质量达标率、主数据遵循率等。

（2）DCMM 的数据战略评估方法

数据战略评估方法主要包含业务案例评估、投资模型/任务效益评估模型等内容。

业务案例评估的主要作用之一是通过典型的、实际的业务案例，厘清业务的价值，以激发利益相关方参与数据治理。因此，要评估数据战略的业务效率，就需要对业务案例的以下内容做出评估。

- **愿景（目标）一致性**：业务案例目标与数据战略愿景是否一致。
- **影响分析**：包含正面影响分析和负面影响分析。正面影响分析是指在引入新技术、新理念的情况下带来的积极变革，负面影响分析是指在不执行某些数据管理活动的情况下可能丧失的机会（包括商业机会等）。
- **风险效益**：包括业务风险（由于未完成某些活动而造成的业务损失）、监管风险（由于未满足监管要求而产生的违规行为）、文化风险（培训或文化宣导的缺失导致数据文化、协作文化未得到有效提升）。

投资模型/任务效益评估模型是从时间、成本、效益等方面建立起数据战略相关任务的评估模型，确保在充分考虑成本和收益的前提下，对所需的资源进行重新分配。

2. 数据战略需要避开的误区

制定数据战略是 CDO 需要完成的关键任务，但在制定过程中，CDO 需要注意避开以下误区。

（1）长期战略目标和短期利益之间的失衡。制定战略的主要原因之一是为了企业长青，企业数据战略不能只关注短期利益。

（2）决策者和执行者利益点不一致。制定长期目标可能会影响到某些业务部门和员工的短期利益，企业需要对数据战略的遵从者和执行者进行补偿和激励，让企业上下都有动力推动数据战略。

（3）避免花过多的时间制定完美的战略。战略需要不断根据实践效果进行调整，而且市场外部环境在改变，企业数据管理成熟度也在提升。因此，大可不必花太多的时间制定战略。

（4）数据战略不等于 IT 任务或计划。数据战略与 IT 计划是不一样的，计划的核心是做哪些事，而战略是获得怎样的结果。

（5）数据战略是名词，但更是动词。制定数据战略的过程本身就是非常有价值的内容之一。

5.4   本章小结

在数字化转型的背景下，数据战略必将与业务战略相结合，成为企业战略的一部分，形成指导企业如何通过数据驱动达成战略愿景和目标的全局性计划和策略。制定企业数据战略是 CDO 的核心工作，数据战略既是名词，也是动词。本章阐述了什么是数据战略、为什么需要数据战略，以及数据战略的内容及实现路径。通过建立数据战略，CDO 可以从更宏观、更长远的全局考虑谋划、明确方向、找到关键所在，从而使企业经营活动取得预期的主要成果。

第6章

数据治理

数据治理的概念比较模糊，而且经常容易和数据管理混淆。数据治理一词有广义和狭义之分。本书要讲的是狭义的也是国际上通用的数据治理。数据治理是 CDO 关注的重要内容之一，特别是新上任期间，数据治理很可能是 CDO 首先需要开展的工作。

6.1 概述

6.1.1 数据治理的定义

不同的组织对"数据治理"有不同的解释。

Gartner 认为，数据治理是通过组织人员、流程和技术的相互协作，使企业能将数据作为核心资产开展的一系列活动。

IBM 认为，数据治理是根据企业的数据管控政策，利用组织人员、流程和技术的相互协作，使企业能将数据作为企业的核心资产来管理和应用的一门学科。

DGI（Data Governance Institute，数据治理研究所）认为，数据治理是对数据相关事务和执行制定的决策和方法，描述了谁可以在何时、在什么环境下、用什么方法对什么数据做什么处理的方式方法。

DAMA 认为，数据治理指的是在数据资产管理过程中行使权力和管控，包括计划、监控和审计等。在所有组织中，无论是否有正式的数据治理职能，都需要根据数据进行决策。建立起正式的数据治理规程，有意向性地行使权力和管控的组织，将能够更好地增加从数据资产获得的收益。

在我国，数据治理更多是从广义的角度来阐述的，它包括了数据管理的所有活动。不过随着时间的推移，数据治理一词正更多地从狭义的角度被使用。

本书将通过引用 DAMA 的数据治理概念（狭义的数据治理概念）来展开讨论。

6.1.2 数据治理和数据管理的关系

在 DAMA 的知识体系中，从技术的层面而言，数据管理（Data Management）包括至少如下 11 个领域，而数据治理只是其中之一。在外延上，数据管理大于数据治理。

但是，在 DAMA 数据管理车轮图（见图 6-1）中，DAMA 将数据治理放在了数据管理体系的中心，以彰显其独特的地位。数据治理是指导其他数据管理活动的大脑。数据治理是对数据管理的管理。

图 6-1 DAMA 数据管理车轮图

正如财务审计人员实际上并不执行财务管理一样，数据治理应确保数据被恰当地管理而不是直接管理数据。数据治理相当于将监督和执行的职责做了分离。

6.2   数据治理的驱动因素

数据治理对各类组织都是一项长期的基础性工作，涉及的业务面和技术面都很广，投入周期长，整体见效也偏缓慢。从数据治理实际落地情况来看，它往往面临着组织内较大的阻力，实施过程也经常出现反复。

开展数据治理的驱动因素，主要来自法规遵从的要求、内部管控的要求和外部市场的需求。

6.2.1   法规遵从的要求

一些典型的领域，如金融服务、医疗健康等，法律法规和行业监管政策都要求相关行业单位必须参照执行。例如，国家金融监督管理总局（原中国银行保险监督管理委员会）十多年来持续推动金融银行业 1104 监管报表的上报和考核，带动银行业规范用数、重视数据治理；原中国银行保险监督管理委员会在 2018 年发布了《银行业金融机构数据治理指引》，并在 2021 年发布的《商业银行监管评级办法》中，将数据治理纳入银行风险监管的评价指标和重要绩效。国家卫生健康委员会在 2020 至 2022 年，分别印发了《三级医院评审标准（2020 年版）实施细则》和更新版的《三级医院评审标准（2022 年版）实施细则》，其中包含 300 多项指标和标准，为全国医院体系的评价和绩效考核提供了指标量化考核依据，这也间接要求医院体系加速提升数据采集与统计的完整性、准确性，进而带动数据标准、数据资产目录、数据质量管理、主数据管理等大量数据治理工作的落地。此外，我国出台的《中华人民共和国数据安全法》《中华人民共和国个人信息保护法》，均推动互联网、零售、金融等 To C（面向消费者）业务领域的企业强化个人隐私和数据保护，落实数据治理领域的数据安全建设。

6.2.2   内部管控的要求

从组织性质角度，内部管控的要求可以从政府和企业层面分别来看。

（1）**政府层面**：2015 年，国务院印发《促进大数据发展行动纲要》，要求政府数据全面公开；此后数年来，各部委、各省市政府都在持续推进政务数据公开和共享，自然信息、城市建设、城市管理、民生服务等领域的数据陆续向全社会提供数据对接和服务。在这个过程中，政务数据目录、数据标准等数据治理建设工作都在同步开展，从而促进不同委办局和行业间的数据打通。

（2）**企业层面**：企业经营管理者都看重降本增效和风险控制，而数据在这方面就发挥了重大作用。当企业 IT 系统建设越来越多，各部门、各系统间的规则不统一、数据缺少标准、统计口径混乱、数据分散在各处难以快速查找、数据共享授权难等各类数据乱象随之产生。当企业管理层开始重视数据，有看数、用数的习惯和要求时，就很容易拉动各层组织重视数据的及时、准确，数据治理工作就易于开展；反之，如果缺少领导层对数据的重视和支持，仅由 IT 部门发起数据治理，推进就会很艰难。以组织机构数据为例，对于庞大的集团企业而言，必然存在多业态、多地域、多层级的实体组织或虚拟组织，从分析视角则又分为法人口径、管理口径等，组织机构数据的初始录入和持续更新又会牵涉法律、财务、人力等多类职能部门和业务流程，因此在识别、整理和清洗组织机构数据时，必然需要企业高层领导的支持，以便协调各相关部门，协商形成对业务规则和术语的共识。

6.2.3　外部市场的需求

近年来，国家对数据要素的政策引导和各地数据交易所的纷纷成立，数据交易流通的热度越来越高。数据需求方在购买数据资源或基于数据加工后的数据商品时，对数据质量的要求也越来越高，进而数据供应方也要在从数据采集、存储、计算到结果发布等的全生命周期过程中，强化数据治理、提升数据质量。从数据供应方内部的数据建设经验来看，以某大型能源行业央企为例，也经历了数据平台建设和数据资源汇聚、元数据和数据目录梳理发布、数据认责和数据共享、数据标准编制、主数据发布、数据模型和数据架构设计、企业数据战略制定等前期基础工作。近两年，该央企在数据资产定价和估值、数据要素变现等方面取得显著的成果，成为我国企业数据交易领域的标杆。

6.3　数据治理的核心内容

参照 DAMA 的知识体系，数据治理的目标是使组织能够将数据作为资产进行管理。数据治理提供治理原则、政策、流程、整体框架、管理指标，监督数据资产管理，并指导数据管理过程中各层级的活动。为达到整体目标，数据治理程序必须可持续、可嵌入、可度量。

数据治理的核心内容包括：

- **组织架构的调整和建设**，比如是否以及如何设立首席数据官的职位、数据所有者的指定、利益相关方的参与等；
- **各种规章制度的建立**，比如数据认责制度、数据安全制度、数据标准制度等，其中最重要的当然是数据战略；
- **相应的流程建设和改造**，以适应数字经济的具体情况，建立数据管理的相关流程。

和其他知识体系不一样的是，DAMA 的数据治理并不注重技术在数据治理中的作用。

6.3.1　组织人事架构的调整和建设

数字经济需要有新的组织架构。与此相对应，数据管理也需要有一个新的组织架构，这个新组织架构的设立和建设是数据治理的核心内容之一。

1. 组织架构

为了满足数据管理的要求，组织的人事架构需要做一定的调整，有些部门还需要建立，这主要涉及如下 3 个方面：

- 是否以及如何设立首席数据官的职位？
- 是否以及如何设立数据治理委员会？
- 是否以及如何设立数据管理专员等？

数据 owner（拥有人、负责人）和认责机制的建设往往也是数据治理中组织架构的内容。

2. 数据治理的组织形式

除了设立以上这些职位之外，还需要设立相应的数据治理的组织形式。

数据治理的组织形式有很多种，其中并没有哪种组织形式是绝对正确和完美的，在真正落地时还需要考虑组织现阶段的企业文化、数据管理运营模式和人员资源情况等因素。以下重点介绍集中式、分散、联邦式三种模式，以及它们各自的优缺点。除了这三种比较普遍的运营模式，本节也介绍网络式、混合式等数据管理运营模式。

（1）集中式运营管理模式

最正式和成熟的数据管理运营模式是集中式运营管理模式（见图 6-2）。

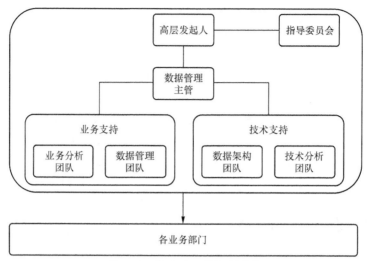

图 6-2   集中式运营管理模式

这里的一切都归数据管理组织所有。参与数据治理和数据管理的人员直接向负责治理和管理工作，以及元数据管理、数据质量管理、主数据和参考数据管理、数据架构、业务分析等工作的数据管理主管报告。

集中式运营管理模式的优点是能够为数据管理或数据治理建立正式的管理职位，且拥有最终决策人。因为职责是明确的，所以决策更容易。在组织内部，可以按不同的业务类型或业务主题来分别管理数据。集中式运营管理模式的缺点在于，集中式运营管理模式的实施通常需要进行重大的组织变革。数据管理角色的正式分离还存在着将其移出核心业务流程，导致知识逐渐丢失的风险。

集中式运营管理模式通常需要创建一个新的组织。但出现了一个问题，数据管理组织在整个企业中的位置如何？谁领导数据管理组织，领导者向谁报告？对于数据管理组织而言，不再向 CIO报告变得越来越普遍，因为数据管理组织希望维护业务而非 IT 人员对数据的看法。数据管理组织通常也是共享服务部门或运营团队的一部分，或是首席数据官组织的一部分，比如像 CDO 办公室这样的新型细分组织。

（2）分布式运营管理模式

在分布式运营管理模式下，数据管理职能分布在不同的业务部门和 IT 部门（见图6-3）。委员会是各部门开展互相协作的基础，委员会不属于任何一个单独的部门。许多数据管理规划是从基层开始的，目的是统一整个组织的数据管理实践，因而具有分散的结构。分布式运营管理模式往往在企业中自下而上地出于对数据管理的自生需求而自发形成。

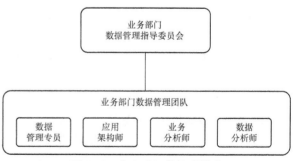

图 6-3   分布式运营管理模式

分布式运营管理模式的优点包括组织结构相对扁平、数据管理组织与业务线或 IT 部门具有一致性等。这种模式通常意味着对数据要有清晰的理解，相对容易实施或改进。

分布式运营管理模式的缺点是，由于面临较多的人员参与治理和制定决策的挑战，实施协作决策通常比集中发布号令更加困难。这种模式一般不太正式，可能更难以长期维持。为了取得成功，就需要采用一些方法来强制实践的一致性，但这可能很难协调。此外，使用分布式运营管理模式定义数据所有权通常也比较困难。

（3）联邦式运营管理模式

作为混合运营管理模式的一种变体，联邦式运营管理模式提供了额外的集中/分散层，这在大型的跨国企业中通常是必需的。联邦式运营管理模式基于部门和区域进行划分（见图 6-4），企业数据管理组织通常具有多种混合运营管理模式。

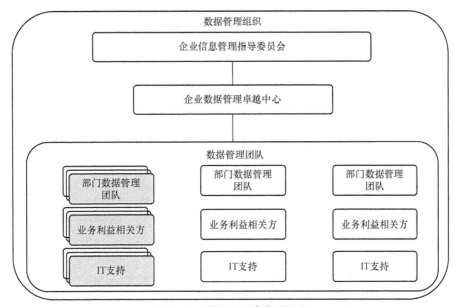

图 6-4 联邦式运营管理模式

联邦式运营管理模式提供了一种具有分散执行特征的集中策略。因此，对于跨国公司、多元化央企集团等大型企业来说，这可能是唯一可行的模式。一个负责整个组织数据管理的主管领导，负责管理企业数据管理卓越中心。当然，不同的业务线有权根据需求和优先级来适应要求。这种模式使得组织能够根据特定数据实体、部门挑战或区域优先级来确定优先级。

这种模式的主要缺点是管理起来较复杂。层次太多，需要在业务线的自治和企业的需求之间取得平衡，而这种平衡会影响企业的优先级。

联邦式运营管理模式的本质是在企业规模庞大、业务管理权分散的形态下，集团总部无法全面集中管理业务运营时的一种权利让渡，将贴近各个行业的业务数据管理权限交给下级业务单位，总部和各行业单位间通过委员会的方式协商、决策数据管理的最高事项，并将财务、人力、审计等数据由总部统管，数据标准等统一制定，自上而下推行共性成果。下属行业单位则可以结合自身的个性化管理需求以及生产经营业务的实际需求，进一步细化本单位的数据管理政策、标准、细则等。一个采用联邦式运营管理模式的多业态大型集团企业的数据管理组织实例见图 6-5。

（4）网络式运营管理模式

网络式运营管理模式通过 RACI 矩阵，利用一系列的文件和制度来记录相互关系和各自的责任，使得分散的非正规组织变得更加正式。网络式运营管理模式作为人和角色之间的一系列已知连接运行，可以表示为"网络"（见图 6-6）。

网络式运营管理模式的优点类似于分布式运营管理模式（扁平化管理、对齐、易于快速设置）。添加 RACI 矩阵有助于在不影响组织结构的情况下建立责任制度。网络式运营管理模式的缺点是需要维护和执行与 RACI 矩阵相关的期望。

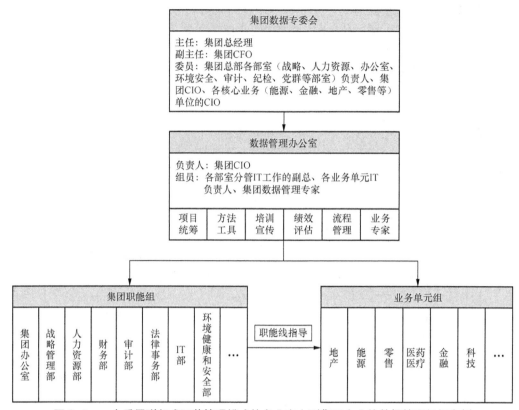

图6-5　一个采用联邦式运营管理模式的多业态大型集团企业的数据管理组织实例

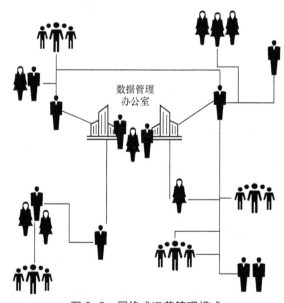

图6-6　网络式运营管理模式

（5）混合式运营管理模式

混合式运营管理模式（见图6-7）具有分布式运营管理模式和集中式运营管理模式的优点。在混合式运营管理模式下，一个集中的数据管理卓越中心与分散的业务部门团队合作，通过一个代表关键业务线的指导委员会和一系列针对特定问题的技术工作组来完成工作。

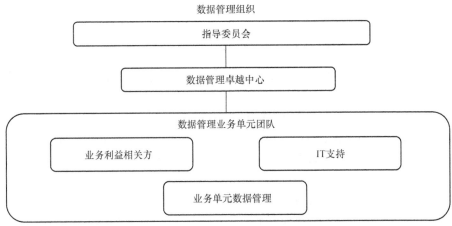

图 6-7 混合式运营管理模式

在这种模式下，一些角色仍然是分散的。例如，数据架构师有可能保留在企业架构组中，业务线可能拥有自己的数据质量团队。哪些角色是集中的，哪些角色是分散的，在很大程度上取决于组织文化和管理风格。

混合式运营管理模式的优点是可以从组织的顶层开始指定适当的指导方向，并且有一位对数据管理或数据治理负责的高管。业务部门团队具有广泛的责任感，可以根据业务优先级进行调整以提供更大的关注度。他们受益于一个集中的数据管理卓越中心的支持，这有助于他们将重点放在特定的挑战上。

混合式运营管理模式面临的挑战在于组织的建立，通常这种模式需要配备额外的人员到数据管理卓越中心。业务部门团队可能有不同工作的优先级，这些优先级需要从企业自身的角度进行管理。此外，数据管理卓越中心的优先事项与各分散组织的优先事项之间，有时也会发生冲突。

3. 数据管理组织的设计

数据管理组织的形式决定组织内数据管理的政策、制度、管理流程的制定、审批和执行，并将长期影响组织内数据管理实践的最终效果。因此，必须结合本单位组织当前情况和未来中短期的发展计划，设计数据管理组织；并结合自身业务发展，调整和变革数据管理组织。请记住，没有一劳永逸、永久不变的数据管理组织形态，数据管理组织必须与时俱进。

在企业正式设计和推行数据管理工作之前，数据管理活动几乎是分散地、自下而上地自发管理数据，财务、营销、生产等部门会率先管理自身的财务、客户、物料等核心数据；进一步地，一些领先实践的业务条线、部门开始推行数据质量管理、数据责任认定到岗位/个人；以企业为整体的数据管理网络或数据管理活动得到开展后，会进一步演变为集中/混合运营的数据管理模式。

在设计数据管理组织时，DAMA-DMBOK2 建议考虑的因素包括：

- 本组织当前的数据管理状态；
- 将业务/数据的运营模式与本单位自身组织结构相结合；
- 本单位组织的繁杂性和业务管理成熟度、各业务领域的复杂性和管理成熟度，以及未来的可扩展性；
- 本单位高层的支持力度；
- 确保任何领导机构（指导委员会、咨询委员会、董事会等）都是决策机构；
- 考虑试点规划和分批次实施；
- 专注于高价值、高影响力的数据域，优先保障已开展的数据管理工作生效，以确保数据管理活动整体、长期能够开展下去；

- 用好现有的资源；
- 永远不要采用"一刀切"的方法。

结合我国企业数据管理推行情况，在设计数据管理组织时，需要考虑的因素如下：组织自身的业务形态、管理风格、行业数据管理发展水平、组织自身数据管理能力水平、业务对数据的依赖程度、组织内部的数据文化等。

数据治理组织体系在落地时，会有多种不同的架构形式。

（1）业务形态：主要取决于业态是否相对集中。例如银行、运营商、电网等行业，从总部到分公司的业务形态基本一致，在自上而下地推广数据管理要求时具有较强的业务相通性，建设和管理经验便于参考，总部可以制定下发若干通用的业务标准和管理指标。反之，以省市级政府为例，下面有数十个不同行业相关的委办局单位，每个单位都有自身的业务规则和运行规律，很难制定一套完全统一的业务规则和流程来适配各个细分行业领域。当业务标准、规则、流程无法统一时，数据作为业务的映射和体现，就更加无法得出自上而下通行的数据标准、数据质量规则以及指标数据的考核规则。

（2）管理风格：这和组织的业务形态有部分相关性。有些组织在内部自上而下地采用强管控方式，上级单位的管理要求和命令能够很严格顺畅地执行下去。但有些组织自身就采用自上而下的战略管控、投资管控的"松管控"，总部对下级单位的考核方式以关键指标的完成情况为主，具体的业务经营运营过程，都交由下级单位来执行。因为数据附着在业务活动中，数据所有权也绕不过源头业务部门，所以对于"松管控"类型的组织，数据管理权也往往要下沉到下级单位。

（3）行业数据管理发展水平：主要取决于行业数据管理的建设水平。从我国各行业数据管理建设水平的综合类比结果来看，金融（尤其是银行）、电信运营商、能源、（部分地区和领域的）政府部门，其数据管理建设起步早，对数据的应用程度深于大部分传统行业，因而对数据质量的需求以及对数据管理的诉求，都更加强烈。

（4）自身数据管理能力水平：也就是组织自身的数据管理能力。当本单位组织自身的数据管理研发能力强且对数据管理更加成熟时，往往就会倾向于进行统一、规范化的管理，对数据库相关的设计和开发、对指标的管理、对主数据的管理、对代码类数据的管理，都会有更强的需求，想要更早地落地实施。

（5）业务对数据依赖程度不同：不同的业务领域以及不同的业务发展阶段，对数据的依赖程度并不相同。例如，基本上所有企业都在财务领域对数据准确性有很强的要求。2018年，中国银行保险监督管理委员会发布《银行业金融数据治理指引》，提出银行业要确保数据治理资源充足配置，明确董事会、监事会和高管层的职责分工，并提出可结合实际情况设立首席数据官。与保险、证券、基金等行业相比，银行业对数据的质量提出了更高的要求。互联网行业普遍相比传统行业对数据的依赖程度更高，数据是互联网行业不可或缺的生产资料。但即使是同一行业的同一家企业，往往也处在发展越来越成熟、管理更加精细化、更多地使用数据分析来决策的阶段，因而对数据的依赖程度也更高。

（6）组织内部的数据文化：国务院在印发的《促进大数据发展行动纲要》中提出，要建立"用数据说话、用数据决策、用数据管理和用数据创新的管理体制"。对于大部分组织而言，是否已经形成用指标数据进行工作汇报的习惯？各级领导决策是否会参考事实数据和数据分析结果？是否用量化指标考核业务运营情况？是否能基于数据，发现潜在的业务问题原因、新业务发展机会、预测业务发展趋势、加速业务创新转型？对于这些问题，每一个组织都需要认真思考，当付诸行动时，就会对数据这种新型生产要素提出更高的管理要求。

6.3.2 各种规章制度的建设

数据治理的另一项核心内容是各种规章制度的建设。制度是保障，是规范。制度既可以保障数据管理工作的正确实施，也可以为数据管理工作提供指导、规划、监督、考核和审计等。

这些制度包括数据认责制度、数据安全制度、数据标准制度等。关于数据制度的更多内容，详见第 7 章。

6.3.3 数据管理流程的改造和建设

数据治理的第 3 项核心内容是相应的数据管理流程。现有的数据管理流程可能需要改造，没有的还需要建立。比如，主数据管理的提报流程就是落地数据标准化的非常关键的一个流程。

同样，在数据安全中，数据的分类、分级也需要遵循严格的管理流程。

6.4 数据治理的实施指南

数据治理牵涉的面很广，特别是考虑到还涉及组织人事架构的调整，数据治理很有可能受到相当大的阻力并最终失败。数据治理需要进行整体的规划和周密的设计，还需要遵循以下基本原则：

- 战略重视和组织保障原则；
- 责任共担和协调配合原则；
- 业务驱动原则；
- 可持续发展原则；
- 流程嵌入原则；
- 落地使用原则；
- 服务提供原则；
- 可度量原则；
- 生态共建原则。

6.4.1 识别当前的数据管理参与者

参考 DAMA 的知识体系，在实施数据管理运营模式时，可以先从已经参与数据管理活动的团队开始，这将最大限度地减少组织调整导致的影响，并有助于确保团队关注的重点是数据，而不是人力资源或内部政治。

回顾现有的数据管理活动，例如，谁创建和管理数据？谁检核数据质量？甚至谁的职位头衔中包括"数据"字样？通过对组织进行调查，找出谁可能已经履行所需的角色和职责，他们可能是分布式组织的一部分，尚未被企业识别出来。举例来说，财务部门可能有很多员工在统计财务类指标、报表，这些员工在计算指标数据的同时，也参与指标的定义、解释、质量维护，但他们的岗位编制和工作内容经常不在 IT 部门的视野范围内。

在编制出"数据人员"清单后，找出差距，如执行数据策略还缺少哪些其他角色和技能？组织中其他部门的人员往往具有类似的、可转移的技能。组织中的这些人员，将为数据管理工作带来宝贵的知识和经验。

在完成人员盘点后，给他们分配合适的角色，并尽可能审查他们的薪酬，以便与数据管理的期望保持一致。如果情况允许，建议人力资源部门一起参与核实职位、角色、薪酬和绩效目标。在组织内部，确保将角色指派给正确且级别恰当的人员。这样当需要他们做出决策时，他们就有能力做出坚定的决策。

6.4.2   识别数据治理指导委员会的参与者

无论组织选择哪种数据管理运营模式，有些数据治理工作都需要由数据治理指导委员会和工作组来完成。让合适的人员加入数据治理指导委员会，并充分利用他们的时间，向中高层做好汇报、仲裁分歧、协调资源，这对顺利和长期开展数据治理工作是非常重要的。让他们了解数据工作的情况并专注于改进数据管理，将有助于他们实现业务目标和战略目标。

许多企业不愿意设立数据治理指导委员会，因为已经有很多委员会了。所以，利用好现有的委员会来推进数据管理工作，往往比重新设立一个新的委员会更容易，但在这个过程中需要小心谨慎。利用现有委员会的主要风险是，数据管理工作可能无法获得足够的关注，尤其是在早期阶段。无论是高级指导委员会，还是偏向具体任务的工作组，都需要分析利益相关方，并借此获得高层的支持。

6.4.3   识别和分析利益相关方

利益相关方是指能够影响数据管理规划或被其影响的任何个人或团体。利益相关方可以在组织内部或外部，他们可能是业务领域专家、高层领导、员工团队、委员会、客户、政府或监管机构、经纪人、代理商、供应商等。内部利益相关方可能来自 IT、运营、合规、法律、人力资源、财务或其他业务部门。对于一些具有影响力的外部利益相关方（如行业上级监管单位等），数据管理组织也必须考虑他们的需求。

对利益相关方进行分析可以帮助组织确定一些最佳方法，并通过这些方法让参与者参与数据管理流程，让他们在数据管理运营模式中发挥作用。从分析中获得的洞察力，也有助于确定如何最佳地分配利益相关方的时间和其他有限的资源。越早对利益相关方进行分析越好，这样组织对变革的反应就能够预测得越准确，并越能提早制定针对性方案。对利益相关方的分析需要解答以下问题：

- 谁将受到数据管理的影响？
- 角色和职责如何转变？
- 受影响的人如何应对变化？
- 人们会有哪些问题和顾虑？

分析的结果将确定利益相关方名单、利益相关方的目标和优先事项，以及这些对他们重要的原因。根据分析，找出利益相关方可能采取的行动。需要特别注意怎么做才能找到关键的利益相关方。这些关键的利益相关方可以决定组织的数据管理成功与否，尤其是最初的优先事项。考虑以下几个问题：

- 谁控制关键资源？
- 谁可以直接或间接阻止数据管理计划？
- 谁可以影响其他关键因素？
- 利益相关方是否支持即将发生的变化？

图 6-8 是一张简单的映射图，可根据利益相关方的影响程度，以及他们对规划的感兴趣程度或规划对他们的影响程度，确定利益相关方的优先顺序。

"利益相关方"方面的指引，看上去与 IT 技术人员通

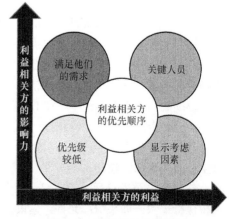

图 6-8   利益相关方兴趣图

常了解、熟悉的数据技术有相当大的差异。确实，对利益相关方的分析不是技术，而是管理。甚至在复杂的组织环境下，如果能够将数据管理活动很好地执行运转起来，那就是艺术。数据即权利。当开展数据管理活动时，往往牵扯原有数据相关方的工作流程、资源、授权、职责，需要贯穿组织上下层级、拉通多个部门协作，还需要高层支持、平级配合、下级贯彻执行。业务活动中的每一个变化，无论大小，都有可能引发一些岗位/角色的责任加大、权利稀释、工作量增加、收益变少等负面影响。然而，为了利好整个组织的发展，充分发挥组织所掌握的数据价值，就需要识别和分析出利益相关方，并调动各方参与、协调各方利益。而想做好这一切，就需要进行大量、充分的沟通。

在数据管理能力成熟度评估模型（DCMM）中，有一个与此相关的数据管理能力评估项——"数据治理沟通"，旨在确保组织内全部利益相关方都能及时了解相关政策、标准、流程、角色、职责以及计划的最新情况，开展数据管理和应用相关的培训，掌握数据管理相关的知识和技能，建立与提升跨部门及部门内部数据管理能力，提升数据资产意识，构建数据文化。DCMM 中的数据治理沟通包含了数据管理活动相关方的日常沟通、会议、培训、汇报、对外交流、行业分享等内容。

6.4.4 让利益相关方参与进来

在识别利益相关方、高层支持者或者列出备选名单之后，清楚地阐明为什么每个利益相关方都包含在内是非常重要的。他们可能不会错过这个机会。推动数据管理工作的个人或团队，应阐明每个利益相关方对项目成功不可或缺的原因。这意味着需要了解他们的个人和职业目标，并将数据管理过程的输出与他们的目标关联，这样他们就可以看到直接联系。如果不了解这种联系，他们也许在短期内愿意提供帮助，但不会长期提供支持或帮助，进而导致数据管理活动无法持续运转下去。

6.5 本章小结

数据治理是一个被过分使用的术语。其实，数据治理的核心是保证数据得到正确管理，而不是直接管理数据。数据治理是对数据管理的管理。作为 CDO，特别是新上任的 CDO，数据治理是首先要开展的一项工作。本章从数据治理的定义开始，首先说明了数据治理和数据管理的关系，而后说明了数据治理的核心内容——组织人事架构、规章制度和相关流程的建设，最后对数据治理的实施提供了一些建议。数据治理牵涉的面很广，特别是考虑到还涉及组织人事架构的调整，数据治理很有可能受到相当大的阻力。

第7章

数据制度

为了保障组织的正常运转和数据管理各项工作的有序实施，企业需要建立一套涵盖不同管理颗粒度、不同适用对象且覆盖数据管理过程的管理制度体系，从"法理"层面保障数据管理工作有据、可行、可控。数据制度的建设是 CDO 必须承担的工作内容。

7.1 概述

数据制度包括对数据管理初衷的简要说明和相关基本规则，这些规则贯穿数据的产生、获取、集成、安全、质量和使用的全过程。数据制度是全局性的，它们规范了数据标准以及数据管理和使用等关键方面的预期行为。

数据制度并不是单独的某项制度，而是一系列的制度文档的组合。比如，数据制度描述了数据管理的 What（做什么和不做什么），而标准和流程描述了数据管理的 How（如何做）。

对于 CDO 而言，十分重要的数据制度之一就是数据战略。

7.1.1 数据制度的分类

不同组织的数据制度差异很大，同时对于数据制度的分类，现在也还没有一个统一的定义。图 7-1 展示了山东省大数据局的数据制度分类法。

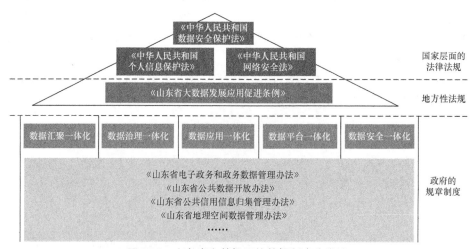

图 7-1 山东省大数据局的数据制度分类法

《山东省公共数据目录梳理工作规范》 ……	《山东省公共数据治理工作细则》 ……	《山东省公共数据开放工作细则（试行）》 ……	《山东省一体化大数据体系建设方案》 ……	《山东省数字政府网络安全管理办法》 ……	工作规范
公共数据资源目录数据元数据集 ……	数据治理规范元数据规范数据管理规范 ……	数据开放数据共享数据服务 ……	一体化大数据平台政务云平台共享交换平台 ……	数据精准授权数据水印 ……	技术标准
数据资源目录编制审核流程数据资源目录维护更新流程 ……	突发公共事件"绿色通道"数据审核流程 ……	公共数据供需对接工作流程公共数据共享审核流程 ……	一体化大数据平台多租户管理操作流程 ……	公共数据分类分级审核流程公共数据权限管理审核流程 ……	操作流程

图 7-1　山东省大数据局的数据制度分类法（续）

根据山东省大数据局的数据制度分类法，在政务数据中，处于顶层的是国家层面的法律法规，而后是地方性法规，接下来是政府的规章制度，处于底部的三层则是关于具体"如何做"的内容。

这只是一个示例，并非所有的政企都采用这种分类法。有些企业只采用数据制度和实施细则两层。

7.1.2　企业层面的数据制度分类法

企业可将数据管理制度融入企业制度体系。参考业界经验，根据数据管理组织架构的层次和授权决策次序，建议形成如下统一的四级数据管理制度框架（本章讨论的数据制度将按此分类法进行）：

- 企业级管理大纲；
- 数据管理办法；
- 数据管理维护细则；
- 数据管理操作手册（或操作规范）。

数据管理制度框架标准化地规定了数据管理的各职能域内的目标、遵循的行动原则、完成的明确任务、实行的工作方式、采取的一般步骤和具体措施，如图 7-2 所示。

图 7-2　企业数据制度层级和分类

7.1.3　企业级管理大纲

企业级管理大纲从数据管理决策层和组织协调层视角出发，包含数据战略、角色职责、认责体系等，旨在阐述数据管理的目标、组织和责任等。

企业级管理大纲是企业数据管理的纲领性文件，是最高层次的数据管理制度决策，是落实数据资产管理各项活动所必须遵循的最根本原则，描绘了企业实施数据战略的未来蓝图。

企业级管理大纲既贯穿了整个企业的组织和业务结构，也贯穿了企业数据创造、获取、整合、安全、质量和使用的全过程，其内容包括数据资产管理及相关职能的意义、目标、原则、组织、管理范围等，从最根本和基础的角度规定了企业在数据方面的规范和要求。

从这一点来说，企业级管理大纲应当符合企业的数据战略目标，数量不宜太多，内容描述应当言简意赅、直击要点。

企业级管理大纲一般由企业决策层的数据管理委员会发起，由 CDO 组织相关专业人员起草，并在整个企业范围内进行广泛讨论、评审、完善。CDO 负责进行终审，并正式发布执行。数据管理委员会也可以授权委托数据管理归口管理部门组织进行以上工作。

7.1.4   数据管理办法

数据管理办法从数据管理层视角出发，规定数据管理各活动职能的管理目标、管理原则、管理流程、监督考核和评估优化等。

数据管理办法是基于数据政策的原则性要求，结合各企业组织和业务特点制定的数据管理职能范围内的总体性管理制度。它的目的是确保数据管理的管理层对准备开展或正在开展的数据管理各职能活动进行有效控制，并作为行为的基本准则，为后续各角色的职责问责建立依据。

数据管理办法清晰地描述了数据资产管理各项活动中所遵循的原则、要求和规范，各级单位和机构在数据管理工作中必须予以遵守。数据管理办法从形式上包含章程、规则、管理办法等。

数据管理办法一般根据职能域进行划分，与企业准备开展的数据管理实际工作相关，例如"数据标准管理办法""数据质量管理办法""元数据管理办法""主数据管理办法""数据安全管理办法"等。这些管理方法为数据管理的不同职能域建立了规范性要求，内容一般包括目标、意义、组织职责界面、主要管理要求、监督检查机制等。

数据管理办法中的所有规定和要求都必须符合数据政策规定，不应与数据政策所确立的基本原则相违背。一般情况下，企业数据管理的相关活动早于数据管理办法的制定。因此，数据管理办法更多地需要对已开展的数据管理活动，从纷乱无章向统一有序引导。数据管理办法的建立并不是推翻现有的工作机制，而是在标准化要求下，对当前各项数据管理活动的规范化构建和重组。

数据管理办法由数据管理归口管理部门负责组织编写，报 CDO 审批后发布。考虑到数据管理职能活动的差异，应当成立一个专门的制度编制小组承担具体的编制工作。由于数据管理活动通常早于管理制度的制定，不少业务部门或分支机构的人员也广泛参与其中，因此制度编制小组的成员不应该仅仅来自数据管理归口管理部门或技术部门，企业应该更多地吸纳其他业务部门和分支机构的人员，允许他们代表本机构、本专业的利益对数据管理的管理制度提出相应的要求。但最终，数据管理办法必须从整个企业的高度和角度来评判和衡量管理措施的有效性，目的是保证企业数据质量符合数据需求方的使用要求。

7.1.5   数据管理维护细则

数据管理维护细则从数据管理层和数据管理执行层的视角出发，围绕数据管理办法相关要求，明确各项活动职能执行落实的标准、规范和流程等。数据管理维护细则由数据管理归口管理部门负责组织编写，报 CDO 审批后发布。

数据管理维护细则是已有的企业级数据管理办法的从属性文件，用于补充解释特定活动或任务中描述的具体内容，进一步确定后续步骤中的具体方法、技术或管理制度相关要求与不同业务部门、分支机构实际情况的结合和细化，以促进特定领域或范围内具体工作的可操作化。

一般来说，数据管理维护细则可以分成两类：一类是企业级数据管理办法在各业务领域落地的细化要求，需要结合各业务领域的数据现状、组织架构、工作方式等，不同业务领域存在一定的差异，此类数据管理维护细则是在企业统一要求的基础上，由业务部门本地化定制的，也是所有企业都应当制定的；另一类是企业级数据管理办法在各分支机构落地的细化要求，这也是将企业统一的管理要求与各分支机构的实际情况结合后，指导具体落地工作的文件，但这对于不存在分支机构的企业来说是不需要考虑的。

7.1.6 数据管理操作手册

数据管理操作手册从数据管理执行层的视角出发，依据数据管理维护细则，进一步明确各项工作需要遵循的工作规程、操作手册、技术规范或模板类文件等。数据管理操作手册由数据管理归口管理部门负责组织编写，报 CDO 审批后发布。

数据管理操作手册是针对数据管理执行活动中的某个具体工作事项制定的、用于指导具体操作的文件，更是在执行特定活动的过程中需要遵守的操作技术规范。

7.2 数据制度的主要内容

7.2.1 数据制度的核心内容

就数据管理而言，数据制度的核心内容比较多（见图 7-3）。

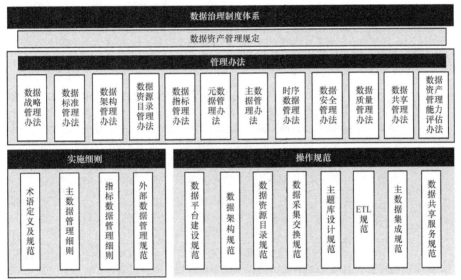

图 7-3 某制造业数据管理制度体系架构范例

在行业内，参考 DAMA-DMBOK、DCMM（数据管理能力成熟度评估模型）、中国电子技术标准化研究院全国信息标准化技术委员会大数据标准工作组编制的《大数据标准化白皮书（2020版）》，以及中国信息通信研究院云计算与大数据研究所下属的 CCSA TC601 大数据技术标准推进委员会编写的《数据资产管理实践白皮书（6.0 版）》，并结合多家大型集团公司的数据标准管理实践，我们总结出了企业数据标准制度包含的架构类数据标准、对象类数据标准、基础类数据标准和作业类数据规范，具体内容如表 7-1 所示。

表 7-1 企业数据标准制度文档清单示例

数据标准制度的分类	数据标准或数据规范的名称	编写目的和编制方式参考
数据管理总纲	数据资产管理大纲	由企业总部负责统一编写，是数据资产管理纲领性文件，旨在规范企业数据资产管理工作，构建数据资产管理体系，形成"用数据说话、用数据管理、用数据决策、用数据创新"的数据运营管理机制，提高数据资产建设、管理、应用与价值创造水平，如企业数据资产组织与职责、数据资产管理方法、监督检查等内容

续表

数据标准制度的分类	数据标准或数据规范的名称	编写目的和编制方式参考
数据管理总纲	数据质量管理办法	由企业总部负责统一编写，针对数据质量管理总体思路，如数据质量管理目的、数据质量管理范围、数据质量规则管理、数据质量问题处理、数据质量考核评估和数据质量管理培训等进行说明
	数据安全管理办法	由企业总部负责统一编写，部门和分支单位按实际工作环境制定实施办法，针对数据安全管理总体思路，包括数据安全问题、数据安全策略、数据安全管理执行、数据安全审计、数据安全应急预案和数据安全教育培训等进行说明
	数据指标管理办法	由企业总部负责统一编写，对集团公司指标数据的定义进行统一管理和约束，包括指标数据定义框架、指标数据分类和指标数据标准属性定义；对数据指标标准的制定、数据指标标准管理的内容、数据指标标准的执行、企业数据标准管理的变更等进行说明
架构类数据标准	数据目录管理办法	由企业数据管理部门（如数据资产管理部）和各业务部门共同编写，数据资产目录应当满足企业各部门、各专业人员查询数据、看懂数据、掌握数据的基本需求，包括数据资产目录的编制、数据资产目录的变更、数据资产目录的维护等
	数据模型管理办法	由企业数据管理部门和各业务部门共同编写，是数据模型管理相关工作的规范性文档，用于指导相关方进行数据模型的创建、维护和使用，保障数据模型被正确地使用和维护，为企业管理数据模型提供一套标准的管理方法
	数据开放管理办法	由企业数据管理部门和各业务部门共同编写，数据开放涉及企业数据资产的离网，各级信息部门负责对数据开放过程进行严格控制，避免造成公司损失，包括数据开放目录的编制、审核发布、维护以及开放数据的提供、安全保障和规范制定
	数据共享管理办法	由企业数据管理部门和各业务部门共同编写，主要包括数据共享目录的编制、审核发布、维护以及共享数据的获取和相关规范的制定
对象类数据标准	主数据管理办法	根据主数据管控模式的不同，分别由企业总部和分子公司负责编写。介绍主数据管理涉及的范围、架构、流程、制度、岗位职责，包括主数据的识别、创建、采集、变更和使用
	数据指标管理办法	由企业数据管理部门和各业务部门共同编写，旨在确保企业指标数据管理工作的有效开展，为信息化建设和业务运营提供完整、一致、规范的指标定义和指标数据内容，主要内容包括指标数据管理的组织与职责、指标标准管理、指标数据的维护和使用
	元数据管理办法	由企业数据管理部门和各业务部门共同编写。针对元数据管理总体思路，如元数据管理内容、元数据管理模式、元数据管理目的及范围等进行说明，包括元数据的识别、创建、采集、变更、维护和稽核
	数据分类管理办法	由企业数据管理部门编写，旨在定义企业数据分级、分类的原则和方法，促进企业数据的开放和共享，实现企业数据价值最大化，包括数据分类的定义、使用范围、职责分工、原则、方法、流程等内容
基础类数据标准	业务术语管理办法	定义企业业务管理中的主要业务事项或信息对象，包含业务概念的规范定义，例如元数据的定义
	业务规则管理办法	描述业务应该如何在内部运行，以便成功地与外部世界保持一致，如数据质量的业务规则、指标加工的业务规则等
	命名规范管理办法	系统命名规范、数据模型的命名规范、主数据的命名规范、开发中的命名规范等
	数据元管理办法	主要包括术语和定义、数据元描述方法及规则、数据元使用、财会业务数据元目录等内容

数据标准制度的分类	数据标准或数据规范的名称	编写目的和编制方式参考
作业类数据规范	管理规范	数据标准化管理制度，类似于企业管理的规章制度，旨在告诉人们关于数据标准化能做什么、不能做什么以及怎样做。管理规范阐明了数据标准化的主要目标、相关工作人员、职责、决策权和度量标准 管理规范与管理流程相辅相成。一般会在每个管理流程中设置管控点，并明确每个管控点的管控目标、管控要素、标准规范和操作规程，如外部数据管理规范、过程数据管理规范、运营管理规范等
	维护细则	数据标准化过程的维护管理标准。维护细则定义了数据标准化过程的维护流程、相应角色及职责，以保障数据标准化工作有序进行。例如，客户主数据维护细则详细描述了客户主数据的使用要求，规定了客户主数据的维护流程、岗位及职责，还包含详细的客户主数据的数据模型等内容
	流程规范	对数据从产生、处理、使用到销毁的整个生命周期的各阶段、各流程环节的控制和约束，用来确保数据质量和数据安全合规使用，如数据需求管理流程、数据创建流程、数据变更流程、数据销毁流程等。按照"垃圾进，垃圾出"的数据管理原则，对相关业务流程进行优化和监管，以提升数据质量，赋能业务应用

7.2.2　数据要素基础制度

2022 年 12 月 19 日发布的《中共中央　国务院关于构建数据基础制度更好发挥数据要素作用的意见》（以下简称"数据二十条"）提出了 20 条举措，其中包括建立保障权益、合规使用的数据产权制度，建立合规高效、场内外结合的数据要素流通和交易制度，建立体现效率、促进公平的数据要素收益分配制度，建立安全可控、弹性包容的数据要素治理制度等，初步搭建了我国数据基础制度体系，充分激活数据要素价值，赋能实体经济发展，激活市场主体活力，推动构建新发展格局，促进高质量发展。"数据二十条"的出台，有利于充分激活数据要素价值，赋能实体经济，推动高质量发展。"数据二十条"鼓励企业创新内部数据合规管理体系，不断探索完善数据基础制度，提出构建数据产权、流通交易、收益分配、安全治理等制度，初步形成我国数据基础制度的"四梁八柱"。

为了响应国家关于数据要素的政策指导，在传统的各项数据制度之外，组织（特别是政府单位和企业）还需要建立一套数据要素相关制度，表 7-2 给出了一个例子。

表 7-2　数据要素相关基础制度文档清单示例

制度名称	主要内容
数据产权制度	探索数据产权结构性分置制度； 建立数据资源持有权、数据加工使用权、数据产品经营权"三权分置"的制度框架
数据资产价值评估制度	旨在评估数据资产的价值
数据要素流通和交易制度	从规则、市场、生态、跨境 4 个方面构建适应我国制度优势的数据要素市场体系
数据要素收益分配制度	在初次分配阶段，遵照"谁投入、谁贡献、谁受益"的原则； 在二次、三次分配阶段，重点照顾公共利益和相对弱势群体
数据要素治理制度	构建政府、企业、社会多方协同的治理模式

7.3   数据制度的修订时机、原则和步骤

数据制度的制定并不是终点，只是对企业开展数据管理工作进行约束和管控的开始。从这个意义上讲，数据制度需要根据企业自身及数据管理工作的需求变化而变化，这就要求企业对数据制度进行适时的修订，以符合实际工作的发展需要。所以，数据制度与数据管理实施总是处在不断的匹配过程之中，而且数据制度往往是滞后的一方。

1. 数据制度修订的时机

数据制度的修订需要适当的时机，过于频繁地修订会对日常工作造成不良影响；而过于滞后的修订，则会造成实际工作与数据制度不匹配，无法实现数据管理工作的有效约束。

通常情况下，比较合理的修订时机如下：

（1）当与数据管理相关的国家法律、规程废止、修订或新颁布，对企业数据管理工作产生较大影响时；

（2）当企业组织结构和运营体制发生重大变化时；

（3）当内外部监督或审计单位提出相关整改意见时；

（4）在安全检查、风险评估过程中，当发现涉及规章制度层面的问题时；

（5）在分析重大事故和重复事故原因的过程中，当发现制度性因素时；

（6）其他相关时机。

2. 数据制度修订时应坚持的 3 个原则

在修订数据制度时，应坚持以下 3 个原则。

（1）坚持"消除例外"原则。数据制度的修订要能准确识别"例外"和"偶然"事件。因此，在出现"例外"和"偶然"事件的情况下，管理者要善于运用标准化原理，用管理制度来指导对"例外"与"偶然"事件的处理，并适时将"例外"和"偶然"事件纳入管理制度，使其成为常规管理的一部分。

（2）坚持"先立后破"原则。数据制度的修订要采取"先立新，再破旧"的程序。在条件尚不成熟，新制度尚未出台之前，应继续按原有制度执行，待新制度正式建立以后，再废除旧制度，以保持制度的连贯性、稳定性，保证企业数据管理活动的正常开展。

（3）坚持"辩证统一"原则。坚持"稳"与"变"的辩证统一。数据制度在修订过程中，既要有针对新需求的内容新增，也要保持较强的一致性和稳定性。一方面，企业要不断适时地用最新、最适用的数据制度代替已不适应现状的数据制度；另一方面，数据制度的变化应当循序渐进，尤其是，层级高的数据制度在修改时越应该谨慎，稳定性应当越强。

3. 数据制度修订的 5 个步骤

在实际工作中，在数据制度内容修订比例不大的情况下，数据制度的修订主要包括以下 5 个步骤。

（1）**明确修订目标**，即明确本次修订需要适应或解决当前数据制度存在的什么问题，以及想要通过修订达到什么效果。

（2）**补充必要数据及信息**，针对本次修订的内容补充日常工作中积累的相关数据、材料或信息，为修订提供基础。

（3）**起草修订稿**，并对数据制度修订前后的效果进行对比分析。

（4）**征求意见**，即在合理的范围内对修订的内容进行意见征集，采纳合理意见并进一步完善修订稿。

（5）签审发布。

在起草修订稿时，需要特别慎重，要充分考虑修改部分的内容怎样才能与企业各方面的制度保持协调，怎样避免出现顾此失彼的情况。如果数据制度的修订造成与其他管理制度的矛盾，则势必给企业数据管理工作带来混乱。

在特殊情况下，企业可随时对数据制度进行修订，但一般不宜过于频繁。如果没有特殊情况，企业可在每年年末对现有数据制度进行年审，并根据年审结果考虑是否需要进行修订。

7.4 本章小结

本章从企业构建有效的数据制度的需求出发，以保障企业数据管理各项活动有序开展为目标，介绍了数据制度的框架、核心内容和修订流程，并结合实际案例经验，介绍数据制度的具体内容，为 CDO 给企业构建符合企业自身特点的数据制度提供更好的参考，从而帮助企业有序地构建数据制度。

各项规章制度的建设规划属于数据管理的内容，数据战略作为这些规章制度中最主要的内容，直接在数据管理过程中制定；其他规章制度的建设往往在具体数据管理的项目中得到建设和完善。

第 8 章

元数据和数据资源目录

元数据是摸清组织数据资产的起点。组织有哪些数据,有什么样的数据,这些数据的质量属性又怎样等,都有赖于元数据的管理。按照 DAMA 的观点,有效的数据管理和应用必须从元数据开始。元数据管理从而也成了 CDO 要做的工作之一。

8.1 概述

8.1.1 元数据和数据资源目录的定义

按照最通俗的定义,元数据是关于数据的数据。元数据是一个技术术语。元数据管理的意义是从技术层面对组织所拥有数据的编目和梳理。

作为业务术语,数据资源目录旨在从业务层面描述与元数据同样的内容。

元数据和数据资源目录,无非一个是技术术语,另一个是业务术语。

在实际工作中,也有实践把元数据和数据资源目录在内容上加以区分。在做完元数据后,在元数据的基础上再做一层数据资源目录。比如,有组织认为,尽管元数据和数据资源目录存在密切的关系,但元数据通常包括数据的定义、结构、属性、关系等信息,这些元数据可以记录和存放在数据资源目录中。数据资源目录可以集中地管理和访问元数据,包括但不限于数据的背景信息、数据的管理人、数据血缘、数据质量情况等。元数据和数据资源目录共同支持数据的管理、发现和访问。

除了元数据和数据资源目录之外,还有另一个相近的概念——数据资产目录。数据资产目录也是一个业务术语,但数据资产目录不等于数据资源目录。我们首先需要有“资源目录”,然后才可以有“资产目录”。从资源到资产,还有相当长的一个转换过程。资产强调的是数据价值的实现,所以,为了成为“资产”,数据在“资源”的基础上,还需要至少解决数据的确权、价值评估和收益分配等一系列问题。

本章着重讲解元数据,因为这是数据资源管理和数据资产管理的基础。同时在本章中,元数据和数据资源目录是可以互换的。

8.1.2 数据管理需要从元数据开始

我们在工作中经常会碰到以下问题:

(1)组织有哪些数据?

(2)这些数据表示什么意思?

(3)数据在哪里?

(4)哪些数据是可靠的?

（5）应该以哪些数据为准？

（6）数据之间的关联关系是什么？

（7）数据如何获取？

（8）数据经过哪些加工？数据问题该如何追溯？

（9）数据的管理者是谁？

（10）数据被谁访问？哪些数据经常被访问？哪些数据没有被使用？

（11）如何才能方便地获取数据？

（12）数据的更新频率是怎样的？从而知道数据是不是最新的。数据多久更新一次？

以上这些都是典型的通过元数据可以回答的问题，并且它们从总体上都是关于数据的 5W2H 问题，即 What（数据是什么）、Where（数据存储在哪里）、When（数据的更新时间、更新频率是怎样的）、Who（数据的管理者是谁）、Why（产生数据质量问题的原因是什么）、How（怎样获取数据）、How much（数据的价值和成本是怎样的）。

这些都是 CDO 需要解决的问题，而且其中的很多问题是 CDO 在数据管理初期了解数据的阶段就需要解决的，因此组织为了进行可靠的数据管理会优先进行元数据管理，搭建组织/机构的数据资源目录。通过数据资源目录解决数据查找、浏览和获取的问题。

不仅在了解数据阶段，随着数据交易、精细化数据运营的发展，组织对元数据管理也提出了更高的要求，比如数据的价值情况、质量情况等。数据安全层面（如数据的分类、分级等）的信息也是通过元数据管理来实现的。数据全生命周期的管理更离不开元数据管理，元数据管理是数据全生命周期管理的基础。

CDO 要想组织管理的数据在未来保持时代的先进性，就需要做好元数据管理。元数据管理在新技术领域扮演的角色也越来越重要，比如在 DataOps、数据编织（Data Fabric）、数据网格（Data Mesh）的基础建设中，元数据管理是不可缺少的部分，元数据管理支持数据的发现和访问。

按照 DAMA 的功能领域依赖关系图（见图 8-1），在理想的情况下，大到数字化转型，小到数据管理的具体项目，我们都应该首先从元数据管理开始。

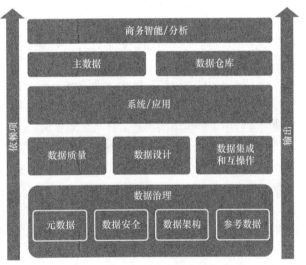

图 8-1 DAMA 的功能领域依赖关系图

8.2 元数据管理的驱动因素

在数据管理中，理解数据资源目录的作用，正如图书馆中图书目录的作用一样，通过图书的分类、书号、位置、书名、作者等，可以让使用者查找到对应的图书或记录。对人类来讲，图书目录起到知识共享和传播的作用。相似地，在数据层面，数据资源目录起到促进数据使用和共享的作用。构建了数据资源目录，就可以统一地查找数据，让数据使用者知道有哪些数据，数据在哪里，以及如何获取和使用数据等信息，从而极大地提高数据工作效率，降低数据人员流动导致的信息丢失风险。更重要的是，可以构建一个数据使用的枢纽，让数据不再局限于只能被少部分人使用，激发将数据作为数据生产要素的活力。

基于元数据的内容，好的元数据管理对企业或机构的具体作用如下。

（1）**描述清楚数据，让数据可查、可找，提高查找效率**。通过元数据，描述清楚数据的内容、属性、结构等特征，这是元数据的基础功能。让组织的各部门或使用人员可以快速查找数据，理解数据的描述信息，不用看具体相关系统、数据、文档等，就可以找到要使用的数据。

（2）**提供数据获取途径**。元数据提供了数据的存储、格式等信息，数据要进行数据交易、共享交换、公开获取等，都依赖基于元数据的数据资源目录的构建。

（3）**数据安全管理**。通过元数据记录好敏感信息，防止敏感信息泄露。梳理数据的分类、分级，做好数据的分类、分级管理。记录数据的权限信息，配合相关技术或管理手段，做好数据的权限管理。

（4）**支持合规管理**。比如，在元数据中标识出哪些数据是个人隐私数据，在监管条件下数据是加密使用还是脱敏使用，以及限定数据如何使用等条件，都可以在元数据中记录并管理，从而支持合规在组织中的落地。

（5）**打通业务元数据和技术元数据**。我们通常知道数据存储在 IT 系统中，同时数据的内容涉及各种专业领域信息，如空间地理、生物医药、商品管理、客户管理等，所以在使用或想要分析数据时，需要把专业领域的术语翻译成 IT 语言，业务元数据和技术元数据的打通，使得业务人员可以读懂数据，让数据可读、可懂、可用，并且降低培训成本以及员工之间的沟通成本，降低人员流动造成的影响。

（6）**提供高质量、可信、可靠的数据**。数据管理的重要目标是保证有高质量的数据可用。数据的质量信息都可以记录在元数据中，比如数据的准确度、及时性等，这样在获取数据的时候，就可以参考数据的时间范围、更新时间、准确度等信息，防止使用过期或不正确的数据，优先选择高质量的数据来使用。

（7）**便捷的数据溯源和影响分析能力**。通过提供数据血缘，可以直观看到数据做了哪些处理、处理逻辑是什么，还可以提供指标数据的计算口径，协助分析各种数据问题，规避数据生产加工和使用过程中可能出现的问题，提高数据质量。

（8）**数据全生命周期管理的基础**。数据从产生、存储、处理、服务、应用、归档到销毁的各个阶段，以及数据安全、数据交易、数据共享交换的过程，都可以通过元数据进行记录和管理，元数据管理是整个数据生命周期中必不可少的基础性工作。比如，基于数据访问频率等元数据分析，可以知道数据使用的冷热情况，从而对数据的存储、数据任务的上下线进行可靠的管理。图 8-2 展示了元数据管理是数据全生命周期管理的基础。

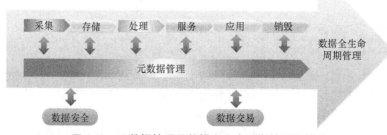

图 8-2　元数据管理是数据全生命周期管理的基础

（9）**提高数据管理效率**。随着数字化转型的深入，元数据将作为数据来管理。将数据管理的过程数字化，先进的元数据管理方式将极大提高数据管理效率，从而提升企业或机构的运营效率。

（**10**）**获取数据价值或进行数据价值分析。** 元数据可以记录数据的成本、市场价格等信息，也可以基于元数据中数据的全面背景信息、数据质量、数据热度、数据使用情况等信息，分析计算数据的价值并进行数据的价值管理。

8.3 元数据的核心内容

8.3.1 元数据的内容

元数据通常分为三类：业务元数据、技术元数据和操作元数据。

业务元数据： 主要关注数据的内容和状态，以及与数据治理相关的细节。

技术元数据： 提供关于数据的技术细节、存储数据的系统，以及在系统内部和系统之间迁移数据的过程信息。

操作元数据： 描述处理和访问数据的细节。

表 8-1 列举了一些元数据。

表 8-1 不同类型元数据的示例

元数据的类型	示例
业务元数据	数据集、表、字段的定义和描述
	业务规则、转换规则、计算公式和推导公式
	数据模型
	数据质量规则和检核结果
	数据的更新计划
	数据溯源和数据血缘
	数据标准
	特定的数据元素记录系统
	有效值约束
	利益相关方联系信息（如数据所有者、数据管理专员）
	数据的安全/隐私级别
	已知的数据问题
	数据使用说明
技术元数据	物理数据库表名和字段名
	字段属性
	数据库对象的属性
	访问权限
	数据 CRUD（增、删、改、查）规则
	物理数据模型，包括数据表名、键和索引
	记录数据模型与实物资产的关系
	ETL（Extraction-Transformation-Loading，抽取、转换和加载）作业详细信息
	文件模式定义
	源到目标的映射文档

续表

元数据的类型	示例
技术元数据	数据血缘文档，包括上游和下游变更影响的信息
	程序及应用的名称和描述
	周期作业（内容更新）的调度计划和依赖
	恢复和备份规则
	数据访问的权限、组、角色
操作元数据	批处理程序的作业和执行日志
	抽取历史和结果
	调度异常处理
	审计、平衡、控制度量的结果
	错误日志
	报表和查询的访问模式、频率和执行时间
	补丁和版本的维护计划、执行情况，以及当前的补丁级别
	备份、保留、创建日期、灾备恢复预案
	服务水平协议（Service Level Agreement，SLA）要求和规定
	容量和使用模式
	数据归档、保留规则和相关归档文件
	清洗标准
	数据共享规则和协议
	技术人员的角色、职责和联系信息

8.3.2　元数据的来源

从元数据的类型可以看出，元数据的来源分布很广泛，常见的元数据来源如下。

（1）**数据库**。应用程序的元数据存储库，如 ERP、CRM 等应用管理程序中的元数据物理表。

（2）**业务术语表**。组织记录和存储业务概念、术语、定义以及术语之间关系的文件、表格等。

（3）**非结构化数据的元数据**。例如文件、音频、视频等描述信息。

（4）**数据库管理和系统目录**。数据库管理和系统目录提供数据库的内容、信息大小、软件版本、部署情况、网络正常运行时间等操作元数据。

（5）**报表**。常见的有 BI（Business Intelligence，商务智能）的元数据，比如报表、报表的字段、报表的展现、报表的用户、报表使用的数据等。

（6）**ETL 信息**。ETL 工具中描述的数据抽取、转换、清洗、装载过程的元数据信息。

（7）**数据开发工具**。常用的数据存储、集成、调度、配置管理等工具中的元数据信息。

（8）**数据质量工具**。数据质量工具中的数据质量得分、质量概况、数据标准等信息。

（9）**数据字典**。数据集的结构和内容。

（10）**建模工具和存储库**。数据字典信息。

（11）**事件消息工具**。事件消息工具在不同系统之间移动数据，并提供描述数据移动的元数据。

一般的数据库和软件系统等都自带元数据，作为企业级的元数据管理，我们需要把这些分散的元数据集成起来，统一管理，统一应用。

8.4 元数据和数据资源目录实施指南

数据管理应该从元数据管理开始。事实上，如果没有元数据，组织就很难管理数据。元数据通常记录在数据资源目录中，并基于数据资源目录提供元数据查询、访问以及相关的元数据分析能力。

DAMA 对元数据的建设活动提出了一些建议，认为元数据的建设一般包括：

- 定义元数据战略；
- 理解元数据需求；
- 定义元数据架构；
- 创建和维护元数据；
- 查询、报告和分析元数据。

我国一般使用"数据资源目录"多于"元数据"。基于我国的业内实践和 DAMA 的建议，组织建设数据资源目录通常包括如下工作要做。

（1）制订计划

基于组织的需求，制定元数据管理的目的以及短期和长期目标。一般需要建设的目标如下。

- **建设数据资源目录**：盘清组织有哪些数据，解决数据在哪里、数据怎么解释、数据如何使用的问题。数据资源目录的建设原则：应收尽收，应归尽归。
- **数据资源管理**：通过元数据信息，对数据资产进行管理，如数据生命周期管理、数据安全分类分级管理等。
- **元数据影响分析**：基于元数据，搭建数据血缘、元数据监控等能力，对数据的流转进行查询，对数据的问题进行溯源，评估相关工作环节的影响范围。
- **数据价值评估**：基于元数据信息，对数据的价值进行评估。

除了建设目标之外，还应制定相关的管理制度、人员配置计划，以保障工作的落地和执行。元数据管理应该作为一项长期的工作进行，针对组织现状，设置适当的目标，分期逐步完成。

（2）梳理数据资源情况

梳理数据资源情况，重要的是判断哪些数据对组织或企业有价值，并非所有的数据都是有用的，只有对组织或企业有用的数据，才应该收集管理。在判断数据对企业的价值如何时，通常可以参考以下因素。

- **业务相关性**：数据所反映的重要业务的运营情况。
- **监管上报**：某些领域的组织或机构需要接受监管部门的管理，并定期上报对应的监管内容，与监管要求相关的数据需要优先管理。
- **组织经营决策**：组织经营决策所依赖的数据，不仅仅包括组织管理层决策所需的数据，员工进行业务管理和运营所需的数据也应该管理起来。例如，工业企业的设备故障数据可以支持职员判断设备是否正常，App 的用户行为数据可以支持互联网公司做出销售运营策略等。
- **数据使用需求**：盘点组织各部门及人员需要使用哪些数据。

梳理数据资源的方法通常有两种。一种是业务导向，根据业务情况进行梳理，获取业务流程、环节的信息以及对应的系统、非系统的数据资源情况；另一种是技术导向，从系统梳理入手，调研系统、工具、数据库等数据情况。在梳理过程中，尽可能梳理全面并获取更多的数据背景信息。借助常用的梳理手段（如资源调查清单等）对数据资源进行调研，梳理的系统及库表对象的范围可以参考 8.3.2 节。

（3）制定数据资源目录框架

根据组织的业务架构、业务过程情况，参考行业相关标准、数据模型、实践案例，或者基于其他行业的成功经验，制定组织的数据资源目录框架。例如，某企业基于业务过程和数据中台的数据架构及主题域建模，梳理企业数据资源，并将业务主题域作为数据资源目录的一级和二级分类。其中，一级分类有用户、交易、商品、物流、库存、财务等。

（4）制定数据资源目录的分类和编码标准

组织持有的大量数据需要使用统一的数据分类和编码标准来管理。编码标准定义了数据资源标识的编码方式，是数据唯一不变的标识代码。常见的数据资源分类方式包括系统分类、组织架构分类、行业分类、业务主题分类、数据结构分类、数据安全分类、数据安全等级等。每个数据都可以具备多种分类方式，从而方便数据的查找、使用和管理。

（5）构建数据资源目录

数据资源目录既可以使用表格来管理（见图8-3），也可以基于专业的系统工具来管理（见图8-4）。

主题分类一	主题分类二	数据资源名称	数据资源编码	数据描述	数据格式	数据项编码	数据项名称	数据类型	更新频率	数据来源	数据管理人

图8-3　使用表格来管理数据资源目录

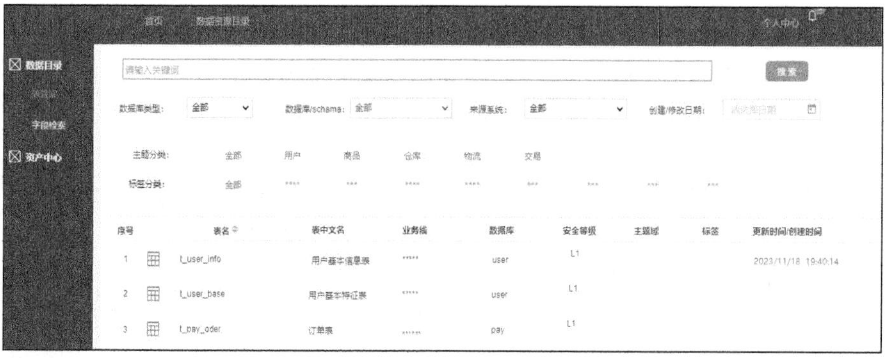

图8-4　基于专业的系统工具来管理

组织管理数据资源目录的方式有三种——使用开源软件、自研定制开发或进行商业采购，CDO可以按照需求选择组织管理数据资源目录的方式。数据资源目录应该尽可能满足组织内不同角色使用和管理数据的需求，比如在业务层面提供业务主题分类、质量情况、数据描述等，而在技术层面提供数据格式、类型、更新频率、ETL等，对于数据安全管理则提供数据的分类分级信息等。

（6）更新、维护目录元数据

目录元数据需要保持更新和维护，同时也要进行元数据质量的治理，从而保证数据资源目录的准确性和可用性。

元数据管理要保障组织有活跃的元数据可用。对于目录元数据，要分步实施，并根据组织对数据资源目录的需求，逐渐更新迭代元数据，同时提高元数据的质量治理。在目录建设初期，优先建设基本的业务元数据、技术元数据。在搭建数据质量体系后，增加管理元数据（如描述数据质量情况）；在进行完数据安全管理后，增加数据分类分级元数据等。

（7）做元数据分析应用

将元数据作为一种数据，对元数据进行分析，这会对数据管理的决策起到重要的作用。

数据血缘：记录数据从产生、存储、管理、应用到消亡的整个生命周期中数据之间的关系。数据血缘一般通过对元数据的分析和加工，以可视化形式展示出来。引入数据血缘，就可以在数据管理过程中进行数据溯源和影响分析。数据溯源旨在通过追溯数据的来源系统，以及数据经过哪些流程的加工，直观发现数据链路中的问题，提升数据质量。通过影响分析，如果上游环节的数据或任务发生变更，就可以快速发现对下游哪些数据有影响。比如在日常开发中，要注意上下游数据任务的执行时间等。基于指标数据元的指标血缘分析，可以对比分析不同指标的计算过程和口径是否一致，帮助使用人员清楚地了解指标的来龙去脉。数据血缘的对象可以是表、字段（数据元）、数据任务等，并且随着技术的发展，数据血缘所管理的对象范围、时效性、可用性都在提升。图8-5所示的表级血缘关系原型示意图，直观地展示了数据血缘的作用。

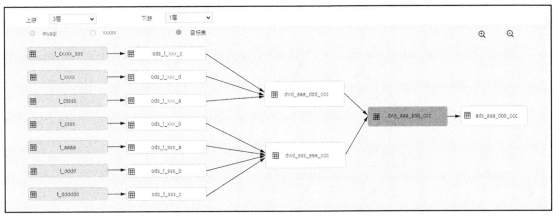

图8-5 表级血缘关系原型示意图

数据冷热程度分析：基于数据访问频率、访问响应时间、数据更新频率等元数据，通过一定的计算模型，得出数据的冷热程度。根据数据的冷热程度对数据存储进行分区管理，对不再使用的数据进行留档销毁处理，从而更好地控制成本。

辅助数据安全管理：元数据的分类中涉及敏感数据的分类分级，结合其他数据安全管理机制和措施，可以用来保障组织的数据安全。

8.5 元数据管理的关键事项

8.5.1 目录的完整性

元数据管理的基本原则是"应归尽归，应收尽收"。数据资源目录的编写应追求完整。有了完整的目录，组织才能对自己的数据资源有一个全面的了解，同时也才能识别出一些可能的问题。

8.5.2 元数据的质量

元数据是基于现有流程生成的，流程的所有者应该对元数据的质量负责。元数据拥有正确的定义，元数据的构成信息是准确、可信、及时的。把元数据当作产品来管理，制定元数据质量管理流程，保证组织有高质量的元数据可用。

8.5.3 组织保障

元数据管理需要协调组织中的各个团队，元数据管理在组织的很多团队中是优先级比较低的工作，因此CDO需要协调好不同团队之间的配合，推动工作的进行。元数据管理的过程可以分为准备、编制、注册、维护、服务和使用共6个流程。CDO要明确元数据的提供者、管理者和使用者在元数据整个管控流程中的作用，从而保障管理工作顺利进行。CDO还要协调好业务人员和技术人员，以便他们能够以跨职能的方式紧密合作。一些组织在做数据资源盘点的时候会进入误区，完全依赖高级技术人员来推动进行，人员的招聘要求完全是技术要求，而忽视了对业务的理解。要想将业务和数据进行很好的融合，CDO 在团队建设中就要关注人员对业务和数据结合的能力。图 8-6 展示了元数据管理流程和角色。

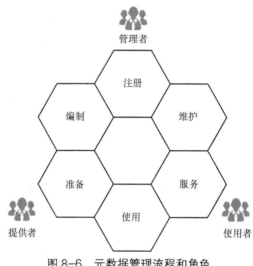

图 8-6   元数据管理流程和角色

8.5.4   标准和制度

数据的共享和使用离不开元数据标准。元数据的集成、管理、质量也需要标准的管理。组织可以采用已有标准，或在已有标准的基础上修改，或借鉴行业最佳实践案例，制定组织自己的元数据标准，指导元数据管理工作。组织还需要制定对应的元数据管理制度，保证元数据管理工作正常有序开展。

8.5.5   反馈机制

建立反馈机制，以便数据使用者可以将错误或过时的元数据反馈给元数据管理团队。

8.5.6   元数据管理是一项长期工程

元数据管理是一项长期工程，在过去很多的项目中，一些机构将元数据管理作为一次性工程来做，梳理完数据资源目录，项目就结束了。这样的元数据将得不到更新，数据也跟不上业务的变化，更谈不上数据全生命周期的管理。CDO 应该认识到，建设元数据是一个循序渐进的过程，需要按长期工程来做。

8.6   主动型元数据管理

8.6.1   什么是主动型元数据管理

2021 年，Gartner 取消了发布多年的元数据管理魔力象限，取而代之的是主动型元数据管理的内容。相较于传统的"被动型"元数据管理，主动型元数据管理是"一组能够持续访问、处理并支持持续分析的元数据的功能"。这是一种崭新的管理元数据的方法。按照 Gartner 的观点，在现代数据架构中，主动型元数据管理是实现智能数据管理的核心基础。

主动型元数据管理是一种方向，但在写作本书时，还没有真正完全实现。

8.6.2 主动型元数据管理的基本特征

传统的被动型元数据管理往往只是为了查询和进行数据血缘分析，并且有大量的手工操作。主动型元数据管理是一种从"被动"到"主动"的范式转变，具有以下重要特征。

1. 自动化元数据收集

元数据的收集和梳理曾经是一项劳动密集型工作，特别是在刚开始的阶段。主动型元数据管理可以实现元数据收集的自动性、全面性、准确性和及时性。主动型元数据管理通过各种感知和链接，开展全域的自动化元数据收集、解析和编目，从而对组织的数据关系、数据模型、数据分布和数据应用有了清晰、完全、准确、及时的认识，并对组织的数据资产形成多种视图的目录，使数据资源能够对不同业务条线的数据消费者，进行不同业务视角的展示。

很明显，要完成这样的过程，元数据的自动收集是关键。

2. 数据质量自动管理

在传统的被动型元数据管理方式下，元数据的质量管理是一个大问题。元数据的质量管理涉及数据质量定义、数据质量检查、数据质量问题评估、数据质量问题跟踪和数据质量问题处理等多个环节。每个环节中都存在着业务规则的技术化落地，业务部门和技术部门的沟通成本高、数据质量问题的追根溯源不完整、数据质量问题处理不彻底，需要耗费大量的人力、物力。

在主动型元数据管理方式下，可以通过自然语言处理、知识图谱、机器学习等人工智能技术来清晰呈现质量问题的全链关系，及时知会数据上下游相关各方，减少沟通成本，并做到及时解决可能性的问题，提升数据问题的处理效率，减少业务和技术之间的矛盾。

3. 自动标签

主动型元数据管理不仅收集元数据，还从数据中创建智能检索，并按照一定的业务逻辑为数据自动打上合适的标签，比如数据安全的标签。与传统的被动型元数据管理不同，主动型元数据管理会不断收集和处理各项元数据，并创造智能。主动型元数据管理是真正的自我学习系统，它的智能会随着时间的推移而增长。

4. 智能行动

主动型元数据管理不仅仅是被动的观察者，它还能在实时数据系统中提出建议、生成警报，并在一定的条件下自动采取智能操作。主动型元数据管理能够更加面向行动、面向管理来解决实际问题，并且能够给出设计建议或者一条可被系统执行的指令。

例如，针对经常使用的热点数据，主动型元数据管理会建议管理人员增加索引，或者把数据放到内存中加以处理，甚至直接采取行动，自动进行优化。

8.7 本章小结

数据管理一般始于元数据管理。本章说明了元数据、数据资源目录和数据资产目录的异同，强调了元数据管理的重要性和"应归尽归，应收尽收"的编目原则。对于元数据管理的落地，本章也提出了一系列的实施意见。本章最后对主动型元数据管理做了介绍，以便 CDO 了解元数据管理的新趋势。

第9章

数据标准

数据标准的建设是 CDO "管好数据" 的重要工作之一。数据标准是打通数据孤岛、降低数据集成成本、实现数据互联互通,从而实现数据共享的重要手段。数据标准有广义和狭义之分。本章讨论狭义的数据标准。

9.1 概述

9.1.1 数据标准的定义

在国际上,美国国家地质调查局将数据标准定义为描述和记录数据的准则,英国开放数据研究所将数据标准定义为用于数据表示、格式、结构、传输、操作、使用和管理的协议文件。

在我国,根据 GB/T 36344—2018《信息技术 数据质量评价指标》中对数据标准的定义描述,数据标准是数据的命名、定义、结构和取值规范方面的规则和基准。在中国信息通信研究院发布的《数据标准管理实践白皮书》中,数据标准被定义为"保障数据的内外部使用和交换的一致性和准确性的规范性约束"。

不同行业对数据标准也进行了定义。例如,在 JR/T 0105—2014《银行数据标准定义规范》中,"数据标准是对数据的表达、格式及定义的一致约定,包含数据业务属性、技术属性和管理属性的统一定义"。

随着我国数字化领域的不断发展,数据要素等新概念被提出,数据标准的定义和要求也在不断地完善、扩充。当下的数据标准已经不仅仅是对数据的约束,更是帮助组织充分实现数据要素价值、推动业务高质量发展的一系列方法和规范。

9.1.2 数据标准层级

数据标准与其他标准一样,分为国家标准、行业标准、地方标准、团体标准和企业标准共 5个层级。

从标准来源的角度出发,国家标准、地方标准和行业标准通常由政府部门参与制定,属于政府标准;团体标准和企业标准属于市场标准,由社会层面自行决定是否使用。

从标准约束力的角度出发,5 个层级的标准中,只有国家标准可以作为强制性标准,行业标准、地方标准、团体标准、企业标准仅可作为推荐性标准。图 9-1 展示了数据标准的层级结构。

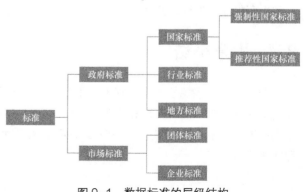

图 9-1 数据标准的层级结构

根据《中华人民共和国标准化法》，国家标准分为强制性国家标准和推荐性国家标准。其中，强制性国家标准由国务院批准发布或授权批准发布，主要规范了保障人身健康和生命财产安全、国家安全、生态环境安全以及满足经济社会管理基本需要的技术要求，必须严格执行；对于满足基础通用、与强制性国家标准配套或对各有关行业起到引领作用等需要的技术要求，通常由国务院标准化行政主管部门制定推荐性国家标准。行业标准是推荐性国家标准的补充，对于没有推荐性国家标准且需要在全国某行业内统一的技术要求，由国务院有关行政部门制定相关行业标准。地方标准是为了满足地方自然条件、风俗习惯等，由省、自治区、直辖市人民政府标准化行政部门制定的标准。团体标准是由学会、协会、商会等社会团体协调相关市场主体，为满足市场创新需求共同制定的标准。最后，企业标准由企业根据需要自行制定。

除了我国的标准之外，国际上还存在国际标准和区域标准。国际标准是指国际标准化组织制定和认可公布的标准。区域标准是由世界某一区域标准化团体制定通过的标准，这些标准通常仅在某个区域施行。这两种标准并不在我国直接推行实施，但可作为我国制定标准的重要参考依据。

9.2　数据标准的驱动因素

不管是哪个层级的数据标准，本质上都是一种规范性约束，只是对象范围有所差异。通过这种约束，可以让组织内部或跨组织之间形成一致的认知和要求，达到"书同文、车同轨"的目的，从而促进数据的交换流通，更好地赋能业务发展和经营管理，加速数据流通和价值变现。

1. 数据标准可以帮助组织降低成本并提高效率

在获取数据后，以及数据共享前，组织都需要对数据进行处理。如果获取或共享的数据体量大、内容复杂，那么数据处理的工作量将十分繁重，进而导致用人成本增高，工作流程变长，器械损耗变重。

制定数据标准后，数据格式、数据表达等方面得到了规范，则在大部分情况下，数据无需处理即可使用，工作流程变短，工作效率变高，自然用人成本降低，器械损耗减少。

2. 数据标准可以帮助提升数据质量和释放数据

随着信息化时代的推进，信息系统的数量逐渐增多。如果不进行数据标准化，每个系统的数据都像是一座孤岛，组织无法对不同系统中的数据进行统一管理，自然无法进一步发挥这些数据的价值。并且，随着数据孤岛的增多，数据更加纷杂，数据质量越来越低，管理成本和难度显著增长，数据价值愈发难以挖掘。

只有建立数据标准体系，才能够将这些数据标准化，将"数据孤岛"连接起来进行统一管理，从而进一步提升数据质量、释放数据价值。

3. 数据标准可以促进数据共享开放

对于政府和企业来讲，组织内各部门的数据定义、数据格式等大多是基于本部门业务进行定义的，不同格式的数据难以在部门间流通共享。缺乏数据标准也会影响组织数据对外开放的进程。因此，制定数据标准可以促进组织数据的共享和开放。

以银行业为例，《银行数据标准定义规范》定义了银行数据的标准格式和标准数据类型等，促使数据在不同银行间更好地流通。

4. 数据标准可以帮助建立良好的数据交易秩序

传统的数据交易模式以点对点的方式进行，主要是数据需求方和数据供给方通过两两协商或平台对接的方式实现数据的采购与流转。然而，这种数据交易模式下的交易信息分散、交易渠道不够通畅、交易效率低下。此外,传统的数据交易模式缺乏监管、规范性差,交易双方的权益难以得到保护,因此难以形成规模化数据交易市场。

通过制定数据标准,可以在一定程度上解决这一难题。制定数据标准后,哪些数据能在市场上流通、哪些数据不能在市场上流通、数据可以在怎样的范围内流通等问题,都能得到解决。建立统一的数据标准后,数据交易信息可以被整合公布,数据流畅性更好,交易成本降低,从而推进统一数据交易市场的建立。

例如,欧盟建立的"国际数据空间"通过标准化的通信接口、统一的连接规范等,解决了数据供需分散、对接不畅等问题,从而打造出了数据交易市场。

9.3   数据标准面临的困难

目前,在推进数据标准化的过程中,仍然面临诸多困难和挑战,主要体现在数据标准制定难、实施难和管理难3个方面。

1.   数据标准制定难

数据标准事关各部门多方面的数据,因此在制定过程中需要各部门积极配合参与,否则就会与业务脱节,最终制定的数据标准也将难以发挥作用。然而,各部门对于数据标准的需求度各不相同,因此参与的积极性也有强有弱,甚至各部门的需求之间可能产生冲突。因此,如何在数据标准制定过程中调动各部门的参与积极性,以及在不同部门的需求产生冲突时,怎样从中协调并使其达成共识,是数据标准制定过程中无法避免的两个问题。

2.   数据标准实施难

在数据标准制定完成后的落地过程中,会遇到打着"工期紧、任务重"的名号让数据标准为项目实施让路的情况,最终导致制定好的数据标准被束之高阁,难以落地。此外,旧项目的改革也会影响数据标准的落地。数据标准在启动早、已完工或已投入使用,并且没有考虑数据标准化问题的项目上落地时,会遇到成本、技术等方面的问题,最终导致数据标准实施不到位。

3.   数据标准管理难

随着数据标准实施的推进,组织内标准过多,相互冲突;业务更新后,标准难以满足实际需求等问题会逐渐浮现。因此,在数据标准的实施过程中,需要不断根据具体情况和实际的业务需求对数据标准进行修订和废止,这对数据标准的管理工作来说是一个挑战。

9.4   数据标准的核心内容

从数据要素的角度对数据标准进行分类,数据标准的核心内容主要包括数据要素供给、数据要素流通、数据要素开发利用、数据要素安全4个方面。

9.4.1   数据要素供给

从数据要素供给的角度看,数据标准应支持组织依法依规开展数据采集、支撑数据治理,进而提升数据质量等,因此建议组织建设以下数据标准。

(1)**基础数据标准**:制定术语、元数据、主数据和参考数据等重点数据和数据库建设相关数据标准,确保组织内基础数据及时、准确、可靠。

(2)**数据治理标准**:制定数据的采集、标注、清洗、聚合、分析等环节相关数据标准,提升组织数据处理能力,促进组织数据资产化,为数据服务的提供奠定基础。

9.4.2　数据要素流通

从数据要素流通的角度看，数据的流通主要包括数据的内部流通和市场化流通两种。数据市场化流通主要为组织探索制定数据资产目录、数据资产定价、数据交易平台相关数据标准。其他数据要素流通标准为组织内部的数据共享标准和组织间的数据开放标准。建议组织建设以下数据标准。

1. 数据要素市场化流通标准

数据交易标准：制定数据资产登记、数据资产评估、数据资产定价、数据权属认定等数据确权和定价相关数据标准；结合区块链等技术，制定数据授权使用、数据溯源等相关数据标准；制定数据登记结算、数据交易模式、数据交易撮合、数据争议仲裁、数据交易平台管理等数据交易平台相关数据标准。

2. 其他数据要素流通标准

（1）数据要素共享标准：制定数据共享流程、数据共享目录、数据共享平台架构、数据共享对接要求、数据共享管理要求等数据标准，保证组织内部数据的有效流通。

（2）数据要素开放标准：制定数据开放流程、数据开放角色职责、数据开放技术要求、数据开放管理要求等数据标准，推动组织数据更好地服务社会。

9.4.3　数据要素开发利用

从数据要素开发利用的角度看，组织需要根据不同类型数据的特点，以实际应用需求为导向，探索制定多样化的数据要素开发利用相关标准，推动数据价值产品化、服务化。因此建议组织建设以下数据标准。

（1）数据要素开发利用标准：创新数据要素开发利用模式，在确保数据安全、保障用户隐私的前提下，使用数据可用不可见等技术，通过数据开放、特许开发、授权应用等多种方式，对组织数据进行增值开发利用，制定相关数据标准。

（2）数据要素服务标准：深度融合数据、技术、场景，基于组织内外不同的数据需求，制定数据服务相关标准。

9.4.4　数据要素安全

从数据要素安全的角度看，组织应该把安全贯穿于数据要素的供给、流通、开发利用全过程。因此建议组织建设以下数据标准。

（1）数据全生命周期安全标准：为保证数据全生命周期的安全，制定数据采集、传输、存储、使用、共享、开放、开发利用、交易、销毁等环节的数据全生命周期安全标准，包括数据传输加密、数据存储加密、数据销毁等数据安全标准。

（2）基础数据安全标准：作为数据全生命周期安全能力建设的支撑，制定数据脱敏、脱密、数据分类分级、身份认证与权限、数据安全监测、数据安全审计等数据安全标准。

9.5　数据标准的实施指南

根据大数据技术标准推进委员会发布的《数据资产管理实践白皮书（6.0 版）》，实施数据标准的目标是通过制定和发布由数据利益相关方确认的数据标准，结合制度约束、过程管控、技术工具等手段，推动数据的标准化，进一步提升数据质量。数据标准化就是使数据满足数据标准约束条件的过程，又称为"贯标"。

　　数据标准的实施对组织来说是一个复杂的系统工程。为了有效地开展这项工作，首先需要规划数据标准建设范围、建设内容、实施路线图等；然后制定、发布并执行数据标准；最后根据业务的发展、技术的更新，以及企业的实际情况，动态维护已发布的数据标准。因此，数据标准的实施是一个持续改进的过程。使用 PDCA 方法分析数据标准的实施过程，就是数据标准的规划和制定（Plan）、发布和执行（Do）、评估（标准维护）（Check）、持续改进（标准维护）（Action），形成一个闭环的工作机制（见图 9-2）。

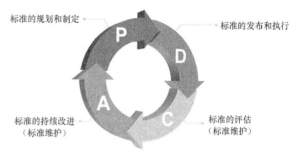

图 9-2　数据标准的工作机制

9.5.1　数据标准规划

　　CDO 应从业务和信息化调研、数据资源盘点、数据标准需求分析、数据标准体系建设、数据标准实施路线图制定、相关文件的批准和发布等方面展开数据标准的规划工作，明确本组织的数据标准体系框架、数据标准建设范围和内容、数据标准建设实施路线图等。

　　1. 业务和信息化调研

　　业务和信息化调研包括 3 个方面。

　　（1）**战略分析**：从整体的战略布局、核心竞争力、战术方法、业务方向等维度分析，明确组织的优劣势。

　　（2）**业务调研**：收集组织的工作报告、制度文件、标准规范、业务战略、数字化战略等的相关资料，对业务部门相关领导和骨干进行调研，识别和理解组织的业务价值链、业务流程、管控模式等。通过深入的业务调研，明确业务单元，梳理出业务价值链条，摸清各个业务系统的情况，评估数据标准应用的业务场景。

　　（3）**信息化调研**：收集信息化建设的相关制度文件，以及信息系统、数据库等资料，深入调研组织的信息化现状和发展规划。

　　2. 数据资源盘点

　　在制定数据标准前，CDO 应对本组织的数据资源进行全面的盘点，以了解本组织所掌握的数据资源有哪些。CDO 应首先规划并确定盘点范围、盘点内容、盘点方法和步骤，制定数据资源盘点的执行流程和模板，在此基础上以业务为导向，全面盘点线上及线下文档、表单等数据，明确数据的责任主体、重要性、使用频率、存储地点、保密级别等属性。

　　3. 数据标准需求分析

　　数据标准需求分析包括 3 个方面。

　　（1）**问题分析**：通过识别各业务环节的数据流向、数据分布，并对业务流程、系统数据应用情况分析等进行分析，找出数据治理中存在的问题，以及如何通过数据标准的制定解决这些问题；

　　（2）**外部资料收集**：广泛搜集并参考国家标准、地方标准、行业标准、团体标准、企业标准等相关数据标准制定的工作经验，研究并参照本行业数据标准体系规划、数据标准制定的实践经验；

　　（3）**明确需求和目标**：通过高层访谈等方式，明确数据标准制定的需求和目标，以及数据标准相关组织和制度、平台和工具建设的需求和目标，总结归纳成《数据标准需求分析报告》，为后续数据标准的制定、发布、推广落地做好前期准备。

　　4. 数据标准体系建设

　　结合前期调研结果、行业最佳实践经验，在对组织现有业务、信息化和数据现状进行分析的基础上，根据数据标准体系建设原则，研究并定义数据标准体系框架及分类，明确各类数据标准对业务的支撑情况，形成《数据标准体系》，其中主要包括数据标准体系框架和数据标准明细表。

5. 数据标准实施路线图制定

根据已定义的数据标准体系框架和分类，以及《数据标准需求分析报告》，结合组织自身在业务系统、信息系统、数据建设上的优先级，制定分阶段、分步骤的数据标准体系建设计划（包括对相关制度、平台和工具的建设），以及数据标准体系建设的实施路线图。

6. 相关文件的批准和发布

由管理数据标准的决策层审核、批准并发布《数据标准体系》及其实施路线图。

9.5.2　数据标准制定

数据标准制定是指在完成数据标准体系规划与建设计划的基础上，制定数据标准及相关规则。随着组织业务和标准需求的不断发展延伸，CDO 需要科学合理地开展数据标准制定工作，确保数据标准的可持续性发展。

1. 数据标准制定的流程

数据标准制定通常要经过标准立项、标准起草、标准征求意见、标准审查、标准发布 5 个步骤。CDO 需根据待制定数据标准所属层级的要求，组织开展数据标准制定工作，如国家标准、地方标准、行业标准、团体标准均有严格的标准制定流程。国家标准的制定需要严格遵守《中华人民共和国标准化法》《国家标准管理办法》《强制性国家标准管理办法》《国家标准样品管理办法》《国家标准化指导性技术文件管理规定》《国家标准修改单管理规定》等政策文件，以及 GB/T 1《标准化工作导则》、GB/T 15000《标准样品工作导则》、GB/T 20000《标准化工作指南》、GB/T 20001《标准化编写规则》等标准的要求。地方标准则应按照各省、市市场监督管理局发布的文件或标准的要求开展制定，如《山东省地方标准管理办法》。对于行业标准来说，不同行业标准的制定需要遵循本行业发布的相关文件或标准要求，如《海洋标准化管理办法》。团体标准则需要在严格遵循 GB/T 20004《团体标准化》的要求下，制定本团体内部的标准管理工作规范。企业标准则需根据企业实际情况，自行规定数据标准制定的步骤。

以地方标准制定流程为例，标准制定流程一般主要包括标准立项、标准起草、标准征求意见、标准审查、标准报批、标准发布 6 个步骤，见图 9-3。

2. 数据标准制定的原则

根据中国信息通信研究院发布的《数据标准管理实践白皮书》，数据标准的制定应遵循以下 6 个原则。

（1）**共享性**：数据标准定义的对象是具有共享、开放、交易等流通需求的数据，因此数据标准应具有跨部门的共享特性。

（2）**唯一性**：数据标准的命名、定义等内容应具有唯一性和排他性，不允许同一层次下的数据标准内容出现二义性。

（3）**稳定性**：数据标准需要保证其权威性，不应频繁对其进行修订或删除，应在特定范围和时间区间内尽量保持其稳定性。

（4）**可扩展性**：数据标准并非一成不变的，业务环境的发展变化可能会触发定义新的数据标准的需求，因此数据标准应具有可扩展性。可以以模板的形式定义初始的数据标准，模板由各模块组成，模板中部分模块的变化不会影响其余模块的变化，方便模板的维护更新。

（5）**前瞻性**：数据标准的制定应积极借鉴相关国际标准、国家标准、行业标准和规范，并充分参考同业的先进实践经验，使数据标准能够充分体现组织业务的发展方向。

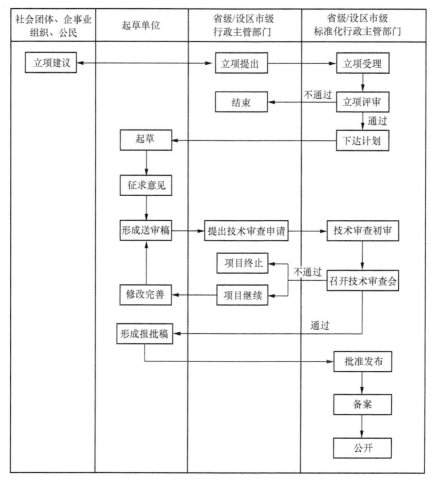

图 9-3   地方标准制定流程

（6）可行性：数据标准应依托于组织现状，充分考虑业务改造风险和技术实施风险，并能够指导组织的数据标准在业务、技术、操作、流程、应用等各个层面的落地工作。

3. 数据标准制定的方法

数据标准的实施，需要 CDO 根据行业相关经验和组织实际情况确定实施范围，并根据数据标准的紧迫程度、利益大小、难易度等制定数据标准的优先级。

数据标准的制定可采用 BOR（Behavior-Object-Relationship）法在 BOR 法中，B（Behavior）是指各种社会活动和行为，O（Object）是指参与活动的主体和活动产生的对象，R（Relationship）是指各个主体/对象之间的关系。使用 BOR 法制定数据标准时，需要从组织的业务域、业务活动、数据对象（数据实体、指标）、数据关系等方面层层递进、逐步展开，见图 9-4。

无论是企业、政府部门还是社会，都是由大大小小的社会活动和行为构成的，这些社会活动和行为涵盖各种类型的社会主题，并且在活动过程中创造并产生了各种对象，包含生产出来的产品、签署的合同、记录行为的各种凭证、登录应用的账号等，这些对象也因为各种社会活动和行为而产生了各种连接关系，在数据建模的领域里称为对象间关系。假设有一个巨大的生产系统可以将人类的每个活动和行为全部 IT 化、系统化，那么这个系统中产生的数据就是要建设的数据标准的全部范围。

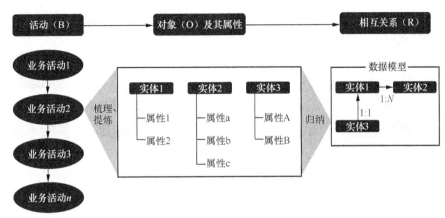

图 9-4　数据标准制定的 BOR 法

因此，BOR 方法就是为所要构建的数据标准覆盖的活动和行为，梳理它们涉及的全部主体、对象，以及各个主体、对象之间的关系。构建数据标准的过程，就是定义活动/行为和主体/对象的组成要素（也叫信息项），并通过数据模型刻画主体/对象之间的一对一、一对多和多对多关系的过程。

以数据元标准的制定方法为例，制定数据元标准的主要工作是提取数据元。为数据元提取提供一个方法论指南是确保提取数据元的工作具有科学性和互操作性的关键。数据元的提取方法有两种："自上而下"提取法和"自下而上"提取法。

（1）"自上而下"的数据元提取法

对于新领域的数据元提取，一般适用"自上而下"提取法。数据元提取的最基本目的是进行信息管理和信息传递，而信息离不开业务流程，因此数据元的提取离不开对业务流程的分析。在业务流程分析的基础上，利用流程建模获得业务的主导方和相关参与方，并确定业务的实施细则，进行数据元和其属性的提取。数据元属性包括定义、标识、表示以及允许值等。"自上而下"的数据元提取法的一般步骤为：业务功能建模、业务流程建模、信息建模、数据元的提取、数据元的提交（见图 9-5）。

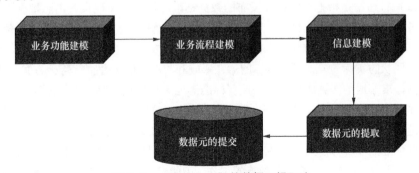

图 9-5　"自上而下"的数据元提取法

（2）"自下而上"的数据元提取法

对于已有系统，可根据其自身数据库系统的实体关系图进行数据元的提取与分析。结合数据业务和相关管理要求，逐部门地对数据中可能存在的信息模型、数据模型、数据流程图、数据库设计、接口以及计算机程序中的数据元进行系统收集、筛选、梳理、找出共性，在协调的基础上定义、分类、整理，以实现标准化（见图 9-6）。

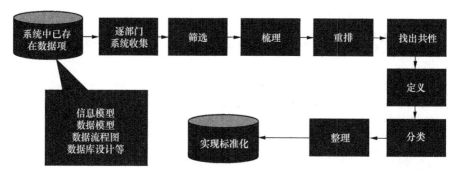

图 9-6   "自下而上"的数据元提取法

9.5.3   数据标准发布

在数据标准制定工作初步完成后,数据标准管理团队需要就已制定数据标准征询数据管理部门、数据标准部门、相关业务部门、内外部专家的意见,在完成意见分析和标准修订后,进行标准发布。数据标准评审发布主要流程包括数据标准意见征询、数据标准审议、数据标准发布 3 个步骤。

1. 数据标准意见征询

数据标准意见征询是指对拟定的数据标准初稿进行宣传介绍,同时广泛收集相关数据管理部门、业务部门、开发部门、内外部专家的意见,降低数据标准不可用、难落地的风险。

2. 数据标准审议

数据标准审议是指在数据标准意见征询的基础上,对数据标准进行修订和完善,同时提交数据标准管理部门审议的过程,以提升数据标准的专业性和可执行性。

3. 数据标准发布

数据标准发布是指数据标准管理部门组织各相关业务部门对数据标准进行会签,并报送数据标准决策部门,实现对数据标准的审批、发布。

9.5.4   数据标准执行

数据标准执行通常是指把组织已经发布的数据标准应用于信息建设,消除数据不一致、提升数据质量的过程。数据标准落地执行一般包括 4 个步骤:评估确定落地范围、制定落地方案、推动方案执行、跟踪评估成效。首先,选择某一要点作为数据标准落地的目标。然后,深入分析数据标准要求与现状的实际差异,以及落标的潜在影响和收益,确定并执行落标方案和计划。最后,综合评价数据标准落地的实施成效,跟踪监督标准落地流程执行情况,收集标准修订需求。

目前很多政府、企业耗费了大量精力制定了堆积如山的数据标准,却被束之高阁,数据标准难以推广落地。数据标准落地难,一是缺少完善的标准宣贯培训机制;二是没有取得领导者的支持,导致数据标准推行阻力较大;三是没有数据标准管理工具,没有将数据标准管理工具与数据模型管理工具紧密集成,没有实现自动化落标等工作。因此,数据标准落地执行过程中,CDO 应组织建立宣贯培训机制,争取领导者对数据标准的认可和支持,加强对业务人员的数据标准培训、宣贯工作,帮助业务人员更好地理解系统中数据的业务含义,同时开展相关工具、平台的建设和改造。

在数据标准自动化落标相关工具建设方面,CDO 可以将数据标准贯穿于数据模型设计中,组织数据标准团队参与到业务系统、数据仓库开发过程的关键节点中。在开发阶段由模型设计人员进行落标,数据标准管理专员和数据架构管理人员进行评审和核准。与此同时,可以通过自动检测能力来提高执行水平,落地奖惩制度等。

数据标准自动化落标重点在于基于数据标准的数据建模工具的建设与运用。数据模型向上承接业务语义，向下实现物理数据，其不仅包含数据字典，更重要的是包含了业务的主题、业务主对象、数据关系以及数据标准的映射。所以模型及其工具的运用是数据标准自动化落标的重要抓手。通过基于数据标准的数据建模工具，在开发阶段自动管理数据字典和模型，通过以下 2 个操作实现落标。

1. 建立标准和数据映射

通过智能推荐选取数据标准来添加字段：在模型设计过程中，设计者可以通过拖拉的方式直接引用数据标准，也可以在实体设计和属性设计时，使用智能推荐的数据标准中的数据字段，既有利于数据标准的落地，又可以优化模型应用模式，提升模型设计效率。其中智能推荐可以推荐数据标准、其他字段等。

数据实体和数据属性落标时，部分标准信息项必须和相关数据标准规定内容一致，如中文名称、数据类型、数据格式等。尤其要注意的是，坚决杜绝手工输入枚举代码的情况。

2. 自动化数据标准落标检查

根据已发布数据标准，将相关规则内置到工具中，自动化生成数据标准落标检查规则，如自动化检查数据的格式、类型、值域是否符合数据标准规范，方便数据管理人员从全局视角了解数据标准规范执行情况。

9.5.5　数据标准维护

数据标准并非一成不变，而是会随着业务的发展变化以及数据标准执行效果而不断更新和完善。

在数据标准维护的初期，首先，CDO 需要组织数据标准管理团队完成需求收集、需求评审、变更评审、发布等多项工作，并对所有的修订进行版本管理，以使数据标准"有迹可循"，便于数据标准体系和框架维护的一致性。其次，应制定数据标准运营维护路线图，遵循数据标准管理工作的组织结构与策略流程，各部门共同配合实现数据标准的运营维护。最后，应对数据标准建设期间、贯标期间、各方应用成效进行评估，依据评估结果修订数据标准。

在数据标准维护的中期，数据标准管理团队主要需要完成的是数据标准日常维护工作与数据标准定期维护工作。日常维护是指根据业务的变化，常态化开展数据标准维护工作，比如当组织拓展新业务时，应及时增加相应数据标准；当组织业务范围或数据规则发生变化时，应及时变更相应数据标准；当数据标准无应用对象时，应废止相应数据标准。定期维护是指对已定义发布的数据标准定期进行标准审查，以确保数据标准的持续实用性。通常来说，定期维护的周期一般为一年或两年。

在数据标准维护的后期，数据标准管理团队应重新评估数据标准在各业务部门、各系统的应用情况，并制定数据标准落地方案和相应的落地计划。在数据标准体系下，由于增加或更改数据标准分类而使数据标准体系发生变化的，或在同一数据标准分类下，因业务拓展而新增加的数据标准，应遵循数据标准编制、审核、发布的相关规定。

9.6　数据标准化的评估

为了保证建设的数据标准可以更好地落地实施，并保证数据标准在不同部门中的可获取性和一致性，在开展数据标准化工作后，CDO 需要组织团队对数据标准化工作进行全面的评估和客观的评价。

数据标准的评估是数据标准化工作中的重要组成部分，通过开展评估工作，CDO 和利益相关方可以掌握数据标准的建设情况、贯标情况、应用情况、效益情况，及时发现数据标准在建设、贯标、应用过程中存在的不足，有利于及时修订、完善数据标准，进而提升数据标准的适用性和先进性，解决标准缺失老化滞后、交叉重复矛盾、内容不够合理等问题，有效促进数据标准应用效益的最大化。

9.6.1   对数据标准建设的评估

通过对数据标准建设过程进行评估，可以发现数据标准建设过程中存在的问题和不足，有利于后续数据标准项目顺利、规范化开展。对数据标准建设的评估聚焦在数据标准组织、数据标准制度、数据标准支撑工具、数据标准质量 4 个方面，详见表 9-1。

表 9-1   对数据标准建设的评估内容

一级分类	二级分类	具体内容
数据标准组织	数据标准组织设置	建立组织范围内完善的数据标准管理组织架构，指定具体人员承担数据标准相关职责，并针对数据标准管理组织制定量化考核机制，进行定期考核
	数据标准管理认责	设定专职人员，明确人员的权责和认责考核机制
	数据标准组织沟通	开展数据标准基础知识交流、培训
数据标准制度	数据标准制度体系	参考行业最佳实践，在组织范围内建立数据标准管理制度体系
	数据标准制度内容	统一并持续修订数据标准制度管理的流程，量化评估数据标准管理制度的执行情况，优化完善数据标准制度内容
	数据标准制度宣贯	建立常态化、制度化的数据标准制度培训机制
数据标准支撑工具	数据标准管理工具	建立数据标准管理工具，包括标准分类管理、标准增删改查、标准导入和导出、标准制定及修订全流程管理、标准映射等功能
数据标准质量	数据标准质量	定义组织范围内通用业务术语，统一组织范围内数据的定义、数据格式、数据类型、值域及代码，并与组织内已发布数据标准协调一致，无冲突

9.6.2   对数据标准贯标的评估

数据标准发布后，应面向和数据标准相关的业务人员、技术人员、相关领导等进行宣贯培训，对标准适用范围、标准主要技术内容、标准应用场景、标准主要解决的问题等进行重点解读，让标准相关方了解标准、掌握标准，能将标准正确应用于实际工作中。对数据标准贯标过程进行评估，可以发现贯标过程中的不足，有利于后续更好地对数据标准进行推广和宣贯。对数据标准贯标过程的评估，建议从贯标策略制定、培训宣贯率、贯标工具建设等方面考虑，详见表 9-2。

表 9-2   对数据标准贯标的评估内容

一级分类	二级分类	具体内容
贯标策略制定	贯标策略制定	建立组织范围内的数据标准贯标策略
培训宣贯率	标准培训宣贯	针对技术人员、业务人员分别开展标准宣贯活动
	标准衍生材料传播	制定并传播标准实施相关的指南、手册、图集等标准衍生材料
贯标工具建设	自动化落标工具	建立数据标准自动化落标工具，包括数据标准与数据的映射、标准代码引用、落标检查等功能

9.6.3 对数据标准应用成效的评估

为了准确评估数据标准应用的效果，应对比数据标准应用前和应用后的效果，综合评价数据标准的成本与收益，从而系统评估数据标准应用的成果和效益。对数据标准应用成效的评估，建议从标准使用、应用成效、成本与投入等方面考虑，详见表 9-3。

表 9-3 对数据标准应用成效的评估内容

一级分类	二级分类	具体内容
标准使用	使用情况	采用该数据标准的部门数量占比或数据标准被使用的次数
	使用反馈	数据标准使用后的反馈情况，如评价建议、数据纠错等
应用成效	培育带动	数据标准对新技术、新产业、新业态、新模式的培育带动情况
	标准升级	数据标准的升级情况，例如升级为国家标准、行业标准、地方标准、团体标准等的情况
	标准引用	数据标准在法律法规、政策性文件、国家标准、行业标准、国际标准（或国外标准）以及科技论文等方面被引用
	应用收益	在组织数据方面提升的能力、节约的成本以及新增的产值
成本与投入	成本与投入	标准制定、培训、管理、相关信息系统或工具的建设投入

9.7 本章小结

数据标准建设和管理是 CDO 提升组织数据管理水平和数据质量的重要工作。本章阐述了什么是数据标准、数据标准的驱动因素、数据标准的核心内容，以及实施指南和评估内容。通过制定和落实数据标准，CDO 可以充分发挥组织中数据的作用，强化高质量数据的供给，加快数据的流通，促进数据的开发利用，激发出数据的更大价值。

第 10 章

数据架构

一提到架构，人们首先想到的往往是建筑架构。确实，架构有点像搭积木。就企业架构而言，TOGAF（The Open Group Architecture Framework，开放组体系结构框架）应该是目前最为广泛接纳的理论框架。按照 TOGAF，企业架构包括 4 个方面——业务架构、数据架构、应用架构和技术架构。本章只关注数据架构。

10.1   数据架构的定义

在国际标准 ISO/IEC/IEEE 42010:2011 中，架构被定义为"系统的基本结构，具体体现为架构构成中的组件、组件之间的相互关系，以及管理其设计和演变的原则"。

那么，什么是数据架构呢？

10.1.1   DAMA 的观点

DAMA 将数据架构定义为，"识别企业的数据需求（无论数据结构如何），并设计和维护总蓝图以满足这些数据需求；使用总蓝图来指导数据集成、控制数据资产，并使数据投资与业务战略保持一致"。

按照 DAMA 的观点，数据架构主要包含如下两部分内容：

（1）企业数据模型；

（2）数据流的设计，有时也称为数据价值链的设计。

10.1.2   DCMM 的观点

DCMM（数据管理能力成熟度评估模型）将数据架构定义为，"通过组织数据模型定义数据需求，指导数据资产的分布控制和整合，部署数据的共享和应用环境，以及元数据管理的规范"。按照 DCMM 的观点，数据架构主要包含数据模型、数据分布、数据集成与共享、元数据管理 4 部分内容，见图 10-1。

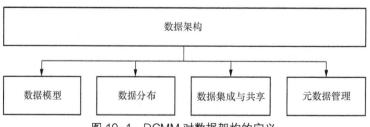

图 10-1   DCMM 对数据架构的定义

10.1.3 其他观点

有的企业在实践中并没有明确给出数据架构,而是给出了信息架构——以结构化的方式描述业务运作和管理决策中所需要的各类信息及其关系的一套整体组件规范。与数据架构类似,信息架构也包括数据资产目录、数据模型、数据标准、数据分布4部分内容,见图10-2。

图 10-2 信息架构

10.2 数据架构的核心内容及其演变

10.2.1 数据架构的核心内容

数据架构就是组织对信息系统或数据系统进行抽象描述的一种架构。数据架构必须清晰地划定数据系统的边界,并确定数据系统的输入输出以及流程和接口。数据架构还必须清晰地描述数据系统内部是如何进行合理切分的,要么按照业务架构进行切分,要么按照技术框架进行切分。数据架构必须对这些组件定义数据流通和传输的通路及流程,明确各个组件的主要工作职能和服务的业务对象。最重要的是,数据架构必须为企业的数据战略服务,要能够很精练地描述企业数据战略的数据支撑和核心数据要素。

1. 数据架构是对企业业务的高度抽象

企业的数据系统是企业实体业务的数据化载体,而数据架构则是数据系统的抽象形式。所以,从本质上讲,数据架构是对企业业务的高度抽象。我们认为,要想理解数据模型、主题域、数据标准、数据资产等概念,就需要具备一定的专业技术基础。从CDO的视角来看,数据架构其实主要包含三部分内容:业务对象和流程的抽象、数据之间的关系,以及数据的组织与应用。

(1)**业务对象和流程的抽象**。数据建模的过程就是对业务对象和流程进行抽象的过程。以往数据建模多由IT人员主导设计完成,随着数据架构的发展,仅依靠IT人员已不再合适。当前,许多企业并没有意识到这种抽象能力和建模思维对企业数字化转型的重要性,它是一种对企业业务对象和流程的更高层次的理解,建议加大业务部门在建模过程中的参与力度。

(2)**数据之间的关系**。从广义上说,数据分布、数据血缘、数据流向等都属于数据关系的范畴。数据关系可以清晰地描述企业数据之间的联系,是对企业业务流程和业务关系的一种抽象。

企业不能仅由 IT 人员负责数据关系的梳理和研究,IT 部门应与业务部门一起共同理解核心业务关系,这能够让企业以数据视角对自身业务有更清晰的认知,以改善企业内部协作的效率和环境。

（3）**数据的组织与应用**。企业生产经营记录下来的数据能发挥多大的价值？其中一个重要的影响因素就在于数据是如何组织并利用的。从早期的报表到数据仓库，再到数据中台，企业一直走在数据组织和利用的探索道路上。历史经验告诉我们，要想数据的组织更加合理，数据的利用更加高效，就需要建立数据标准并形成数据资产目录。数据标准和数据资产化是企业数据被组织利用的必经之路。

所以我们认为，数据架构是对企业业务的高度抽象。数据架构就是对企业业务进行数字化描述的总蓝图。这张数据蓝图应该基本囊括企业业务数字化的主要数据要素，不仅要能够准确反映企业的数据战略，还要能够揭示企业核心数据要素的主要构成、核心数据流程和数据价值呈现。对数据架构的理解不仅仅是 IT 部门或 CDO 所需要的，也是整个企业所需要的，这决定了企业能否为数据应用以及数据治理的设计打好基础。

2. 政企数字化转型需要数据架构的支撑

当前，数字经济蓬勃发展，相关数字技术取得长足进步，这些成就极大地推动了社会经济的发展，数字化转型已成为我国经济转型的重要推手。

通过数字化转型，政企能够打通整个业务生命周期的数据流，实现资产的更高效管理和业务模式的升级优化。因此，数字化转型也是政企提质增效的核心支点。

数字化转型是目前数字时代政府治理和企业发展的重要抓手。数字化转型的核心四要素为数据、信息技术、商业模式、组织结构。数据是其中的基础，没有数据，组织的数字化转型就无从谈起。

而数据架构就是组织中数据的骨架。有了数据架构，就能清晰地理解组织中的数据，并能用好数据。数据架构可以看作组织中每一条数据的“索引”。数据架构还可以看作组织的数据地图，组织中出现的每一条数据，在数据架构上都是有据可循的。数据架构把“散沙”状的数据变成了“网络”状的数据，从而在数据之间构建起联系。

成熟的数据架构能有效管理组织内的业务数据，保证业务和技术的一致性，提升对业务需求的支撑服务能力。政府的治理模式变革或企业的商业模式转型都需要成熟的数据架构的支持，数据架构能保证组织内的数据质量，降低数据集成和数据服务的成本，提高数据应用的适应性。数据架构在当前政企数字化转型中的支撑作用越来越突出。

3. 数据架构是业务战略和技术实现之间的桥梁

图 10-3 描绘了企业架构间的关系。

为什么说“数据架构是业务战略和技术实现之间的桥梁”？在回答这个问题之前，我们先了解一下数据架构的设计一般需要做哪些工作。

- **战略理解**：深入剖析企业的业务战略，对企业的商业模式、执行、计划、目标做到心中有数。除此之外，企业的 IT 战略、数据战略、人才战略，以及企业对数据应用的价值目标预期也需要明确清楚。

- **业务分析**：厘清企业业务核心价值、核心业务、关键诉求，了解各业务当前存在的问题，梳理企业各部门业务需求的痛点。

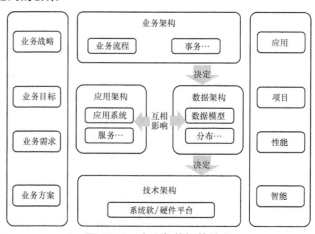

图 10-3　企业架构间的关系

- **架构设计**：面向业务需求，规划数据分布、数据模型、数据域、数据流向，在规划时要兼顾技术架构的适配性。

基于上述思路设计出的数据架构，可以为企业带来如下收益：

（1）利用新兴技术优势，从战略上帮助组织快速做出改变；

（2）将业务需求转换为数据和应用需求，为业务流程处理提供有效数据；

（3）管理复杂数据和信息，并传递至整个企业；

（4）确保业务和技术一致；

（5）为企业改革、转型和提高适应性提供支撑。

所以，数据架构是企业架构的重要支柱之一。良好的数据架构能统一业务和技术的语言，实现业务与技术的对齐，帮助组织实现数据应用价值，改善战略规划或治理决策，从而扩大竞争优势或提升治理能力。

4. 数据架构的组件

DAMA 把企业的数据模型作为数据架构的组件，DCMM 甚至把元数据也作为数据架构的组件。这会导致许多歧义。就具体落地而言，数据模型不应该属于数据架构，元数据也不应该属于数据架构。

架构应该是比数据模型更底层、更集中的一个层面，比如应该是数据库层面而不是某个实体层面。元数据在整个数据管理中起核心作用，请不要把元数据作为数据架构的一个组件。

我们认为数据架构只包括数据主题、数据流和数据价值链。

- **数据主题**：这是架构的"组件"。数据主题以抽象化、高层次视角来观察数据，是对业务的抽象。比如，数据源、数仓、数据集市可以是面向主题的，在此基础上，可以将数据源进一步划分为内部数据、外部数据。内部数据还可以进一步罗列出财务主题、生产主题等。数据主题的识别对于企业的数据架构而言具有宏观指导作用。相比传统项目，大数据项目更需要以企业全局视角来划分数据主题，形成面向企业全局的统一数据视图。

- **数据分布和数据流的设计**：这是架构的"组件之间的关系"。根据业务需求，设计和优化数据存储、流动和交换的过程，涉及数据主题之间的输入、处理和输出等各个方面。数据流的设计通常包括分析业务需求，确定输入数据的来源、存储的方式以及输出数据的形式；定义数据流的起点、终点和处理过程中的中间步骤；对数据流进行优化，以确保系统的性能和效率。最终实现高效、可靠的数据处理和交换过程。

- **数据价值链的设计**：这是架构的"设计原则"——实现数据的价值。数据价值链是数据从收集到应用的整个过程，是对组织各业务条线中的核心业务实体，在数据层面上产生、收集、加工、存储、挖掘、应用和评估价值的整个过程，其中的每个阶段都是整个数据价值链中不可或缺的环节。设计数据价值链的目的是实现数据的价值。

数据架构描述的是组织运营过程中所需数据的结构、上下游关系、数据权属及数据服务范畴，目标是将业务需求转换为数据需求。数据架构是业务的镜像，需要从数据的来源、支撑、分析、应用、治理 5 个层面，定义数据架构的功能框架。

- **数据来源层**：包括记录各类业务运转的 OLTP（On-Line Transaction Processing，联机事务处理）系统中的第一手数据、越来越广泛存在的物联网数据、来自第三方的外部数据等，是数据产生的来源，反映数据最原始的状态。

- **数据支撑层**：包括数据抽取、数据清洗、数据转换、数据加工、数据关联等数据处理工作。数据支撑层的作用是对原始数据进行粗加工，存储合规的基础数据、指标数据、主数据等。数据支撑层直接面向各类数据应用，为辅助业务流转的生产系统提供完整、准确、一致的基础数据服务。

- **数据分析层**：实现对数据的深度整合加工，根据业务需要，创建跨业务条线，适用于多业务视角分析的数据模型；运用数据挖掘、深度学习、人工智能等算法，从生产数据中挖掘出数据潜在的价值，提供深度的数据服务和决策支持。
- **数据应用层**：深入分析行业的各类业务场景，以业务流转降本增效为目的，结合治理后的内外部数据，主动建立能够在业务过程中快速应用的数据产品，高度具象化的数据产品可以引导业务做出高效率、低误差的决定。
- **数据治理层**：通过元数据采集与分析、数据标准识别与制定、数据质量规则定义与技术解析、数据资产分类盘点与服务开发、数据安全分级与加密脱敏，为数据管理提供规范化、流程化的治理手段。

10.2.2　数据架构的演变

企业架构最早起源于 *IBM Systems Journal* 上的一篇名为 "A framework for information systems architecture" 的文章，这篇文章的作者 John Zachman 是业内公认的企业架构理论的首创者，他所提出的企业架构理论就是 Zachman 框架（见图 10-4）。

	是什么	怎样做	在哪里	是谁	什么时间	为什么	
管理层	库存标识	过程识别	分发识别	责任认定	时间识别	动机识别	上下文范围
业务管理	库存定义	流程定义	分布定义	责任定义	时间定义	动机定义	业务概念
架构师	库存表示	过程表示	分布表示	责任表示	时间表示	动机表示	系统逻辑
工程师	库存规格	流程规范	分布规范	责任规范	时间规范	动机规范	实施部署
技术员	库存配置	流程配置	分布配置	责任配置	时间配置	动机配置	工具组件
操作员	库存实例	流程实例	分布实例	责任分配	时间实例	动机实例	操作实例
	库存集	过程流	分销网络	责任分配	时间周期	动机的意图	

图 10-4　Zachman 框架

企业架构从提出至今，已经发展出一系列的框架，比如由欧盟的 IT 协会开发的 TOGAF、由美国管理和预算办公室开发的 FEA（Federal Enterprise Architecture，联邦企业架构）、由美国国防部开发的 DoDAF（Department of Defense Architecture Framework）以及由 Spewak 开发的 EAP（Enterprise Architect Planning，企业架构规划）等。这些框架的管理目标大体相同，即通过 IT 实现业务战略目标。企业架构一般由业务架构、数据架构、应用架构和技术架构组成，如图 10-5 所示。

- **业务架构**：对组织的业务边界进行划分，对业务对象、业务流程和业务需求进行抽象和提炼，对业务目标进行定义。
- **数据架构**：描述组织的数据资源结构，除此之

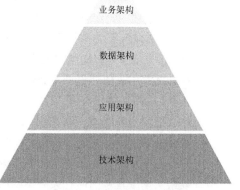

图 10-5　企业架构的组成

外，还涉及数据资源的关系、流向、分布，并显示如何管理和共享这些资源。

- **应用架构**：定义应用系统的边界、交互模式、协同机制，描述应用系统与业务流程的关系蓝图，规范应用的开发准则和服务接口。
- **技术架构**：描述企业信息化依赖的基础设施以及采用的技术方案、开发框架、关键技术形态等。

在不同时期，数据架构的形式也不完全相同。数据架构的形式会随着企业架构和信息技术一起不断发展和演化。

1. 单体应用架构时代

20 世纪 80 年代，企业信息化初见雏形，信息系统相对简单，功能单一。这一时期的数据架构并不复杂，主要就是数据模型，满足应用即可，并没有数据管理的概念，如图 10-6 所示。

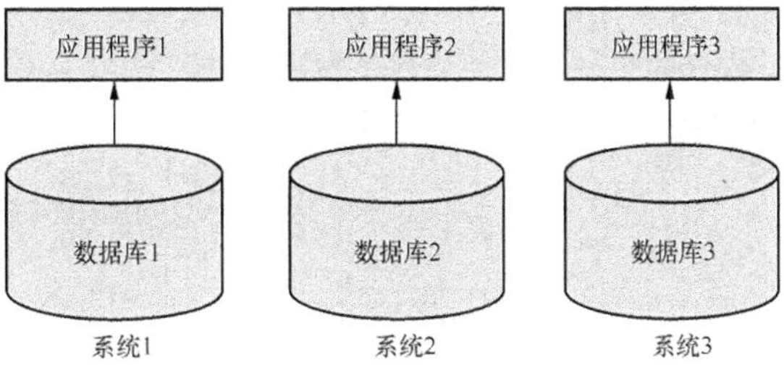

图 10-6　单体应用架构

2. 数据仓库时代

随着企业信息化的发展，业务系统的数据不断积累。企业需要对业务数据进行提取分析以发现其价值，但因之前预见性有限，系统建设未统一规划，导致产生大量的数据孤岛，企业无法有效利用数据进行应用。"数据仓库"之父比尔·恩门提出了一种专用于数据分析的新架构——"数据仓库架构"，数据仓库是面向主题的、集成的、相对稳定的、反映了历史变化的数据集合。

数据仓库架构主要满足了企业的业务分析应用场景，即我们常说的 OLAP（Online Analytical Processing，联机分析处理）应用场景，它让企业获得了更一致、更快的数据分析和决策支持。数据不再直接在业务数据库中进行分析，而是先流入一个集中的仓库，再重新组织并存储，见图 10-7。

在这一时期，数据架构的范围从数据模型衍生到数据的分布和流向。

传统数据仓库架构是一种重要的数据管理架构，用来支持企业对大量历史数据进行存储、管理和分析，主要特点是将原始数据抽象为一个多维的数据模型，从而更加方便地进行数据分析和挖掘。

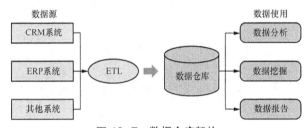

图 10-7　数据仓库架构

传统数据仓库通常由三层组成，分别是数据源层、数据集成层和数据分析层。数据源层是传统数据仓库的输入层，主要负责收集和存储各种数据源，包括企业自有的业务系统和外部数据。数据集成层是传统数据仓库的核心层，主要负责数据的清洗、关联、整合和存储，以确保数据的准确性、一致性和完整性。数据分析层主要负责对存储在数据仓库中的数据进行进一步的分析和深度挖掘，以得出有价值的信息和结论。

传统数据仓库架构的优点在于具有高效的数据存储能力，能够存储大量的历史数据，并且通过多维数据模型，能够更方便地进行数据分析和挖掘。

数据仓库架构是一种用于存储、管理和分析大量数据的数据系统，是进行数据挖掘、商务智能应用和数据分析的基础。因此，数据仓库架构对于首席数据官来说非常重要。

数据仓库架构通常由以下 5 个主要组件组成。

- **数据源**：这是数据仓库的输入，可以是企业内部的应用程序、外部的数据源，或者它们的结合。
- **数据清洗**：这是将数据从源格式转换为数据仓库格式的重要组件，提供了数据验证、消除重复数据、格式化数据等功能。

- **数据存储**：这是对数据进行存储和管理的核心组件。
- **数据模型**：这是定义数据仓库中的数据如何存储和组织的组件，常见的数据模型有星形模型、雪花模型、维度模型等。
- **数据查询和分析**：这是从数据仓库中查询数据并进行分析的组件，常见的数据查询和分析工具包括 SQL、BI 工具、数据科学工具等。

图 10-8 是 DAMA 数据仓库和数据湖架构图。上面的是数据仓库（简称数仓），下面的是数据湖。数仓的必要组成部分包括数据源、ETL 和中央数据仓库（Enterprise Data Warehousing，EDW）。其他一些可选的数仓组件还包括数据集市、ODS、数据立方体等。

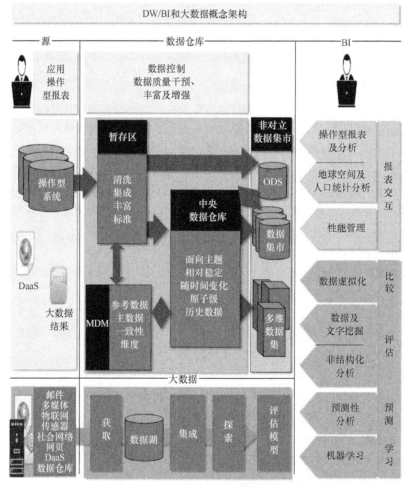

图 10-8   DAMA 数据仓库和数据湖架构图

3. 湖仓一体时代

湖仓一体数据架构是一种将数据仓库和数据湖的优点结合在一起的数据架构，不仅拥有数据仓库的高效存储和分析能力，还拥有数据湖的弹性和灵活性。

湖仓一体数据架构通常由以下 5 个主要组件组成。

- **原始数据湖**：这是一个存储所有原始数据的数据存储区，它可以使用弹性的分布式存储系统，如 Hadoop HDFS、Amazon S3 等。
- **数据清洗**：这是将数据从源格式转换为数据仓库格式的重要组件，提供了数据验证、消除重复数据、格式化数据等功能。

- **数据仓库**：这是对数据进行存储和管理的核心组件。
- **数据模型**：这是定义数据仓库中的数据如何存储和组织的组件，常见的数据模型有星形模型、雪花模型、维度模型等。
- **数据查询和分析**：这是从数据仓库中查询数据并进行分析的组件，常见的数据查询和分析工具有 SQL、BI 工具、数据科学工具等。

4. 大数据时代

进入 21 世纪后，信息技术的发展突飞猛进，一些新兴技术随之产生，在这些技术中，最耀眼的就是大数据。在业务需求的驱动下，相关技术不断成熟，大数据架构也在推陈出新，如批处理架构、流处理架构、批流一体处理架构、集中式架构、分布式架构等。

（1）传统大数据架构

传统大数据架构（见图 10-9）主要借助 Hadoop 技术来解决传统数据仓库面临的难扩展和性能问题，在数据处理模式上没有明显差别，主要通过大数据技术代替传统技术进行提速，相比传统的数据仓库，性能确实有了巨大提升。

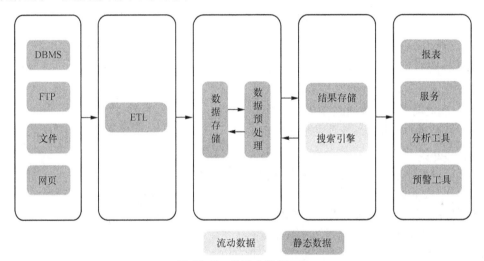

图 10-9 传统大数据架构

（2）Lambda 架构

无论是传统数据仓库还是传统大数据技术，都存在数据分析的时效性问题，即不可能在业务刚发生时就实时或准时地对其进行分析。为了解决这个问题，改良的大数据架构孕育而生，它就是 Lambda 架构。

Lambda 架构（见图 10-10）同时支持流处理和批处理。实时处理保障数据的实时性，批处理则保证了数据最终一致。不过，Lambda 架构的缺点也很明显，实时层和离线层的代码模块会有冗余，维护起来较为复杂。

Lambda 架构和基于服务的架构（Services-Based Architecture，SBA）是一样的。

SBA 与数据仓库架构有些类似，它会把数据发送到操作型数据存储（Operational Data Store，ODS）以实现即时存取，同时也会将数据发送到数据仓库以实现历史积累。SBA 包括三个组件，分别是批处理层、加速层和服务层（见图 10-11）。

- 批处理层（batch layer）：数据湖作为批处理层提供服务，包括近期的和历史的数据。
- 加速层（speed layer）：只包括实时数据。
- 服务层（serving layer）：提供连接批处理层和加速层数据的接口。

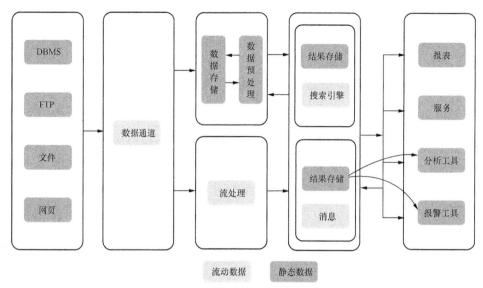

图 10-10　Lambda 架构

数据被加载到批处理层和加速层。所有分析计算都在批处理层和加速层的数据上进行，这种设计可能需要在两个独立的系统中实现。针对定义在服务层的合并视图，组织需要在完整性、潜在因素和复杂性之间权衡以解决同步问题。CDO 需要对减少延迟或提高数据完整性的方案进行成本/效益评估，确定成本和复杂性是否值得投入。

（3）Kappa 架构

为了解决 Lambda 架构存在的问题，LinkedIn 的前首席工程师杰伊·克雷普斯在 Lambda 架构的基础上做了优化，提出了 Kappa 架构（见图 10-12）。Kappa 架构将批处理和实时处理合并，使用同一种处理模式（即流模式）来完成数据的处理。同

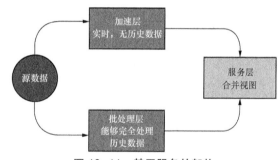

图 10-11　基于服务的架构

样，Kappa 架构也并不完美，对于有大量历史数据回溯的需求，Kappa 架构没有 Lambda 架构有效。

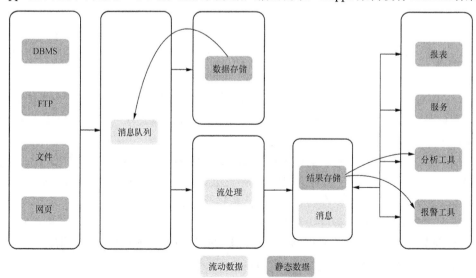

图 10-12　Kappa 架构

10.3 数据架构的实施指南

10.3.1 数据架构面临的挑战

近几年，系统的规模与复杂程度呈爆炸式增长，日益增长的数字化转型需求同旧式架构的缺陷之间的矛盾愈加凸显。对企业数据架构的敏捷支撑成了企业架构设计的重中之重。这也是当前许多企业在数字化转型道路上必然遇到的挑战，主要表现在如下两个方面。

（1）平台化趋势对数据架构提出的新挑战

数据架构的设计一般会根据场景而采用不同的技术和方法。从早期的单体应用架构时代到如今的大数据时代，数据应用场景的分类一直相对稳定，即分为操作类场景和分析类场景。

操作类场景的设计方法已经存在多年，非常成熟。分析类场景的设计方法从早期的传统数据仓库到现代数据湖，一直处在探索演进之中。考虑到数据类作业的专业性，许多企业建立了专职的数据团队，负责分析类场景的数据处理，并为业务部门提供数据服务与支撑。这种模式一般会采用中心化的数据架构（见图 10-13）。

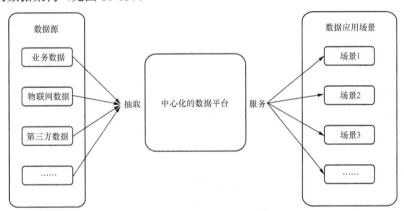

图 10-13　中心化的数据架构

这种模式在早期运行起来效果不错，但随着业务线增多，企业的业务平台化程度逐渐提高，这种模式已初显疲态。一方面，信息化的提速，数据量的激增，使得数据处理的时间窗口更小。另一方面，数据服务的质量要求更高，对团队的能力要求也相应大幅提升，团队不仅要能够处理数据，还要熟悉各类系统平台、应用平台和数据平台。数据分析的瓶颈完全落在这支集中式数据团队的身上。

（2）场景化对数据架构提出的新挑战

前文曾提到，企业一般由一支集中式数据团队负责数据分析。但是随着业务场景不断增多，数据团队越来越无法及时理解这些新增的业务场景，导致在数据分析的交付质量上难以达到应用要求。

应用开发团队因为专注于这些场景，对其理解更加深刻，但又不负责数据的处理，就这样，这种不易扩展的数据架构将团队间的协作低效问题进一步放大了。

为了应对这些挑战，数据架构正朝着去中心化和智能化方向发展，比如当前新兴的数据编织（Data Fabric）和数据网格（Data Mesh）。接下来，我们将进一步了解数据架构的内容，比如数据架构都包含哪些要素，以及如何设计和评估数据架构。

10.3.2 数据架构的设计原则

通过数据管理成熟度评估，了解组织数据管理现状，结合组织业务发展战略目标，紧密贴合业务架构和应用架构的规划成果，遵循以下设计原则，可以在架构层面保证数据管控的稳定性、规范性、有效性和可扩展性。

- **业务驱动数据模型设计**：数据架构应该始终以业务需求为基础进行设计。这意味着要深入了解业务需求和数据流程，以确定最佳的数据模型和架构。
- **维护数据的完整性和一致性**：数据应该始终是准确和一致的。为了实现这一目标，应该采用适当的约束、验证和清理技术。
- **设计可扩展的架构**：数据的数量和复杂性会随着时间的推移而增加。因此，数据架构应该能够轻松地扩展，以应对未来的需求。
- **数据类型**：数据类型也是选择数据架构时的一个重要考虑因素，例如是否有结构化数据、是否需要存储大量非结构化数据等。
- **保障数据安全**：数据安全应该始终是选择数据架构时的一个重要考虑因素。必须采用适当的安全策略和技术，以确保数据在符合安全策略的前提下准确地提供服务。
- **将性能考虑放在首位**：数据架构应该始终优化以提高性能，包括使用缓存、优化查询和其他性能优化技术，以确保数据的快速响应和高可用性。
- **成本**：花费在数据架构上的成本可能是巨大的，因此需要考虑成本效益。
- **技术栈**：数据架构的选择也可能受到技术栈的影响，因此需要考虑团队的技能水平和现有技术栈。
- **可维护性**：数据架构必须保证可维护性，以确保长期可用。

10.3.3 现状与需求分析

在规划数据架构之前，首先需要对现有的数据环境进行评估，包括收集和分析关于数据现状的信息。这些信息将有助于我们了解数据环境的强项和弱项，以及在规划数据架构时需要考虑的重要因素。

其次，需要进行数据需求分析。在做数据架构规划时，需要考虑能否满足业务需求，包括识别业务流程，了解数据的使用情况和流通情况，并了解未来的业务发展趋势。这些信息将有助于我们确定数据架构的目标，以及如何在满足业务需求的同时实现数据架构。

目前，大部分政企组织在构建数据架构时，缺乏全局统一的规划，多以迅速实现功能为主要目的，而没有从全局考虑，造成了数据孤岛、多头采集、业务数据分散、标准不一等问题。数据消费者在使用数据服务时，缺乏掌握全面、及时信息的渠道和手段，难以支持业务发展。所以，在分析组织数据现状时，应该关注以下方面。

- **数据源**：了解组织中所有数据源的类型，数据存储在哪里，以及是否有数据重复和冗余。
- **数据流**：了解数据如何在组织中流动，是否有丢失或损坏数据的风险。
- **数据存储**：了解组织使用的数据存储技术，以及是否满足业务需求。
- **数据质量**：评估数据质量，包括数据的准确性、完整性、一致性和时效性。
- **数据安全**：评估数据的安全性，包括是否有必要采取安全措施来保护数据免受未经授权的访问和使用。
- **数据利用**：评估组织对数据的利用情况，包括是否有足够的数据分析和挖掘能力，以及是否可以获得有价值的结果。
- **数据治理**：评估数据治理的情况，包括数据管理、数据维护和数据治理流程。

通过关注这些方面，就可以对组织的数据架构有一个全面的评估，并且可以作为之后规划数据架构的评价因素。

10.3.4 数据架构设计的两种模式

数据架构的设计需要全面考虑组织当前的业务战略、IT 战略和运营战略，充分融合经典企业架构设计的指导思想和工具，以业务主体设计作为企业架构的核心要素，使业务主体作为一条主线，串联起业务架构和应用架构，保证数据架构中业务主体的一致性，如图 10-14 所示。

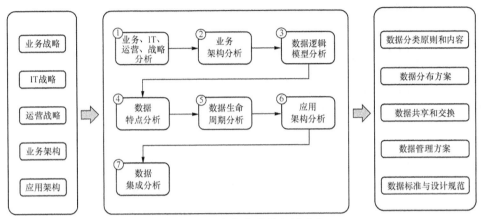

图 10-14 数据架构的设计流程

在设计组织的数据架构时，通常有两种典型的模式。

- 模式一：**从技术到业务**，以现有操作型数据结构为基础，通过访谈和调研，规划数据架构，实现从数据到信息的连通。此模式先通过定义主题域，再通过与相关人员的访谈以及对现有系统数据结构的调研，确定整合后的数据需求，作为制定数据架构的基础。

- 模式二：**以业务为驱动**。该模式的特点是，以组织的业务流程为核心，将业务单元、业务环节和活动串联起来。通过调查和访谈，分析确定业务实体、属性和关系，并分析最终业务用户的数据需求。将上述信息整合，结合现有的数据结构，设计企业数据架构，实现从数据到信息的连通。

10.3.5 数据架构的常见误区

数据架构能够帮助 CDO 统筹协调组织整体范围内数据的管理和运用，但是在构建适合组织发展的数据架构的过程中，需要注意以下事项。

（1）数据架构规划应该以业务需求而非技术需求为基础。如果数据架构规划忽略了业务需求，一味追求新技术，就可能导致数据的收集、存储和处理方案不符合实际业务需求，最终无法满足用户的期望。

（2）没有完美不变的数据架构，数据量和数据类型随着时间的推移可能会大幅增加并多样化。如果数据架构规划不考虑可扩展性，就可能导致系统性能下降、成本增加。因此，在数据架构规划中，应该考虑如何设计可扩展的数据结构和处理方案。

（3）不要一味贴合大公司的数据架构解决方案，大公司的经验和成功模式固然重要，值得学习借鉴，但是大公司的数据架构高度服务于大公司自身的业务架构和应用架构，直接复用将耗费极大成本，在数字化转型道路上迟早会迷路。

（4）在数据架构规划中，一定要考虑如何保证数据安全，包括数据的保密性、完整性和可用性等方面。如果忽略了安全问题，就可能导致数据泄露、损坏或丢失，从而影响业务的正常运转。

（5）不要匆忙上线数据架构。数据架构往往是不能轻易修改的。可以轻易修改的一般不属于架构。人体的骨架是架构，皮肉则不属于架构。伤筋动骨后，恢复是很耗费时间和精力的。数据架构一旦上线了，要修改其实是很难的。

（6）是自建还是选购？现在的数据科技发展迅猛，和选购相比，自建无论在成本、时间还是效能上，都不一定有优势，特别是战略性新型数据平台。现在，越来越多的组织选择了选购。

10.4 现代数据架构

10.4.1 现代数据架构介绍

现代数据架构最早由 Teradata 提出。之所以用"现代"一词，是为了区别于"传统"数据架构。图 10-15 展示了现代数据架构的示例。

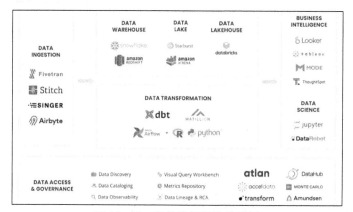

图 10-15 现代数据架构的示例

传统数据架构是"基于数据中心"的，而现代数据架构的核心是云计算。现代数据架构的关键特征如图 10-16 所示。

图 10-16 现代数据架构的关键特征

10.4.2 数据架构的未来趋势

随着大数据技术的发展和数据管理诉求的复杂化，数据架构也开始加速演变。面对数据来源的多样化、数据消费方式的灵活性诉求等，传统数据架构面临着一系列的问题。数据中心化导致的确权定责也一直是一个难题。目前正在兴起的数据编织和数据网格是不是解决这些问题的方法呢？关于这些内容，详见第 31 章。

10.4.3　大数据技术

大数据技术与数据架构紧密相关，是设计数据架构时必须考虑的重要内容。第 31 章中介绍了众多与大数据相关的技术。

10.5　数据架构评估

评估数据架构的成熟度是一项复杂的任务，通常需要考虑多个方面，包括架构接受度、实施趋势、业务价值等。以下是一些可能有用的方法，它们可以用于评估数据架构的成熟度。

（1）**数据成熟度模型**：数据成熟度模型是一种通用的评估数据管理能力的方法，它将数据管理能力分为不同的阶段，每个阶段都有具体的特征和要求。可以使用数据成熟度模型来评估数据架构在不同方面的成熟度，并识别需要改进的方面。

（2）**数据管理框架评估**：数据管理框架是指用于描述和管理数据的一组标准、方法和实践。可以使用这些框架中的评估工具来评估数据架构在数据治理、数据质量、数据安全性等方面的成熟度。

（3）**数据质量指标评估**：数据质量指标是用于评估数据质量的标准，包括准确性、完整性、一致性、可靠性等。可以使用这些指标来评估数据架构在数据质量方面的成熟度，并识别需要改进的方面。

（4）**数据架构规划评估**：数据架构规划评估是评估数据架构成熟度的重要方法之一。通过分析当前数据架构的规划和设计，以及与未来业务需求的匹配程度，可以评估数据架构的成熟度并识别需要改进的方面。

（5）**数据架构实施评估**：通过评估数据架构实施的成功程度，可以评估数据架构的成熟度，包括评估数据集成的成功程度、数据安全性的实现情况等。

评估数据架构的成熟度需要考虑多个方面，可以使用不同的方法和工具进行评估。请选择适合自己的评估方法和工具，以便深入分析数据架构的现状和问题，并提供改进建议。

10.6　本章小结

作为企业架构的一部分，数据架构一直在演进，数据架构是由 CDO 负责并最终落地实施的。本章介绍了什么是数据架构、数据架构的演变历史、数据架构的核心内容及实现路径。本章还介绍了数据架构的新趋势，特别是现代数据架构以及数据编织和数据网格等崭新架构。CDO 通过落地数据架构，可以帮助企业打破数据孤岛，有效控制成本，并创建一个更加共享和丰富的数据环境，从而更好地为业务赋能，以达到组织的预期收益。

推荐阅读：

[1] ThoughtWorks. 现代企业架构框架白皮书：数字化转型底层方法论[R].

[2] Deloitte. 数据治理实践：数据架构的设计与规划[EB/OL].

[3] DAMA 国际. DAMA 数据管理知识体系指南（原书第 2 版）[M]. DAMA 中国分会翻译组，译. 北京：机械工业出版社，2020.

[4] 朱进云，陈坚，王德政. 大数据架构师指南[M]. 北京：清华大学出版社，2016.

[5] INMON W. H. DW2.0：下一代数据仓库的构架[M]. 王志海，王建林，付彬，等译. 北京：机械工业出版社，2010.

[6] INMON W. H. 数据架构：大数据、数据仓库以及 Data Vault[M]. 唐富年译. 北京：人民邮电出版社，2016.

第 11 章

数据质量管理

"只有 4 类组织——关心客户的组织，关心盈利与亏损的组织，关心雇员的组织，以及关心自身未来前途的组织——关注数据质量问题"，数据质量管理大师 Thomas C. Redman 在 2006 年这样讲过。

数据质量管理是为了确保满足数据用户的需求，用数据管理技术进行规划、实施和控制等的一系列管理活动。首席数据官（CDO）作为组织内部实施数据质量管理的责任主体之一，需要在准确理解各类用户数据需求的基础上，确定数据质量目标，在数据生命周期中定义数据质量控制的标准、要求和规范，及时测量、监控和报告数据质量水平，持续改进数据质量。

11.1 概述

在数字化时代，数据成为重要资产，正如金融资产要关注资产质量一样，数据也要高度关注数据质量。数据质量管理的核心，是将"正确"的数据在正确的时间和正确的地点，通过正确的方式提供给合适的人。如果数据有缺陷、不完整或有误导性，组织就无法做出有效的决策。数据质量问题和影响无所不在，近年来，包括银行、制造商等在内的不少组织经受着数据质量问题导致的严重后果，监管机构和企业管理者开始对数据质量管理投入大量关注。

例如，错误数据可能将满意的客户变为不满意的客户，甚至引发大量的客户投诉。在极端情况下，一些错误的数据甚至能改变人的生死，例如病人的检查数据。有报告统计，目前全球每年数据质量问题导致的损失超过 1000 亿美元。在银行等高数据密度行业，错误数据导致的损失甚至占公司利润的 10%。

目前，有两个主要趋势要求首席数据官（CDO）投入越来越多的精力来关注数据质量问题。一是不断增长的法律法规对数据质量的要求，比如近几年，银行由于数据质量问题受到的处罚数量和金额逐年提高。二是业务领域对整合数据的业务需求越来越迫切，需要有完整统一的客户视图来支持业务决策，对跨数据源数据整体的要求快速提高，如果没有高质量的数据，就很难满足相应的需求。

数据质量管理本身也是数据管理的重中之重。在统计领域，数据质量一直被视作统计工作的生命线。随着企业数字化程度的深入，对高质量数据的追求并没有像有人预测的那样随着数据量的膨胀变得不再重要，相反，高质量的数据变得越来越重要。

11.2 数据质量的概念

按照 DAMA 的观点，数据管理的直接目标是提高数据的质量；而数据管理的终极目标是实现数据的价值。数据质量管理是数据管理所有基础工作的重中之重。

此外，正如 DAMA 所指出的，数据质量既指高质量数据的相关特征，也用于说明改进数据质量的活动。从数据质量管理的角度看，一个组织既要定义清晰的数据质量目标，也要有明确数据质量活动的控制措施，同时需要确定不同利益相关方的责任、权利和义务。

高质量数据通常满足以下要求。

- 准确性：指数据能够正确表示"真实"实体的程度。
- 完备性：指数据不能为空值，应存在所有必要的数据。
- 有效性：指数据值与定义的值域一致。
- 一致性：指确保数据值在数据集内和数据集之间表达的相符程度。
- 及时性：当需要数据的时候，数据已经到达并可用。
- 唯一性：指数据集内的任何实体不可以重复，比如，一个身份证号只能被一个人使用。
- 合理性：指数据符合预期的程度。

业界一般使用 6~8 个维度来评估数据的质量。可以自定义这些维度，比如"完备性"可以定义为"不能为空值"。这些评估的维度及相关的指标是由业务部门设定的。

11.3 数据质量管理的几项原则

数据质量管理有一些规则需要遵循。本节列出了几项基本原则，这些原则是进行数据质量管理所必须遵循的。

11.3.1 从关键数据入手

和元数据管理"应归尽归，应收尽收"的原则不同，数据质量管理需要有优先级。企业要把所有数据的质量一次性全部提高是不太可能的。我们需要识别不同的场景和关键数据，并从这些关键数据入手。

大多数组织有着大量的数据，但并非所有的数据都同等重要。数据质量管理的一个基本原则，就是将改进的重点集中在对组织及其客户最重要的数据上，这样做可以明确项目范围，并使其能够对业务需求产生直接、可测量的影响。

首先，我们需要识别重要数据的类别。

虽然关键的特定驱动因素因行业而异，但组织间存在共同特征。可根据以下要求评估关键数据：

- 监管报告；
- 财务报告；
- 商业战略和商业政策；
- 企业经营的秘密。

其次，我们需要根据以下内容确定数据质量改进的投资回报率，从而决定进行数据质量管理的优先顺序：

- 受影响数据的关键性（重要性排序）；
- 受影响的数据量；
- 数据的龄期；
- 受到问题影响的业务流程数量和类型；
- 受到问题影响的消费者、客户、供应商或员工数量；
- 与问题相关的风险；
- 纠正根本原因的成本；
- 潜在的工作成本。

最后，面对组织范围内存在的大量数据质量问题，我们需要区分如下不同的情景：

- 存量数据问题与增量数据问题；
- 共性数据质量问题与个例数据质量问题；
- 领域数据质量问题与企业级数据质量问题；
- 内部数据质量问题与外部数据质量问题。

在此基础上，选择重要的关键数据，开展数据质量管理工作。

11.3.2   "自查"和从源头抓起

业界一般将数据质量问题的管理分成三道防线，第一道防线就是数据的源头，第二道防线来自使用这些数据以及对第一道防线进行管理的部门，第三道防线来自审计部门。第一道防线是重中之重，也是管理数据质量最有效的地方。

比如，如果供应商数据有问题，就应该到源头的 ERP 系统中去修改，而不是到数仓中去修改。源头问题不解决，就会一直影响下游系统的数据质量。特别是，有关数据源的部门必须建立"自查"机制，保证源头数据的质量。

DAMA 认为，第一次正确获取数据的成本远比获取错误数据并修复数据的成本小。从一开始就将质量引入数据管理过程的成本低于对数据进行改造的成本。在整个数据生命周期中，维护高质量数据比在现有流程中尝试提高数据质量的风险小得多，并且对组织的影响也小得多。在流程或系统建立时就建立数据质量标准，是成熟的数据管理组织的标志之一。做到这一点需要组织有良好的治理和纪律，以及跨职能的协作。

提高数据质量必须站在企业级的高度、全流程的角度，从最终需求出发，透视最前端的数据录入，审视整个数据生产流程。而在整个过程中，对于每一类的数据，都要有相应的部门真正承担起责任来，真正把数据作为资产进行管理，落实产权，并一以贯之地加以推进，这是提升数据质量的关键所在，也是难点所在，需要首席数据官花大力气来实现。

11.3.3   明确的认责体系是提升数据质量的根本保证

在组织中，我们时常看到两种截然不同的情形：一是前台人员抱怨需要录入的数据太多；二是数据用户为没有数据或数据不准而发愁。这种反差说明组织花了很大的精力，却生产了很多没用的数据，不仅增加了成本，还为管理决策造成了大量障碍。首席数据官必须弄清楚组织需要什么数据，如何定义这些数据，这些数据由谁提供，数据产生的流程是什么，以及如何确保数据的质量。

组织在研发信息系统时，通常既要考虑业务和交易的顺畅完成，又要考虑在自动化处理的同时伴生管理所必需的数据，实现业务流和数据流的协调，做到"业务和数据双治理"。但在传统的系统建设过程中，考虑的更多是业务的办理，而对管理所需要的数据思考相对较少，数据治理的各项要求更加难以有效落地。系统建成后，往往就会发现有些数据是缺失的，大量重要的数据质量规则没有在系统中实施。同时，没有站在组织整体的角度看待数据需求和数据质量，以及不断增加的外部监管和内部管理要求，也是导致数据质量差的重要原因。

第一，重要数据要有明确的归口管理部门并具有足够的权威性。这里的管理部门不是指集中的数据管理团队，而是每一项重要数据（如产品码、客户编码、财务数据、监管数据等）的主管部门。从质量认责的角度，数据归口管理部门应该对数据质量承担主要责任。虽然从数据的生成过程来看，每一项数据都可能涉及很多部门和流程，但并非每一个环节都能够由主管部门控制，出现数据质量问题必然要由其发起解决并最终负责。实际上，由于很多数据质量问题没有影响到经营流程，看似不是特别紧迫，但日积月累就会导致问题越来越多。每个部门都觉得这些数据是必需的，但好像又都不认为应该由自己负责，都想搭便车。因此，要形成各个部门共同管控的数据文化。数据管理部门要站在组织整体的角度看待数据标准和数据质量问题，并将责任落实到具体部门。

第二，要前瞻地考虑数据质量目标要求。 具体来说，一是通过知识化的过程动态掌握数据缺口，通过管理实践的不断积累，并借鉴同业经验，不断将数据质量要求知识化，形成组织统一的文档或知识库，包括应该需要的数据及其质量要求，为未来系统建设和管理提升提供直接的参考和依据。比如对于客户数据，可以在借鉴和归纳的基础上，了解到底需要哪些维度的指标，并对这些指标进行定义和分析，建立清晰的目标蓝图，在未来的系统开发中逐步加以解决，不断收窄差距。二是系统设计要兼顾业务流和数据流。在系统设计中，要培养从数据角度进行思考的方式，不仅要考虑交易如何办理，也要站在管理的角度，思考数据质量控制问题。在每一个业务和产品上线过程中，都要不断地思考需要控制哪些数据质量以及在哪个环节控制。前台业务部门要有强烈的数据质量意识，数据管理部门也要前瞻地提出需求，共同提高系统数据准确性。

第三，要站在组织角度设计数据生产流程。 数据生产流程的核心是端到端的不落地自动处理，要从横向和纵向的角度重新思考和摆布流程，既要发挥数据集中处理的资源和效率优势，也要将数据质量知识的提炼集中化，让更少的人更好地掌握数据质量标准，达到提高质量和节约成本的目的，保证数据的一致性。具体来说，一是在横向上建立跨部门的业务流程，尽可能减少重复的数据采集和录入端口，使数据像一条河一样，在不同的系统和流程中顺畅地流淌，同一数据只在一个地方录入，实现一次录入，全流程共享。二是在纵向上通过时空的重整提高效率，要对流程进行切割，重点是集中处理，不仅可以释放前台劳动力，而且通过后端的集中处理，将知识集中化，可以更好地提高数据质量。三是整合输入输出端口。在输入端口，要努力提高界面的友好性，通过抽象数据录入要求、下拉菜单式设计等，提高操作的简便性；通过提炼数据质量控制要求并内嵌在系统中，提高数据质量。

11.3.4 建立有效的数据质量指标

数据质量的定义必须是清晰的，不能使用像"数据基本不可用""我们需要准确的数据"这样含糊的描述。

管理数据质量的一个重要组成部分是开发度量指标，以告知数据使用者对其数据使用非常重要的质量特征。很多事务是可以度量的，但不是所有的事务都值得投入时间和精力。在制定度量标准时，数据质量分析人员应考虑如下特征。

- **可度量性**：数据质量指标必须是可度量的，即数据质量指标必须是可量化的东西。例如，数据相关性是不可度量的，除非设置了明确的数据相关性标准。即使是数据完整性这一指标，也需要得到客观的定义才能测量。预期的结果应在离散范围内可量化。
- **业务相关性**：虽然很多东西是可测量的，但它们并不能全部转换为有用的指标。测量需要与数据使用者相关。如果不能与业务操作或性能的某些方面相关，那么指标的价值是有限的。每个数据质量指标都应该与数据对关键业务期望的影响相关联。
- **可接受性**：数据质量指标构成了数据质量的业务需求。根据已确定的指标进行量化，可以提供数据质量级别的有力证据。根据指定的可接受性阈值，可以确定数据是否满足业务期望。如果得分等于或超过阈值，则说明数据质量满足业务期望；如果得分小于阈值，则说明数据质量不满足业务期望。
- **问责/管理制度**：关键利益相关方（如业务数据所有者和数据管理专员）应理解和审核指标。当度量的结果显示数据质量不符合预期时，就通知他们。业务数据所有者对此负责，并由数据管理专员采取适当的纠正措施。
- **可控制性**：指标应反映业务的可控方面。换句话说，如果度量超出范围，则应该触发行动来改进数据。如果没有任何反应，则说明这个指标可能没什么用处。

- **趋势分析**：指标使组织能够在一段时间内测量数据质量的改进情况。跟踪有助于数据质量团队成员监控数据质量服务等级协议和数据共享协议范围内的活动，并证明改进活动的有效性。一旦信息流程稳定后，就可以应用统计过程控制技术发现改变，从而实现其所研究的度量结果和技术处理过程的可预测性。

11.4　数据质量管理的具体工作

在实际工作中，组织的数据管理人员经常遇到这样的困境：面对一系列数据质量问题，虽然采取了大量的措施来解决，但新的数据质量问题层出不穷，数据采集人员、管理人员和应用人员都陷入"发现问题—解决问题—出现问题"的恶性循环，数据管理的各参与方相互之间难以信任。为有效推进数据质量管理，首席数据官需要在组织内部建立数据质量评估通用框架。

11.4.1　数据质量管理的大致内容和流程

首席数据官要在组织内部推动建立清晰的数据质量文化，首先是让所有用户明确何为"高质量"数据。例如，让大家对高质量数据有统一的认知，理解数据质量问题造成的成本损失和破坏，如何体现数据质量管理活动的价值等。因此，数据质量的管理活动规范应包括以下内容。

（1）要有明确的数据质量战略，首席数据官要在准确理解组织内部如何管理数据质量工作的基础上，制定与业务战略一致的数据质量目标和管理框架，包括管理数据质量的主要活动、参与方和数据质量工具。

（2）定义关键数据的数据质量要求和相应的数据质量规则。对于大型组织而言，既没必要也无可能对所有数据都实施严格的数据质量管理，首席数据官必须组织识别其中最重要的数据，例如监管所需要的数据、对提升客户体验有用的数据等，针对这些数据建立具体的数据质量规则。

（3）对数据质量进行定期评估，了解实际数据与用户期望之间的差距。

（4）识别数据质量改进方向，根据需要启动数据质量修订程序。

（5）与利益相关方明确数据质量"服务等级协议"（Service-Level Agreement，SLA），尤其是在数据流转的上下游之间，建立起常规的监测和报告流程。

首席数据官通常需要关注如下数据质量活动。

- **明确数据质量管理体系的目标**。建立数据质量管理体系首先要明确目标，该目标应该得到涉及数据管理的所有部门的一致赞同，同时保障数据的质量、安全和有效使用。
- **制定数据质量管理体系的规范和流程**。根据数据质量管理体系的目标，制定和落实数据质量管理体系的规范和流程，并根据需要不断加以完善和修改。
- **建立数据质量管理机构**。为了便于对数据质量进行管理和监督，需要建立完整的数据质量管理机构，管理数据质量的评估、监测、监控等。
- **建立数据质量管理流程**。根据需要，建立数据质量管理流程，以确保数据质量和数据安全。
- **建立绩效考核机制**。建立相关的绩效考核机制，以确保所有的数据质量管理行动都能够按照规定的要求开展。
- **建立数据质量标准**。根据不同的应用需求，建立相应的数据质量标准，以便进行数据质量的评估和考核。
- **建立数据质量监测与报告机制**。建立一套自动化的数据质量监测与报告机制，定期监测和报告数据质量的变化。

11.4.2 根因分析

在解决数据质量问题的过程中,首席数据官需要组织利益相关方认真分析数据质量问题的"根因",针对不同原因采取针对性措施,常见的根因分析技术有帕累托分析、鱼骨图分析、跟踪和追踪、过程分析以及"5 Why"。图 11-1 是某商业银行经常使用的根因分析图。

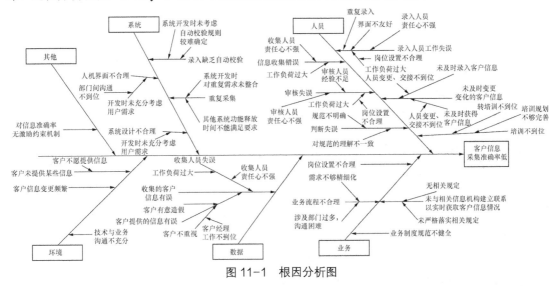

图 11-1　根因分析图

通过分析各种数据质量问题的"根因",我们发现数据质量管理活动与其他数据管理活动密不可分,首席数据官要对这些事项进行统一、有机的安排,以避免出现"神仙打架、各管一天"的凌乱现象。

11.4.3 PDCA 方法论

PDCA(Plan-Do-Check-Action)循环(见图 11-2)是进行数据质量管理活动常用的一种基本方法,由美国质量管理专家戴明博士首先提出,又称戴明环。在组织进行全面质量管理活动的过程中,这种质量管理方法的工作流程如下:首先提出改进计划,然后实施计划,接下来检查实施效果,最后将检查结果成功的纳入标准,不成功的则进入下一循环。

对于给定的数据集,数据质量管理周期首先确定不符合数据使用者要求的数据,以及阻碍他们实现业务目标的数据问题。数据需要根据数据质量的关键指标和已知的业务需求进行评估。需要确定问题的根本原因,以使利益相关方能够了解补救的成本和不补救的风险。这项工作通常由数据管理专员和其他利益相关方一起完成。

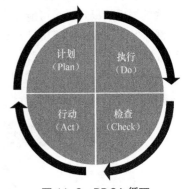

图 11-2　PDCA 循环

至于具体如何开展工作,DAMA 是这样解释的。

在计划(Plan)阶段,数据质量团队评估已知问题的范围、影响和优先级,并评估解决这些问题的备选方案。这一阶段应该建立在分析问题根源的坚实基础上,从问题产生的原因和影响的角度,了解成本/效益,确定优先顺序,并制订基本计划来解决这些问题。

在执行(Do)阶段,数据质量团队负责努力解决引起问题的根本原因,并做出持续监控数据的计划。对于非技术流程类的根本原因,数据质量团队可以与流程所有者一起实施更改。对于需要技术变更类的根本原因,数据质量团队应与技术团队合作,以确保需求得到正确实施,并且技术变更不会引发错误。

在检查（Check）阶段，积极监控按照要求测量的数据质量。只要数据满足定义的质量阈值，就不需要采取其他行动，这个过程将处于控制之中并能满足商业需求。如果数据低于可接受的质量阈值，则必须采取额外措施，使数据达到可接受的水平。

在行动（Act）阶段，处理和解决新出现的数据质量问题。随着问题原因的评估和解决方案的提出，PDCA 循环将重新开始。可通过启动一个新的周期来实现数据质量的持续改进。

新的周期开始于：

- 现有测量值低于阈值；
- 新的数据集正在调查；
- 对现有数据集提出新的数据质量要求；
- 商业规则、标准或期望发生变更。

11.4.4 数据质量报告

数据质量报告是判断数据可用性和了解数据质量全貌的一份综合报告。按照 DAMA 的建议，数据质量报告应着重于：

- 数据质量评分卡，可从高级别的视角提供与各种指标相关的分数，并在既定的阈值内向组织的不同层级报告；
- 数据质量趋势，随时间显示如何测量数据质量，以及趋势是向上还是向下；
- 数据质量服务等级协议指标，例如运营数据质量人员是否及时诊断和响应数据质量事件；
- 数据质量问题管理，监控问题和解决方案的状态；
- 数据质量团队与治理政策的一致性；
- IT 和业务团队对数据质量政策的一致性；
- 改善项目带来的积极影响。

数据质量报告应尽可能与数据质量服务级别协议中的指标保持一致，以便团队的目标与客户的目标保持一致。数据质量方案还应报告改进项目带来的积极影响。最佳的做法是持续地提醒组织数据为客户带来的直接影响。

图 11-3 所示的数据质量报告从完整性、有效性、唯一性、一致性、准确性、合理性、及时性 7 个维度对组织的数据质量进行了评估。

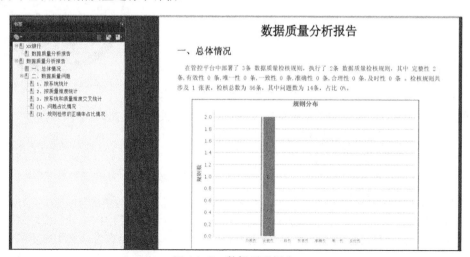

图 11-3 数据质量报告

11.5 数据质量管理实施的几个要点

11.5.1 导致数据质量问题的常见原因

为了解决数据质量问题，首席数据官应对导致数据质量低下的常见原因有所了解。DAMA 认为，导致数据质量问题的常见原因有 5 个，企业文化不到位是首要原因，其他常见原因还有数据输入、数据处理、系统设计，以及自动化流程中的手动干预。许多数据质量问题经常有多种原因，这些原因互相影响，错综复杂。

许多人认为大多数数据质量问题是由数据输入错误引起的。更深入理解后发现，业务和技术流程中的差距或执行不当会导致比数据输入错误更多的问题。然而，常识和研究表明，许多数据质量问题是缺乏对高质量数据的组织承诺造成的，而缺乏组织承诺本身就是在治理和管理的形式上缺乏领导力。

其他可能直接导致数据质量低下的原因如下。

- **过时的业务规则**：随着时间的推移，业务规则会发生变化。应定期对业务规则进行审查和更新。如果有自动测量规则，测量规则的技术也应更新。如果没有更新，则可能无法识别问题或产生误报（或二者都有）。
- **变更的数据结构**：源系统（source system）可以在不通知下游消费者（包括人和系统）或没有足够时间让下游消费者响应变更的情况下变更结构。这可能导致无效的值或阻止数据传送和加载，或者导致无法立即检测到更细微的改变。
- **未执行唯一性约束**：表或文件中的多个数据实例副本预期包含唯一实例。如果对实例的唯一性检查不足，或者为了提高性能而关闭数据库中的唯一性约束，就可能夸大数据聚合的结果。
- **编码不准确和分歧**：如果数据映射或格式不正确，或处理数据的规则不准确，处理过的数据就会出现质量问题，如计算错误、数据被链接或分配到不匹配的字段、键或关系等。
- **数据模型不准确**：如果数据模型中的假设没有实际数据的支持，则会出现数据质量问题，包括实际数据超出字段长度导致的数据丢失、分配不正确的 ID 或键值等。

只有找到了根本原因，我们才能有效地解决数据质量问题。

11.5.2 数据全生命周期的管理

首席数据官要围绕数据全生命周期进行数据质量提升，不能用短期手段来解决长期的问题。对数据进行全生命周期的质量提升可总结为如下六大原则：

（1）从需求开始控制数据质量；
（2）在源系统和集成点检查数据质量；
（3）持续积累检核规则；
（4）自动化数据质量评分和报告；
（5）在数据应用端保持数据质量敏感性；
（6）将数据质量责任嵌入业务流程和系统开发运维流程。
图 11-4 是在数据全生命周期中定位数据质量问题的模板。

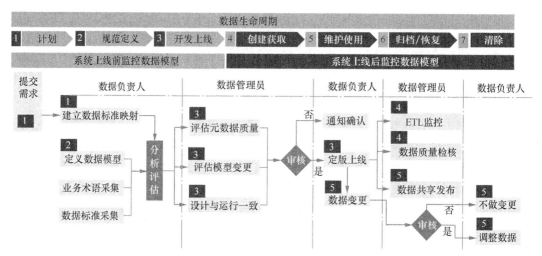

图 11-4　在数据全生命周期中定位数据质量问题

11.5.3　数据质量规则模板

业务部门负责建立评估数据质量的维度和指标，这个工作量是巨大的。表 11-1 给出了"完整性"维度的评估规则。

表 11-1　"完整性"维度的评估规则

	业务规则	度量	指标	状态指标
"完整性"维度	字段的填充是强制性的	统计填充数据的记录数量，并与记录总数进行比较	将获得的有数据填充的记录数量除以表或数据库中记录的总数，然后乘以 100%，以换算成百分数	不能接受的条件： • 填充度低于 80%；或者 • 超过 20% 未被填充
示例	必须在地址栏中填写邮政编码	填充数据的记录数量：700 000 未填充数据的记录数量：300 000 记录总数：1 000 000	正度量：700 000 / 1 000 000 × 100% = 70% 被填充 负度量：300 000 / 1 000 000 × 100% = 30% 未被填充	不能接受

以"完整性"维度为例，它需要结合具体的字段来落地。比如"邮政编码"字段的完整性、"身份证号码"字段的完整性等。一个维度和具体的字段相组合，往往会产生多个规则。如果有 100 个字段需要评估"完整性"，就需要建立 100 个规则。有的企业目前已经建立了 5 万多个数据质量评估规则。

更重的任务是，随着时间的推移和业务的变化，规则建立后，还需要随着市场的要求不断更新这些规则。

业务部门建立相关规则后，IT 部门需要通过 SQL 语句来完成整个工作。比如，对于员工表 employee，其中的身份证号码字段 sfz 不能为空。

业务规则为，在员工表 employee 中，身份证号码不能为空（完整性必须为 100%）。

SQL 语句如下：

```
select count(sfz) from employee where sfz is null;
```

如果上述 SQL 语句的执行结果不是 0，而是任何一个大于 0 的数字，则说明员工表 employee

中的数据有问题——有员工的身份证号码是空的。

11.6 如何评估数据质量管理的成效

数据质量团队的大部分工作集中在数据质量的度量和报告上。数据质量的高阶指标如下。

- **投资回报**：关于数据质量改进工作的成本与改进数据质量的好处的声明。
- **质量水平**：测量一个数据集内或多个数据集之间的错误或不满足甚至违反需求情况的数量和比例。
- **数据质量趋势**：随着时间的推移（即趋势），针对阈值和目标的质量改进，或各阶段的质量事件。
- **数据问题管理指标**：
  - ➤ 按数据质量指标对问题进行分类与计数；
  - ➤ 各业务职能部门及其问题状态（已解决、未解决、已升级）；
  - ➤ 按优先级和严重程度对问题进行排序；
  - ➤ 解决问题的时间。

11.7 本章小结

数据质量的高低需要从多个维度进行评估。这些维度的名称可以自定义，但它们需要有清晰的、得到一致认可的定义。数据质量管理应关注对企业及客户最重要的数据。改进的优先顺序应基于数据的重要性以及数据不正确时的风险水平来判定。数据质量管理应覆盖从创建或采购直至处置的数据全生命周期，包括数据在系统内部和系统之间流转时的管理（即数据链中的每个环节都应确保数据具有高质量的输出）。提高数据质量不仅仅是纠正错误，因为数据质量问题通常与流程或系统设计有关，所以提高数据质量通常还需要对流程和支持它们的系统进行更改，而不能仅从表象来理解和解决。

第 12 章

数据安全和隐私保护

数据泄露、滥用、篡改等安全问题对企业危害很大，甚至影响国家安全、社会秩序、公众利益和市场稳定。《中华人民共和国网络安全法》《中华人民共和国数据安全法》和《中华人民共和国个人信息保护法》的出台，使得关于数据的法律法规更加完备。在满足企业业务基本需求的基础上，在开展业务及日常经营管理、促进数据的安全应用和共享、挖掘和实现数据价值的同时，强化数据保护能力、保障数据安全流动、做好隐私保护，也是首席数据官数据管理工作的重点之一。

12.1 概述

按照 DAMA 的定义，数据安全管理的目标之一是实现"数据被适当访问并防止被不正当访问"。数据安全是为了让数据免遭泄露、破坏或损坏，确保数据的机密性、完整性和可用性。而隐私保护则侧重于保护个人隐私不被滥用或泄露，包括个人信息的保密、安全存储和使用等方面。

有一种误解，就是认为网络安全了，数据也就安全了。其实网络安全是数据安全的前提，然而数据安全并不等于网络安全。根据 DAMA 2019 年的调研，在美国，94%的数据泄露是"内鬼"造成的。网络遭受攻击导致的数据泄露只占 6%。

随着互联网和信息技术，尤其是大数据技术的迅速发展，数据的产生、存储和使用量已经达到前所未有的规模。在这个过程中，数据安全和隐私保护的问题也越来越突出。大量的数据泄露事件频繁发生，给人们的个人隐私和财产安全带来严重威胁。

为了应对这些问题，各种技术和措施被广泛应用于数据安全和隐私保护领域。此外，各种法律法规和标准也相继出台，为数据安全和隐私保护提供了法律保障。

总之，数据安全和隐私保护是当前信息技术发展面临的重要问题，需要采取各种技术和管理措施来保障数据的安全性和隐私性。

12.1.1 数据安全的定义

《中华人民共和国数据安全法》第 3 条指出：数据安全，是指通过采取必要措施，确保数据处于有效保护和合法利用的状态，以及具备保障持续安全状态的能力。随着中国数字经济的快速发展，国家对数据安全的重视程度越来越高。"安全"的界定已经发生了改变，由一开始信息系统载体的安全延伸到数据的安全，从技术安全延伸到数据的有效保护和合法利用。

数据安全聚焦于数据全生命周期过程中保护数据免受未授权的访问与数据损坏，并涵盖一套相关的标准、技术、框架和流程。

数据安全包括安全策略和过程的规划、建立与执行，为数据和信息资产提供正确的身份验证、授权、访问和审计。其中，审计数据安全非常重要。企业应确保对数据安全和法规制度遵从情况开展连续性的定期内部审计。审计师必须来自独立的部门，以避免任何利益冲突。审计的目标不是发现错误，而是为管理层和首席数据官（CDO）提供客观、公正的评估以及合理、实用的建议。

12.1.2 隐私保护的定义

隐私的概念源远流长，世界上的各个国家和地区对隐私保护的立法有着悠远的历史。而隐私保护的内涵是一个不断演进的过程。根据《中华人民共和国民法典》，隐私是自然人的私人生活安宁和不愿为他人知晓的私密空间、私密活动、私密信息。

隐私保护是指使个人或集体等实体不愿意被外人知道的信息得到应有的保护。保护隐私是对人性自由和尊严的尊重，也是人类文明进步的一个重要标志。我国通过立法的方式保护个人信息和隐私。《中华人民共和国民法典》和《中华人民共和国个人信息保护法》等都对隐私和个人信息保护提出了非常明确的要求。

《中华人民共和国民法典》第 1038 条明确个人信息的处理者应当采取技术措施和其他必要措施，确保其收集、存储的个人信息安全，防止信息泄露、篡改、丢失。

《中华人民共和国个人信息保护法》第 9 条指出，个人信息处理者应当对其个人信息处理活动负责，并采取必要措施保障所处理的个人信息的安全。

2022 年 12 月 19 日印发的《中共中央 国务院关于构建数据基础制度更好发挥数据要素作用的意见》，对个人信息保护也提出了明确要求：加大个人信息保护力度，推动重点行业建立完善长效保护机制，强化企业主体责任，规范企业采集使用个人信息行为；创新技术手段，推动个人信息匿名化处理，保障使用个人信息数据时的信息安全和个人隐私。

12.1.3 CDO 要做好数据安全和隐私保护

为了更好地促进数据的利用流通，支持企业数字化的发展，保证企业数据合法合规，降低数据使用风险，为业务发展保驾护航，CDO 需要设定专业岗位，任命专业人员从事数据安全和隐私保护的基础制度建设，并在企业内具体实施数据安全和隐私保护工作。

12.2 数据安全的核心内容

数据安全的核心在于数据全生命周期的安全管理。对数据实施生命周期安全管理，能够进一步明确数据生命周期各阶段的保护要求，有助于企业合理分配数据保护资源和成本，建立完善的数据生命周期防护机制。

数据生命周期是指企业在开展业务和进行经营管理的过程中，对数据进行采集、传输、存储、使用、删除、销毁的整个过程。

为了确保数据安全，在处理数据时需要遵循以下原则。

- **合法正当**：应确保数据生命周期各环节数据活动的合法性和正当性。
- **目的明确**：应制定数据安全防护策略，明确数据生命周期各环节的安全防护目标和要求。
- **全程可控**：应采取与数据安全级别相匹配的安全管控机制和技术措施，确保数据在全生命周期各环节的保密性、完整性和可用性，避免数据在全生命周期内发生未授权访问、损坏、篡改、泄露或丢失等。
- **动态控制**：数据的安全控制策略和安全防护措施不应该是一次性和静态的，而应该可以基于业务需求、安全环境属性、系统用户行为等因素实施实时和动态调整。
- **权责一致**：应明确本机构数据安全防护工作相关部门及其职责，有关部门及人员应积极落实相关措施，履行数据安全防护职责。

12.2.1 数据分类分级

随着新技术的蓬勃发展，以及大数据和人工智能的深入应用，个人、企业、社会时时刻刻都在产生数据，数据量以惊人的速度增长，数据规模变得极其庞大。企业没有那么多的资源来同时保护其所有的数据资产。如果保护所有数据资产，就会造成流程复杂且成本高昂。

为了合理分配数据保护资源和成本，需要对数据实施分类分级管理，这样才能够进一步明确数据保护对象，有的放矢地实施数据安全管理，以及获得令人满意的投资回报率。同时，统一的数据分类分级管理制度，可以促进数据在机构间、行业间的安全共享，有利于挖掘和实现数据价值。

数据分类分级是数据安全工作的第一步。数据的分类分级不仅涵盖结构化的数据，还涵盖非结构化的数据，既包括信息系统中存储的数据，也包括存储于业务流程和业务文档中的数据。

分类更多地从业务角度出发，根据数据的来源、内容和用途对数据进行分类。基于不同的管理主体、管理目的、分类属性或维度，不同行业的分类方法也不一样。比如，金融行业将数据分为 9 类：产品数据、投资管理数据、零售数据、机构数据、批售数据、财务数据、人力资源数据、技术数据、AI 数据等。

分级则更多地从安全角度出发，按照数据的价值、内容的敏感程度、影响范围的不同，对数据进行级别划分。也可以结合完整性、机密性、可用性，对数据保护进行等级划分，比如基础保护、特殊保护和高度保护。

表 12-1 以一家金融企业为例，按照数据的机密性对数据做了分级。

表 12-1 数据机密性分级示例

等级	定义	示例
公开	经公司管理层批准可公开获得的数据	面向互联网的网页 销售和市场推广宣传册 新闻发布 公司简介 发布后的产品说明 发布后的年度财报 为了招聘所做的工作描述
内部	数据的披露将对公司利益造成中度及中度以下的损害	标准项目文档 供应商列表 组织图、电话表 内部文档和模板 内部培训和宣传材料 公司时讯及内部沟通 知识库 IT 工单（不包含限制或机密数据） 邮件（不包含限制或机密数据） 不包含结果的渗透测试（如测试安排）
限制	数据的披露将对公司利益造成重大损害	市场分析 审计报告、数据安全评估结果、风险评估结果和确定的处理方法 战略项目文档 产品/业务/发展战略和计划 核心网络设备的配置和开发代码 中国人民银行发布的《金融数据安全 数据安全分级指南》中定义为 3 级的数据

等级	定义	示例
商业机密	数据的披露将对公司利益造成严重损害，甚至危及公司的存亡	战略计划 董事会会议记录 发布前的年度财报 商业秘密 信审（即信用审计）策略 中国人民银行发布的《金融数据安全 数据安全分级指南》中定义为 4 级的数据

为了做好数据分类分级工作，根据企业的经营范围、数据类型和数量，数据安全负责人需要设立数据分类分级条目，对组织的数据资产进行全面梳理。在获取企业内部的业务数据库清单、数据字典、敏感数据清单等之后，通过工具再梳理出数据资产清单。同时参照业内已发布的成熟的行业标准，并考虑国家给出的关于核心数据、重要数据、个人信息、公共数据等的安全要求，制定企业的数据分类分级方法。按照制定的数据分类分级方法，对数据进行分类分级，在企业内批准发布实施，最终形成企业的数据资产分类分级清单。

企业在做好数据分类分级之后，需要结合数据安全的目标，根据数据分类分级和组织架构权限判定风险，决定在数据全生命周期中应该采用的控制措施和技术工具，从而实现对企业数据全流程的数据安全管理和保护。

12.2.2　数据访问控制

数据安全聚焦于在数据全生命周期中保护数据免受未经授权的访问与损坏。数据访问控制是指对数据的访问进行控制，即数据可以被哪些用户、哪些程序访问，让数据的安全性和机密性得到保证。数据访问控制是数据安全的一个重要方面，可以使组织的敏感数据得到保护，避免造成数据泄露和滥用。

数据访问控制可以采取以下 3 种方式。

- **权限控制**。权限控制是指通过权限设置限制用户对数据的使用。只有被授权的用户才能使用数据，未授权的用户则不能使用数据。另外，被授权的用户只能在被授予的权限范围内使用数据，超出允许权限的数据操作无法进行。
- **系统访问控制**。系统访问控制对信息系统进行了第一道安全防护，非授权人员无法通过认证打开信息系统，也就无法访问数据，更不能对数据进行操作。
- **数据访问频率控制**。对于本来就真实的用户，虽然开通了相应的权限，但是如果对数据访问频繁，与实际工作内容不匹配，则需要进行限流处理。常用的限流算法有令牌桶限流、漏桶限流和计数器限流。

12.2.3　应对外部威胁

数据安全作为信息安全的一部分，一直是网络攻击的重点，而外部的攻击方式越来越多，给数据安全和隐私保护工作带来非常大的风险和挑战。企业应采用机器学习算法检测异常，并采用对日志监控得到的分析预警，尽早识别威胁。以下是应对外部威胁的一些例子和应对措施。

1. 分布式拒绝服务攻击

分布式拒绝服务攻击（Distributed Denial of Service，DDoS）是指处于不同位置的多个攻击者同时向一个或多个目标发动攻击，或者一个攻击者控制了位于不同位置的多台机器并利用这些机器对受害者同时实施攻击。由于攻击的发出点分布在不同的位置，这类攻击被称为分布式拒绝服务攻击，其中的攻击者可以有多个[①]。一旦被分布式拒绝服务攻击缠上，服务器很快就会陷入访问延迟、无法访问、甚至不可用的状态。为了降低风险，企业可以考虑部署高防 IP 等云安全防护软件。

2. 网络钓鱼诈骗

网络钓鱼诈骗中经常存在恶意附件，一旦单击和打开，企业的设备就会被攻击，发生数据盗取、泄露等重大网络安全事故。所以，企业需要使用阻拦钓鱼邮件的工具，部署反钓鱼引擎。另外，持续对企业员工进行防钓鱼培训也非常重要，企业也可以采用内部钓鱼邮件测试演练的方式来提升员工的警惕性。比如，定期或不定期、定点或不定点地发送钓鱼邮件，根据员工对钓鱼邮件的阅读单击等行为，分析可能存在的安全意识薄弱点，根据演练结果，有的放矢地实施安全培训。

3. 勒索软件

勒索软件是一种流行的木马程序，它们通过骚扰、恐吓甚至采用绑架用户文件等方式，使用户数据资产或计算资源无法正常使用，并以此为条件向用户勒索钱财。这类用户数据资产包括文档、邮件、数据库、源代码、图片、压缩文件等。赎金形式包括真实货币、比特币或其他虚拟货币。在勒索事件中，黑客会威胁如果不支付赎金，就释放数据。勒索软件已成为各行业最常见的安全威胁，成了重要的互联网地下黑色产业之一，企业和个人都是勒索软件的攻击目标和勒索对象。

对于企业而言，为了避免企业利益因为勒索软件受到损失，数据安全负责人需要未雨绸缪，提前部署数据保护策略和技术，增加监控和检测功能。如今，很多勒索软件不会单独应用自身的技术来进行攻击，它们一般都与高级网络攻击相结合，以增加企业对复杂攻击的抵御难度。面对这种情况，企业应该采用多种防护手段相结合的方式来搭建多层的网络安全防护体系，如高级威胁防护、网关防病毒、入侵防御以及其他基于网络的安全防护手段。

网络隔离一直是一种不错的保护网络安全的技术，对待勒索软件也可以用网络隔离来防御。另外，要经常对数据进行备份和恢复，可靠的数据备份可以将勒索软件带来的损失最小化，但同时也要对这些备份数据进行安全防护，避免感染和损坏。对于勒索软件，防护手段主要有系统更新和安全补丁、端点保护、网络分割、采用安全软件、应用网站白名单、制定应对方案、进行数据安全备份，其他的防护手段还有终端防护、对加密网络流量进行监测等。

12.2.4   18 种数据安全能力

为了保证数据的安全，CDO 及其组织应该拥有 18 种数据安全能力，见表 12-2。

表 12-2   18 种数据安全能力

序号	能力项	能力内容
1	综合治理能力	数据安全需要综合治理。对数据资产进行梳理，构建数据安全统一规划和管理平台，实现感知未然、联防联控、健康预警，提升数据安全运营能力
2	数据资源梳理及分类分级能力	对数据资源进行梳理和编目，并在此基础上对数据进行分类分级
3	重要数据识别指南能力	聚焦安全影响、突出重点保护、综合考虑风险、定量定性、衔接既有规定识别组织重要数据
4	权限控制能力	建立 CRUD 矩阵，只允许拥有合法权限的人，基于合理的意图，访问合理范围内的数据
5	数据加密能力	对数据库中各类常用数据进行加密，加密后的数据对于业务程序来说是透明的，无须改变业务逻辑

① 王麦玲. 分布式拒绝服务攻击与防范措施[J]. 办公自动化（综合版），2008(9): 42-43.

续表

序号	能力项	能力内容
6	数据脱敏能力	包括静态脱敏和动态脱敏。静态脱敏是指将数据从生产环境中抽取出来，脱敏后分发至测试、开发、培训、数据分析等场景，保障生产数据安全，满足业务需要。动态脱敏不改变底层数据，而是对数据的呈现做一定隐藏，比如用符号"*"加以隐藏
7	应急处理能力	一旦数据安全事故发生，能及时处理并尽量减少损失
8	数据库防火墙能力	在应用程序服务器和数据库服务器之间部署数据库防火墙，实现数据库的访问行为控制、危险操作阻断、可疑行为审计，保护数据库安全
9	数据库漏洞扫描能力	对数据库系统漏洞、配置缺陷及弱口令等进行全面检查，发现数据库中存在的安全漏洞及隐患，生成修复建议报告提供给用户
10	数据库审计能力	对核心数据和数据库进行全面审计，实时监控对数据库系统的各种操作，当发现潜在的安全威胁时，及时发出告警
11	防勒索能力	采用主动防御机制，防止数据、文件等被非法加密、破坏，从而防止 PC/服务器/数据库/哑终端遭受勒索病毒攻击
12	运营监控能力	对数据库进行持续监控以保障数据库可靠、高效地运行，统一实时监控多种类型、多个数据库、多种运行指标，进行统计分析；帮助管理员、运维人员、决策者多视角了解数据库的运行状态，从而更好地应对数据库的需求及规划
13	"撞库①"和"拖库②"的防御能力	对于撞库攻击，可以通过增加密码复杂度、定期更换密码、使用多因素身份验证等方法来提高账户的安全性。对于拖库攻击，需要提高对网络安全的重视程度，定期检查网站的安全状况，及时发现并修复漏洞
14	驻场等外来人员危险行为监测及防护能力	严格把关外来人员准入，实施安全培训，加强与外来人员的沟通和协作，建立安全巡查制度，安装监控设备，有效地监测和防护驻场等外来人员的危险行为。
15	利用 AI 技术对异常行为进行监测和防护的能力	利用 AI 技术，结合人脸识别、视频分析，对异常行为进行监测和防护，提高安全性和效率，降低人力成本
16	数据泄露后的确权和溯源：数据水印能力	数据水印是一种嵌入数据的标识信息，可以是数字、文本、图像或音频等形式。数据泄露后，通过提取数据水印，可以追溯数据的来源和所有权，帮助确定泄露的责任方。
17	电子取证能力	指通过有效法律手段进行自我保护的能力。电子取证是指利用计算机软/硬件技术，以符合法律规范的方式对计算机入侵、破坏、欺诈、攻击等犯罪行为进行证据获取、保存、分析和出示的过程。
18	隐私计算	隐私计算是一种面向隐私信息全生命周期保护的计算理论和方法，具有数据隐私保护、可用性、完整性、安全、可溯源、共享和价值转化等多方面的能力，可以做到数据可用不可见，解决数据安全和隐私保护难题。

注：① "撞库"指黑客通过收集互联网上已经泄露的用户信息和密码信息，生成对应的字典表，尝试批量登录其他网站，得到一系列密码组合后可以登录的用户。

② "拖库"指黑客通过收集互联网上已经泄露的用户信息和密码信息，利用这些用户信息和密码信息，登录服务器，获得极其详细的用户资料，包括用户的手机号、邮箱甚至通讯录等。

12.3　数据隐私保护的核心内容

　　数据隐私保护指的是对企业敏感的数据进行保护。隐私泄露事件的频频曝光，引发人们的广泛思考。企业在挖掘和实现数据价值的同时，也要做好个人隐私保护。《中华人民共和国个人信息保护法》自 2021 年 11 月 1 日起施行，这标志着我国进入全面的个人信息保护时代。

组织在处理个人信息全生命周期中的活动时应遵循合法、正当、必要的原则。具体要求如下。

（1）**权责一致**。组织应采取技术和其他必要的措施，保证个人信息的安全，还要承担因开展个人信息处理活动而对个人信息主体合法权益造成损害的责任。

（2）**目的明确**。组织在处理个人信息时要具有明确、清晰、具体的目的。

（3）**选择同意**。组织在处理个人信息时应向个人信息主体说明本次数据采集和处理的目的、方式、范围、规则等，并制定完善的隐私政策，在进行数据采集和处理前，必须征得个人信息主体授权同意。

（4）**最小必要**。在满足个人信息主体授权同意的前提下，只处理所需要的最少个人信息类型和数量。达成目的后，应及时删除所收集的个人信息。

（5）**公开透明**。以合理的方式公开处理个人信息的范围、目的、规则等，要求明确、易懂，且必须接受外部监督。

（6）**确保安全**。具有匹配其所面临的安全风险的安全能力，并具备相应的管理措施和技术手段，保证个人信息保密、完整、可用。

（7）**主体参与**。向个人信息主体提供正确的方法和服务，使得个人信息主体能够查询、修改、删除个人信息数据，并且可以执行撤回授权同意、注销账户、投诉等操作。

作为组织的首席数据官，应确保数据隐私保护部门负责人可以得到足够的授权、人力、财力来支持隐私保护工作。

12.3.1　个人信息安全影响评估

个人信息安全保护已经成为影响国家安全、社会秩序及公民利益的焦点问题。企业作为个人信息的收集和处理者，应积极履行信息保护义务，将个人信息保护作为企业发展的生命线。开展个人信息安全影响评估不仅是践行个人信息安全保护相关国家法律法规的手段之一，而且能有效地发现企业个人信息保护过程中存在的隐患，为企业个人信息保护工作提供有力支撑。

《中华人民共和国个人信息保护法》第 55 条对个人信息安全影响评估做了明确规定：有下列情形之一的，个人信息处理者应当事前进行个人信息安全影响评估，并对处理情况进行记录。

（1）处理敏感个人信息。

（2）利用个人信息进行自动化决策。

（3）委托处理个人信息、向其他个人信息处理者提供个人信息、公开个人信息。

（4）向境外提供个人信息。

（5）其他对个人权益有重大影响的个人信息处理活动。

个人信息安全影响评估是针对个人信息处理活动，检验其合法合规程度，判断其对个人信息主体合法权益造成损害的各种风险，以及评估用于保护个人信息主体的各项措施有效性的过程[①]。

个人信息安全影响评估旨在发现、处置和持续监控个人信息处理过程中对个人信息主体合法权益造成不利影响的风险[②]。

个人信息安全影响评估将通过数据映射分析对个人信息处理行为进行梳理与分类，并对个人信息处理行为中的个人信息安全风险，从危害性和可能性两个维度进行评估。

个人信息安全影响评估可以通过以下两个步骤来实现对个人信息安全影响的整体评估。

第一步：风险初评。

在新项目、新服务的早期阶段，项目负责人、应用程序负责人、业务部门（以下简称相关负

---

① GB/T 35273—2020《信息安全技术　个人信息安全规范》。
② GB/T 39335—2020《信息安全技术　个人信息安全影响评估指南》。

责人员）应尽早通过风险评估工具提供项目相关基础信息，并解答评估工具内所列问题。对于由供应商提供的服务项目，相关负责人员应当在招标早期的服务识别和分级评估中，详细阐述涉及个人信息的服务内容，并在供应商管理团队的引导下，尽早联络个人信息保护负责人以开展后续评估流程。个人信息保护负责人将基于风险评估工具中的信息进行评估，以判断风险水平。基于项目的复杂程度及较高的风险水平，相关负责人员需要进一步完成一份问卷，补充相关信息以供进一步评估。风险评估结果为中风险或高风险且有个人信息处理的，需要进入第二步。

第二步：隐私影响评估。

确定项目是否符合数据隐私保护的相关政策、制度和指引，以及《中华人民共和国个人信息保护法》的相关要求，从而识别出具体的隐私风险、提出相关措施，并纳入项目实施之中。相关负责人员须完成项目描述并提供相关支持信息以协助评估（业务提案、项目简介等），着重描述使用个人信息的依据以及信息流。

个人信息安全影响评估流程应尽早开始，并且可能将在整个业务项目开展的过程中持续进行。在开展评估的过程中，个人信息保护负责人将识别、评估相关风险并提出必要的风险缓解措施。

业务部门负责实施适当的措施，以合法处理相应的数据（如根据个人信息类别及重要性）、应用程序和服务提供商。个人信息保护负责人需要对风险缓解措施的结果进行跟踪，并根据风险处置的结果分析剩余风险是否符合风险准则所定义的风险接受标准。

个人信息安全影响评估的结果都必须记录并保存。相关负责人员必须确保将其职责范围内的文档记录在案，并确保在职能发生任何变化时，将其交接至继任者并提供适当的解释。按照《中华人民共和国个人信息保护法》的要求，个人信息安全影响评估结果应保存三年。

个人信息安全影响评估不仅仅是简单的合规性检查，它还可以帮助企业在持续合规性审计或调查中证明其遵守了相关个人信息与数据保护法律、法规和标准要求。如果发生个人信息安全风险或违规事件，个人信息安全影响评估报告可提供证据，以证明企业已经采取适当措施试图阻止个人信息安全事件的发生，这有助于减轻甚至免除相关责任和名誉损失。

12.3.2　个人数据保留和删除

个人信息处理的最小必要原则，还包括最少保留期限。为了保护个人信息，以及满足业务需要和法律规定保留期限的要求，所有文件和数据都应根据定义的保留期限进行保存，不得超过保留期限，除非受到额外的诉讼、政府/监管调查或法律团队要求等其他保留个人信息的约束。

在达到规定的个人信息保留期限后，不得以可识别特定个人的形式保存个人信息，应该销毁或删除个人信息。

在定义个人信息保留期限时，应考虑法律、法规要求及任何政府/监管调查或法律程序（无论是正在进行还是计划中）的需要，企业自身需要的保留期限（如果适用的话），以及满足特定业务目的（如市场营销、客户重购、数据分析等）的需要。

为了确保恰当地保存个人信息，数据处理职能部门需要对所处理的个人数据定义合适的保留期限。当数据处理职能部门自行定义的期限超出或低于建议的期限时，须咨询法务、合规或数据保护团队，并最终获得个人信息保护负责人的批准。当销毁/删除个人信息从技术上难以实现时，应停止除存储和采取必要安全保护措施外的处理，并采取其他适当的处置措施。

12.3.3　个人数据处理活动记录

作为处理个人信息的企业，当个人信息处理达到一定规模时，应设立专职的个人信息保护负责人和个人信息保护工作机构，负责个人信息安全工作。个人信息安全工作内容之一是建立、维护和更新组织所持有的个人信息清单（包括个人信息的类型、数量、来源、接收方等）和授权访问策略。

企业应根据自身业务实际情况，制定适合企业自身情况的个人信息处理活动记录清单。表 12-3 给出了某企业的个人信息处理活动清单。

表 12-3 个人信息处理活动清单

基本信息	数据处理部门
	保存处理数据的信息系统
	收集方式：小程序/零件/附件/活动/经销商录入/其他（请写全名，如车载摄像头、互联音乐服务等）
	数据类别
	个人信息种类
	是否有重要数据
	数据是否被用来进行"自动化决策"
境内数据处理，数据在境内存储且境外任何人不能访问	数据委托处理的发包部门
	数据是否交其他方处理，是哪家实体（提供全名）
	是否签署数据处理协议
	数据处理是否有再转包行为
	数据处理目的
	数据处理方式（收集、存储、使用、分析、传输、公开、删除）
	保留期限或截止日期
	数据给出方的业务部门
	数据接收方的业务部门
	数据分享出去的分享部门
	除了数据处理行为，数据是否存在接收方能单独决定数据使用目的和方式的情况
数据跨境传输，经过出境评估或符合出境法律要求	负责数据跨境或允许数据境外远程访问的部门和同事
	境外数据传输的情形：远程访问/直接传输
	数据种类
	数据接收实体全名
	数据接收方是数据控制者还是受委托方
	目的是什么
	数据是否被进一步委托处理
	数据是否被进一步分享给第三方，是哪家实体
	数据交互频率
	数据量（单位为 TB）

12.3.4 个人信息主体权益

处理个人信息的企业应该根据法律要求，满足个人信息主体对自身权益的要求。根据法律法规，个人信息主体权益包括知情权、决定权、拒绝权、限制处理权、查阅复制（转移）权、更正权、补充权、删除权、近亲属为自己合法正当利益查阅/复制/更正/删除死亡亲属数据权（另有安排的除外）、投诉（解释说明）权。企业应当建立便捷的个人行使权利的申请受理和处理机制。个人信息主体要求行使上述权利时，各业务部门应当积极响应，按照规定的流程进行处理。如果企业拒绝个人行使权利的请求，应当说明理由。

　　首席数据官任命的个人信息保护负责人应当根据法律法规和企业业务需求制定个人信息主体权利管理指引，规范个人信息主体权利响应的相关流程，给个人信息主体提供请求渠道，如拨打客服电话、发送邮件等。企业相关部门接收个人信息主体请求后，应当进行身份验证，积极响应。在法律法规所规定的响应时间内，由有关部门反馈响应结果至个人信息主体，没有法律规定的，企业根据实际情况制定合理的响应时间。

12.4　数据安全和隐私保护的实施方法

　　数据安全和隐私保护的实施和落地是从组织建设、框架和制度建设、技术工具和人员能力培养 4 个维度展开的，以确保全方位覆盖数据安全和隐私保护工作。

12.4.1　数据安全和隐私保护之组织建设

　　数据安全工作需要从上至下展开，所以建立自上而下覆盖决策层、管理层、执行层和监督层的数据安全管理体系，以及明确的组织架构和岗位设置非常重要。图 12-1 展示了 4 层的组织架构以及其中各层的主要职能。

决策层	数据治理、数据安全、隐私保护委员会，机构高级管理层	战略规划，统筹管理，决策评价，审核批准
管理层	数据安全隐私保护负责人、IT、业务、风险、法律、合规和风险管理部门主要负责人	组织协调，制度建设，风险管控，考核评审
执行层	IT、业务、风险、法律、合规和风险管理部门安全和隐私岗位相关工作人员	执行要求，落实标准，实时防护，事件处置
监督层	审计、稽核等部门相关人员	IT审计，合规稽核，安全审计，业务审计

图 12-1　数据安全和隐私保护组织架构

　　参照图 12-1，首席数据官（CDO）可以根据企业的实际情况，设计数据安全和隐私保护组织架构。比如，某公司的数据安全和隐私保护组织架构如下。

1. 决策层

决策层是由 CEO 以及包括 CDO 在内的直接向 CEO 汇报的高级管理人员组成的数据安全和隐私保护领导小组，职责如下：

- 支持审批公司数据安全和隐私保护战略；
- 负责为公司设置数据安全和隐私保护专门岗位；
- 批准公司内部数据安全和隐私保护的规章和制度，确保这些规章和制度符合公司的数据安全和隐私保护框架以及遵守适用的法律法规；
- 批准数据安全和隐私保护的项目并且提供资金支持；
- 定期听取管理层对数据安全和隐私保护所做的工作汇报，给予意见和指导。

2. 管理层

管理层由相关部门主要负责人组成，职责如下：
- 任命专门的数据安全官和数据保护官，全面负责数据安全和隐私保护的制度建设和管理措施；
- 由首席信息安全官、数据安全官、数据保护官以及业务部门、IT 部门、合规和风险管理部门等部门的主要负责人组成，协同进行数据安全和隐私保护的管理以及风险管控。

3. 执行层

执行层由业务部门、IT 部门、合规和风险管理部门等部门的相关岗位人员组成，负责具体实施和落地数据安全和隐私保护相关的日常工作，对日常工作中发现的数据安全和隐私保护风险及时上报。

4. 监督层

监督层由审计部门以及专门做数据安全和隐私保护的监督部门组成，负责对数据安全和隐私保护工作定期进行独立的审计和监督。

12.4.2   数据安全和隐私保护之框架和制度建设

开展数据安全和隐私保护框架和制度建设，确保数据安全和隐私保护工作的方向一致。

1. 数据安全和隐私保护框架

图 12-2 展示了一家企业的数据安全和隐私保护框架。该框架以数据全生命周期的数据安全和隐私保护标准为基础，从安全管理、制度流程和技术工具三个维度确定基本框架和基础制度。

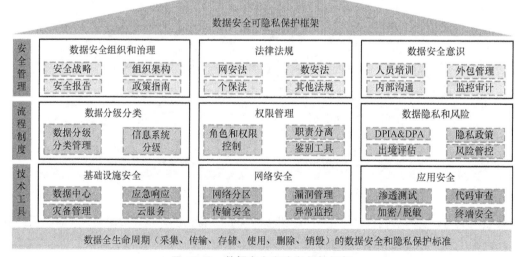

图 12-2   数据安全和隐私保护框架

（1）安全管理维度涵盖了数据安全组织和治理、法律法规和数据安全意识。
- 数据安全组织和治理包括数据安全的战略、组织架构、相关的政策指南，以及向高层领导和全体员工进行数据安全工作报告。
- 数据合规也被列入数据安全工作。所以，三个大的数据法规——《中华人民共和国网络安全法》（即网安法）、《中华人民共和国数据安全法》（即数安法）、《中华人民共和国个人信息保护法》（即个保法）——是数据安全岗位负责人工作的重点。为了更好地落实具体的工作，在企业中采用国家标准和行业标准，可以给予数据安全工作落地非常大的指导。

- 随着法律法规的发布，提升数据安全意识对更好地进行数据安全工作非常重要。数据安全不是某个人或某个部门的工作，数据安全关乎所有参与业务和运营的人员。数据安全意识提升包括对内部员工进行培训沟通，以及对第三方和外包方的安全意识进行管理。同时，要对日常工作进行固定时间的审核和监控审计，确保数据安全工作能够按照设计好的安全方案和流程切实落地。

（2）流程制度维度涵盖了数据分级分类、权限管理以及数据隐私和风险。

- 数据分级分类是数据安全治理的第一步。数据的分级分类不仅涵盖结构化的数据，还涵盖非结构化的数据，既包括信息系统中存储的数据，也包括存储于业务流程和业务文档中的数据。
- 数据安全的核心是对数据权限的管理。要本着最小够用以及基于角色的访问控制的原则，管理数据权限。
- 隐私保护是数据安全的一个重要部分，除了需要满足企业内部的数据安全要求之外，还需要满足所有适用的法律法规要求。

（3）数据安全离不开载体安全，从基础设施安全到网络安全，再到应用系统安全，都需要开展精心的设计。随着科技的进步，新的安全技术不断涌现，例如数据加密和脱敏工具、防火墙、杀毒软件和安全软件、认证和授权管理工具、入侵检测和入侵防御软件、日志管理分析工具、针对用户和实体的行为分析工具、数据防泄漏工具等。所以，CDO 以及数据安全岗位的负责人需要对新的技术工具了解和熟知，从平衡预算和风险的角度，选择最适合自己企业的技术工具。

2. 数据安全和隐私保护制度建设

在确定组织的数据安全和隐私保护框架之后，就需要落地数据安全工作。

在流程制度层面，需要建立企业统一的数据安全和隐私保护管理制度体系，明确各级部门与相关岗位数据安全工作职责，规范工作流程。

图 12-3 展示了某企业的隐私保护制度。

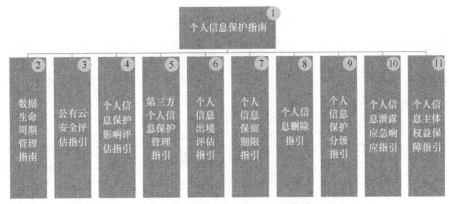

图 12-3　某企业的隐私保护制度

企业依据个人信息保护指南，开展隐私保护工作的设计和规划。个人信息保护指南包括以下内容：

- 对企业的隐私保护工作进行整体的介绍；
- 明确各部门和人员的隐私保护职责分工；

- 规定公司对个人信息处理的原则；
- 个人信息管理工作报告，包括对企业内外部监管部门的报告流程；
- 具体的个人信息处理要求，基于不同的法律法规，采用国家标准和行业标准，结合公司业务增长和风险管理需求，以数据生命周期为基础，从收集、保存、使用和处理、传输、提供和分享、公开、删除和销毁各个阶段规定对隐私保护的技术工具需求和业务流程管理需求；
- 规定对隐私保护工作进行持续监控和审核，包括独立的审计和持续的培训，以及个人信息保护负责人对个人信息保护工作的监督。

在个人信息保护指南的整体框架下，从不同的维度分别制定具体的工作落实指引。覆盖范围包括数据生命周期管理、公有云安全评估、个人信息保护影响评估、第三方个人信息保护管理、个人信息出境评估、个人信息保留期限、个人信息删除、个人信息保护分级、个人信息泄露应急响应以及个人信息主体权益保障等。

首席数据官任命的数据安全和隐私保护负责人可以根据企业的具体情况，设定符合企业的流程和制度。

12.4.3　数据安全和隐私保护之技术工具

安全工作就像一个圆，没有起点和终点，永无间隙、永无止境。没有最安全，只有更安全。随着科技的进步，各种安全和隐私保护产品层出不穷，先进的技术工具可以为企业的数据安全和隐私保护保驾护航，但是回到现实，安全工作也不能无止境地投入。所以，采取基于风险优先的数据安全和隐私保护工作实践可以平衡风险和投入。

安全是相通的，企业因为业务性质不同、经营情况不同、受到的监管不同，所面临的数据安全和隐私保护的风险也不同。

企业在过往的经营管理过程中，往往都采用了一些技术工具来实施数据安全和隐私保护，这个领域并非一片空白。首席数据官与其任命的数据安全和隐私保护负责人需要对企业面临的风险、已有的数据安全和隐私保护技术工具，以及仍需要进行的投入进行评估，以平衡风险和投入；此外，要在数据全生命周期中应用适合的安全技术工具，以应对数据全生命周期的数据安全和隐私保护的风险；通过增加人工智能安全产品的使用，可以提升数据安全和隐私保护工作的自动化支持能力，以更好地执行数据安全和隐私保护的制度流程。

企业在 IT 安全和网络安全已经做好的基础上，可以考虑使用数据安全和隐私保护领域的以下技术：加密/脱敏、监控日志、权限管理、用户实体行为分析、数据防泄漏、隐私计算等。表 12-4 给出了一些数据安全要求示例。

表 12-4　数据安全要求示例

机密性等级	数据安全要求
公开的	没有特定的 IT 安全要求
内部的	<ul><li>通过身份识别和数据访问工具 IAM（Identity Access Management），管理对系统的访问</li><li>包含数据的 IT 资产的特权访问管理，必须通过特权访问管理工具来进行</li><li>信息系统必须连接到 SIEM（Security Information and Event Management，安全信息和事件管理）系统，才能进行常规的用户活动</li><li>必须在漏洞管理工具中连接并维护信息系统</li><li>机密标签必须到位</li><li>必须具备防止数据丢失的功能，以控制公司环境之外的数据流</li></ul>

续表

机密性等级	数据安全要求
限制的	包括以上数据安全要求，此外还有 • 基于多因素身份验证的用户身份验证 • 信息系统必须连接到 SIEM 系统，才能进行详细的用户活动 • 必须具备防止数据丢失的功能，以控制公司环境之外的数据流 • 需要加密公司环境中的静态数据和传输中（内部/外部）的数据
商业机密的	包括以上数据安全要求，此外还有 • 明确地管理批准所授予的访问权限 • 必须将信息系统连接到 SIEM 系统，才能获取完整的用户活动和安全日志

1. 加密/脱敏

可以使用加密/脱敏技术在数据的采集、使用、展示、传输、存储等环节保护数据。建议使用外部密钥管理，以增强数据的安全性。另外，使用隐私锁定技术，即使管理员也无法看到或还原敏感个人数据，从而达到数据安全和隐私保护的目的。表 12-5 展示了某企业的数据加密要求，涵盖了数据加密方式、防范范围和适用场景。

表 12-5　数据加密要求示例

数据加密方式	防范范围	适用场景
应用级	恶意地直接访问数据库	必须适用于受限制数据和商业机密数据
数据库级	恶意地复制数据库文件，对数据库授权用户无效	必须在包含受限制数据和商业机密数据的数据库上启用，可以被上层加密代替
文件级	恶意地复制文件，不适合文件系统管理员和授权用户	必须在包含受限制数据和商业机密数据的文件上启用，可以被上层加密代替
磁盘级	磁盘物理损失	必须在企业物理控制之外的磁盘上启用，比如包含受限制数据和商业机密数据的磁盘，可以被上层加密代替

2. 系统日志监控

对于信息系统的日常运维操作，保留安全监控日志，使用企业日志管理软件，收集、检索和利用所有应用程序、服务器和设备生成的数据，对安全事件进行监控和预警，调查安全事件。企业必须遵守相关法律规定，确保数据安全。为了达到合规目标，企业通常会长期保留日志文件。这些来自服务器、端点和网络设备的文件，都需要在常规备份策略以外单独保存。

3. 身份识别和访问管理

根据数据安全分级，在法律和相关安全策略允许的前提下，为满足工作需要，根据最小化原则，对员工授予访问数据的适当权限。另外，要在流程上使用"四眼原则"（即至少两个人）进行决策，防止可能发生的管理员恶意破坏行为。对于数据的访问权限，要在"need to know"（知所必需）的原则上进行明确的审批管理流程。

由于传统网络安全模型逐渐失效，零信任安全日益成为新时代网络安全的新理念、新架构。为了让零信任从概念走向落地，零信任安全技术得到了更多的重视。零信任的三大核心技术是软件定义边界、身份权限管理和微隔离。

其中，身份识别和数据访问工具 IAM 可以实现用户对信息系统的访问。可以借助多因素身份验证技术对用户身份进行验证，根据用户的角色和需求控制其访问权限。对于包含数据的 IT 资产的特权访问管理，必须通过特权访问管理工具来进行。

4. 用户实体行为分析

用户实体行为分析（User and Entity Behavior Analytics，UEBA）就是根据用户和信息系统的行为数据进行建模,关注异常行为,将模型用于识别可疑的行为、潜在的威胁和可能的攻击。Gartner 对 UEBA 的定义如下：UEBA 是指提供画像以及基于各种分析方法的异常检测，通常采用基本分析方法（利用签名的规则、模式匹配、简单统计、阈值等）和高级分析方法（有监督和无监督的机器学习等），并用打包分析来评估用户和其他实体（主机、应用程序、网络、数据库等），从而发现与用户或实体标准画像或行为异常的活动有关的潜在事件。检测对象包括内部授信人员或第三方人员对系统的异常访问（用户异常），或外部攻击者绕过安全控制措施的入侵（异常用户）。UEBA 能够帮助企业精确定位数据资产安全风险较高的业务场景，帮助企业发现通过简单统计方法无法捕捉的行为异常，便于后期排查与追溯工作的开展。

5. 数据防泄露系统

数据防泄露（Data Loss Prevention，DLP）系统的主要功能就是防止指定数据和信息资产的丢失及滥用。数据防泄露系统通过包括对内容进行发现和分析在内的各种方式，防止最终用户偶然或恶意分享可能会给企业带来风险的敏感、重要和机密数据的泄露。数据防泄露系统的核心是对内容的深度识别，包括文字、代码、数字、报表、图纸和图片等。数据防泄露技术不断提升，可以利用机器学习、关联分析、密码技术、访问控制、数据标识等多种技术对此进行综合性防护。

使用数据防泄露系统对数据生命周期中的各种泄密途径进行全方位的检测防护，实现了对敏感数据泄露行为的事前发现、事中拦截及事后溯源。可以使用数据防泄露系统制定预防和发现机制，由专人对数据防泄露工具触发的报警及时进行监控，防患于未然。

例如，数据防泄露系统可以在员工外发邮件时进行检测分析，过滤关键词，识别敏感内容，对电子邮件进行阻断并通知发件人。同时，数据防泄露系统可以对违规、敏感的行为内容进行安全事件记录，并进行违规数据告警、统计和态势分析。

12.4.4　数据安全和隐私保护之人员能力培养

数据安全和隐私保护的威胁并非仅仅来自企业外部。企业内部员工或者供应商的操作失误，在数据安全和隐私保护事件中占很大的比例。

企业用户、管理员或供应商可能犯一些无害但代价高昂的错误，比如将文件复制到个人设备上，意外地将包含敏感数据的文件附加到电子邮件中，或者将机密信息发送给错误的收件人。

而企业内部员工的恶意行为更是会给数据安全和隐私保护带来很大的隐患。比如，某知名房地产中介公司的数据库信息被内部 IT 管理员恶意删除，导致公司财务系统无法登录。案发后，该 IT 管理员以破坏计算机信息系统罪，一审被判处有期徒刑 7 年。

由此可见，企业数据保护需要内外兼修，一手防外部威胁，一手抓内部管理，防止堡垒从内部被击破。

在录用重要岗位人员前，应对他们进行背景调查，看看他们是否符合相关的法律法规及合同要求。在重要岗位人员调离或终止劳动合同前，应与他们签订保密协议或竞业协议。应明确针对合作方的安全管理制度，对接触个人信息、重要数据等的人员进行审查和登记，并要求签署保密协议，定期对这些人员的行为进行安全审查。对重要岗位进行安全审查，设立专人专岗，实行职责分离，必要时设立双人双岗。

企业应建立组织层面专职的数据安全职能部门和岗位，并在设计职能岗位时考虑职责分离。在对数据安全员候选者的背景进行调查时，要包含对他们的安全专业能力的调查。

在人员管理方面，要加强数据安全意识教育和培训。应明确数据服务人力资源安全策略，明确不同岗位人员在数据生命周期各环节的工作范围和安全管控措施。

12.4.5 外包中的数据安全保护

现实中,将数据管理工作外包是非常普遍的现象,特别是政务数据的管理。外包 IT 运营会带来额外的数据安全挑战和责任。外包增加了跨组织和地理边界共担数据责任的人数。任何形式的外包都会增加企业的风险,包括失去对技术环境和组织数据使用方的控制。数据安全措施和流程必须将外包商的风险既视为外部风险,又视为内部风险。

外包行为也要进行严格的风险管理和控制,比如:签署数据处理合同,规定责任和义务;合同中要包含审计权条款,明确界定违反合同义务的后果;要关注外包商的数据安全,定期监控外包商的数据处理活动、进行数据安全检查等。

"转移控制,而非转移责任",这是我们在处理外包工作时数据安全管理的原则。数据管理工作中的任何事情皆可外包,但责任除外。

12.4.6 CRUD 和 RACI

CRUD 是英文 Create(创建)、Read(阅读)、Update(更新)、Delete(删除)的简写。有时也用 "CRUDE",其中的 E 是指 Execute(执行)。这个术语表达的是权限。

RACI 是英文 Responsible(负责者)、Accountable(审批者)、Consulted(咨询者)、Informed(知情者)的简写。这个术语表达的是责任。

在国际上,CRUD 和 RACI 一般是作为数据安全制度或者实施细则的附件而建立的两个矩阵。在我国,提这两个矩阵的并不多。这两个矩阵是数据安全和隐私保护的重要内容。

12.5 数据安全和隐私保护的事件处理

为了应对可能发生的数据安全和隐私保护事件,首席数据官与其任命的数据安全隐私保护负责人,需要做好事前的准备工作和事后的应对工作。其中,制定应急预案和确保演练是基本工作。

事前需要做好企业数据安全和隐私保护事件指引,目标是通过妥善处理信息安全事件来保护客户、员工和企业。指引可以使企业工作人员在发生信息安全事件时,能够快速、果断地采取行动,并承担采取适当行动的义务。要报告潜在的信息安全事件,并详细说明事后要采取的行动。

指引需要涵盖对于不同数据安全事件的响应和处理,如网络攻击事件、个人信息外泄事件、设备或卡片丢失事件,以及其他信息安全事件等。

在事件管理和应急响应的指引中,需要包括以下内容。

(1)安全事件发现渠道

- 数据防泄露:建立数据防泄露系统,提供数据泄露预防管理解决方案和流程,监测敏感数据,记录日志,并防止用户操作,以防止敏感数据从端点和网络传输出去。
- 审计日志:通过应用系统记录的审计日志发现潜在安全事件。所有系统都应记录审计日志,将与安全相关的必须以适当的方式记录、评估和存储的事件作为日志信息。
- 由专门负责漏洞管理的团队提供漏洞预警信息。
- 内部员工发现安全事件。
- 传统媒体、网络媒体、外部预警平台披露的企业发生的安全事件。
- 监管机构、公安部门、网络信息(简称 "网信")部门等上级单位对企业发出的安全事件告警。
- 与企业合作的第三方上报的安全事件。

- 客户投诉。

（2）建立信息安全事件响应小组

对于重大的数据安全和隐私保护事件，数据安全和隐私保护负责人应组织相关部门建立信息安全事件响应小组。信息安全事件响应小组立即采取措施，遏制数据安全和隐私保护事件，进行影响评估和原因分析，上报监管部门，告知受影响的个人以及向公司高层管理人员汇报等，并实施适当的信息安全事件解决方案。

信息安全事件响应小组涉及以下人员或部门：

- 首席数据官；
- 信息安全负责人；
- 数据安全负责人；
- 个人信息保护负责人（适用于个人信息泄露事件）；
- IT 安全部门和 IT 支持中心；
- 运营风险部；
- 合规部门；
- 相关业务部门；
- 法务部门；
- 公关部门；
- 政府事务部门。

（3）分析事件并采取事件遏制行动

- 初步分析个人信息泄露事件是否已触发监管检查或引起社会舆论。
- 事件发生后的缓解措施：是否可以采取措施立即阻断事件。
- 信息的可识别程度：信息的接收者是否可通过该信息识别特定个人。
- 信息是否已被访问：相关方是否真实访问或查看了该信息。
- 信息可能被谁访问：谁有可能访问这些信息，如可信任的合作伙伴或不可控的个人/组织等。

（4）上报监管部门，告知受影响的个人

《中华人民共和国网络安全法》《中华人民共和国数据安全法》《中华人民共和国个人信息保护法》以及其他的法律法规，如《公共互联网网络安全突发事件应急预案》《中华人民共和国刑法》《中华人民共和国计算机信息系统安全保护条例》《电信和互联网用户个人信息保护规定》等，都对发生数据安全或个人信息泄露事件的上报有相关的规定。当发生数据安全泄露事件时，应立即采取处置措施，按照规定及时告知用户并向有关主管部门报告。在网络安全应急管理体系下，当企业发生数据泄露时，是否需要上报监管部门，取决于数据泄露事件是否会对国家安全、社会公共利益造成负面影响，具体判断标准可以从核心数据、重要数据或 10 万人以上个人信息考虑。

在指引中，需要对发生数据安全和个人信息泄露事件的上报途径、方式、时间都进行详细的规定，做好应急预案检查表。在发生紧急事件时，可以根据检查表列出的内容和时间快速响应。

一般而言，如果事件有对相关个人造成重大损失的风险，则应通知受影响人。在这种情况下，及时通知个人能够帮助他们采取措施、保护自己，从而减少损失。

通知是一种重要的缓解策略，并且可能使企业以及受影响的个人受益。需要逐一考虑每起事件，以决定是否需要发出事件通知以及接收通知的人员。事件通知可能需要管理决策。一般而言，即使适当法律未就这类通知做出规定，但如果事件有对相关个人造成重大损失的风险，也应通知受影响人。在这种情况下，及时通知个人也能够帮助他们采取措施、保护自己，从而减少损失。

（5）事件后续处理及评审

处理完事件后，信息安全事件响应小组应对事件处理流程进行评审，并汇总记录此次处理事件获得的经验教训，并将这些记录存档。

根据事件再进行一次数据安全风险评估，判断是否可以采取技术措施、物理措施和组织措施，以便在未来最大程度地减少这些风险并制定预防方案。预防计划包括桌面演练测试计划和测试脚本，组织各小组定期开展应急演练，检验和完善预案，提高实战能力。应急预案演练应每年至少进行一次，以检验应急预案的正确性，不断加强人员的应急安全意识和应急响应的熟练程度。

演练形式包括但不限于桌面演练和实战演练。演练完成后，应将应急演练情况详细记录在专门的事件应急响应演练记录表中。

（6）网络风险管理保险

企业发生数据安全和隐私保护事件，会给企业带来很大的损失。为了转移风险，企业需要考虑是否选择数据安全类的保险。由专业保险公司提供的数据安全险，可以为企业提供虚拟资产数据的安全承保。用户投保后，一旦发生黑客入侵引发的数据泄露，就由保险公司提供最高赔偿。

为加快推动网络安全产业和金融服务业融合发展，工业和信息化部与国家金融监督管理总局联合印发了《关于促进网络安全保险规范健康发展的意见》，明确"网络安全保险是为网络安全风险提供保险保障的新兴险种，已日益成为转移、防范网络安全风险的重要工具"。从全球来看，网络安全保险正在成为财险保险领域的新秀产品。《2022年全球网络安全保险市场报告》显示，2021年网络安全保险市场规模为92.9亿美元，2022年约为119亿美元。

首席数据官和相关部门负责人可根据自身数据处理情况，考虑购买网络风险管理保险。

12.6 本章小结

数据安全和隐私保护及合规是首席数据官要做的一项重要工作。了解数据安全和隐私保护相关理论，在工作中将理论落地，变成切实有效的实践，为企业业务发展保驾护航，避免因为数据安全和隐私保护带来的风险，也是首席数据官及相关负责人对企业做出的重大贡献。

推荐阅读：

[1] 王安宇, 姚凯. 数据安全领域指南[M]. 北京: 电子工业出版社, 2022.

第 13 章

数据合规管理

合规在最近几年得到了越来越多的关注。许多组织甚至已经设立相关的合规官来具体管理合规业务。数据的合规一般是由首席数据官具体来最终认责的，这也是首席数据官具体工作的重要内容。

13.1　概述

13.1.1　合规

合规是对合规义务的遵守。ISO 37301: 2021《合规管理体系　要求及使用指南》（以下简称"ISO 37301"）把合规（Compliance）定义为"履行组织的全部合规义务"[①]。换言之，对合规义务的履行构成合规。"合规义务"在 ISO 37301 下被定义为"组织强制性遵守的要求，以及组织自愿选择遵守的要求。"[②]

13.1.2　合规管理

合规管理是针对合规风险所进行的管理活动，包括识别风险、评价风险与控制风险。

海恩法则是由 20 世纪 30 年代美国工业安全的先驱海因里希提出的一个经典法则。他认为，每一起造成严重损失的重大事故的背后，必然有 29 次轻微事故和 300 起未遂先兆以及 1000 个事故隐患，为了避免重大事故的发生，企业必须事先做好排查工作，从而做到防微杜渐。海恩法则用合规语言来表达就是识别、评价与控制合规风险。具体而言，为了做好合规管理工作，就要把企业所面临的风险以及引发风险的风险源一一识别出来，并在相应的评价维度下进行评价，从而得出各个风险的风险值，最后按照风险值的大小，对风险按轻重缓急进行排序并予以相应控制。合规风险的识别、评价与控制，是一家企业就其自身所面临的合规风险做好合规管理工作的基本步骤。

13.1.3　合规风险

风险是"不确定性对目标的影响[③]"。合规风险是"因未遵守组织合规义务而发生不合规的可能性及其后果[④]"。风险对于每一个行业、每一家企业都存在，但对于数据产业和企业而言，风险呈现出难以识别、难以理解、难以管控的特点。2019 年，大数据行业爆发巨大的合规风险。以某公司为例，该公司在 8 个月时间内，日均传输公民个人信息超过 1 亿 3000 万条，累计传输数据压缩后约 4000 GB，公民个人信息达数百亿条，数据量特别巨大。事发后，该公司主要领导犯侵犯公民个人信息罪，被判处有期徒刑三年，并处罚金 60 万元。此后，该公司关停了原有的产品营销

[①] ISO 37301:2021《合规管理体系　要求及使用指南》第 3.26 条。
[②] ISO 37301:2021《合规管理体系　要求及使用指南》第 3.25 条。
[③] ISO 37301:2021《合规管理体系　要求及使用指南》第 3.7 条。
[④] ISO 37301:2021《合规管理体系　要求及使用指南》第 3.24 条。

线、金融征信线，仅保留了人工智能线——其年报披露，关停原因为"合法性界限不清"。

网络与数据行业的合规风险还呈现出风险穿透的特点，相关风险可以在整个数据产业链传播，包括数据的使用方节点（如银行、金融机构、征信机构、消费金融公司、互金公司、小贷公司等）、数据的控制及加工方节点（如大数据风控供应商）、数据科技公司节点等。在风险穿透的情况下，大数据行业的"暴雷"成为互金行业监管风暴的延续，导致风控服务商无证经营、风控模型不合规、爬虫横行及非法破解被害单位的防抓取措施等风险也一一集中爆发。下面的三个案例集中展示了大数据产业链在数据获取、倒卖及使用环节爆发的侵犯公民个人信息的问题。

案例一（信息获取环节）：数据科技公司侵犯公民个人信息

2019 年 9 月 6 日，杭州西湖分局集结警力 200 余人，对涉嫌侵犯公民个人信息的某数据科技公司进行统一抓捕。共抓获涉案人员 120 余人，冻结资金 2300 余万元，勘验固定服务器 1000 余台，扣押计算机 100 多台、手机 200 余部。该涉事公司成立于 2016 年，提供精准营销模型、反欺诈、多维度用户画像、授信评分、贷后预警、催收智能运筹等全面风险管理服务。

案例二（信息买卖环节）：数据处理方侵犯公民个人信息

被告人燕某某（男，26 岁）、祁某某（男，24 岁）等通过某外包公司员工以及员工内部账号非法获取计算机信息系统数据，并经多个中间商平台，向下线人员倒卖牟利，犯罪网遍及江苏无锡、广东深圳、河南郑州、河南南阳、福建泉州、江苏常州等 5 省 6 地，涉案人员 60 余人。

在案件侦查、审查起诉阶段，针对本案案件类型新颖、涉案人员众多、证据材料庞杂等特点，法院在获知案件信息后，及时派员介入，听取案件情况汇报，引导公安机关提取电子数据，完善证据锁链。在审查起诉期间，法院严格落实司法责任制分工，充分发挥办案组职能优势，从以下 4 方面着手，确保案件顺利起诉。

一是成立办案组，确保办案精准专业。分管副检察长为办案组组长，组员包括两名员额检察官、三名检察官助理和一名书记员，统筹安排，分工协作，相互配合，加班加点，仔细审阅卷宗材料 100 多本及大量电子证据，针对案件事实、证据、定性等问题进行多次研讨，反复梳理案件材料，实现办案专业化和精细化。

二是了解专业知识，确保案件准确定性。由于此案被告人非法获取的计算机信息系统数据多为专业术语，增加了案件办理难度。法院遂积极联系该公司主管与承办检察官当面交流，了解案件涉及数据性质、公开状态以及正当渠道获取方式，为案件的顺利办理和准确定性提供了专业基础。

三是多措并举，积极做好追赃、退赃工作。此案各被告人非法获取数据后，进行倒卖牟利，非法获利数额巨大。为了做好追赃、退赃工作，法院在审查起诉阶段，积极联系各被告人、辩护人以及家属，敦促被告人积极退赃。在审查起诉阶段，督促追回赃款 130 余万元。

四是落实认罪认罚从宽制度，做好羁押必要性审查工作。在办案过程中，认真贯彻落实认罪认罚从宽制度，及时告知各被告人，对法院指控的犯罪事实没有异议且同意由法院提出量刑建议的被告人适用认罪认罚从宽制度。同时，根据各被告人犯罪情节、认罪悔罪态度以及退赃情况，对 14 名批准逮捕的被告人变更强制措施为取保候审，做到宽严相济。

案例三（数据使用环节）：数据使用方侵犯公民个人信息

北京某互动科技有限公司将从网站缓存数据库非法下载的涉及公民姓名、身份证号码、电话的数据，整理后存入新创建的数据库并导入公司的服务器供用户在该公司网站上比对查询。该公司在未获得其网站被查询身份信息本人授权的情况下，将用户查询时输入的身份信息予以缓存并写入新创建的数据库放入公司的服务器。该公司分别与某科技公司、某信息技术公司、某云计算有限公司、某信用管理有限公司签订关于身份证信息认证的协议，上述 4 家公司分别向该公司提供了一个网址外加一个密钥，并将它们编写成脚本程序放入该公司的服务器，用户利用该公司网站上的身份证实名认证和身份证照片，只要在同一认定页面上输入姓名、身份证号码、照片请求进行同一认证并付费，就可以通过编写的脚本程序进入上述 4 家公司中的一家进行查询、比对并获得反馈结果。

该公司犯侵犯公民个人信息罪，被判处罚金 40 万元；直接责任人沈某被判处有期徒刑 3 年，缓刑 4 年，并处罚金 7 万元。

13.2　合规管理的作用

合规管理的作用从前面对合规、合规管理及合规风险的介绍中可以略见端倪：通过对合规义务（包括法律法规、标准规范、内程序等）的遵从，对合规风险进行管控，把风险隐患降到最低。

降低风险隐患还可以帮助企业有效地区分单位责任和个人责任，从而避免个人责任波及企业及其治理层和管理层，为企业打造一个切实有效的金色盾牌。对此，雀巢公司员工侵犯个人信息案[案号：（2017）甘 01 刑终 89 号]很好地说明了合规的确能起到金色盾牌的作用，从而把单位责任与个人责任区分开。

2011—2013 年，雀巢（中国）有限公司（下称"雀巢公司"）西北区婴儿营养部市务经理郑某等人通过拉关系、支付好处费等手段，多次从兰州多家医院医务人员手中购买公民个人信息用于奶粉销售业务，而这些医院医务人员在收取了一些好处费后，便把他们所收集的公民个人信息出售给郑某等人。

本案一审、二审期间，被控的雀巢公司员工郑某等的辩护人提出了本案系单位犯罪，应当追究雀巢公司的刑事责任的辩护意见。如果该辩护意见成立，雀巢公司及其相关管理层高管势必被判承担刑事责任。在这个危急关头，雀巢公司向法院提交了其就个人信息保护等所做的合规管理工作。对此法院认为，根据相关证人证言、雀巢公司 DR（DR 是对目标客户进行深度挖掘与精确定位的一套方法）任务材料、雀巢公司证明、雀巢公司政策、员工行为规范等，证明雀巢公司不允许员工向医务人员支付任何资金或其他利益拓展业务，不允许员工以非法方式收集消费者个人信息，并采取了积极的合规管理措施防范合规风险的发生，包括雀巢公司要求所有营养专员（包括在案被告）接受培训并签署承诺函，以确保这些规定得到遵守。被告人郑某等人为完成工作业绩，故意违反法律法规和雀巢公司规定，通过违法手段获取公民个人信息的行为，并非出自雀巢公司的单位意志，故本案不属于单位犯罪（即雀巢公司不构成犯罪）。这个案件也被广泛称为"中国企业合规第一案"。

合规除了能够打造金色盾牌，有效地厘清单位责任和个人责任之外，还奠定了合规不起诉、合规从宽制度的基础。2021 年 6 月 3 日，最高人民检察院等 9 部门联合印发《关于建立涉案企业合规第三方监督评估机制的指导意见（试行）》（以下简称《意见》），推出合规不起诉、合规从宽制度，把合规创造价值进一步落到实处。根据《意见》，人民检察院在办理涉企犯罪案件过程中，要将第三方组织合规考察书面报告、涉案企业合规计划、定期书面报告等合规材料，作为依法做出批准或者不批准逮捕、起诉或者不起诉以及是否变更强制措施等决定，提出量刑建议或者检察建议、检察意见的重要参考。换言之，检察机关在办理公司、企业等市场主体在生产经营活动中涉及的经济犯罪、职务犯罪等案件（既包括公司、企业等实施的单位犯罪案件，也包括公司和企业实际控制人、经营管理人员、关键技术人员等实施的与生产经营活动密切相关的个人犯罪案件）时，如企业存在或承诺建立合规体系并经评估认可的，可以作为不批准逮捕、不起诉、变更强制措施、提出量刑建议等的依据。

13.3　数据合规义务和风险

13.3.1　数据合规义务

如前所述，合规是对合规义务的遵守。合规义务包括强制性的、必须遵守的要求，如法律法规，在网络和数据合规管理场景下包括《中华人民共和国网络安全法》《中华人民共和国数据安全法》《中华人民共和国个人信息保护法》《数据出境安全评估办法》等。

合规义务还包括自愿选择遵守的要求，比如标准规范（在网络和数据合规管理场景下，包括 ISO/IEC 27000 系列的信息安全管理体系标准、GB/T 35273—2020《信息安全技术　个人信息安全规范》等）及公司自身的要求（如公司就合规风险防控制定的方针政策、风控流程等）。

13.3.2　数据合规风险

如前所述，合规风险是未遵守组织合规义务而发生不合规的可能性及其后果。因此，违反上述合规义务的可能性和后果都构成合规风险。表 13-1 中有关合规义务的细分来自 ISO 37301 附录 A.4.5。因为合规风险的定义锚定了合规义务，因此合规风险的分类、命名等，也离不开合规义务，而合规风险在实务中又可以进一步归类为法律风险、舞弊风险、合同风险、操作风险等。

表 13-1　合规义务分类

合规义务分类	合规义务细分	合规义务名称	合规风险	合规风险分类
强制性的、必须遵守的要求	法律法规	《中华人民共和国网络安全法》	网络安全风险	法律风险
		《中华人民共和国数据安全法》	数据安全风险	
		《中华人民共和国个人信息保护法》	个人信息保护合规风险	
		《数据出境安全评估办法》	数据跨境安全风险	
		《中华人民共和国刑法》	侵犯公民个人信息刑事风险、拒不履行网络安全义务刑事风险等	
		其他合规义务	其他风险	
	许可、执照或其他形式的授权			
	监管机构发布的命令、条例或指南			
	法院判决或行政决定			
	条约、公约和协议			
自愿选择遵守的要求	与社会团体或非政府组织签订的协议			
	与公共权力机构和客户签订的协议			
	组织的要求，如方针和程序	如《保护公司商业秘密规定》	员工舞弊风险（私自出售个人信息）	舞弊风险

合规义务分类	合规义务细分	合规义务名称	合规风险	合规风险分类
自愿选择遵守的要求	自愿的原则或规程			
	自愿性标志或环境承诺			ESG（E 代表环境，S 代表社会，G 代表公司治理）合规风险
	与组织签署合同产生的义务			合同风险
	相关组织的和产业的标准	《信息系统安全 等级保护基本要求》等标准	等级保护违规风险	操作风险

法律风险案例：侵犯公民个人信息刑事风险

2013 年，法院裁定某合资企业非法购买个人识别信息，并对该企业处以 100 万元的罚款。由于该犯罪是单位犯罪，因此"直接负责的主管人员"和"其他直接责任人员"被判有罪，包括该企业总裁、数据和运营总监、数据经理和数据收集人员在内的 4 名员工被监禁。

该企业曾就其购买个人识别信息是否合法进行过咨询。但是，律师没有回答是否允许。相反，律师建议该企业将有关合同的标题从"信息数据采购合同"变更为"商业数据咨询和咨询合同"来减轻风险。可能是基于律师的"乐观"意见，该企业通过了一项董事会决定来连续购买隐私数据，并且这项董事会决定成为证明该事实的完美证据。该企业和其他 4 名被告人故意犯下了违反个人识别信息的罪行。

欺诈风险案例一：员工舞弊，私自出售个人信息

欺诈风险包括外部欺诈风险和内部欺诈风险。外部欺诈风险指遭受组织以外主体的恶意侵害而引发的风险，如黑客对公司的网络系统进行攻击并窃取用户数据。内部欺诈风险指公司内部员工欺诈公司而引发的风险（如系统管理员将数据库中的用户数据拿到暗网中交易以获利）。

2018 年 8 月 28 日，有卖家在网上叫卖 H 公司旗下酒店会员信息。泄露的信息字段包括姓名、手机号、邮箱、身份证号、登录账号及密码、家庭地址、生日、同房间关联号、卡号、入住时间、离开时间、房间号、消费金额等。流向黑市出售的该批数据包括 H 公司所有会员资料，约 1.23 亿条；所有入住登记的身份信息，涉及 1.3 亿人；H 公司旗下酒店所有的开房记录，详细到房间号，约 2.2 亿条记录。

欺诈风险案例二：员工舞弊，私自出售个人信息

2017 年 1 月，警方发现，有苹果公司员工涉嫌以非法手段获取苹果手机关联的公民个人信息，并在网上出售，涉案金额巨大。同年 5 月 3 日，温州市、苍南县两级公安机关抓获黎某、甘某、区某等主要犯罪嫌疑人 22 人，其中涉及苹果直销公司及苹果外包公司员工 20 人，初步查明涉案金额 5000 万元以上。据警方调查，该犯罪团伙利用苹果公司内部系统平台，非法查询苹果手机关联的手机号码、姓名、Apple ID 等信息，再将信息以每条 10 元到 180 元的价格售卖。

13.4 合规管理的主要步骤

合规管理的主要步骤包括对合规风险进行识别、评价与控制。

13.4.1 风险识别

"识别风险"与"评价风险"这两个步骤在合规标准中往往被合并为"合规风险评估"一个步骤。ISO 37301 中所明确的"合规风险评估"这个步骤，包括"识别、分析和评价其合规风险"[①]。

在国务院国有资产监督管理委员会于 2022 年 8 月 23 日公布并自 2022 年 10 月 1 日起施行的

[①] ISO 37301:2021《合规管理体系 要求及使用指南》第 4.6 条。

《中央企业合规管理办法》中，第 13 条明确了中央企业业务及职能部门承担合规管理主体责任，其主要职责之一就是建立健全本部门业务合规管理制度和流程，开展合规风险识别评估，编制风险清单和应对预案。合规风险往往通过如下路径予以识别。

1. 从合规义务识别固有风险

就如何识别合规风险，ISO 37301 第 4.6 条给出了相关路径：组织应通过将其合规义务与活动、产品、服务以及运行的相关方面关联，来识别合规风险。所以，识别合规风险的第一步往往是通过目标企业所在行业、所生产的产品或提供的服务、所采用的销售模式等，结合目标企业所适用的合规义务，来识别其固有合规风险以及风险相关要素。合规义务就像一枚硬币，如果这枚硬币的一面是合规，那么另一面就是违规。合规义务得到遵守就是合规，得不到遵守就是违规。

识别合规义务需要结合企业面临的场景，这里的场景包括企业所处的行业、环境、地域、业务模式、合作伙伴等，内部员工对此比较熟悉，同时还需要结合首席数据官的专业经验，发挥想象力。对于不熟悉环境和新设立的公司来说，后者尤为重要。

以企业的行业分类来说，除了传统我们所熟知的数据、个人信息、网络安全范围的普适性要求之外，金融行业的企业还应当关注《个人金融信息保护技术规范》，汽车行业的企业还应当关注《汽车数据安全管理若干规定》，医药健康行业的企业还应当关注《国家健康医疗大数据标准、安全和服务管理办法（试行）》《信息安全技术 健康医疗数据安全指南》等。

但仅根据行业来粗略地套用相关的规范还不够准确。例如，对于一家专注于生产汽车零配件，如车门、车架等大硬件产品的企业，虽然其属于汽车行业，但其主要面向的客户群体是经销商和汽车厂商，生产过程中也不涉及收集用户的个人信息。在这种情况下，这家企业就不用将汽车数据的有关规范作为自己的主要合规义务来进行识别和管理。

此外，合规义务还取决于组织的行为模式，最典型的例子是组织是否有数据/个人信息跨境传输的需求。对于一家设立在国内，但是产品销往境外的企业来说，数据跨境安全评估的规范，也应当作为重要的合规义务。同时，产品销往的国家/地区的法规也可能成为合规义务，比如欧洲的 *GDPR*（*General Data Protection Regulation*，《通用数据保护条例》）。

2. 从固有风险识别剩余风险

固有合规风险清单是企业或外部服务供应商识别合规风险的基础，但识别合规风险仅靠固有合规风险清单是不够的，企业还必须识别出剩余风险。剩余风险是指组织现有的合规风险处理措施无法有效控制的合规风险。剩余风险往往包括以下 3 种情况。

（1）固有合规风险清单中不存在的风险

合规的企业都是相似的，不合规的企业各有各的不同，很多重大合规风险往往并不存在于既有的固有合规风险清单中，而是需要通过访谈等措施进一步追问，从而识别出固有合规风险清单中不存在的风险。这些风险相较于固有合规风险清单中的风险往往不具有典型性，导致现有的合规风险处理措施无法有效控制，从而构成剩余风险。

（2）风险要素产生变化，从而导致风险产生变化

固有合规风险清单中的风险即使被勾选，但风险源、风险场景、责任人等风险要素未必相同。因此，这些新组合出来的合规风险往往因为其风险特征与固有合规风险清单中的风险大相径庭，使得现有的合规风险处理措施无法有效控制，从而构成剩余风险。例如，公司员工受贿风险的风险源往往是采购部门，但因为有些公司销售的产品供不应求，导致销售部门存在寻租空间，从而构成了员工受贿风险的风险源。因此，以销售部门为风险源的员工受贿风险也应当看成剩余风险。

（3）控制措施不力导致合规风险失控

由于剩余风险是指组织现有的合规风险处理措施无法有效控制的合规风险，因此在判断一个

合规风险是不是剩余风险时，还得看合规风险处理措施相对于风险敞口是否匹配，如果不匹配，那么相应的合规风险也应当纳入剩余风险中。

从固有风险识别剩余风险，是进一步识别风险控制措施是否能够有效地控制合规风险的关键步骤，也是接下来评价风险的关键步骤。换言之，识别相关风险是否存在控制措施以及控制措施是否有效、是否冗余、是否还有提升的余地，可以为风险评价打好基础。

3. 用其他风险识别方法进行验证

为了确保风险识别是充分的，还可以通过其他方法来验证我们对合规风险的识别是否完备，例如如下方法。

- **基于案例证据的方法**：包括检查表法，以及对历史案例进行辨析、评估。
- **系统性的团队方法**：一支专家团队遵循系统化的过程，通过一套结构化的提示和问题来识别风险。
- **数据统计归纳推理法**：包括危险与可操作性分析法、现金流分析法。
- **操作技术分析法**：利用各种支持性的技术来提高风险识别的准确性和完整性，包括头脑风暴、场景模拟等。
- **合规风险源间接识别法**：通过识别合规风险源（包括但不限于利益冲突、制度缺陷、技术缺陷及监控缺失）来查找合规风险。
- **合规义务梳理识别法**：通过识别梳理合规义务来逆向查找合规风险。
- **权力识别分析法**：根据权力清单在组织内部生产经营活动中的分布规律，基于岗位职责或流程环节来分析合规风险。
- **风险实证识别法**：利用公司内部及外部实际发生的风险事件的风险场景来分析公司内部是否有同样或类似的风险，以及风险发生的可能性。
- **合规义务识别法**：利用公司已经梳理好的合规义务来识别该合规义务一旦没有得到遵循会导致怎样的法律后果及其他不利后果，以及这些后果的严重程度。

在实务中，我们推荐使用风险实证识别法和合规义务识别法。

以风险实证识别法为例，我们可以利用过去已经发生的事实，比如公司内外部的案例学习、尽职调查的结果、经过核实的来自公司内外部的举报、公司内部的审计发现、公司自我检查发现的问题等，来验证已经完成的风险识别是否完备。这些过去已经发生的事实不仅来自公司内部，也可能来自公司外部，特别是同行业其他公司所触发的合规风险，往往也是该公司自身可能存在的合规风险，从而成为其风险识别的案例来源。

13.4.2　风险评价

风险评价是指企业对已经识别出来的风险，从风险源引发风险的频率、风险发生的严重程度以及风险发生的可能性三个维度进行评估，以确认合规风险的风险敞口或风险值。

1. 风险评价的目的

风险评价的目的是通过评价风险的三个维度来计量风险的风险值。在实务中，用来评价风险敞口或风险值的维度并不是一成不变的，对有些风险的评价也未必非要考虑"风险源引发风险的频率"这个维度，但基本上需要考虑"风险造成损害的严重程度"以及"风险发生的可能性"这两个维度。

风险值是风险源引发风险的频率、风险造成损害的严重程度以及风险发生的可能性的综合量值。风险值在实践中被形象地称为风险敞口，指一个风险在多大程度上会使公司暴露在风险中。形象地说，风险敞口就像一个人身上的伤口，伤口越大，给这个人带来的危险也就越大；同理，风险敞口越大，给公司带来的风险也就越大。风险评价既是一家公司对风险值予以测量的过程，也是在对众多风险进行管控时，分配人力、财力等风险管控资源的依据。

2. 风险评价的维度

风险评价的维度指的是衡量风险值的维度，通常包括风险源引发风险的频率、风险造成损害的严重程度，以及风险发生的可能性。

（1）风险源引发风险的频率

风险源隐含在公司的业务活动中，公司内部隐含的风险源的业务活动频率越高，引发风险的频率也就越高。其衡量系数可以将风险源频率大小作为取值范围，比如按照 1～6 的标准来衡量：1 或 2 代表风险源频率低；3 或 4 代表风险源频率中等；5 或 6 代表风险源频率高。

不同公司使用的衡量标准也各不相同，比如有的公司规定：

- 每年发生一两次业务活动的和每季度发生一两次业务活动的为低频；
- 每月发生一两次业务活动的为中频；
- 每月发生三次及以上业务活动的为高频。

（2）风险造成损害的严重程度

衡量风险敞口或风险值的一个重要维度就是风险造成损害的严重程度，其衡量系数也可以按照 1～6 的标准来衡量：1 或 2 代表损害严重程度小，如不会触发刑事责任、经济损失低于预先设定的阈值、给组织造成的名誉损失较小等；3 或 4 代表损害严重程度中等；5 或 6 代表损害严重程度大，如触发刑事责任、经济损失高于预先设定的阈值、给组织造成的名誉损失较大等。

对风险造成损害的严重程度的衡量标准因风险的不同而不同，并且因公司的具体性质和规模大小而异。常见的衡量标准包括但不限于以下内容：

- 是否会触发刑事责任？
- 经济损失的大、中、小阈值分别是多少？
- 给组织造成名誉损失的可能性有多大？

3. 风险发生的可能性

衡量风险敞口或风险值的另一个重要维度是风险发生的可能性，其衡量系数仍然可以按照 1～6 的标准来衡量：1 或 2 代表可能性小，如政府执法严厉程度不高、同一行业发生类似案件的情况不多、目标单位制定了完善的内控制度并严格实施等；3 或 4 代表可能性中等；5 或 6 代表可能性大，如政府执法非常严厉、同一行业发生过许多类似案件、组织内部已经有人举报、被检查单位没有制定内控制度或虽制定了内控制度却没有严格实施等。

对风险发生的可能性的衡量标准因风险的不同而不同，并且因公司的具体性质和规模大小而异。常见的衡量标准包括但不限于以下内容：

- 政府执法严厉程度；
- 同一行业发生类似案件的频率；
- 被检查单位是否制定了完善的内控制度并严格实施。

在从风险源引发风险的频率、风险造成损害的严重程度以及风险发生的可能性三个维度对风险进行评估后，就可以得到一个风险的风险值。风险敞口或风险值是把风险源引发风险频率的衡量系数乘以风险造成损害严重程度的衡量系数，再乘以风险发生可能性的衡量系数后得到的结果。风险敞口可以按照 1～216 的标准来衡量：1～8 代表风险小；9～124 代表风险中等；125～216 代表风险高。

在实务中，我们往往将表 13-2 所示的合规风险识别与评价框架作为工具来对风险进行识别与评价。

表 13-2　合规风险识别与评价框架

风险识别区				风险情况	禁止性合规义务	合规责任人		控制性合规义务	合规责任人		风险评价区			
风险代码	风险名称	风险源代码	风险源	案例案件以及其他风险实证来源	合规义务来源	第一合规责任人	第二合规责任人	合规义务来源	第一合规责任人	第二合规责任人	风险源引发风险的频率	风险造成损害的严重程度	风险发生的可能性	风险值
…	…	…	…	…	…	…	…	…	…	…	…	…	…	…

13.4.3　识别并排序合规责任人

在识别合规风险时，还必须识别出合规风险管理中的一个要素——履行合规义务的责任人，从而满足合规风险管理的精细化要求，避免合规管理职责不清、权责不分导致的互相推诿。

确定合规责任人，不仅能够帮助企业合理配置合规资源，而且能让企业对合规责任人不履行或怠于履行合规义务的后果有一个预判。如果合规责任人清楚地知道自己所需要承担的责任，合规工作的开展将事半功倍。但是，当合规责任人不清楚哪些事情该做、哪些事情不该做时，就如同身处雷区而不自知，给合规责任人和企业造成隐患。

在识别合规责任人时，可以对多个合规责任人按照他们的合规义务或潜在合规责任的大小进行排序。排序的依据是损失减少原则（loss reduction principle）。一种有效的司法体系，应该规定当分担责任的当事人很多时，要让能以最小代价减少损失的一方承担责任[①]。同理，一种有效的合规体系，应该在众多责任人分摊责任时，要让能以最小代价减少甚至避免损失的一方成为首要的合规责任人并承担主要责任。比如，管控侵犯公民个人信息刑事风险的合规责任人可能包括销售部门的主管和业务人员（他们在销售的过程中可能私下通过财物等手段购买公民个人信息）、合规总监（他们负责审查、管控侵犯公民个人信息刑事风险）、财务总监（他们负责审批费用的报销）。在这三类人中，能以最小代价减少行贿风险带来损失的一方应是销售部门的工作人员——他们践行合规诚信义务，不会购买公民个人信息，一分钱不花，合规成本最低。而其他两方合规责任人对相关风险的防控需要公司花人力、物力及财力进行审查，而且效果可能还很差（因为合规官或财务人员毕竟与商业伙伴不直接接触）。因此，销售部门的主管和业务人员应当列为首要合规责任人并承担主要责任。

按照损失减少原则等经济学原理排序合规责任人的做法，在美国的银行法律法规中得到了非常好的体现，我们对此可以学习和参考。

在美国，《借贷真实法》（*Truth in Lending Act*）规定，如果一名消费者的信用卡被非授权使用，则这名消费者的法律责任最多为 50 美元。具体来说，信用卡必须是持卡人已经接受使用的卡，非授权使用行为发生在持卡人通知发卡人之前，因为信用卡丢失、被盗或其他类似的行为，可能或已经被非授权使用。《借贷真实法》对"非授权使用"的定义，对持卡人也非常有利——非授权使用的使用人不是持卡人、使用人没有得到持卡人的真实或暗示的授权或者不存在表见代理的情况，并且持卡人没有因非授权使用而受益。换言之，《借贷真实法》将信用卡被非授权使用的风险完全放在接受信用卡作为支付手段的商家、处理信用卡支付凭证的商业银行及发卡人的头上。

在美国，借记卡适用的法律是《电子资金划拨法》（*Electronic Fund Transfer Act*）。根据该法律，消费者对于自己的借记卡被非授权使用的责任，取决于消费者何时通知金融机构自己的借记卡遗失或被盗，或何时通知金融机构某笔非授权交易。如果消费者在知悉某笔非授权交易之日起

---

① Calabresi G .The Cost of Accidents: A Legal and Economic Analysis[J].American Political Science Association, 1977, 67(4).

两个工作日内告知银行，则该消费者的损失被限定在 50 美元以内；否则，该消费者的损失可能达到 500 美元。如果在银行发出一个载有非授权交易的对账单之日起 60 天内，消费者没有向银行告知该非授权交易，则该消费者的损失将等同于非授权交易的总额。

《电子资金划拨法》规定，银行必须向消费者提供验真方法，比如身份确认密码、用书面方式告知客户其潜在的责任、消费者报告借记卡被盗或丢失的程序以及银行的工作时间，否则银行不得向客户索赔。

读者也许要问，美国法律为什么对消费者这么友善？其实，这不是对消费者是否友善的问题，而是由银行来承担信用卡诈骗、伪造和丢失所造成的损失，更符合经济学上的效率原则。银行可以在其众多的银行产品中分摊损失——损失分摊原则（loss spreading principle），促使银行加强支付系统的安全以减少损失——损失减少原则（loss reduction principle）。

损失分摊原则要求能够把损失分摊到产品或服务的价格中的一方承担损失[1]。因此，损失分摊一方应当是团体（如银行）而非个人（如个人客户），因为个人做不到把损失分摊到其他任何人身上。除分摊损失外，损失分摊方可以购买保险来转移风险。再者，损失分摊方一方面可以因损失就相关产品或服务变更或提高价格，从而持平甚至盈利；另一方面，产品或服务的购买方则通过多付一点钱的方式避开了风险。因此，损失分摊原则要求损失所造成的责任应当由金融机构而非个人消费者承担。

当众多当事人分摊责任时，一种有效的司法体系应当让能以最小代价减少损失的一方承担责任。该原则揭示了为什么美国法律要求借记卡用户，如果在规定的时间内不报告丢了借记卡或非授权款项划拨，就应承担高于 50 美元的损失——这是因为抄起电话报告损失或非授权划拨所花费的成本几乎为零。该原则还揭示了为什么美国法律规定，如果一家银行不把其电话号码告诉客户，则这家银行就不能向客户追索非授权支付、划拨所带来的损失——这是因为银行告诉客户其电话号码基本上没有成本。但是，客户在丢卡后，到处找银行电话号码的成本（还有着急上火的精神损失）则大得多。

当然，谁是最低成本承担者，或者谁应当更加小心来监督风险，或者谁的方法更能减少损失，应当是一个动态的考量过程。比如，科技创新应当是该动态考量过程中的一个重要因素。如果谁有能力创造出新的方法来降低风险控制的成本或者降低损失发生的频率，则有创新能力的一方应当承担风险。换言之，当需要在银行与消费者之间选择谁来承担风险时，银行首当其冲。按照该原则，如果法律不恰当地把风险转移到消费者头上，银行就会丧失其用创新来控制风险的动力。

因此，数据合规的义务不能完全简单地归于法律/合规部门。数据合规管理呈现专业性强且有多领域交叉的特点，合规部门往往不能独立实施数据合规的管理要求。例如，数据治理要求相关人员理解技术层面如何对数据库内容进行整合、清理，提升数据质量，还要求他们熟悉法律合规层面的要求，设计合规数据获取的知情同意流程、合规的共享数据等。因此，企业的数据合规管理，仅仅依靠传统的合规部门或 IT 部门是远远不够的。在传统的 IT 部门与合规部门之间建立常态化的联动沟通渠道，共同承担数据合规管理的第一责任，是目前企业应对数据合规要求的普遍做法。

13.4.4 风险控制

合规风险的控制是指建立"控制和程序"，管理合规义务和对应的合规风险，实现预期的行为。采取有效的控制措施确保满足合规义务，能够预防或发现不合规事件并纠正。充分而严格地设计各类、各层次的控制措施，以促进组织的活动和运行环境履行合规义务。在合理的情况下，这些控制措施应当植入企业的业务流程。

为了有效地管控合规风险，企业应当实施好图 13-1 所示的三个原则——风险的穿透管理、主动管理和联合管理。

---

① Calabresi G .The Cost of Accidents: A Legal and Economic Analysis[J].American Political Science Association, 1977, 67(4).

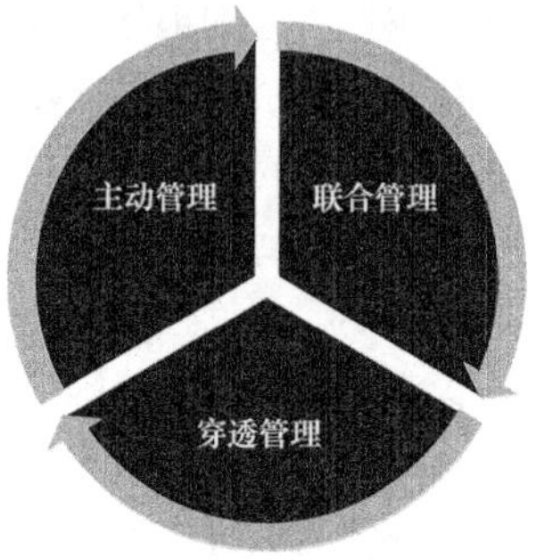

　　风险的穿透管理指不仅要关注组织自身的行为可能引发的风险，还要关注相关方可能引发的风险。相关方是指能够影响组织的某个决定或活动的个人或组织，包括供应商、客户、组织参加的行业协会、员工等。以无人汽车为例，风险识别应当关注到全产业链，其中的任何一方出现问题，都有可能导致无人汽车的设计、生产、使用环节出现问题。对于高精地图的供应商，如果地图测绘资质有问题，则基于其提供的地图建立的导航系统，就会因地图无法使用而不能正常运行。

图 13-1　合规风险的管控原则

　　风险的主动管理指组织应对风险主动出击，不能等到风险发生了才被动反应，合规应当做在前面，起到预防、治理的效果，以帮助防范风险，降低组织或个人承担责任的可能。尤其是在数智安全领域，随着技术的变更革新，新的业务模式出现的速度较快，组织应当把合规行动的节奏至少与业务发展的需求匹配起来，避免直接暴露在不合规的风险之下。

　　风险的联合管理指组织的各个部门对风险应当共同管理。通过联合管理风险，可以降低风险，减少风险的不确定性，使各方的利益最大化。

　　如前所述，基于资源的有限性，合规风险的控制应当讲究最小化限度，这是来自欧洲对 GDPR 合规的最佳实践经验。也就是说，在部署合规体系的过程中，应注意尽量减少对组织产生的影响，只采取有明确目的的措施，类比个人信息的最小必要原则。

　　以数据出境安全评估要求为例，《数据出境安全评估办法》第 4 条规定，具备一定条件/情形的组织向境外提供数据的，应向国家网信部门申报数据出境安全评估，其中主要包括数据个人信息的人次数量。由于国家网信部门对评估审核的执法力度难以预测，且流程较为复杂，对组织来说，最经济的合规做法应当是避开该合规义务。因此，对于该合规义务，组织首先应当进行识别，即确定自身处理/提供的个人信息数量具体是多少，再决定是否需要进行评估申报。

　　可通过对数据进行降重，将属于同一人的数据整合，得到相比初步统计更少的人数，也许可以降到必须申报的标准之下。也可能组织对数据条数的理解有误，法律规定的是 10 万人，而组织理解为 10 万条，在没有达到必须申报的标准的情况下进行了申报，产生了不必要的合规成本。

　　以 GDPR 的一项合规要求为例，欧盟的 GDPR 要求，在欧盟收集、处理个人信息的欧盟以外的实体，应当在欧盟境内设立数据保护官代表，以接受用户的投诉、请求。对 GDPR 的理解/适用不到位，则可能理解为要在欧盟境内各个有业务的国家均设置数据保护官代表。而事实上，在整个欧盟境内，一名数据保护官代表即可满足合规要求。对合规义务的精准理解，也是风险控制的重要基础。

　　最小化限度地控制风险并不代表一味地减少合规风险控制措施，而恰恰要求组织成体系地控制合规风险，因为体系的建立要求和指引，都是众多专业知识交叉贡献沉淀形成的，还有丰富的实践来进行检验和优化，最终通过必要且有效的各个要素组成一套完备的体系。

　　总而言之，内部控制，无论是流程、节点还是措施，不求繁多，但求有效。对此，任正非有一些非常精辟的解读。任正非在华为质量与流程 IT 管理部员工座谈会上发表讲话时，提出了"流程是为作战服务，是为多产粮食服务"的管理哲学。他指出：不产粮食的流程是多余流程，多余流程创造出来的复杂性，要逐步简化。变革和 IT 也要聚焦，减少变革项目的数量，IT 不能遍地开花。每增加一段流程，要减少两段流程；每增加一个评审点，要减少两个评审点。IT 应用投入使用后，没有使用量的要建立问责机制并问责。对于 5 年内的无效流程，能否敢于实行问责制？谁提议开发这个流程，能否追溯他的责任？如果他提议开发，一直在使用这个流程，可以赦免一半罪；如果他连自己都不使用，能否处分这个人？有人在命令高级干部看无效视频，以撑大流量，这种人应当一律免职①。

_____

① 详见文章《任正非分享华为管理方法：由繁入简》。

案例：数据治理不合规，墨迹科技 IPO 被否

墨迹科技旗下墨迹天气 App 是一款天气类 App，拥有 5.56 亿次的累计装机量。2018 年 1 月 23 日，北京墨迹风云科技股份有限公司向证监会报送《创业板首次公开发行股票招股说明书》。根据招股说明书，墨迹公司目前的主要产品为墨迹天气 App，为用户提供免费的综合气象服务，并为广告客户提供互联网广告信息服务。同时，墨迹公司未来的企业转型规划集中在结合运营积累的用户数据，逐步探索开展企业级业务，利用气象技术和个人用户端数据，为各行各业提供基于气象情况的精准运营服务，从而实现向互联网综合气象服务提供商的转型。

遗憾的是，2019 年 10 月 11 日，中国证券监督管理委员会（后称证监会）发布公告，北京墨迹风云科技股份有限公司首发申请未予通过。

在公告中，发行审核委员会提出了 4 大问题：一是许可资质存在欠缺；二是数据合规性存疑；三是广告收入的持续性存疑；四是与股东存在较多关联交易。其中第 2 条有针对性地对墨迹科技的数据治理提出了质疑。

值得注意的是，证监会的质询是从 App 治理组在 2019 年 7 月 16 日发出《关于督促 40 款存在收集使用个人信息问题的 App 运营者尽快整改的通知》开始的。

此次整改由全国信息安全标准化技术委员会、中国消费者协会、中国互联网协会、中国网络空间安全协会四部门成立的 App 专项治理工作组联合执行，对用户数量大、与民众生活密切相关的 App 隐私政策和个人信息收集使用情况进行评估。这次整改并非突击检查，而是早有预告：国家互联网信息办公室在 2019 年 1 月 25 日就发布过《关于开展 App 违法违规收集使用个人信息专项治理的公告》，公告中明确提示了 App 运营者收集使用个人信息时要严格履行《中华人民共和国网络安全法》规定的责任义务，收集信息要遵循合法、正当、必要的原则，以明示的方式取得用户同意，且不得变相强制同意等。

墨迹科技早在 2016 年就开始向证监会递交申请，在准备 IPO 的过程中，不注意合规治理，明知自己所运营的 App 用户受众极广，毫无争议地属于"用户数量大、与民众生活密切相关的 App"，仍被监管机构抓了典型，这严重暴露了企业合规意识不足的致命伤。

合规义务的识别不到位，监管机构的整改要求也应当视为合规义务，而这也恰恰是实务中最容易被忽略的。

13.5　合规管理体系及认证

ISO 37301 由 ISO/TC309 技术委员会编制，后由国际标准化组织在 2021 年 4 月 13 日发布和实施，适用于全球任何类型、规模、性质和行业的组织。作为 A 类管理体系标准，ISO 37301 标准发布后，替代了 ISO 19600:2014《合规管理体系指南》（对应的中国标准为 GB/T 35770:2017）。这两项 ISO 标准均基于相同的架构，采用了以风险导向为基础的方法，并注重整体的合规管理系统。但是，只有 ISO 37301 可以用作第三方认证的准则。

ISO 37301 规定了组织建立、运行、保持和改进合规管理体系的要求，并提供了使用指南，为各类组织提高自身的合规管理能力提供了系统化方法。ISO 37301 采用的 PDCA 理念完整覆盖了合规管理体系建立、运行、保持和改进的全流程，基于合规治理原则，为组织建立并运行合规管理体系、传播积极的合规文化提供了一整套解决方案。

13.5.1　组织环境

环境是组织赖以生存的基础。环境既包括法律法规、监管要求、行业准则、良好实践及道德标准，又涉及组织自我设定以及公开声明遵守的规则。ISO 37301 从以下 4 个方面确定了识别和分析组织环境的要求：

- 确定影响组织合规管理体系预期结果能力的内部及外部因素；
- 确定并理解相关方及其需求；
- 识别与组织的产品、服务或活动相关的合规义务，评估合规风险；
- 确定反映组织价值、战略的合规管理体系及其边界和适用范围。

13.5.2   领导作用

领导对于合规管理而言具有根本性、引领性作用。ISO 37301 对组织的治理机构、最高管理者等如何发挥领导作用做了明确规定：

- 治理机构和最高管理者应当展现出对合规管理体系的领导作用和积极承诺；
- 遵循合规治理原则；
- 培育、制定并在组织各个层面宣传合规文化；
- 制定合规方针；
- 确定治理机构和最高管理者、合规团队、管理层及员工相应的职责和权限。

首席数据官只有作为企业的领导层成员之一，才能够调动足够的公司资源和掌握权限。此外，公司的主要负责人应当担任数据合规的第一责任人，体现公司对数据合规的重视程度，这一做法已经在越来越多的指引、标准要求中得到体现。

13.5.3   策划

组织应当对企业可能面临的潜在情形及后果予以预测，并采取一定方式确保合规管理体系能够实现预期效果，防范并减少负面影响，进而持续改进工作。ISO 37301 要求企业策划以下内容：

- 在各部门及层级建立适宜的合规目标，策划实现合规目标需要建立的过程；
- 综合考虑组织内外部环境问题、合规义务和合规目标，策划应对风险和机会的措施，并将这些措施纳入合规管理体系；
- 有计划地对合规管理体系进行修改。

首席数据官是数据合规体系的负责人，应当组织企业对标最佳实践和监管要求，识别目前企业存在的合规差距，同时聚焦于制度管理以及技术措施层面。

13.5.4   支持

支持是合规管理的重要保障，公司对合规管理体系的有效支持能够使得公司的合规管理体系有效运行，ISO 37301 要求企业采取以下措施：

- 确定并提供包括财务、工作环境以及基础措施等的资源支持；
- 招聘能胜任且具备遵循合规要求的员工，设定纪律处分等纪律管理措施以规制违反合规要求的员工；
- 定期开展合规管理培训，进而提升员工合规意识；
- 开展内部与外部沟通与宣传；
- 创建、控制和维护文件化信息。

资源的调配在数据合规管理中除了传统的人员、职责安排之外，还离不开数字化信息力量的支持，拥有成熟的信息管理系统并在数字化建设上有一定投入的企业，往往在数据合规上有更好的抓手。原因在于，数据合规的管理离不开数据的良好运营，大部分合规措施依赖于信息化手段的实现，如访问权限设置、漏洞扫描、攻防演练等。因此，首席数据官应加强数字化力量的建设与投入。

13.5.5　运行

所谓运行，是指企业立足于执行层面，在对企业合规管理体系予以策划后，实施合规义务与合规战略的过程。ISO 37301 从以下 4 个方面对运行进行了规定：

- 实施为满足合规义务、合规目标所需的过程以及应当采取的措施；
- 建立实施过程的准则、控制措施，定期检查并测试对应的措施，留存相应记录；
- 建立举报程序，鼓励员工通过内部自查自纠，进而善意报告不合规事件；
- 建立调查程序，充分评估、调查、了解可疑和已发生的违反合规义务的情况。

数据合规体系的运行要求涉及大量的技术手段，因此随着技术的发展，合规管理具有相当强的时效性。在合规管理体系运行的过程中，首席数据官应重点关注行业最新动态，以保证技术手段更新及时且足够。在实践中，部分国企、事业单位等，可以通过地方政府的网络安全大队、网信部门组织的工作联络机制，获取近期的攻击事件信息等。对于其他企业，形成企业之间的数据合规管理联盟，及时分享信息，也是有效减少运行成本的做法之一。

13.5.6　绩效评价

绩效评价是对合规管理体系运行做出的有效性评价，对于反思既有评价体系以及改进后续合规管理体系具有重要意义。在绩效评价方面，ISO 37301 做了如下规定：

- 监视、分析和评价既有合规管理体系的有效性；
- 有计划地展开内部审核；
- 定期开展管理评审。

首席数据官是企业的领导层成员，应当有足够的权限将落实数据合规管理要求纳入合规绩效考核标准，并行使监督、管理职能。

13.5.7　改进

改进是指对合规管理体系运行中发生不合规的情况进行反应和评价，并决定是否予以修正，发现出现不合规的原因，进而避免再次发生或在其他地方发生，以确保企业处于动态持续有效的合规状态。

在改进方面，ISO 37301 做了如下规定：

- 企业应当持续保证合规管理体系的适用性、充分性与有效性；
- 对于已经发生的以及未发生的不合规现象，采取控制或纠正措施。

企业并非不能忍受出现不合规事件，首席数据官应重点关注系统性的不合规事件，即由于体系或机制设计不合理导致的不合规事件。举个例子，企业的用户数据管理权限与业务发展需求产生根本的矛盾，导致业务人员不违反权限要求就难以开展业务。此时，首席数据官就应当及时介入，充分收集信息，做出决策以调整合规管理体系的要求。

在实务中，企业可以在 ISO 37301 框架下，就数据合规管理建立合规管理体系并获得认证。

13.6　本章小结

本章着重讲解了合规的重要性、定义和具体操作，随后通过大量案例说明了如何识别、评估和控制合规相关的风险，最后介绍了合规管理相关的体系和认证。

第 14 章

主数据管理

主数据是打通数据孤岛的唯一办法，也是数据互联互通的基础。尽管我们经常听到有人在说"主数据已死"，但事实是，只要有数据孤岛存在，并且有业务的需要去打通这些数据孤岛，那么作为 CDO，我们就有必要做好主数据管理。

14.1 概述

主数据管理旨在对共享数据通过标准化的过程来提高数据的质量，这里有三个关键点。

（1）**共享的数据**。如果数据不需要共享，那就没必要做主数据管理。

（2）**标准化的过程**。主数据的建设是一个定标准的过程，比如物料代码的标准、员工 ID 的标准等。

（3）**提高数据的质量**。从技术的角度来讲，主数据管理的目标是提高数据的质量。其中最主要的两个质量指标是准确性（"黄金数据"）和唯一性（一物一码，一人一证）。如果一个人拥有多个身份证号码，那么这个数据就是低质量数据。

主数据是一项至关重要的数据资产，因为主数据是满足跨部门业务协同需要的、反映核心业务实体状态属性的基础信息。在数据治理中，有效地管理和利用主数据是核心任务，考虑到主数据的重要性和价值，对主数据的强调不应有任何保留。对企业来说，主数据管理是数据治理的最关键部分。事实上，主数据管理直接影响到业务的日常运行，因此对主数据的管理，包括主数据的一致性、准确性和时效性，都需要特别重视。对政府来说，主数据管理也是非常重要的。特别是公共部门，"四大基础数据库"（人口基础数据库、法人数据库、宏观经济数据库、自然资源与空间地理数据库）的建立和管理是十分关键的。"四大基础数据库"在一定程度上是国家级别的主数据。因此，将主数据管理的理念和技术应用到这些数据库的建立和维护中，会对整个社会的运行和发展产生深远影响。

主数据管理是提高数据质量和资产价值的关键环节。

14.2 主数据的定义和关键特性

主数据（Master Data，MD）是一种基础信息，这种基础信息反映了组织的核心业务实体状态属性，且必须满足跨部门业务协同的需求。相比交易数据，主数据的属性更为稳定，对准确度的要求也更高，并且需要有唯一的识别方式。

主数据的关键特性如下。

（1）**超越部门**：主数据并不仅仅局限于某个具体职能部门的数据库。主数据是各职能部门在开展业务过程中都需要的数据，是所有职能部门及其业务过程的"最大公约数据"。

（2）**超越流程**：主数据并不依赖某个具体的业务流程，但是所有主要的业务流程都需要主数据。主数据的核心在于反映对象的状态属性，不随某具体流程而改变，而是作为流程的一个稳定要素。

（3）**超越主题**：与信息工程方法论通过聚类方法选择主题数据不同，主数据是所有业务主题服务的核心信息，且不依赖特定的业务主题。

（4）**超越系统**：主数据管理系统是信息系统建设的基础，应保持相对独立。主数据管理系统服务于但高于其他业务信息系统，因此，对主数据的管理需要集中化、系统化和规范化。

（5）**超越技术**：主数据需要满足跨部门业务协同的需求，因此必须适应采用不同技术规范的各种业务系统。这就要求主数据应用一种能够为各类异构系统所兼容的技术条件。在这个意义上，面向微服务的架构为主数据的实施提供了有效的工具。

总的来说，主数据管理对于提高企业的运营效率、提升数据价值，甚至更深入地理解客户，具有十分关键的作用。

14.3　主数据类型

主数据可以进一步细分为配置型主数据和核心主数据。配置型主数据在 DAMA 知识体系中叫"参考数据"，而"核心主数据"就叫"主数据"。

配置型主数据和核心主数据（即参考数据和主数据）的最大区别在于，核心主数据需要进行大量的解析，而配置型主数据往往拿来用就可以了。

1. 配置型主数据

配置型主数据是描述业务或核心主数据属性分类的参考信息，这些数据会在整个组织内共享使用。它们通常依据国际标准、国家标准、行业标准或企业标准以及相关规范等进行定义，并在系统中一次性配置使用。例如，国家、民族、性别等规范性表述，都是配置型主数据的例子。配置型主数据的特点是相对稳定，不易变化。

2. 核心主数据

核心主数据用来描述企业核心业务实体，是企业核心业务对象、交易业务的执行主体，如产品、物资、设备、组织机构、员工、供应商、客户、会计科目等。核心主数据是企业信息系统的神经中枢，为业务运行和决策分析提供基础。核心主数据相对"固定"，变化较缓慢。

理解这两类主数据的特性有助于我们更有效地管理数据，优化业务流程，并根据业务需求灵活调整数据管理策略。

14.4　什么是主数据管理

主数据管理（Master Data Management，MDM）是由一套规则、应用程序和技术构成的系统，旨在协调和管理企业核心业务实体的数据记录。

主数据管理的主要活动如下。

（1）**理解主数据的集成需求**：明确主数据在企业各业务流程和系统中的应用场景和需求。

（2）**识别主数据的来源**：确定主数据的来源，以确保数据的可靠性和准确性。

（3）**定义和维护数据集成架构**：根据主数据的特性和需求，设计和维护一个适合的数据集成架构。

（4）**实施主数据解决方案**：选择并应用适合的主数据管理工具或系统。

（5）**定义和维护数据匹配规则**：根据业务规则和数据质量标准，设定数据匹配规则，以保证主数据的一致性。

（6）**数据清洗**：对收集到的主数据进行加工清理，以提高数据质量。

（7）**建立数据审批流程**：确保主数据的创建和变更都经过严格的审批流程，以维护数据的完整性。

（8）**实现数据同步**：确保主数据与各关联系统的数据同步，便于实时监控和更新主数据。

通过主数据管理，我们能控制主数据，使得企业能够跨系统地使用一致且共享的主数据。这样企业就可以依赖于权威数据源，获取协调一致的高质量主数据，从而降低成本和复杂度，支撑跨部门和跨系统的数据融合应用。

14.5　主数据管理面临的挑战

由于主数据具有跨业务、跨组织、跨系统的通用性，主数据管理的实践目前仍处于探索阶段。主数据管理面临着如下挑战。

- 首先是**认知的问题**。主数据的概念并未得到广泛认同，许多企业和机构对主数据管理的重视程度不够，甚至缺乏顶层设计。
- 其次是**统一性的问题**。在企业内部，各方面难以在标准和规则上达成一致，导致主数据的编码难以统一。
- 在理论上，**如何识别主数据**是一个较有挑战性的问题。目前基本取得一致意见的如下：
  ➢ 先从实体层面识别哪些是需要共享的实体，需要共享的实体一般应该作为主数据来管理；
  ➢ 而后在属性层面识别出那些重要的或相对稳定的属性作为主数据管理的内容。

然而需要共享的数据会有很多，把所有需要共享的数据都当作主数据来严格管理，无形中也给数据的灵活使用带来了障碍。

- 在实践上则是**实施难的问题**。许多企业和机构拥有众多的信息系统，其中一些可能建立于不同的时代，且标准化程度不一，这导致数据清洗和转换工作困难重重，增加了主数据集成的难度。在许多情况下，即便我们建立了数据标准，定义了"黄金数据"，在具体贯标时，也还是会受到相当大的阻力，甚至无法落地。
- 还有**数据获取的问题**。一些通用基础主数据，如行政区划、机场代码、港口代码等，往往缺乏高质量的数据来源和方便可靠的获取渠道。
- 最后是**认责机制问题**。许多人把主数据的建设和管理当作纯 IT 工作，并由 IT 部门来推进。这种认知是错误的。主数据管理必须由相应的业务部门来驱动并承担最终的责任。

以上挑战并不能阻止我们前进，因为主数据管理对于我们提升数据价值和企业运营效率，以及更深入地理解和服务客户具有不可替代的作用。我们需要找到应对这些挑战的策略和解决方案，以便更好地实施主数据管理，实现企业的数字化转型。

14.6　主数据管理的核心内容

主数据管理的核心可以概括为"两体系、一工具"，这意味着要构建一套完整的主数据管理体系，就需要考虑到主数据管理标准体系、主数据管理保障体系以及适当的主数据管理工具。

主数据管理标准体系是主数据管理工作的重中之重，涉及主数据的定义、分类、编码以及数据质量标准、数据安全及隐私规范等关键因素，必须确保企业的主数据结构化、规范化，以实现跨系统、跨部门的共享和利用。

主数据管理保障体系是保证主数据管理稳定运行的必要条件，包括主数据的生命周期管理、数据的一致性和完整性校验、主数据治理策略和流程的制定与执行，以及必要的数据安全和隐私保护措施等。

主数据管理工具是主数据管理能够有效实施的关键，其中可能包括数据整合工具、数据质量管理工具、数据审计和监控工具，以及数据生命周期管理工具等。这些工具可以帮助我们实现主数据的标准化、质量提升、安全保护及有效使用。

主数据管理的这三个组成部分互为补充、相互支持，共同构成了主数据管理的全貌。其中，主数据管理标准体系为主数据的标准化和规范化提供了基础，主数据管理保障体系保障了主数据的质量、安全和合规性，主数据管理工具则使得主数据管理能够有效地执行和落地。

14.6.1 主数据管理标准体系

主数据管理标准体系分为三大类。

- **主数据管理标准及规范**：主要包括主数据管理组织与制度规范、流程规范、应用及评价规范。
- **主数据应用标准及规范**：主要包括编码规则、分类标准、命名规范、主数据模型、提报审核指南等。
- **主数据集成服务标准及规范**：主要包括主数据格式规范、集成技术选择标准、主数据集成技术规范、主数据集成开发规范、目标、服务系统接入规范等。

主数据管理标准体系的分类具体如表 14-1 所示。

表 14-1　主数据管理标准体系的分类

类型		标准与规范	主要内容
主数据管理标准及规范		主数据管理组织规范	企业内各类主数据的管理组织架构、运营模式、角色与职责规划
		主数据管理制度规范	规定了主数据管理工作的内容、程序、章程及方法，是主数据管理人员的行为规范和准则，主要包含各种管理办法、规范、细则、手册等
		主数据管理流程规范	包括主数据业务管理流程和主数据质量管理流程，旨在保证主数据标准规范得到有效执行，实现主数据的持续性长效治理
		主数据管理应用规范	包括三部分内容：明确管理要求、实施有效的管理、强化保障服务
		主数据管理评价规范	评估、考核主数据相关责任人职责的履行情况，以及数据管理标准和数据政策的执行情况
主数据应用标准及规范	组织人事类	组织机构主数据标准	规定了组织机构主数据的技术属性、业务属性和管理属性
		人员主数据标准	规定了人员主数据的技术属性、业务属性和管理属性
	财务类	会计科目主数据标准	规定了会计科目主数据的技术属性、业务属性和管理属性
		固定资产类主数据标准	参照国际标准进行编制
		金融机构类主数据标准	参照中国人民银行下发的金融机构代码
	物资设备类	物料主数据标准	包括物料分类、物料描述、物料编码标准
		设备主数据标准	包括设备分类、设备描述、设备编码标准
	客商类	客户主数据标准	规定了客户主数据的技术属性、业务属性和管理属性
		供应商主数据标准	规定了供应商主数据的技术属性、业务属性和管理属性
	项目类	项目主数据标准	规定了项目主数据的技术属性、业务属性和管理属性
	合同类	合同主数据标准	规定了合同主数据的技术属性、业务属性和管理属性
	安健环类	安健环主数据标准	编制安健环主数据代码
	数据指标类	数据指标主数据标准	规定了数据指标主数据的技术属性、业务属性和管理属性

类型		标准与规范	主要内容
主数据应用标准及规范	通用基础类	通用基础类主数据标准	参照国家标准进行编制
	板块专用类	高速公路、轨道交通、工程设计、电力能源、房地产、财务金融等主数据标准	根据需要由各板块专业部门进行编制
主数据集成服务标准及规范		主数据格式规范	规定了参数格式、主数据类型规范、数据量约束及传输协议等
		集成技术选择标准	包括主数据集成选型标准、集成技术标准、流程集成选型标准、界面集成选型标准等
		主数据集成技术规范	包括主数据集成规范、服务集成规范、流程集成规范、界面集成规范等
		主数据集成开发规范	包括命名规范、需求规范、架构规范、设计规范、实现规范、测试规范、部署规范、管控规范等
		目标服务系统接入规范	包括普通源系统接入规范、不对外提供目标源系统接入规范、FTP/SFTP 协议源系统接入规范、单向系统接入规范、特殊源系统接入规范等

主数据管理标准体系的建设需要遵循"高层负责，机制先行""明确定位，合理规划""贴近业务，切合实际""循序渐进，成效说话"的基本原则，从而有效保证主数据管理标准体系建设符合企业业务发展的需要。

（1）**高层负责，机制先行。**主数据管理工作应得到企业高层领导的重视，并指定企业的某高层领导负责数据管理和数据标准管理工作，组织制定主数据相关管理办法。还应在企业内部建立专门的主数据管理机构或工作组，负责主数据的日常工作，并赋予管理权限和资源，同时制定主数据管理工作的考核要求。

（2）**明确定位，合理规划。**主数据标准化是企业的基础性工作，短期内较难在每个应用和业务上体现其价值。企业应从长远出发，分阶段规划数据标准管理工作，明确各阶段数据标准管理的优先级以及主要工作内容，确保数据标准管理工作的阶段性成果输出可作为下一阶段数据标准管理工作的有效输入。

（3）**贴近业务，切合实际。**企业应把握标准与业务需求的关系：标准来源于业务、服务于业务，是对业务的高度提升和总结。企业应分析业务现状，挖掘业务需求，引领业务部门广泛、深入参与，这样更易获得业务部门的认可。主数据标准应以落地实施为目的，并在国家标准、行业标准的基础上，结合现有 IT 系统的现状，以对现有生产系统的影响最小为原则编制和落地，才能确保主数据标准切实可用，让主数据标准最终回归到业务中，发挥价值。

（4）**循序渐进，成效说话。**企业根据业务需求，可以结合系统改造和新建系统的契机，选择适当的主数据标准落地范围和层次，对亟待解决的标准问题进行落地。同时，还应及时总结主数据标准给企业带来的价值和成效。

14.6.2　主数据管理保障体系

主数据管理需要有配套的管理保障体系保驾护航，通过主数据管理组织进行统一领导，确定主数据指导思想、目标和任务，协调解决与主数据管理相关的重大问题。还需要数据标准化的归口管理部门，负责标准化的统一规划和综合管理。业务组由相关事业部和职能部门组成，并通过配套主数据相关制度、流程、应用管理和评价为主数据管理保驾护航。主数据管理保障体系包括主数据管理组织、主数据管理制度、主数据管理流程、主数据应用管理、主数据管理评价 5 部分。

1. 主数据管理组织

主数据管理组织主要包括企业内各类主数据的管理组织架构、运营模式、角色与职责规划，旨在通过组织体系规划建立明确的主数据管理机构和组织体系，落实各级部门的职责和可持续的主数据管理组织与人员。

典型的主数据管理组织主要包含以下三层。

（1）**决策层**：设立主数据领导小组，一般由企事业单位信息化领导小组成员组成，对主数据标准化工作进行统一领导，确定指导思想、目标和任务，协调解决标准化相关的重大问题。

（2）**管理层**：在主数据领导小组的统一领导下，按照"归口管理，分工负责"的原则，设立主数据联合工作组。主数据联合工作组为常设组织，主要由主数据标准化办公室、业务组和技术组共同组成。

- **主数据标准化办公室**设在数据部门，数据部门是主数据标准化的归口管理部门，负责主数据标准化的统一规划、综合管理，还负责监督、检查、统一发布主数据标准，以及负责主数据标准的培训、宣贯等工作。
- **业务组**由职能部门相关业务专业人员组成，负责主数据标准的需求收集、标准制定、标准审核、应用情况监督、检查等工作。
- **技术组**由数据部门技术人员组成，负责日常运维和技术支持，并与业务组一起负责提出主数据标准如何修订的技术方案，还负责主数据标准在各业务系统中的应用和贯标。

（3）**执行层**：执行层由企业总部和下属企业专职及兼职主数据管理员组成，负责主数据标准在本单位的贯彻落实、应用检查工作，还负责本单位主数据需求的收集、审核、提报工作，以及本单位主数据标准的培训、宣贯和日常维护等工作。

2. 主数据管理制度

主数据管理制度规定了主数据管理工作的内容、程序、章程及方法，是主数据管理人员的行为规范和准则，主要包含各种管理办法、规范、细则、手册等。

可参考的主数据管理制度主要如下：

- 《主数据管理办法》；
- 《主数据标准规范》；
- 《主数据提案指南》；
- 《主数据维护细则》；
- 《主数据管理工具操作手册》。

3. 主数据管理流程

主数据管理流程是提升主数据质量的重要保障，旨在通过梳理数据维护及管理流程，建立符合企业实际应用的管理流程，保证主数据标准得到有效施行，实现主数据的持续性长效治理。主数据管理流程既可以以管理制度的方式存在，也可以直接嵌入主数据管理工具中。

主数据管理流程主要包含以下三方面的内容。

（1）**主数据业务管理流程**：对主数据的申请、校验、审核、发布、变更、冻结、归档等进行全生命周期管理，满足主数据在企业深入应用的不同管理需求。

（2）**主数据标准管理流程**：通过对主数据标准的分析、制定、审核、发布、应用与反馈等流程进行设计，保证主数据标准的科学、有效、适用。

（3）**主数据质量管理流程**：对主数据的创建、变更、冻结、归档等业务过程进行质量管理，设计数据质量评价体系，实现数据质量的量化考核，保障主数据的安全、可靠。

4. 主数据应用管理

主数据应用管理是保障主数据落地和数据质量非常重要的一环。主数据应用管理主要包含三部分内容：明确管理要求、实施有效管理、强化服务保障。

（1）明确管理要求：制定主数据应用管理制度规范，对主数据的应用范围、应用规则、管理要求和考核标准做出明确规定，并以此为依据，对主数据应用进行有效管理。

- **应用范围**：对每一类主数据都要有适用范围的规定，具体应用时必须按照适用范围来执行，对应用中出现的不适用情况要有应对机制。
- **应用规则**：包括数据同步规则、代码映射、归并和转换规则、异常处理规则等，对代码映射、归并和转换规则要有相应的元数据定义和记录。
- **管理要求**：包括管理岗位和职责、管理流程、管理指标和考核要求。
- **考核标准**：规定主数据应用考核标准，包括覆盖度、准确度、及时性、有效性、安全性等。

（2）**实施有效管理**：主数据应用点多、面广、线长，管理难度很大，要实施有效管理，就必须有健全的制度和可行的手段，在关键控制节点实施重点管理。

- **加强宣讲和引导**，通过业务主管部门落实好管理职责，要分工明确，责任到人，强化岗位责任制和考核管理，不能有管理死角。
- **对信息系统建设项目实施主数据专项评审**，确保信息系统在主数据应用方面符合管理要求。
- **实施主数据核验**，对业务环节涉及的主数据进行全面核查，确保主数据在业务环节被有效使用，如有违规，进行必要的处罚。

（3）**强化服务保障**：依靠便捷、可靠的主数据服务为主数据应用提供保障，包括主数据查询、主数据同步、主数据申请和主数据调用。有条件的单位可将主数据服务深入业务流程，从业务端发起请求，驱动主数据管理和服务，形成管理和应用的有机协同。

5. 主数据管理评价

主数据管理评价用来评估及考核主数据相关责任人职责的履行情况及数据管理标准和数据政策的执行情况，通过建立定性或定量的主数据管理评价考核指标，加强企业对主数据管理相关责任、标准与政策执行的掌控能力。

主数据管理评价指标可从管理标准、数据认责和数据政策三个角度来考虑，由数据所有人与数据认责人共同确定，定义一系列的衡量指标和规则，一方面落实和检查主数据的应用情况，另一方面考察和评估主数据管理、主数据标准、主数据质量的执行情况。

14.6.3　主数据管理工具

主数据管理工具用来定义、管理和共享企业的主数据信息，可通过数据整合工具（如 ETL）或专门的主数据管理工具来实施主数据管理，以使企业具备企业级主数据存储、整合、清洗、监管及分发 5 大功能，并保证这些主数据在各个信息系统间的准确性、一致性和完整性。

在企业信息化建设过程中，主数据建设已经越来越多地受到管理者的重视。主数据的集中管理为我们在企业层面整合及共享系统中的数据提供了关键的基础支持。因此，构建主数据标准化体系、建立主数据交互和共享标准、实现主数据全生命周期管理，已经成为提高企业信息化建设效益、改善业务数据质量，以及在高端决策上为企业提供强有力支持的重要途径。

主数据全生命周期管理的理念和应用全面改变了原有主数据管理流程不规范、平台不统一、依靠人工校验的问题，实现了从分散到集成、从局部到全局、从手工非专业到专业自动化流程管理的转变，不仅大幅提高了数据处理的效率，还提高了主数据应用的唯一性、准确性和规范性。

主数据管理工具是主数据全生命周期管理的平台，也是主数据标准、运维体系落地的重要保障,如图 14-1 所示。对于主数据管理工具来说,需要提供以下功能。

- 主数据管理门户、主数据维护、主数据质量管理、主数据清洗、统计报表、主数据交换、智能化组件(包含智能搜索、智能推荐、智能匹配与拆分、智能纠错、智能查重、智能清洗)、主数据模型管理以及主数据安全等。
- 提供主数据的建立、审批、查询、修改等功能,以及提供主数据系统与其他系统的"接口通道",还要能够将主数据同步传递到数据消费系统。

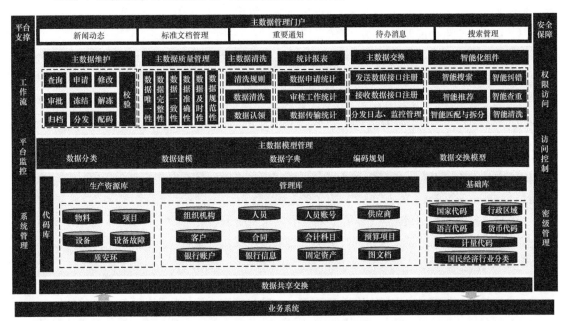

图 14-1 主数据管理工具的功能

主数据管理工具是企业主数据项目建设成功的重要保障,建议企业选择应用成熟、经验丰富的厂商提供的主数据管理工具。

1. 主数据管理工具的核心功能

主数据管理工具的核心功能包含主数据提取整合管理、主数据查询管理、主数据模型管理、主数据质量管理、主数据全生命周期管理、主数据分发与共享、智能搜索、智能推荐、智能匹配与拆分、智能纠错、智能查重、智能清洗等。

(1)主数据提取整合管理

主数据管理工具能够实现主数据整合、清洗、校验、合并等功能,根据企业主数据标准、业务规则和主数据质量标准对收集到的主数据进行加工和处理,用于提取分散在各个支撑系统中的主数据,并将它们集中到主数据存储库,合并和维护唯一、完整、准确的主数据信息。

(2)主数据查询管理

主数据管理工具能够实现标准查询功能和模糊查询功能。用户可以实时查询主数据的所有信息,包括申请、审批、明细属性、变更历史、分发历史、数据分发接口日志等,并按照不同的需求进行查询、下载和打印。同时,主数据管理工具还提供便捷查询和高级查询,支持保存查询条件作为共用检索,实现个性化查询定义。

(3)主数据模型管理

主数据模型管理旨在从模块化、功能化角度管理主数据模型和主数据的数据结构,实现对主数据属性数据元、数据约束条件、校验规则、编码规则等方面的定义与管理。主数据模型管理的主要功能包括管理主数据模型的创建申请、审批和变更申请、审批过程管理、属性数据元的定义与管理、主数据编码生成方式的定义与管理，以及管理各种主数据属性数据元的校验规则和约束条件等。

（4）主数据质量管理

主数据质量管理旨在对主数据的创建、变更、冻结、归档等业务过程进行管理，通过建立数据质量检核规则体系，对数据的完整性、唯一性、有效性、一致性、准确性和及时性进行监督检查，实现数据质量的量化考核，保障主数据的安全、可靠。

（5）主数据全生命周期管理

在完成"主数据模型"的实体创建后，由业务管理流程生成相应的实例化业务功能。主数据管理工具应提供数据申请、初始校验、编码审核、数据校验、数据生成、数据分发 6 大功能，并提供数据清洗、变更、维护、停用、归档、注销、统计分析等功能，支持对企业主数据的操作维护，包括主数据的申请与校验、审批、变更、冻结/解冻、发布、归档等全生命周期管理。

（6）主数据分发与共享

主数据管理工具能够实现主数据对外查询和分发服务，前者用于在其他系统发出针对主数据的实时响应类查询请求时，返回所需数据；后者则用于提供批量数据分发服务，一般采用企业服务总线（Enterprise Service Bus，ESB）的实现方式。

主数据分发与共享通过数据中间件，根据预定义的分发服务、参数、服务描述、分发频率，向目标业务系统进行主数据分发，同时自动创建数据分发同步日志，通过抽取规则的配置实现从业务系统中采集主数据。

应用系统与主数据管理系统间的交互包括以下两方面。

- 数据接收，即其他业务系统作为数据源，主数据管理系统接收业务系统发送的数据。
- 数据分发，即主数据管理系统作为数据源，业务系统接收主数据管理系统发送的数据。

主数据分发与共享是实现主数据同步和主数据一致性应用集成的关键过程。主数据分发与共享需要支持分发目标系统、分发频率、分发数据范围、数据同步规则等自定义功能，要能够实现分发日志的自动跟踪和记录，还要能够支持多种分发模式和分发数据协议，并支持异常处理，如设定分发失败后的数据重发处理机制，实现全面的数据监控管理，保证主数据在多异构系统之间的完整性和一致性。

（7）智能搜索

智能搜索是通过人工智能技术实现的新一代搜索引擎，它使得用户通过输入关键字或关键词就能够进行快速检索和相关度排序。智能搜索在主数据管理工具中的应用以"简单化、便捷化、个性化"为理念，为用户提供检索服务。

- 智能搜索以模糊搜索功能为核心，用户无须输入精确的关键字，即可实现信息的快速检索。
- 智能搜索以领域字典为保障，用户可针对每类主数据的特点建立数据字典，提供高质量的搜索服务。
- 智能搜索以扩展联想功能为创新，支持同义词、同音词和拼音搜索，提供精细化的搜索服务。

（8）智能推荐

智能推荐通过埋点技术，获取不同用户查询及浏览的行为数据，对用户的搜索偏好进行记录，分析用户查询习惯，实现搜索结果智能排序和智能推荐。

智能推荐在主数据管理工具中的具体应用原理如下。

- 通过对用户行为数据和内容数据进行采集分析，运用数据清洗、数据归并和数据标注手段进一步整理数据。

- 结合采集、整理的数据进行分析，计算形成用户画像体系。
- 采用知识图谱、隐语义、矩阵分解、聚类算法、机器学习等新一代人工智能算法，为平台定制化开发提供技术支撑。
- 在主数据管理平台上定制化开发数据服务接口，为各业务系统提供数据服务。

智能推荐通过人工智能技术实现了对用户端，按照用户偏好、推荐、热点、业务专属、发现等进行智能推送。

（9）智能匹配与拆分

智能匹配指的是系统通过用户输入的关键词信息，智能匹配主数据所属的类别和模板，选择相似度最高的匹配数据，从而在较大程度上缩短查找和匹配时间。

智能拆分指的是系统通过自然语言处理技术，识别物料描述中每一个字段的含义，并按照特征量进行智能化拆分。

（10）智能纠错

智能纠错是指通过系统自动识别非标准信息，并进行错误信息预警和错误属性定位。系统可自动完成对错误信息的纠正，输出标准化数据，提升纠错效率。

错误信息预警是指在进行信息审核时，如果出现非标属性的情况，就自动对数据进行红色预警标注，以便审核人更加直观地发现非标数据。

错误属性定位是指针对出现错误的信息，进一步定位到具体的错误属性位置。对于出错的属性位置，将出现感叹号提示并显示错误类型。

（11）智能查重

智能查重是指通过系统自动检查重复率较高的数据，依照查重算法和相似度算法进行检查。

查重算法旨在构建基于物资等场景下的复杂主数据的同义词典，实现高效、准确的同义词识别，并通过混合算法全面提升重复识别的准确率与成功率。

相似度算法旨在通过编辑距离、夹角余弦值等来判断数据的相似度。

（12）智能清洗

智能清洗是指对批量导入的数据使用 AI 模型进行分析，并对存量主数据与增量主数据进行相似度对比，对于未识别出的非标数据，先由人工进行补充和修改，再通过 AI 算法进一步提高识别率，形成数据标准并提供纠错反馈，提醒用户正确值及报错原因，便于用户记录及反馈。

2. 主数据管理工具的核心组件

主数据管理工具除提供上述核心功能支撑外，还应配备必不可少的功能组件，使主数据管理更全面、更准确、更唯一。主数据管理工具的核心组件主要包括主数据分析功能、主数据清洗功能、主数据归档功能和主数据报表功能。

（1）主数据分析功能

主数据分析功能可以实现对主数据的变更情况进行监控，为主数据系统管理员提供主数据分析、优化、统计、比较等功能。

（2）主数据清洗功能

主数据清洗功能支持数据清洗的策略配置，能通过相似度查询辅助数据清洗操作过程，支持清洗数据与正式库中的数据建立关联关系，还支持清洗历史的数据查询和跟踪。

（3）主数据归档功能

主数据归档是指以物理方式将主数据系统中具有较低业务价值的主数据迁移到更适合、更经济、更高效的历史库中。因此，在主数据管理系统中，对于不再使用或无法满足业务需求的主数据，可以实现归档及核销处理，并根据业务制定的归档规则对主数据进行归档。归档后的主数据不能更改，但可以查询和调用。同时，主数据管理系统还支持定期对日志信息进行归档以及进行多种归档信息的查询。

（4）主数据报表功能

除了简单的查询功能，用户还可以按照申请单中的列表项对主数据进行过滤、排序、查询和统计，根据用户需求，生成各种统计报表，供用户查询分析。同时，主数据管理工具还提供了开放功能供用户自定义报表，用于个性化的查询分析。

根据统计方式，报表可以分为主数据信息统计报表、主数据提报审核统计报表和主数据分发情况统计报表。

- **主数据信息统计报表**主要统计系统中维护的主数据情况，统计内容包括主数据的类型、每种类型的数量以及每种类型对应的明细信息。
- **主数据提报审核统计报表**主要统计系统中主数据的提报审核情况，统计内容包括根据时间段查询数据的提报数量、审核完成数量、待审核数量、回退数量，以及每种类型对应的明细信息。
- **主数据分发情况统计报表**主要统计系统中的主数据分发其他应用系统的情况，统计内容包括分发的主数据类型、每种类型分发的数量、分发成功的数量、分发失败的数量等。

14.7　主数据管理的价值

主数据管理在企业信息化战略中既处于核心地位，又处于基础支撑地位，旨在确保目标系统数据的一致性和唯一性。

主数据管理的价值如下。

（1）消除数据冗余：不同部门按照自身需求获取数据，容易造成数据重复存储，形成数据冗余。而主数据管理能够打通各业务链条，统一数据语言和数据标准，实现数据共享，最大化地消除数据冗余。

（2）提升数据处理效率：各部门对数据定义不一样，不同版本的数据不一致，一个核心主体有多个版本的信息等，导致需要付出大量的人力及时间成本来整理和统一。通过主数据管理，可以实现数据的动态自动整理、复制，减少人工整理数据的时间和工作量。

（3）提高企业战略协同力：通过主数据的一次录入、多次引用，避免了一个主数据在多个部门和业务线重复录入。数据作为企业内部经营分析、决策支撑的"通行语音"，在实现多个部门统一后，有助于打通部门、系统壁垒，实现信息集成与共享，提高企业整体的战略协同力。

（4）提高数据质量：通过主数据管理，可以确保数据的准确性、完整性、及时性和一致性，进而提高数据的质量。高质量的数据是进行精确决策的基础，同时也是提高企业竞争力的关键。

（5）支持合规性：主数据管理有助于企业满足各种法规要求，如数据隐私法规、行业标准等。通过主数据管理，企业可以更好地追踪和控制数据的使用，确保数据符合所有相关的法律法规和标准。

（6）支持企业变革：企业经常会面临各种业务变革，如合并和收购、业务扩展、新市场进入等。在这些情况下，主数据管理可以帮助企业快速整合和重新组织数据，以适应新的业务需求。

14.8　主数据管理的实施方法

在推行主数据管理的过程中，实施仅仅是开始，真正重要的是能够持续且有效地进行运营和管理。首先，我们需要创建强大的组织保障和规范性支持，以形成一种以数据标准化和规范化为中心的管理模式。接下来，我们必须不断地进行推广和培训，以确保主数据的标准化理念能深深植根于每一个用户的心中。规范化的主数据是企业进行数字化转型的基石，也是管理企业数据资产的关键要素，只有这样，我们才能让数据真正变成企业管理中的高价值资产。

14.8.1　实施方法及内容

主数据管理的实施以主数据规划为切入点，通过了解企业主数据管理现状，制定符合企业实际业务发展的规划设计方案，结合规划设计方案指导各项工作有序推进。

主数据管理实施的具体内容主要包括成立主数据管理组织、开展主数据管理现状调研、识别主数据、编制主数据管理办法、制定主数据标准及维护细则、建立主数据代码库、搭建主数据管理平台、系统集成接口开发及上线、应用推广及培训宣贯、持续运维等。制定主数据标准是基础，制定各项制度标准以规范主数据代码是过程，搭建主数据管理平台是技术手段，推广宣贯和建立持续有效的运维体系是前提和保障，如图14-2所示。

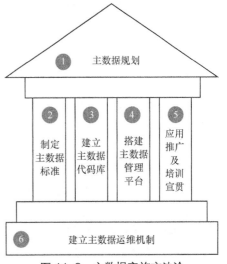

图 14-2　主数据实施方法论

1. 主数据规划

主数据规划的具体内容包括建立企业级的主数据管理组织架构、形成主数据管理组织体系以及明确主数据管理制度流程等，企业应结合实际业务情况，并运用方法论来制定主数据整体实施路线图。

主数据管理组织架构是主数据管理体系建设的基础，也是保障企业主数据长效运行管理、各项制度规范落地实施、技术工具持续运行的基础，建立企业级的主数据管理组织架构是支撑企业实现主数据管理体系建设的根本途径。

主数据管理组织体系主要包括企业各类主数据管理的组织分工、岗位角色、职责规划和运营模式。由于主数据管理工作的重要性和复杂性，通常主数据管理组织体系应该自上而下形成专业化且各司其职的团队，并在企业内部形成顺畅的沟通、协商、合作机制。只有建立、健全主数据管理组织体系，并充分配合主数据管理制度流程，才能有效地开展主数据管理的日常工作。

主数据管理制度流程旨在规定主数据管理工作的内容、程序、流程及方法，既是进行主数据管理活动的行为规范和准则，也是主数据治理工作常态化稳步推进的重要保障。通过制定主数据管理办法来明确主数据管理的制度规范和管理流程，明确各类主数据牵头部门及其工作职责，能够最大程度地约束岗位职责、执行力度，使主数据管理工作有法可依、有据可循，持续提升企业的主数据管理水平。

2. 制定主数据标准

主数据标准管理旨在确定数据范围，并与业务部门共同制定主数据标准。主数据标准的内容包括确定分类规范、编码结构、数据模型、属性描述等。制定主数据标准既是保障主数据管理工具开发运维，实现系统间数据共享的前提，也是主数据管理组织及流程顺利开展的关键。

制定主数据标准一般遵循可扩充性、简明性、适用性、兼容性等相关原则，既要满足当前应用系统的需求，又要考虑未来信息系统发展的需求。此外，制定主数据标准还应根据业务需求的紧急程度分期进行。

主数据标准化的核心是管理。因此，主数据标准的管理需要企业建立数据标准管理组织，针对企业范围内的各类数据，制定符合企业业务需求及未来发展趋势的数据标准，并保证在各部门、各应用系统中得到正确、及时的执行与应用。同时，根据业务的不断变化与发展，企业的数据标准管理组织需要同步维护数据标准并应用到各部门和应用系统，以适应最新的业务发展变化，保证与业务目标的一致性。

3. 建立主数据代码库

主数据代码库的建立是一个基于发布的主数据标准，形成标准代码库的过程。一般来说，可以通过建立主数据代码库来收集企业库存及在途业务的数据，并梳理分析数据中存在的错误和不一致情况，对零散、重复、缺失、错误、废弃等原始数据，分别从数据的完整性、规范性、一致性、准确性、唯一性及关联性等多个维度，使用系统校验、查重及人工比对、筛查、核实等多种手段对主数据代码的质量进行多轮检查，按照主数据标准对历史数据进行数据检查、数据降重、数据编码、数据加载等清洗处理，形成标准的主数据代码库。

4. 搭建主数据管理平台

主数据管理平台可以为主数据的管理提供技术支撑，全面保障系统内的主数据符合标准，提高主数据质量，提供主数据服务，保障主数据共享，实现主数据标准文本发布、主数据全生命周期管理等功能。

搭建主数据管理平台的步骤如下。

首先，了解需求并充分调研企业各类主数据管理现状，梳理关键业务流程，分析核心领域的主数据管理需求，并从企业业务管理和信息化系统层面进行主数据管理需求调研。

然后，对掌握的需求进行汇总，并在对比主数据管理工具标准功能的基础上进行客户定制化开发，编制系统需求规格说明书。

最后，结合系统需求规格说明书，在主数据管理平台标准功能的基础上进行客户定制化开发，并按照与其他信息系统的集成方案开发系统接口。

在系统功能和性能方面，进行系统的相关测试，确保满足使用需求。

5. 应用推广及培训宣贯

主数据的应用推广直接关系各信息系统互联互通的实现，通过应用推广可以扩大主数据标准的应用范围，实现主数据的统一编码、统一描述、统一维护、统一应用，建立起规范、可靠的主数据代码库，为信息系统间数据共享打下良好的基础。

主数据的培训宣贯可以极大提高用户对主数据操作的熟练程度，进而提升主数据管理质量。

6. 建立主数据运维机制

主数据管理平台上线运行后，需要在业务层面和技术层面继续提供后续支持保障。

- 成立主数据标准化运维组织，明确各岗位职责。
- 通过建立统一的主数据运营机制，针对不同主数据类型配备维护人员和审核人员。
- 按照数据维护和审核流程，对主数据的创建、审核、启用、修改、停用、废止等全生命周期进行严格管理，确保主数据的质量和时效性，为企业各方面的应用提供准确可靠的主数据。
- 结合企业实际情况制定主数据管理制度、主数据管理流程及主数据管理维护细则等，建立企业运维体系，为主数据的长效规范运行奠定坚实基础。

14.8.2   实施要点

1. 实施过程

主数据的实施过程通常包括 7 个重要的阶段，它们分别是项目准备、现状调研与分析、构建标准体系、搭建主数据平台、数据清洗、系统集成及上线、建立运维体系，如图 14-3 所示。

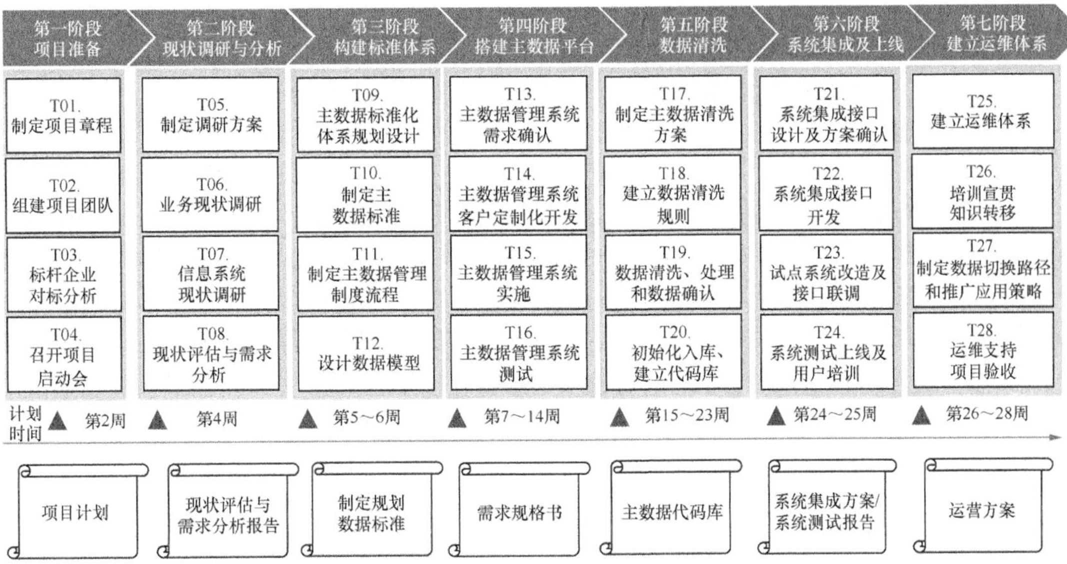

第一阶段 项目准备	第二阶段 现状调研与分析	第三阶段 构建标准体系	第四阶段 搭建主数据平台	第五阶段 数据清洗	第六阶段 系统集成及上线	第七阶段 建立运维体系
T01. 制定项目章程	T05. 制定调研方案	T09. 主数据标准化体系规划设计	T13. 主数据管理系统需求确认	T17. 制定主数据清洗方案	T21. 系统集成接口设计及方案确认	T25. 建立运维体系
T02. 组建项目团队	T06. 业务现状调研	T10. 制定主数据标准	T14. 主数据管理系统客户定制化开发	T18. 建立数据清洗规则	T22. 系统集成接口开发	T26. 培训宣贯知识转移
T03. 标杆企业对标分析	T07. 信息系统现状调研	T11. 制定主数据管理制度流程	T15. 主数据管理系统实施	T19. 数据清洗、处理和数据确认	T23. 试点系统改造及接口联调	T27. 制定数据切换路径和推广应用策略
T04. 召开项目启动会	T08. 现状评估与需求分析	T12. 设计数据模型	T16. 主数据管理系统测试	T20. 初始化入库、建立代码库	T24. 系统测试上线及用户培训	T28. 运维支持项目验收

计划时间	▲ 第2周	▲ 第4周	▲ 第5~6周	▲ 第7~14周	▲ 第15~23周	▲ 第24~25周	▲ 第26~28周

项目计划	现状评估与需求分析报告	制定规划数据标准	需求规格书	主数据代码库	系统集成方案/系统测试报告	运营方案

图 14-3　主数据的实施过程

　　构建标准体系是主数据实施的基础，旨在通过主数据标准制度有效规范主数据的维护和应用。

　　搭建主数据平台是确保主数据统一管理的技术手段，应对各类主数据管理方式制定落地方案，并充分考虑各类主数据管理的特性及要求。

　　运维体系贯穿于主数据全生命周期管理，运维体系要保障主数据管理组织和主数据管理流程的持续、有效运行，并制定考核机制，定期对主数据使用情况、主数据标准应用情况等进行监督考核。

2. 关键阶段

　　主数据实施过程中的关键阶段有 5 个，分别是现状调研与分析、构建标准体系、数据清洗、系统集成及上线，以及建立运维体系。

　　（1）**现状调研与分析**是主数据实施过程中的必要环节，要在理解企业信息化整体规划的基础上，通过制定和落地高效的调研方案（包括调研计划、访谈提纲及调研问卷等），对企业的关键业务、信息化系统和关键用户等进行充分调研，并收集与主数据相关的资料。通过调研，可以充分了解企业主数据管理组织、管理制度、管理流程、管理工具及主数据使用情况，并根据现状进行差异化分析，发现企业主数据管理需求，最终编写现状评估与需求分析报告。现状调研与分析为主数据标准体系构建、主数据平台搭建、数据清洗、系统集成及上线等奠定了基础。

　　（2）**构建标准体系**是保障主数据管理落地实施的基础，具体包括主数据标准体系规划设计和主数据标准制定。可通过开展主数据标准管理现状调研，梳理相关管理流程，对标业内标杆企业实践案例，收集归纳关键业务领域的主数据管理需求，来开展主数据标准体系规划设计和主数据标准制定工作。主数据标准制定需要确定标准制定范围，根据各类主数据的特点并结合企业实际情况，与相关业务部门共同讨论制定满足企业应用需求的主数据标准。主数据标准包括业务标准（编码规则、分类规则、描述规则、提报指南）和主数据模型标准。

　　（3）**数据清洗**是主数据实施过程中的重中之重，主要工作内容包括数据采集、进行数据清洗、数据导入三方面。

　　● 数据采集是进行数据清洗的基础，在采集之前，应说明关键字段的含义、系统使用原理及其与源系统数据的对应关系，然后通过业务系统自动导出或利用数据采集工具获取所需要的数据。

- 在进行数据清洗时，最主要的工作是制定数据清洗方案，建立数据清洗规则和标准，并根据主数据标准对历史主数据进行清洗、排重、合并、编码，以提高数据质量。
- 数据清洗完成后，可通过手工导入、工具导入、调用系统接口或系统专用的导入工具进行数据入库，最终形成一套规范、可信任的主数据代码库，建立整体的标准代码库。

（4）**系统集成及上线**是主数据平台正式投入运行的关键阶段，通过制定系统集成方案以及开展接口开发、接口联调等一系列工作，将主数据管理系统与各个目标信息系统集成，实现主数据的采集、分发等交互操作，从而最终实现主数据服务于业务应用。根据系统集成的整体设计，企业应实现不同信息系统与主数据系统的集成应用。系统集成方案应具备灵活性和扩展性，以低成本、高效率的方式支持未来系统升级和业务流程变化，其中涉及接口策略配置、属性映射配置、分发/订阅条件设置、日志跟踪管理、数据同步管理、系统联调测试等。

（5）**建立运维体系**是保障主数据平台能够长效运行的基础，也是主数据实施过程中的关键阶段。可通过制定完善的主数据平台运行方案、开展培训宣贯和知识转移、用主数据切换方案和推广应用策略指导主数据平台长效运行，并建立主数据管理的组织、制度、流程和知识库，支撑主数据得到妥善的管理，最终构建企业完善的主数据运维体系，实现主数据的统一管理。

3. 主数据识别

主数据识别是主数据标准体系建设阶段的关键步骤，旨在通过制定一定的规则识别出企业现有的主数据。从企业的关键业务角度，从不同的粒度和层次分析企业的业务流程，并结合企业的业务流程梳理主数据类别和数据实体、制定主数据梳理模板、建设主数据。主数据识别主要通过基础性、高共享、高价值、复杂性、相对稳定性、长期有效性等方面来进行。另外，主数据识别完成后，需要对数据权重进行分析，确定各指标的权重是进行主数据识别的关键。

4. 难点分析

企业在主数据管理过程中通常面临着各种挑战，主数据的实施会因此受到影响，最终导致建立的主数据标准无法落地到实践中。企业在主数据管理过程中面临的 4 种常见挑战如下。

（1）**企业内部对主数据认识不足**，不重视主数据的总体规划，缺乏顶层设计。

（2）**企业内部主数据标准管理缺失**，通用标准主数据（国际标准、国家标准、行业标准中产生的主数据）管理分散，缺乏便捷可靠的数据标准获取渠道。

（3）**企业内部主数据管理不集中**，由于缺乏统一的标准和数据关联，单位内部存在大量管理分散的主数据。

（4）**企业内部信息系统管理存在缺陷**，系统众多且年代跨度久远，一些早期的信息化系统数据标准化程度不高，改造成本高、难度大，给主数据应用集成带来较大的困难。

5. 发展趋势

主数据是企业的数据之源，是数据资产管理的核心，是信息系统互联互通的基石，是企业信息化和数字化的重要基础。主数据建设是数据资产管理实践的重要切入点之一。大多数企业在进行主数据实施时，一般专注于管理物料主数据，但在实施过程中我们发现，物料主数据和企业的客户、供应商、财务、项目、合同、功能位置等其他领域的主数据有着较强的关联关系，现将未来主数据管理的发展趋势总结为以下两点。

（1）通过建立以人工智能技术为支撑的智能化主数据管理工具，提高主数据管理能力和客户体验。

（2）打造多个管理域、多个业务域的主数据管理间的知识图谱，形成业务的全局视图，提升客户体验。

14.9 主数据管理的评价指标

主数据管理评价旨在检验和评估主数据相关责任人的职责执行情况，以及数据管理标准和数据政策的实施状况。通过建立定性或定量的主数据管理评价指标，可以增强企业对主数据管理责任、标准以及政策执行的控制力。

主数据管理评价指标需要从管理标准、数据负责人以及数据政策三方面来考虑。主数据管理评价指标由数据所有者和数据负责人共同确定，他们定义了一系列衡量指标和规则。这些指标和规则一方面是为了确认和检查主数据的使用情况，另一方面则是为了审查和评估主数据管理、主数据标准、主数据质量的执行情况。

为了进一步确保主数据管理工具的成功实施和有效运行，我们必须制定一套涵盖主数据管理所有环节、组织和人员的绩效考核方法，以明确组织各个部门的职责和分工。主数据管理评价指标见表14-2。

表 14-2 主数据管理评价指标

指标	衡量标准
及时率	满足时间要求的数据总数/总数据数
数据真实率	1–数据中失真记录总数/总记录数
有效值比例	1–超出值域的异常值记录总数/总记录数
流转过程失真率	数据传输失真记录总数/总记录数
重复数据比例	重复记录数/总记录数
外键无对应主键的记录比例	外键无对应主键的记录总数/总记录数
主数据一致率	一致的主数据总数/主数据总数
字段的空值率	空值记录总数/总记录数
信息完备率	能够获取的指标数/总需求指标数

14.10 本章小结

为了实现数据的共享，我们需要开展主数据管理。主数据是数据互联互通的基础，只要有数据共享需求，就会有开展主数据管理的必要。主数据管理的难点是在理论上如何识别主数据，以及在实践上又如何贯通主数据管理。主数据管理失败的可能性很大，受到的阻力也会比较大。CDO在开展主数据管理时，既需要由业务部门牵头和负责，也需要得到数据管理委员会的大力支持。

第 15 章

指标数据

指标是一系列可量化的数据。指标建设的成效如何，要看应用的效果如何，还要看对业务和战略的支撑如何。指标的应用是推动企业数字化转型的重要引擎，流程如何优化、工艺如何提升、过程如何降本、企业如何增效、模式如何转变，这些都要根据指标的牵引来做出决策。数字经济时代和过去的工业时代不同，靠直觉做出决策的风险和代价越来越大。数据驱动就是要建立数字化思维，依靠数据指标的指引做出科学的决策，只有这样组织才能实现高质量的可持续发展。

15.1 概述

指标数据指的是各领域业务分析过程中用来衡量某一目标或事物的数据，包括指标数据标准和指标数据值两部分。

指标数据标准是按一定格式和规则对指标名称、业务定义、处理逻辑、维度、基础计量单位等属性权威化、标准化的定义，是指标数据管理工作的基础。

指标数据值是指标数据数量特征的体现，是根据指标名称的内容而计算的统计、核算数字，通常是按照一定的规则和逻辑，对已有的原始数据进行加工和计算后形成的、具有统计分析意义的数值。

15.2 指标数据的驱动因素

指标数据反映了组织管理、经营、发展的健康状况，对指标数据进行全面了解有利于组织更好地进行决策和行动，有利于组织更详细地了解组织内外部的发展情况，有利于组织进行创新，有利于组织数字化转型提升，有利于提高组织的核心竞争力。

15.2.1 指标数据是组织健康持续发展的需要

企业是否健康可持续发展需要通过体系化的指标来进行度量。企业的利润达标情况、市场销售情况、采购到货情况、生产计划情况、资金周转情况，通过指标数据才能有效地得到监控和调整，组织是否健康运营离不开实时的指标数据。

15.2.2 指标数据是组织经营分析决策的依据

在数字经济环境下，越来越多的企业走向数据驱动。生产、经营、管理的决策不能再靠直觉，而必须根据组织所处的行业政策、内外部环境的变化、市场的需求因素等进行敏捷应对，这些决策必须依赖于准确的指标数据。

15.2.3 指标数据是组织需要管理的重要资产

指标数据被广泛应用于组织的各个层级，从基层的业务报表到中层的运营分析，再到高层的决策支持。指标数据的标准化、准确性、唯一性等决定了其价值，因此，组织应把指标数据作为重要的数据资产进行管理。

15.3 指标数据的管理原则

CDO 在对指标数据进行规划和管理时，需要遵循以下原则。

完整性：指标的信息应避免缺项，保证指标内容完整。

准确性：指标必须准确反映所评价业务对象的某一方面特征。

唯一性：指标的选取应确保全面，避免指标之间重复。

规范性：指标的定义和分类必须有明确的规范要求。

系统性：指标必须能系统联动地反映企业运行的健康状况。

15.4 指标数据的建设过程

CDO 应指导建设团队搭建符合组织实际情况的数据指标体系，编制指标体系框架、标准及制度；建立指标管理组织；制定指标建立、审批、维护等流程；应用指标管理工具，促进企业经营管理分析和科学快速决策，打造"计划-过程-结果-评价"的指标全生命周期管理体系。

15.4.1 编制指标体系框架

根据组织的管理模式及业务特点，编制适合组织的指标体系框架。图 15-1 给出了指标体系框架的一个例子。

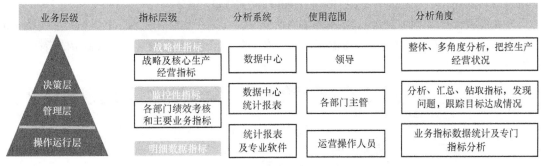

图 15-1 指标体系框架示例

通常情况下，根据业务管理需要，指标数据主要涉及生产、经营、财务、人力、物资等主题的内容。为了使指标的归类更加科学合理，需要将指标数据主题进一步细分为一级子主题和二级子主题。图 15-2 给出了指标数据分类的一个例子。

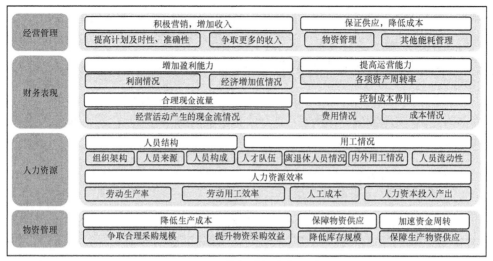

图 15-2 指标数据分类示例

15.4.2 明确主题所属指标

根据组织的实际业务和技术管理需求，确定指标元数据的字段，用于描述指标的业务含义和技术规范，并作为指标信息收集的依据。图 15-3 给出了一个指标信息收集模板。

名称编码	业务信息	主题信息	数据表示	数据源描述	接口属性
指标编码	业务定义	主题	计量单位	映射类型	接口类型
流水码		一级子主题	数据类型	处理逻辑	对应指标
指标中文名称		二级子主题	精度	统计时间	
		数据需求提出者	上报频度	数据源系统	
		数据使用者	单位粒度	数据源报表名称	
		数据负责人	物料粒度	数据源字段名称	
			时间粒度		
			数据层次		

图 15-3 指标信息收集模板示例

根据指标的主题分类情况，从组织的信息系统、纸质/电子档统计报表、汇报材料中找寻所属的相应指标，并且按照上述指标元数据字段的要求，收集填写相应的信息，形成初步的指标字典，见图 15-4。

业务功能分析主题		指标基本信息		指标寻源	分析功能					
一级主题	二级主题	指标名称	指标定义	数据来源	分析方法	预警值/阈值	统计权限要求	统计频率	引用报表	
物资供应	采购需求与计划	计划采购金额	报告期内，计划采购各类物资的金额	SCM						
		实际采购金额	报告期内，实际采购各类物资的金额	SCM						
		计划物资采购单价	报告期内，计划采购各类物资的单价	SCM						
		实际物资采购单价	报告期内，实际采购各类物资的单价	SCM						
		计划物资采购量	报告期内，计划采购各类物资的数量	SCM						
		实际物资采购量	报告期内，实际采购各类物资的数量	SCM						
	库存管理	现有库存量	截至报告期，各类物资库存量	SCM						
		物资出库量	报告期内，各类物资的出库量	SCM						
		物资出库次数	报告期内，各类物资的出库次数	SCM						
		物资入库量	报告期内，各类物资的入库量	SCM						
		物资入库次数	报告期内，各类物资的入库次数	SCM						

图 15-4 指标字典示例

15.4.3 优化完善指标数据

要对业务领域有一定的理解，才能将第一步和第二步的工作成果结合起来，形成有业务含义的较为完善的指标字典。

下面以物资管理域（见图 15-5）为例，帮助你理解业务领域的指标。

图 15-5 物资管理域

（1）了解业务内容

物资管理的主要业务内容包括采购需求分析、采购结构分析、采购价格分析、库存分析、采购执行分析等。

（2）了解业务关注点

- 计算物资采购计划完成率、需求计划完成率、采购计划偏差，以及进行各专业紧急采购计划分析等，作为保障物资供应的输入。
- 按采购方式和业务类别进行采购数量和采购金额的构成分析，并分析本年度各月采购金额的趋势，作为优化采购物资的输入。
- 按类型、专业进行库存金额和库龄的分析，进行项目实施前后库存对比分析，作为加速资金周转的输入。

（3）梳理指标子主题

通过梳理得到物资管理域的 7 大指标子主题。

- 采购主题：采购订单基本情况、长期未定标预警、长期未签合同预警、采购数量同比分析、采购数量结构分析。
- 库存主题：采购入库量、采购入库金额、备件延期到货预警、物料退货分析。
- 计划主题：招标档案基本情况、订单完成情况、订单退货分析。

- 供应商主题：供应商基本情况、中标率预警、弃标率预警、独家供货占比、监控独家供货风险、供应商退货情况。
- 财务主题：采购价格对比（损失）、采购金额同比分析、采购金额结构分析、按周期进行实际费用和预期费用的比较、审查过去现金流的趋势并预测未来的现金需求量；复杂项目的预算计划和成本分摊；整合各分支机构的财务数据，形成正确、一致的财务报表。
- 核销主题：物资设备核销情况对比。
- 价格主题：原材料采购价格走势、采购价格趋势分析、平均价格变动情况。

（4）形成指标目录和明细

将指标子主题的业务含义和指标字典的具体指标挂钩，形成指标目录和明细。图 15-6 给出了物资管理的部分指标体系示例。

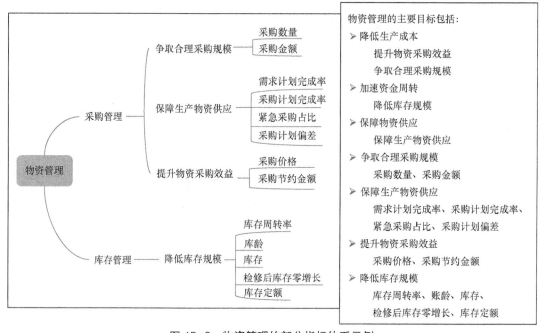

图 15-6   物资管理的部分指标体系示例

（5）形成指标字典

将公司所有业务域内主题下的指标全部梳理完成后，形成完整的指标字典。

15.4.4   制定指标管理体系

指标数据的管理工作和其他数据管理工作并无太大差别，即通过推动数据治理体系建设、制定指标数据的标准和制度、建立指标数据的管理组织、编制指标数据的审批流程、开展指标数据应用考核等，提升指标数据的质量。其中指标管理组织是数据管理团队的一部分，见图 15-7。在这个例子中，企业的数据团队由 CIO 负责。

通过指标管控制度和流程（见图 15-8），明确指标认责人、指标用户、指标管控团队在各项管控活动中应遵循的管理要求和工作流程。在未来信息系统的建设中，遵从组织在指标管控方面提出的要求，尤其要注意含有统计分析类应用的数据仓库、决策支持、大数据平台、数据中台等。

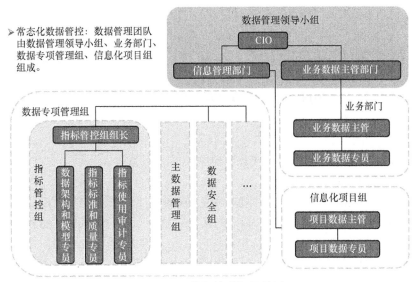

图 15-7　指标管理组织示例

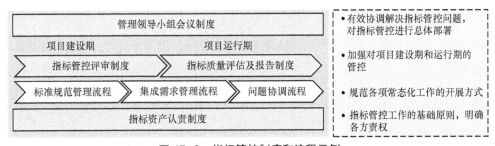

图 15-8　指标管控制度和流程示例

15.4.5　强化使用指标数据

企业仅制定指标数据体系并不能发挥指标数据的真正价值，只有将指标数据体系落实在具体的业务活动和信息系统建设中，才能发挥其管理作用。因此，构建指标数据体系往往和应用系统建设同步进行。指标的使用场景示例见图 15-9。

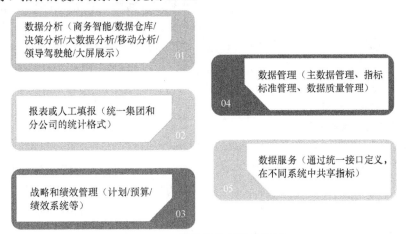

图 15-9　指标的使用场景示例

指标数据体系的应用，有利于规范企业内指标使用的规范性，提高指标数据的准确性、一致性和可追溯性。

15.5　指标数据的实施指南

本节提供指标数据的实施指南，包括指标数据的常见问题、关键管理因素，以及度量指标。

15.5.1　指标数据的常见问题

在实施指标数据的过程中可能会出现如下问题。

1. 指标数据统计口径不一致

企业在使用指标数据的过程中，所面临的最大难题就是指标数据的统计口径不一致导致的业务部门冲突，也可归结为"同名不同义"或"同义不同名"。比如企业的员工总数，从人力资源视角和财务管理视角看就经常不一致。人力资源管理的员工有时候是与企业签订劳动合同的正式员工，有时候则包括外派员工或劳务派遣工；财务管理的员工则通常是通过财务发放工资的所有员工。因此在不同场景下，同名的指标含义不同，计算方法也不同，这就需要我们厘清指标，对指标进行标准化，使不同部门对同一指标有共同的理解。

2. 指标数据之间缺乏关联

企业各部门根据自身业务需求，都有一部分的量化指标，但不够全面，缺乏方法论指导，对企业整体数据分析应用能力的提升指导作用有限，且在使用过程中孤立地强调某些指标的趋势，而忽略综合分析、长期跟踪与定期比对指标的重要性。因缺乏整体考虑而设置的指标数据体系，以及错误的指标分析方法，会产生错误的分析结果，进而影响企业运营、绩效改进的决策。

3. 指标数据问题无法追溯

指标数据大多经过多重计算得到，有些指标需要经过很长的加工过程才能得出。如果无法追溯指标的加工过程，就不知道指标所用数据的来源，无法快速找出指标出错的原因和对应的责任部门。指标的一致性、完整性、准确性和可追溯性得不到保证，出现问题时，各部门相互推诿的情况时有发生，导致指标数据问题难以得到解决。

4. 指标数据难以有效复用

不同系统或业务在进行管理活动或运营决策时，往往涉及的指标会有交叉，但是在实际生产和使用过程中，存在不知道已经有哪些指标、从哪里获取等问题。因此，各个系统都各自加工生产各自的指标，或是按照不同的数据需求每次都各自生产，造成指标复用性差，计算成本高，这种分别生产还衍生出指标计算所用数据源不一致、指标口径不一致、指标结果不一致等问题。

15.5.2　指标数据的关键管理因素

指标数据的关键管理因素如下。

1. 依据科学的方法找准指标

指标分散于众多信息系统中，虽然找到它们犹如大海捞针，但亦有规律可循。"找指标"的工作主要采用"自上而下"与"自下而上"相结合的梳理方式。其中，指标分类应从业务管理需求出发，自上而下逐层展开；而具体指标则以业务系统为导向，自下而上逐层筛选。另外，在数字营销过程中，企业也往往使用 OSM（Objective、Strategy、Measurement，目标、策略、度量）模型来构建指标数据体系，指导实现精细化的数据运营。

2. 构建原子指标、复合指标和衍生指标之间的关系

指标的体系化主要表现在原子指标、复合指标和衍生指标之间的关联上。因此，构建指标间

的联动关系和逻辑，是指标数据能够灵活、扩展、高效应用的基础，也是快速构建数据多场景分析应用的保障。在指标数据体系构建过程中，不仅需要技术人员参与，也需要多部门业务间的协同，更需要业务专家的深度参与。

3. 选择功能易用的指标管理系统

现实中常见的情况是，梳理完的指标保存在 Excel 表中或静态地存储于某系统中，尽管形成了指标清单和指标列表，但也只能供查询使用，或者指标梳理完就禁锢在某个部门里。因此，选择功能良好的指标管理系统，将指标标准、管理组织和运营流程有效配置，才能让指标真正用起来，为其他系统提供统一的指标数据体系。

4. 指标数据全生命周期管理

指标数据和其他数据一样，也需要进行全生命周期管理。指标数据的全生命周期包括需求收集、制定指标标准、采集和加工指标数据、指标数据质量管理、指标数据的维护和变更、指标的应用和下线等过程。通过指标数据全生命周期管理，可以保证指标的应用价值、提高指标的复用性、降低组织的数据使用成本、提高应用效率，让组织的决策有可靠的数据支撑。

15.5.3　指标数据的度量指标

指标数据源自业务目标，业务目标源自组织要求。指标数据通常需要解决组织的 4 类问题：真实描述业务现状、辅助分析问题原因、预测企业发展未来、改善企业未来模式。

可通过以下 5 个维度度量指标数据，从而提升和优化指标。

- 指标的**完备性**：指标数据能够完整、全面地反映业务现状。
- 指标的**真实性**：指标数据能够真实、正确地反映业务状况。
- 指标的**系统性**：指标数据能够系统反映业务问题，并能帮助进行问题定位与目标制定。
- 指标的**可执行性**：指标数据定义清晰明确，可以计算度量，能精准地评价业务情况，并且可以落地产生价值，能指导业务和管理，有条理、有步骤地对业务和管理进行优化和提升。
- 指标的**可解释性**：指标数据能够清晰地解释业务问题，从管理、经营和执行层面有统一的认识。

15.6　本章小结

指标数据以前被当作数据仓库建设的附属品。随着指标在业务管理中的作用越来越重要，目前指标数据的建设都是单独进行的。CDO 应该建立一套完整的指标数据体系，用于指导、评估相关业务和技术的进展及成效。

第 16 章

数据建模

进行数据建模是为了建表，而建表是为了存储数据。数据建模的重要性主要体现在两个方面。首先，数据建模的好坏直接影响存储成本。同样规模的数据，好的建模可以节省至少三分之一的成本。其次，建模的质量直接影响数据应用的性能，而性能的好坏又直接影响用户的体验。国外经常讲的"7 秒定律"，指的是无论 App 也好，网站也好，数据如果不能在 7 秒之内呈现给客户，我们就将永远失去这个客户。所以，无论从业务还是技术的角度，数据建模都是 CDO 应该关注的重点领域之一。

在本章中，数据建模和数据模型是可以互换的两个概念。

16.1 概述

16.1.1 什么是数据模型

数据模型是对现实世界数据特征的抽象，用于描述一组数据的概念和定义。数据模型从抽象层次上描述了数据的静态特征、动态行为和约束条件。数据模型所描述的内容分为三部分——数据结构、数据操作和数据约束。这三部分形成了数据结构的基本蓝图，也就是企业数据资产的战略地图。按照不同的应用层次，数据模型可以分为概念数据模型、逻辑数据模型和物理数据模型 3 种类型[①]，如图 16-1 所示。注意，实体-联系图（Entity-Relationship Diagram，又称 ER 图、E-R 图）这种数据模型中没有数据操作部分。

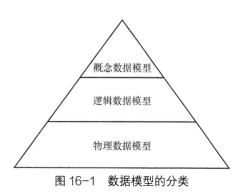

图 16-1　数据模型的分类

- **概念模型**是一种面向用户和客观世界的数据模型，主要用于描述现实世界中的概念化结构，与具体的数据库管理系统（Database Management System，DBMS）无关。
- **逻辑模型**是一种以概念模型的框架为基础，根据业务条线、业务事项、业务流程、业务场景的需要而设计的面向业务实现的数据模型。逻辑模型包括网状数据模型、层次数据模型等。
- **物理模型**是一种面向计算机的数据模型，旨在描述数据在存储介质上的组织结构。物理模型的设计应基于逻辑模型的成果，以保证实现业务需求。物理模型不仅与具体的 DBMS 有关，还与操作系统和硬件有关，同时需要考虑系统性能的相关要求。

---

① 为了简化表达，后文将统一使用"概念模型""逻辑模型""物理模型"的说法。

数据模型管理是指在进行信息系统的设计时,参考业务模型,使用标准化用语和单词等数据要素来设计企业数据模型,并在信息系统建设和运维的过程中,严格按照数据模型管理制度审核和管理新建的数据模型。数据模型的标准化管理和统一管控,有利于指导企业进行数据整合,提高信息系统数据质量。数据模型管理包括数据模型设计、数据模型和数据标准词典的同步、数据模型审核发布、数据模型差异对比、版本管理等。数据模型管理的关键活动如图 16-2 所示。

数据模型管理涉及的管理对象有人、内容、位置、价值、时间、技术等,见表 16-1。

图 16-2　数据模型管理的关键活动

表 16-1　数据模型管理涉及的管理对象

人	内容	位置	价值	时间	技术
谁创建数据	业务定义是什么	数据存储在哪里	为什么存储该数据	数据何时被创建	数据的技术格式
谁负责管理数据	业务规则是什么	数据从哪里来	数据用法是什么	数据上次更新的时间	引用这个元数据的数据源
谁在使用数据	数据的隐私和安全级别	数据用在哪里	使用数据的业务需求是什么	—	数据应该存储多久
谁拥有数据	数据的缩写是什么	数据备份在哪里	—	数据需要在什么时候销毁	—
谁负责审计数据	数据标准是什么	是否有地区性数据隐私和安全政策	—	—	—

16.1.2　数据建模的一些基本概念

数据建模涉及许多内容,除了前面所讲的概念模型、逻辑模型和物理模型之外,还有许多其他的基本概念,包括如下一些重要术语。

- **实体**(**Entity**)。实体是一个组织收集信息的载体。以培训机构为例,学生是一个实体,老师是一个实体,课程也是一个实体。一个系统到底需要多少个实体,应由业务团队来设定。有些复杂的系统甚至有 16 000 多个实体。实体在物理模型中被转换为表。
- **属性**(**Attribute**)。属性用于定义、描述或度量实体某方面的性质。实体的属性会物理展现为表、视图、文档、图形或文件中的列、字段、标记、节点等。比如学生这个实体,就有姓名、出生年月等属性;老师这个实体则有姓名、出生年月、工资等属性。一个或多个属性的组合可以成为实体的标识符。实体的属性一般也由业务部门来设定。实体的属性在物理模型中被转换为表的字段。标识符可以成为表的主键。
- **关系**(**Relationship**)。关系是实体之间的关联。关系包括概念实体之间的高级别交互、逻辑实体之间的详细交互,以及物理实体之间的约束。关系一般有 4 种——一对一、一对多、多对一和多对多关系。如果将"一对多"和"多对一"关系视为等同,则实体之间的关系变为三种。这些关系的定义有赖于业务逻辑，比如老师和学生之间是多对多关系，母亲和孩子之间是一对多关系。关系在物理模型中被转换为外键。

- **ERD**：这里的 E 是指 Entity（实体），R 是指 Relationship（关系），D 是指 Diagram（图）。ERD 就是实体关系图，既可以指概念模型图、逻辑模型图，也可以指物理模型图。
- **域（Domain）**。在数据建模中，域表示某个属性可被赋予的全部可能值，它提供了一种将属性特征标准化的方法。同时，域也是建模师用于修改和维护模型的一种便捷方法。
- **正向工程**。正向工程是从需求开始构建新应用程序的过程。首先通过建立概念模型来理解需求的范围和核心术语，然后建立逻辑模型来详细描述业务过程，最后通过具体的建表语句来实现物理模型。有了物理模型后，还需要在数据库中把表建立起来，或者从物理模型中产生 DDL（Data Definition Language，数据定义语言）。
- **逆向工程**。逆向工程是记录现有数据库的过程。物理数据建模通常是第一步，旨在了解现有系统的技术设计；逻辑数据建模是第二步，旨在记录现有系统满足业务的解决方案；概念数据建模是第三步，旨在记录现有系统中的范围和关键术语。逆向工程的结果是物理模型。
- **OLTP**（**On-Line Transactional Processing，联机事务处理**）。OLTP 是企业级计算机应用的一种，主要用于记录、更新和管理实时交易数据。
- **OLAP**（**On-Line Analytic Processing，联机分析处理**）。OLAP 是一种软件技术，它使得分析人员能够快速、简捷地查询大量数据，并从不同维度（如时间、销售渠道、产品类别等）分析数据，获得洞见。
- **ROLAP**（**Relational OLAP，关系型联机分析处理**）。ROLAP 通过在关系数据库（RDBMS）的二维表中使用多维技术来支持 OLAP。星形架构是 ROLAP 环境中常用的数据库设计技术。
- **MOLAP**（**Multidimensional OLAP，多维矩阵型联机分析处理**）。MOLAP 通过使用专门的多维数据库技术来支持 OLAP。MOLAP 会受到数据量的限制，数据量越大，性能就越差，目前使用 MOLAP 进行数据分析的组织已经越来越少。
- **HOLAP**（**Hybrid OLAP，混合型联机分析处理**）。HOLAP 是 ROLAP 和 MOLAP 的结合体，实现了将一部分数据存储在 MOLAP 中，而将剩下的另一部分数据存储在 ROLAP 中。
- **星形模型**。一种多维的数据关系，由事实表和维表组成，一般用在 OLAP 环境中。
- **雪花模型**。星形模型的一种扩展，旨在将星形模式中的平面、单表、维度结构规范为相应的组件层次结构或网络结构。
- **逆规范化**。逆规范化旨在将符合范式规则的逻辑数据模型经慎重考虑后，转换成一些带冗余数据的物理表。
- **颗粒度**。在数据建模中，颗粒度指的是建立模型时需要考虑的最小单位大小。比如"张三于 2022 年在北京卖出了多少辆车？"这个问题有 4 个维度（销售人员、年份、城市和产品）和一个度量指标（多少辆）。这 4 个维度反映了问题中的颗粒度。
- **原子性原则**。原子性原则是指数据库表中每一列的数据都必须是不可分割的最小单元，即不能再拆分成更小的单位。例如，因为姓名可以拆分成"姓"和"名"，所以应该设计两个不同的属性，而不应该合并为"姓名"一个属性。
- **独立性原则**。独立性原则是指应用程序与数据库的逻辑结构相互独立。换言之，当数据的逻辑结构改变时，用户程序可以不变。例如，出生年月可以是属性，但一般情况下，年龄不可以是属性，因为年龄可以从出生年月中计算出来。
- **SQL**（**Structured Query Language**），SQL 已经有 50 多年的历史。作为一种编程语言，直

至今日，SQL 仍是我们和数据及数据库打交道用得最多的语言。SQL 包括如下类型的陈述或命令。

- ➤ Query，指的是 select 命令，用于读取数据。
- ➤ DML（Data Manipulate Language，数据操作语言），包括 insert、update、delete 和 merge 命令等。
- ➤ DDL（Data Definition Language，数据定义语言），由 create、alter 与 drop 三种语法组成，比如 create table、create index 等，一般用于创建或删除表、索引等。
- ➤ DCL（Data Control Language，数据控制语言），包括 commit、rollback 命令等。
- **SQL 数据库和 NoSQL 数据库**。SQL 数据库一般指基于 SQL 的数据库，比如传统的 RDBMS（Relational Database Management System，关系数据库管理系统），其中包括 Oracle、SQL Server、DB2、Sybase 等，还包括开源的 MySQL、PostgreSQL 等。NoSQL 最初是 "No More SQL" 的简写，表示传统的 RDBMS 已经成为过去，无法使用。后来人们发现传统的基于 SQL 的数据库，比如数仓等，仍具有非常重要的业务价值，NoSQL 就变成了 "Not Only SQL"。除了传统的基于 SQL 的数据库，我们还需要能够处理大数据的 NoSQL 数据库。NoSQL 数据库有 4 种——文档数据库、列数据库、图数据库、键值数据库。

总体而言，数据建模的相关术语比较多。作为 CDO，你不一定需要知道所有这些概念。但理解这些概念，对你理解数据建模是很重要的。

16.2 数据模型管理的驱动因素

相较于国外，国内数据治理起步较晚，而且不同行业的数据治理水平也有明显差距，例如国内较早开始数据治理的是银行业及电信业，这两个行业整体的数据治理水平明显高于其他行业。根据我们多年的国内数据治理项目经验以及与国内同行的交流结果，我们发现国内企业的数据模型管理有以下三个驱动因素。

- 监管合规要求形成有效的数据模型管理机制。
- 企业中的数据模型需要长期积累。
- 数据生产规范化需要模型开发过程遵循企业数据标准。

16.2.1 监管合规要求形成有效的数据模型管理机制

部分企业的领导对企业内数据模型的管理重视度不足，有些企业领导虽然意识到企业数据治理及数据管理的重要性，但往往只关注数据质量、数据安全、数据共享等方面的数据管理，对数据模型管理为数据管理活动提供重要支撑的重要性认识不足，所以不太重视数据模型管理，甚至认为没有必要开展此项活动，导致企业数据管理部门在推进数据模型管理工作时存在阻力。

企业需要建立数据模型管理规范。数据模型管理应从组织、制度到流程的企业级管理，按照企业内部实际场景进行流程设计并制定有效的数据模型评审机制，以体现数据模型管理的价值。

企业内需要统一数据模型的开发、管理工具。在实际业务中，各业务部门通常使用不同的工具进行数据模型开发（如有的部门使用 PowerDesigner，有的部门使用 ERWin，还有的部门使用 Excel 等工具），导致各业务部门的数据模型之间不容易形成统一的模型数据类型，不利于业务部门之间需求的沟通以及数据模型的共享，并且从企业总体管理上也不利于进行数据管理。

企业内各业务部门数据模型的开发应避免形成烟囱式开发，并且需要与其他数据管理模块进行集成管理。

数据模型的变更在数据开发的生命周期中需要形成管理机制。

16.2.2   企业中的数据模型需要长期积累

企业需要建立统一的企业级数据模型，从企业整体数据发展的角度对数据模型的建设进行有效规划。

企业需要建立可参照的业务板块数据模型。成熟的、可复用的标准化数据模型或模式在企业中已被广大业务部门数据模型项目组知晓，业务部门已经成功设计的数据模型要形成知识，为下一次业务迭代开发提供参考依据，提升企业内数据模型开发效率并降低人力成本。

16.2.3   数据生产规范化需要模型开发过程遵循企业数据标准

数据模型的开发需要遵循企业数据标准，形成数据模型开发落地成果规范化，充分发挥数据模型规范化开发对其他数据管理模块的有效支撑作用。

数据模型的开发与数据标准模块的管理需要得到协同，数据模型开发使用的数据标准，应保持与企业数据标准的一致性。另外，在数据模型的开发过程中，新的数据标准需要通过有效流程及时通知到数据标准管理部门，从而保证数据模型开发的规范化。

16.3   数据模型的核心内容

数据模型的建设与开发是数据管理活动中非常重要的一个环节。数据模型的建设目标关系数据治理的成果，如数据质量、元数据质量等。因此，数据模型的建设与开发与元数据管理、数据标准管理、数据质量管理、参考数据及主数据管理等数据治理活动有着十分密切的关系。

数据模型通过高度抽象，整合了来自不同源系统的数据，最终形成统一、规范、易用的数据仓库，进而提供包括数据集市、数据挖掘、报表展示、即席查询等上层服务。数据模型能够促进业务与技术进行有效沟通，形成对主要业务定义和术语的统一认识，具有跨部门、中性的特征，可以表达和涵盖所有的业务。无论是操作型数据库，还是数据仓库，都需要数据模型组织数据构成，指导数据表设计。或许 Linux 系统的创始人 Torvalds 说的一句话——"烂程序员关心的是代码，优秀程序员关心的是数据结构以及它们之间的关系"——最能够说明数据模型的重要性。只有在使用数据模型将数据有序地组织和存储起来之后，大数据才能得到高性能、低成本、高效率、高质量的使用。数据建模通过定义和分析数据需求来支持信息系统内的业务流程。

16.3.1   企业架构与数据架构

数据管理落地的根本在于整合信息架构和数据治理的基本要素，通过组织角色和流程，将架构师设计的上层概念变成基层人员可以理解的基础属性，并通过标准化的工具贯彻下去，从而解决上下脱节的问题，让企业架构在数据治理中起到业务、组织和数据的双重"罗盘"的作用。

在信息架构的落地过程中，关键在于数据架构，重点是从数据资产的角度形成数据资产目录、数据标准、数据模型和数据分布。这需要分解一些普通工作者可以理解、执行的操作步骤和工作方法，才能推行起来。

- 数据资产目录：业务视角的数据分层结构，如图 16-3 所示。
- 数据标准：企业内统一的业务对象的数据含义和业务规则，如图 16-4 所示。
- 数据模型：通过 E-R 建模描述数据结构以及它们之间的关系，如图 16-5 所示。
- 数据分布：数据在业务流程、IT 系统和数据源之间的流转关系，如图 16-6 所示。

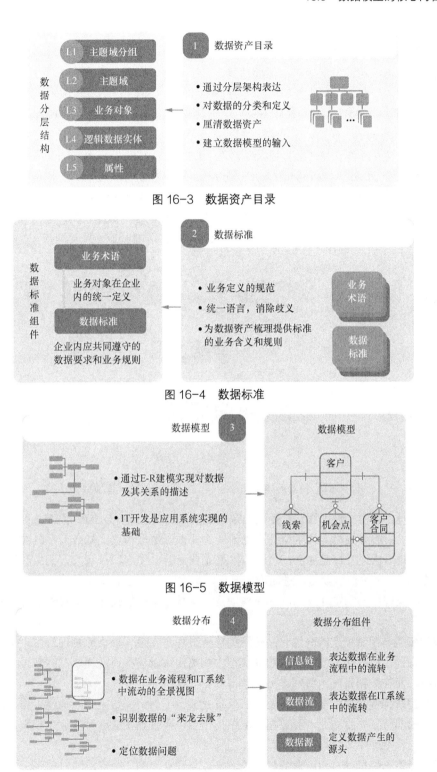

图 16-3 数据资产目录

图 16-4 数据标准

图 16-5 数据模型

图 16-6 数据分布

以上是从信息架构衍生出来的 4 种形态：数据资产目录使业务人员能够自助查询和获取数据，数据标准使数据管理人员能够统一口径，数据模型使业务系统开发人员及数据仓库设计人员能够进行规范化的数据库设计，数据分布使数据使用人员能够根据业务流程定位可信数据。

16.3.2   数据模型驱动的数据治理

数据治理的方法论已发展多年，然而选择走什么道路，既需要决策者的理想和勇气，也需要决策者踏实做好基层调查。有业务架构基础的企业可以从"4A 信息架构"[即业务架构（Business Architecture）、数据架构（Data Architecture）、应用架构（Application Architecture）和技术架构（Technology Architecture）]开始，从上层组织架构到基层人员认责机制，打通从数据管理平台到数据建模工具的可交互操作软件体系，以及从源端 OLTP（On-Line Transactional Processing，联机事务处理）到数据湖 OLAP（On-Line Analytical Processing，联机分析处理）的横向数据链，形成一个可落地和持久运行的综合数据治理框架，作为企业管理制度由各个角色运行起来。

如图 16-7 所示，通过将业务模型和数据模型贯穿业务流程与数据架构，连接业务和 IT 组织，可以使企业具备一体多维连接企业信息的能力，解决信息架构与 IT 开发"两张皮"的问题。

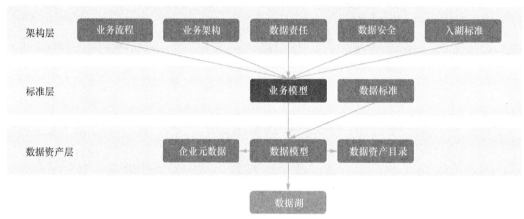

图 16-7   将业务模型和数据模型贯穿业务流程与数据架构

数据治理是一个实践性工程。业务侧的数据主要来自交易类（OLTP）系统，处于数据价值链的上游，企业主要的业务流程和数据都产生于此。要做好数据治理，就必须做好源头的治理。如今，信息的更新迭代速度日益加快，对一些大型企业而言，使用项目制的方式做数据治理基本不可行。形成制度、全价值链参与，进而形成文化，是唯一可行的路径。

基于此，我们需要制定开发团队的建模规范，从数据模型的设计初期就着手开展数据治理工作，内容主要如下。

- **物理模型与逻辑模型的一体化**：传统的建模过程是先逻辑模型后物理模型，然而对于开发团队来说，更直接的方式是从物理模型中剥离出逻辑模型，这样就能减轻技术人员的管理负担，而在数据资产一侧同样可以获得业务信息。
- **开发团队构建数据标准**：由开发团队负责完成自下而上的数据标准构建工作，更适用于超大型的非数字原生企业。当数据标准被提出后，由管理团队进行验证和定义，形成一个生态型的标准产生环境。
- **实体与信息架构的打通**：业务信息项、实体与数据架构之间形成映射关系。
- **实体与数据认责、数据安全的打通**：通过业务信息项，完成数据认责信息的认定。
- **实体的资产注册和自动入湖**：到了这一步，就已经完成了数据资产的事前盘点和自动入湖的准备工作，使得物理化和虚拟化入湖的工作有据可依。

上述规范的落地，可以使数据架构和数据基层治理结合起来。这就要求我们与基层开发团队配合来实施数据治理，从而使开发团队的工作更加顺畅。

16.3.3 从数据模型到数据

数据模型和模型管控以"事前"数据治理的理念和实践意义，肩负着将数据治理的工作落地的重任。通过使用数据模型中的主题域概念以及 ER 图表示数据级联关系，可以实现数据资产的主题和业务对象对应，方便逻辑实体和属性的对应，进行比较全面的事前管理，同时便于进行可视化业务评审，实现简单表格无法达到的效果。

如图 16-8 所示，用数据标准组装数据模型，将评审通过的数据模型发布到数据资产目录，同时触发入湖。为确保设计态与实际物理库保持一致，需要对模型基线的周期性与物理库的元数据进行比对。

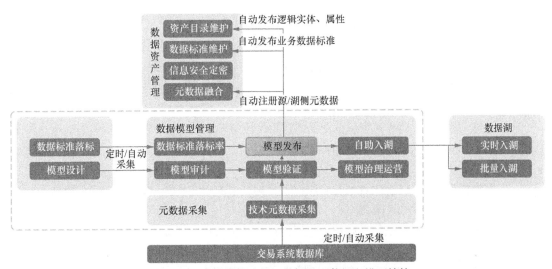

图 16-8　事前数据治理、数据模型落标和模型管控

事前数据治理、数据模型落标和模型管控的关键点如下。

- **统一管理企业的业务元数据模型**，一键下发，方便灵活。
- **统一的业务流程和架构体系**，将实体与业务架构打通，建模不再局限于一个应用，而是有了一个业务架构的"罗盘"，使得数据能放到它们应该放的位置。
- **统一的安全体系和认责体系**，由最懂数据的人进行安全评估，由最懂业务的人进行认责。
- **统一的数据标准**，数据标准可以自上而下地建立，而对于数据积累不多的行业，可以上下结合，让数据标准既来源于模型设计者，又服务于模型设计者。
- **清晰明了的 ER 图**，ER 图就是数据的业务视图。当看到一张五颜六色的燕翅阵、鱼骨阵的 ER 图时，就可以一眼看懂业务逻辑。

对于数据资产梳理与数据建模的关系，我们可以这样来理解：数据资产梳理是一种通俗化的数据建模，数据建模是专业形式的数据资产梳理，数据建模通常是事前阶段的数据资产梳理，二者在数据资产的管理维度中可以实现统一。

16.3.4 数据模型与数据标准的关系

数据模型的度量指标的设定需要考虑数据模型中应用数据标准的情况。

《DAMA 数据管理知识体系指南（原书第 2 版）》中提到，数据模型计分卡中的数据质量指标包括"模型遵循命名标准的情况如何"。数据质量指标确保了数据模型采用正确、一致的命名标准，包括命名标准的结构、术语和风格。命名标准应被正确地应用于实体、关系和属性上。

在一些企业的数据标准中，主数据标准会给出企业级数据模型的设计内容及主题定义等规范。

数据模型的实例化将实现物理数据库设计，此外，生产系统的数据质量与数据库设计严格相关。在数据模型中应用数据标准，能保证数据模型在实例化过程中满足数据一致性要求，并解决多系统间的元数据定义不一致的问题。例如，数据仓库、数据中台等数据汇集中心更加关注多系统的元数据不一致问题，因而更需要对数据模型进行落标和规范化管控。

16.3.5　将数据标准应用于数据模型建设

在将数据标准应用于数据模型建设时，应遵循以下规范。

1. 数据模型的正向工程的建立需要遵守数据标准规范

数据模型的建设分为正向工程及逆向工程。逆向工程是指从已有的数据库中抽取元数据并逆向生成数据模型，所生成的物理模型中的表及字段都与数据库内容一致。在大多数场景下，应用逆向工程是为了了解组织及系统中的数据资产情况，或者希望根据已有的数据库新建系统或数据模型。

对于正向工程来说，由于是重新设计及建设数据模型，考虑到数据模型需要精确的数据表示，并保证业务人员和技术人员之间的有效沟通，在整个正向工程的建设过程中，需要严格遵循组织的数据标准规范，具体如下。

- 在**概念模型**中，实体及属性须符合组织数据标准中的相应规范，如命名规范、数据元标准、参考数据标准、主数据标准等。
- 在**逻辑模型**中，实体及属性须符合组织数据标准中的相应规范，如命名规范、数据元标准、参考数据标准等。
- 在**物理模型**中，表及字段须符合组织数据标准中的相应规范，如命名规范、数据元标准、参考数据标准等。

2. 实体及属性在创建过程中与数据标准的关系

在概念模型及逻辑模型的建设过程中，新建的实体及属性须遵循组织的数据标准规范。

- **实体**的中文名称及英文名称的命名规范需要符合组织的数据标准规范。例如，如果业务标准术语中有关于"客户"的定义及规范要求，则诸如"顾客"等与"客户"存在相同概念的术语就不能应用到实体的命名中。
- **属性**的中文名称的命名、英文名称的命名、数据类型、数据域、关联代码、业务定义、业务流程等，也需要遵循组织数据标准中的相应规范，如元数据标准、参考数据标准等。

3. 物理模型中表及字段的创建与数据标准的关系

- **表**的英文名称的命名规范需要遵循组织数据标准中的相应规范。
- **字段**的英文名称的命名、数据类型、非空属性、中文注释相关内容（数据域定义、数据编码规则、业务含义、数据标准代码说明等）等，也需要遵循组织数据标准中的相应规范。

16.4　数据模型的实施指南

模型设计环节属于软件工程中的设计阶段，这个阶段的工作至关重要。数据模型设计的合理性和准确性决定了后续数据生产环节中数据的准确性和一致性。所以，在设计源头上进行模型管控可以取得事半功倍的效果。

　　同时，数据模型也是企业内部重要的数据资产，是打通业务与技术实现的桥梁。基于概念模型，我们可以从宏观角度了解业务主题划分及其之间的关联关系；基于逻辑模型，我们可以进一步了解各业务板块中更细化的业务实体和属性，以及业务实体之间的关系；站在技术实现的角度，物理模型则可以作为更标准化的约束和允许落地的 SQL 语句的来源。因此在企业中，数据模型经过不断地积累和完善，可以形成企业级的基准库，便于企业内部成员理解各系统的业务逻辑，打通各系统的关联关系。通过完善的模型管控机制，将宝贵的模型类资产积累起来，不仅可以提升建模人员的设计水平，还可以为企业级数据架构提供有效的支撑，利用不断精进和完善的数据模型助力企业的数字化转型。

16.4.1　数据模型规范化设计

　　设计数据模型的过程涉及多个团队，为了保证数据模型设计的一致性和准确性，建议企业根据自身情况制定数据标准体系。数据标准体系涵盖企业内部需要遵循的统一数据原则，通常定义了数据标准的概要信息、业务信息、管理信息和技术信息。数据标准体系的颗粒度应该细化到数据字典层面，这样能支持数据模型的设计。在设计环节，推荐数据模型设计人员优先选用数据标准体系的内容来构建数据模型。此外，企业级的参考数据又称为标准代码，词根库又称为命名词典，它们也被用来支持数据模型设计的规范性和统一性。

16.4.2　数据模型评审

　　数据模型评审是指在设计人员完成数据库模型设计后，通过自检和模型评审流程，对模型检查清单进行评审。建议模型检查清单包含如下内容。

　　（1）基于设计与需求的一致性，检查数据库设计是否满足功能和性能要求，此处包括新建功能和已有功能迭代更新两种场景。

　　（2）对于新建功能，侧重检查模型设计中数据标准的应用。数据标准的落标率是一个重要的评价指标。对于迭代功能，侧重基于上一版本与最新版本中模型设计的变更情况与需求做匹配检查，避免需求与设计之间有偏差。

　　（3）确保需求的内容在设计环节被准确覆盖，主要根据数据模型的以下情况进行评判。

- 模型设计中标准的应用情况，建议重点考察业务相关重要属性的落标率。
- 模型设计中的数据规范情况，建议从业务架构层面考察同一业务对象中的信息是否充足以及跨系统的命名是否一致。
- 模型设计的版本管理，在上线迭代创建新的模型版本时，可以通过历史版本的记录查看每个版本的变更情况，基于变更的数据查找受影响的下游各个系统，主动变更影响通知。

　　模型通过审批后，发布上线到生产环境中，将模型作为基线，与生产环境的数据库周期进行比对，完成事后校验，通过检测二者的差异并自动触发邮件通知，便于工作人员及时发现并跟踪问题，确保设计环节与生产环节的一致性。

16.4.3　数据模型管理和协作

　　利用数据模型中心化管理和协作，可以在整个组织中存储并重复使用模型资产。利用数据模型中心及相关的冲突合并和版本控制功能，建模团队可以协作建模，创建能够重复使用的通用对象，提高数据质量和数据库设计的一致性，如图 16-9 所示。

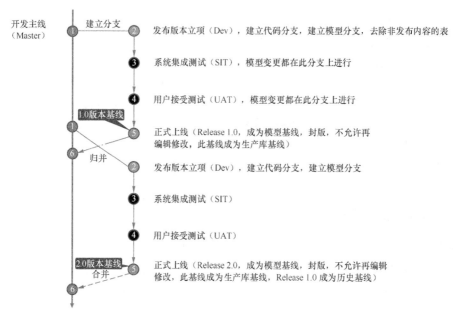

图 16-9   模型分支管理

16.4.4   组织架构和流程

有了数据模型管控的思路，并明确了数据管控所要关注的内容后，接下来我们需要讨论由什么人负责以及按照什么样的流程来执行管控工作，这样才能确保模型管控的机制落实到具体的人和事上。组织架构如图 16-10 所示。

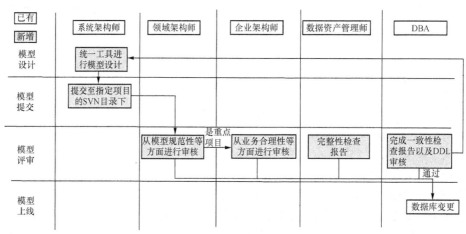

图 16-10   组织架构

数据模型从设计到审批、发布和上线，涉及两种状态的切换，它们分别是数据模型的开发态和生产态。

开发态的数据模型涵盖业务系统的数据库设计、数据仓库的主题域划分构建、企业级数据架构的规划设计，不同类型的数据模型分别由不同的团队负责建设。

开发态的数据模型在历经设计、提交和评审环节后，最终通过数据库操作脚本发布到生产环境的数据库中，数据模型进入生产态。因此，生产态与开发态是一一对应的。数据模型在开发态和生产态的一致性是衡量企业数据管理能力的一个重要指标。

业务系统的数据库设计模型由负责系统建设的设计团队，主要是业务专家和领域专家共同参与设计。明确源头负责人后，即可设计对应的管控流程。首先由团队内部的系统架构师进行内部审核，审核通过后，由系统架构师将模型整合生成相应的版本，并触发更高一级的模型评审流程。综合评审工作通常由组织内部的专业模型架构团队完成，团队成员包括领域架构师、企业架构师、数据资产管理师和 DBA。领域架构师主要考察模型的规范性，比如领域内数据模型的统一命名规范，将客户实体统一命名为 Cust；企业架构师在企业级数据架构的层面对各个业务系统的数据从业务合理性角度进行评审，侧重于业务定义和规则的一致性，确保各业务系统数据模型设计的一致性，以及各业务系统相互集成时的合理性和准确性，比如针对跨系统的主数据业务定义和规则描述，客户的数据来源统一由 CRM（Customer Relationship Management，客户关系管理）系统创建、管理和维护，关联系统（如交易系统）只能获取客户的数据，但不允许执行增、删、改操作；数据资产管理师从数据质量的角度出发，侧重于评审数据资产的全生命周期，考察数据模型的完整性；最后由 DBA 对数据模型进行发布上线前的一致性校验和数据库脚本审核，一致性校验可以确保评审通过后被发布到生产环境中的数据模型与发布到生产环境的 DDL（Data Definition Language，数据定义语言）是一致的。

业务系统数据库设计模型在通过评审并发布上线后，可以转为基线来持续跟踪上线的生产环境数据库。比对判断开发态和生产态是否一致，如果不一致，就立即启动预警机制进行跟踪处理。

数据仓库模型的构建通常由企业内部的大数据团队负责，联机分析处理（OLAP）侧重于对数据进行查询，大数据团队针对具体的业务驱动或数据分析场景设计数据仓库模型；基于主题域设计的数据仓库模型设计评审团队由各领域业务专家参与，他们负责评审各主题域模型的业务逻辑是否正确，并确认数据源。数据仓库中的数据在加工和迁移的过程中，数据模型能记录数据加工过程和数据流向，为后续跟踪数据质量问题提供依据。

企业级数据架构模型是最复杂、专业度要求最高的模型，企业级数据架构模型需要设计团队对企业级层面业务有深入的了解，设计模式是自上而下的，设计团队由业内建模专家、数据架构师和业务专家组成。从顶层模型出发、逐层细化，是业务在逻辑层面的核心价值输出。企业级数据架构模型在行业内具有指导性和参考性作用，模型高度抽象，更具普适性，但仍需要结合企业实际业务域随时调整。基于企业级数据架构模型的特性，模型管控思路侧重基于行业内的成熟模型来构建更适合企业自身的企业级数据架构模型，以及由企业级数据架构模型指导规范具体的业务系统数据设计模型和数据仓库模型。与此同时，随着业务的调整，需要同步调整企业级数据架构模型的设计，以保证模型的及时性和权威性。

16.4.5 行业标准化数据模型

行业数据模型是为整个行业预建的数据模型，目前包括医疗保健、电信、保险、银行、制造等在内的行业都有现成的行业标准化数据模型。这些模型通常范围广泛且内容详细。一些行业的数据模型包含数千个实体和属性。行业数据模型可以通过供应商购买，也可以通过 ARTS（零售）、SID（通信）、ACORD（保险）、FS-LDM（金融）等行业组织获得。

企业购买的任何数据模型都需要进行定制以适应组织自身的特点。所需的定制级别取决于数据模型与组织需求的接近程度，以及最重要部分的详细程度。在某些情况下，它们可以作为工作参考，帮助建模人员制作更完整的模型。而有时，它们只能帮助数据建模人员节约一些公共元素的录入时间。

16.5 数据模型的评估指标

管理好数据模型，利用好数据模型与数据管理各个模块的数据关系，就可以更有效地管理企业数据管理活动，保障企业数据质量，提升企业数据价值。图 16-11 展示了数据模型与其他数据管理模块的关系。

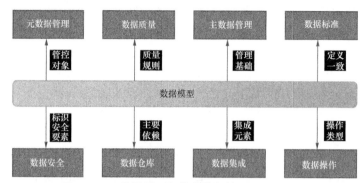

图 16-11   数据模型与其他数据管理模块的关系

　　另外，数据模型的质量影响数据结构的设计与实现以及数据库的灵活度及规范程度，还影响用户对数据的理解和交流。高质量的数据模型是应用系统架构稳健的基础，我们需要有一种客观的评测方法来判断数据模型的优劣。

16.5.1   数据模型管理成熟度评估模型

　　数据模型管理成熟度评估模型分为 6 个能力域（数据架构、数据模型、企业级数据模型、数据模型管理、数据模型运营、数据模型工具）及 20 个能力项。不过，数据架构一般不作为数据模型管理成熟度的评估内容。可以从数据模型在企业中的架构管理、模型设计水平、企业级数据模型能力、数据模型管理、运营能力和工具能力等方面来整体评估企业的数据模型管理及应用水平。能力域与能力项的对应关系如表 16-2 所示。

表 16-2   能力域与能力项的对应关系

能力域	能力项
数据模型	概念模型和逻辑模型
	物理模型与元数据
	数据模型开发规范
	数据模型质量评审
企业级数据模型	企业级数据标准定义
	企业级数据模型规范
	企业级数据模型质量
	应用级数据模型遵循
数据模型管理	数据需求与业务需求管理
	数据模型生命周期管理
	外部数据模型管理
	数据模型人才培训管理
数据模型运营	元数据集成能力
	数据模型集成开发能力
	数据模型监控管理能力
	数据模型知识库管理能力
数据模型工具	数据模型设计工具
	数据模型管理平台

16.5.2　能力域及能力项的设计

本节介绍不同能力域及其能力项的设计方法。

1.　数据模型能力域

数据模型能力域主要考察企业数据模型的开发设计能力，包括数据模型的概念模型、逻辑模型、物理模型的开发设计能力，以及物理模型与元数据的映射管理能力、数据模型开发规范管理能力和数据模型质量评审能力。

2.　企业级数据模型能力域

企业级数据模型是企业数据架构的重要组成部分，从企业角度，对企业数据架构中企业级数据模型的标准定义、规范、模型质量、模型遵循等方面的管理能力进行评级。

3.　数据模型管理能力域

从数据需求与业务需求管理、数据模型生命周期管理、外部数据模型管理、数据模型人才培训管理等方面观察企业的数据模型管理能力。

4.　数据模型运营能力域

数据模型管理与其他数据管理模块相似，也需要长时间的运营才能保障数据模型管理得到持续化并逐步提升。我们可以从与数据模型管理密切相关的元数据集成能力、数据模型集成开发能力、数据模型监控管理能力以及作为知识传承的数据模型知识库管理能力来评价数据模型的运营能力。

5.　数据模型工具能力域

数据模型的开发与软件代码的开发类似，也需要有效的设计工具才能保障数据模型的开发质量。同理，作为管理能力的支撑，数据模型管理平台也是很重要的数据模型管理落地工具。我们可以从设计工具和管理平台两个方面来评价数据模型的工具能力。

16.6　本章小结

数据建模至关重要。数据建模过程使专业的建模人员、业务人员以及潜在的数据使用方紧密工作在一起。数据建模是认识数据的过程，数据模型是数据建模的输出模型，有很多种，如企业级数据模型、物理模型、逻辑模型、业务模型、数据使用模型等。数据模型既描述了业务关系，又描述了物理数据库的设计，是企业数据资产的核心。通过数据模型管理，可以清楚地表达企业内部各种业务主体之间的相关性，使不同部门的业务人员、应用开发人员和系统管理人员获得关于系统统一、完整的视图。

推荐阅读：

[1] 华为公司数据管理部. 华为数据之道[M]. 北京: 机械工业出版社, 2020.

第 17 章

数据集成

到目前为止，数据的大集中、大集成仍是数据发挥价值的最重要方法。尽管数据编织和数据网格等分布式集成的概念已经越来越多，但现实中真正落地的仍以集中化模式为主。因此，构建高效的数据集成能力一直是并且也将继续是 CDO 的重要工作内容之一。

17.1 概述

17.1.1 数据集成的基本概念

数据集成是指将不同来源（如不同数据库、不同系统甚至不同组织）的数据，通过某种方式（如数据清洗、数据转换等）整合到一起，从而为数据分析或其他应用提供统一、准确的数据视图。

DAMA 认为，"数据集成和互操作涵盖了数据在不同数据存储、应用程序和组织之间，以及这些实体内部进行移动和整合的相关流程。数据集成旨在将数据整合为物理的或虚拟的一致格式，而数据互操作指的是多个系统间通信的能力。"

Gartner 则认为，"数据集成领域涵盖了获取、转换、组合和提供各类信息的实践、架构、技术和工具。这种集成既发生在企业内部，也跨越合作伙伴和第三方数据源，以满足所有应用程序和业务流程对数据消费的需求。"

Dresner Consulting Associates 发布的《2020 年数据管道市场研究报告》显示，超过 80%的企业业务运营负责人表示，数据集成对正在进行的企业运营至关重要。数据集成是服务客户、提升运营效率的关键工具，也是实现组织价值的重要途径。

综合来看，数据集成是连接企业内外，使数据快速流通和价值最大化的关键通道，需要有高效的数据获取、交换、转换和服务能力的支持。在数字社会，信息交换的载体即数据。只要人类社会活动存在，数据的这种流通和整合就不会停止，它将像永动机一样持续地转动。

17.1.2 时延的基本概念

时延（latency）是指从源系统生成数据到目标系统可用该数据的时间差。不同的数据处理方法会导致不同程度的数据延迟。延迟可以很高（批处理），也可以较低（事件驱动）甚至非常低（实时同步）。

时延的要求基本决定了数据加载的方法。目前通用的数据集成和加载方法如下。

- 批处理，比如每"$T+5$ 分钟"就运行一次，或者每天晚上 10 点集中加载一次。
- 增量加载，英文一般叫 Change Data Capture（CDC）。
- 准实时，比如在 10 分钟之内加载。
- 实时，比如在 0.008 秒之内加载，"实时"的定义由业务部门给出。
- 流数据，最明显的例子就是手机短视频的播放。

17.2　数据集成的过程

无论是在组织内部还是跨领域，整合型的数据分析需求都是数据集成工作的核心目标。在组织内部，这种需求通常体现在构建数据仓库、数据湖或数据中台等数据管理系统的过程中，涉及数据获取、转换和加载的各个环节。虽然在不同的时期和企业中，这些项目可能有不同的名称，但它们的基本内涵是一致的。它们的核心工作通常是通过各种数据采集、集成、加载工具，将不同来源的数据整合到一个或多个数据存储系统中。然后通过标准化、建模、清洗等手段，提高数据质量，以便为数据分析、数据挖掘、AI 分析和数据服务提供一致、高质量且批量的数据，同时满足准实时和实时的要求。总的来说，整合和跨领域的数据分析需求依然是数据集成工作的首要任务。我们的目标是通过高效的数据集成工作，提供一致、高质量的数据，满足各种分析和服务的需求。

如图 17-1 所示，如果对这个过程与现实生活中炒菜的准备过程进行类比，则可以形象地总结为如下 4 个步骤。

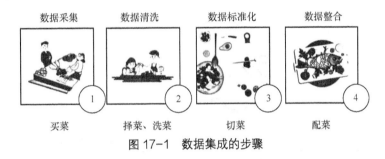

图 17-1　数据集成的步骤

（1）**数据采集**。这是数据集成的第一步，类似于我们在准备烹饪一道菜时准备食材。数据可以有多个来源，包括内部系统、外部数据供应商甚至公开的数据集。就好比我们可以从超市、菜市场甚至菜农那里买菜一样。

（2）**数据清洗**。一旦有了原始数据，下一步就是清洗这些数据，就好比我们需要择菜、洗菜一样。这意味着我们需要消除重复的数据、修正错误的数据、填充缺失的数据等，以提高数据的质量。

（3）**数据标准化**。数据标准化就好比我们将食物切成恰当的大小以备烹饪。数据标准化包括将数据转换成一致的格式、编码、单位等，这样才能确保我们可以方便地进行下一步的数据整合。

（4）**数据整合**。最后，我们需要将所有的数据集成到一起，就好比将不同的食材混合到一起、烹饪出美味的菜肴一样。在这个过程中，我们需要合并不同来源的数据，并确保数据间的连贯性和一致性，以便可以从整合的数据中获取有价值的洞见。

以上就是数据集成的基本流程，从数据采集、数据清洗、数据标准化到最后的数据整合，整个过程就好比我们购买食材，然后清洗、切割、混合食材，直到最后烹饪出美味的菜肴一样，需要精心地设计和规划。这些过程伴随着数据集成技术、数据集成操作以及数据集成相关的管理、治理思路，以使数据能够更容易地、可重用地发挥出更大的价值。

17.3　数据集成的核心内容

数据集成方式有多种，以满足不同应用场景的需要。依据应用环境和目标，数据集成方式可以分为 ETL（提取-转换-加载）、ELT（提取-加载-转换）、实时数据集成、云数据集成、大数据集成等。这些数据集成方式都有特定的优势和应用领域，需要根据具体的业务需求和数据环境来选用。在选择合适的数据集成方式时，CDO 需要深入了解业务流程、评估数据环境、确定数据需求并考虑相关的安全性、合规性、可扩展性和可维护性等因素。

17.3.1　数据集成的类型

如前所述，数据集成需要应对业务和技术架构的易变性，为企业提供业务数据和高效的数据集成、交换能力，这与 CDO 的责任完全相符。CDO 在构建企业数据架构时，需要根据企业的业务类型、发展战略选择适合的一种或多种数据集成类型。数据集成分为下游集成、中游集成和上游集成三种类型，如表 17-1 所示

表 17-1　数据集成的类型

数据集成类型	示意图	适合场景
下游集成		数据仓库 数据湖 数据中台 大数据平台 分析型客户关系管理 基于分析的风险管理等
中游集成		企业内部各个系统间的数据交换 企业间数据交换 批量数据交换 实时数据交换
上游集成		数据标准管理 主数据管理 参考数据管理

1. 下游集成

在图 17-2 中，红色的数据库图标表示数据的集成点，箭头主要是单向的，表示通过数据采集、加工、加载工具将数据整合到数据存储中。在这里，红色的数据库图标仅仅是一种示意，而不表示仅有一个数据库。它也可能表示数据存储的集合，以满足不同数据量级别、不同数据类型的存储和加工要求。

在真实的 IT 环境中，存在大量的由此类集成产生的系统，比如：

- 数据仓库；
- 数据湖；
- 数据中台；
- 大数据平台；
- 分析型客户关系管理；
- 基于分析的风险管理等。

图 17-2　下游集成

下游集成易于执行，是一种非常成熟的数据集成类型，特点如下：

- 数据主要由上游系统产生，经过采集、清洗后，汇聚到数据存储中；
- 采用被动式的数据质量控制方法，对数据进行清洗，这种方法经常会产生未知的数据质量问题，影响数据的准确性；
- 汇聚的数据可以实现跨业务、跨领域的交叉分析收益；
- 加工后的数据既可以服务于数据消费的业务人员，也可以服务于其他业务系统；

- 根据上游系统的不同，需要采用一种或多种数据采集方法，如批量采集、实时采集、增量探测等；
- 在数据处理过程中，需要采用各种各样的数据集成工具进行数据的整合、清洗、标准化，以及实时、离线的计算，包括 ETL、DBL、数据质量工具、Spark 或 Flink 等。

2. 中游集成

在图 17-3 中，红色的数据库图标表示数据的集成点，箭头主要是双向的，这意味着中游集成旨在实现所有系统的数据交换和融通，包括：

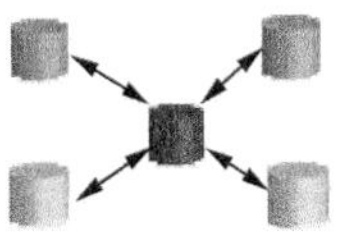

图 17-3 中游集成

- 企业内部各个系统间的数据交换；
- 企业间数据交换；
- 批量数据交换；
- 实时数据交换等。

中游集成能够解决企业内部点对点数据交换的困境，降低数据交换的复杂度，提升交换效率和数据质量等。数据交换的类型有两种，分别是点对点交换和中心辐射型交换，如图 17-4 所示。

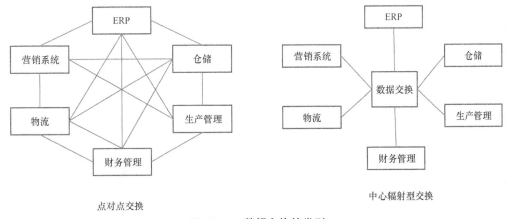

图 17-4 数据交换的类型

点对点交换的主要困境是每两个系统都需要协商交换的标准和格式，并最多产生 $n(n-1)/2$ 条交换路径（n 表示系统数量），这会给组织带来巨大的工作量。更大的麻烦是，这种数据集成模式还会带来数据的不稳定和不一致。

中心辐射型交换采用集中的管控方法实现了数据的交换，需要有一支独立的数据交换团队来对交换进行管理，这极大减少了数据的交换路径。理想状况下，最大的交换路径数为 n，同时组织可以受益于这支独立的数据交换团队，避免不一致的数据扩散，提高数据质量和效率，提升企业最佳实践的共享能力。

中心辐射型交换在有的企业里因为采用不同的技术手段和表示习惯，还可能被表示为总线型交换（见图 17-5），这种表示方式在逻辑上与中心辐射型交换并没有太大的不同。

在数据交换系统中，数据集成过程根据需要可能采用推（push）的模式，也可能采用拉（pull）的模式，还可能采用发布或订阅的模式，以及采用传统的 ETL、CDC 模式或者 API、微服务等任意一种适合的数据集成技术。

3. 上游集成

在图 17-6 中，红色的数据库图标表示数据的集成点，箭头主要是单向的（但不绝对），表示数据从红色的集成点流向其他系统。这意味着上游集成是以集成点为绝对中心的系统，它更多地起到数据标准的作用。

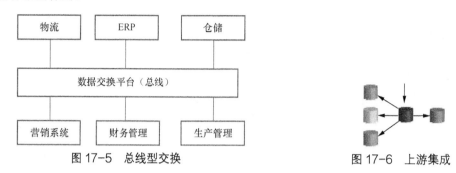

图 17-5　总线型交换　　　　　　　　　图 17-6　上游集成

俗话说，"要想富、先修路"。其实，只有路通了是远远不够的，还需要定义汽车的标准、车道的标准、转弯的标准等，否则这条路上必然交通事故频发，这就是我们所说的数据质量和标准问题，道路的管理和维护人员也必然疲于奔命。

上游集成是数据集成的高级目标之一，是数据内在形式的集成。上游集成对提升数据质量和效率，乃至未来提供数据集成的自动化开发、维护能力等具有决定性意义。前面已经对数据标准和主数据等做了一定的描述，这里不再赘述，而是提供一条概要性的思路。上游集成的演进路径如图 17-7 所示。

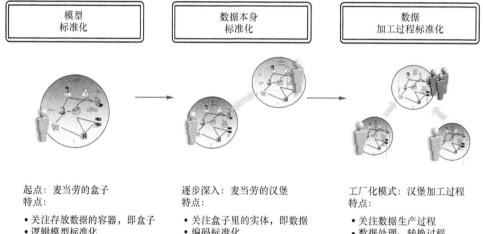

图 17-7　上游集成演进路径

上游集成的能力是在组织范围内，在三个不同层次上实现标准化、效率化，实现内在数据集成。

第一层：盒子标准化，即模型标准化。 参考麦当劳的盒子，小朋友马上就可以识别出里面是汉堡。这种标准化对应到数据领域，就是存放数据的容器，如逻辑模型和物理模型。数据管理的一些新的发展，对这种方法提出了新的挑战，我们也一直在观察从 Schema on Write 到 Schema on Read 的变化，并思考这些变化对数据利用短期、中期和长期的影响，以及对协作带来的挑战等问题。

第二层：汉堡标准化，即数据本身标准化。 数据就像存放在盒子里的汉堡，需要保持口味、重量、配料的一致等。汉堡标准化体现在数据中，就是数据的标准化，如性别编码、计量单位等简单的标准化，以及地址、业务描述等复杂的标准化等。

第三层：汉堡加工过程标准化，即数据加工过程标准化。 前面我们曾提到，在一个数据项目中，数据集成的开发工作占总工作量的 70%左右，这对 CDO 和能力供应商来说是巨大的挑战，包括成本的挑战、输出不确定性的挑战等。实现加工过程的标准化，是 CDO 输出高质量的数据生产要素的基础。高质量的生产要素提供高质量的数字化转型，还提供高质量的数据驱动基础，包括数据输出结果、数据生产效率以及降低数据生产成本。未来，数据驱动的竞争一定会与业务竞争一样，进入更深的层次。

上游集成是组织追求的一种高层次的数据集成能力和数据能力。如果把下游集成和中游集成当成外化能力的话，上游集成则是数据集成的内生能力。

17.3.2　数据集成技术

数据集成不仅仅是数据架构的基石，它还承载了整个数据项目最大的工作量。鉴于此，数据集成具备最大的优化潜力，代表了 CDO 生产力的核心能力指标。只有提升数据集成能力，才能确保策略变为实实在在的数字生产力，铸就数据驱动的企业基石。因此，业界对数据集成领域进行了深入探索，出现了各种数据集成工具和技术。下面介绍一些常见的数据集成技术，希望能够帮助 CDO 进一步了解它们并从中选用。

1. 物理集成/虚拟集成

数据集成可以分为物理集成和虚拟集成，这两种方式各有特点和适应场景。不同的组织和项目类型可能会选用不同的数据集成方法，相应地也会有不同的数据集成工具。

物理集成：数据在下游集成过程中会被物理移动并集成到一个集中的数据存储中，如数据仓库、数据湖、大数据平台或数据中台。这是数据集成过程中的常见方式。物理集成的特点在于数据的预移动以及清洗或转换，旨在实现跨业务的数据视图和数据的连贯性。物理集成采取了"用空间换时间"的策略，即通过预先对数据进行集成来降低使用时的数据获取时间，从而提高数据查询和分析的速度。

虚拟集成：通过特定的软件实现跨数据库或数据存储的计算，这种集成仅在需要时进行。虚拟集成能够跨越关系数据库、NoSQL 数据库、文本文件、微服务等，具有非常大的灵活性。

物理集成和虚拟集成都是已经得到广泛应用的集成技术，二者各有适用的场景。为了便于理解，表 17-2 对它们做了比较。

表 17-2　物理集成和虚拟集成的对比

	物理集成	虚拟集成
数据是否需要预先移动、计算和整合	是	否（按需集成）
是否需要额外的空间	是	否
数据量支持	几乎任意大小的数据量	较小的数据量，以目前的技术，千万级别以下可以尝试
集成速度	慢，需要进行预处理	快
适合场景	大规模、可计划的集成	按需执行跨越数据存储的计算，数据量相对较小

2. Spark/Flink

Spark 和 Flink 近年来成了 ETL 领域的热门词汇，作为"批流一体"或"流批一体"的计算框架，它们都代表新型的 ETL 处理方式。

- Spark：Spark 是基于内存计算的大数据并行计算框架，优秀的处理能力使得它尤其适用于大规模的批量处理过程。Spark 通过将数据载入内存进行处理，极大提高了计算速度，尤其在处理大量数据时表现出色。

- Flink：Flink 则是一个面向流处理和批处理的分布式计算框架。Flink 在处理数据时采用更小的数据集合，因此相较于 Spark，Flink 更擅长处理流式数据。这意味着 Flink 可以处理连续的、无边界的数据流，并且能够在数据到达时立即处理，因此非常适合需要实时分析的应用场景。

这两种技术各有优势，选择哪种技术取决于具体的业务需求和数据处理场景。

3. ETL/ELT

ETL（提取、转换、加载）和 ELT（提取、加载、转换）是两种具有多年使用历史的数据处理技术。它们在信息技术快速变革的环境中，地位仍然得以保持，这彰显了它们的重要性和持久性，二者的关键区别在于数据转换的位置和时间。

- ETL：在数据被加载到目标存储之前，先在中间服务器上进行数据转换。ETL 适用于源数据量较小、中间服务器处理能力较强，并且需要精细转换规则的情况。
- ELT：先将数据加载到目标存储（通常是大数据平台），再在目标平台上进行数据转换。ELT 适用于源数据量大、目标平台处理能力较强，并且转换规则相对简单的情况。

传统上，我们将 Spark 和 Flink 也归为 ETL 技术。虽然从抽象的概念上看，这些技术是相同的，都可以抽象为 ETL 或 IPO（输入、处理、输出），这是计算机的基本原理。但是在数据湖和数据仓库领域，这些处理过程特指 ETL。在这里，我们主要讨论的是较为传统的、具体的 ETL 和 ELT 工具。其中，以 Informatica 和 DataStage 为代表的 ETL 工具以及以 Oracle ODI 为代表的 ELT 工具最为人所熟知。表 17-3 对比了 ETL 和 ELT。

表 17-3　ETL 和 ELT 的对比

ETL	ELT	适用场景
转换靠 ETL 工具来完成	转换靠数据库（存储计算引擎）来完成	在性能方面，当数据库引擎不太强大时，ETL 具有资源叠加的优势（即可以利用 ETL 服务器资源，处理某些未事先索引化的数据等）。而当数据库引擎非常强大时，ELT 有优势
计算逻辑和图形展示一体化	计算逻辑和图形展示分离	在可管理性方面，ETL 要强一些。在 ELT 平台上，引擎中的代码容易修改，造成展示的逻辑和执行逻辑不一致
元数据支持较好	元数据支持相对较弱	N/A
可管理性较好	可管理性比 ETL 差一些	N/A
充分利用 MPP 数据库或 Hadoop 等并行计算的能力弱	充分利用 MPP 数据库或 Hadoop 等并行计算的能力强	N/A
结构化数据	结构化和非结构化数据	N/A
目标数据存储一般以数仓为主	目标数据存储一般以数据湖为主	ETL 的数据一般进入数仓，而 ELT 的数据一般进入数据湖
业务场景比较明确	业务场景不明确	在业务场景明确的情况下，可以先做"T"（转换），再做"L"（加载）；在业务场景不明确的情况下，很难先做"T"（转换）

4. 变更数据获取

变更数据捕获（Change Data Capture，CDC）是一种用于捕获并跟踪数据源中数据变化（如插入、更新和删除）的技术。这种技术能够在源系统与目标系统之间有效地同步变化，而无须每次都全量复制源数据，从而减少了网络负载和系统资源的使用。

CDC 在许多不同的场景中都非常有用。例如，在创建数据仓库或数据湖时，需要定期从业务系统中获取数据，如果每次都全量导出、导入数据，不仅资源消耗大，而且可能导致源系统的性能下降。而通过 CDC，只需要获取从上次获取后发生变化的数据即可，从而极大地提升了效率。另外，在实时数据处理和流处理场景中，CDC 也是非常重要的一项技术。通过捕获源系统中数据的变化，并将这些变化实时地应用到目标系统，可以保证数据的实时性，为业务决策提供即时的数据支持。

对数据变化进行捕获的常用方法有很多，每种方法都有优点和不足。CDO 需要根据具体的业务需求和系统环境来选择最合适的方法。以下是三种常用的获取增量数据的方法。

- **通过数据库日志获取增量数据**：这种方法是在数据库级别进行操作的，旨在通过监视数据库的事务日志来捕获数据的更改。这种方法的优点是实时性强，可以即时捕获数据变化。然而，这种方法也存在一些不足，比如需要对数据库系统有深入的理解，并且可能需要特殊的权限才能访问事务日志。
- **通过时间戳获取增量数据**：这种方法是在应用程序级别进行操作的，需要依赖数据表中的时间戳字段来追踪数据的变化。这种方法相对简单，且适用于大多数的数据系统。这种方法的不足在于，需要数据表中存在可靠的时间戳字段，且可能存在时间同步的问题。
- **通过 MD5 数据比较或表的全量比较来获取增量数据**：这种方法通过比较数据的哈希值或进行全表扫描来找出数据的变化。虽然可以应用于几乎所有的数据系统，但这种方法通常需要较大的计算资源，且可能会对数据系统产生影响。

5. 推、拉、发布/订阅

在信息交换场景中，数据供应方和数据消费方可以采取不同的合作模式，其中"推""拉""发布/订阅"是其中最为常见的三种。

"推"模式是由数据供应方主动将数据发送给数据消费方。例如，销售报告会定期被发送给各部门经理，这就是"推"模式的典型应用。

反过来，**"拉"模式**则是数据消费方根据需求，主动从数据供应方获取数据。例如，财务或营销人员通过查阅组织的数据目录，按需下载所需的数据，这就是典型的"拉"模式。

"发布/订阅"模式则是数据供应方定期或不定期地发布某些数据，而数据消费方通过订阅这些数据来获取它们。例如，营销人员可能订阅了每周的营销数据，并希望通过 BI 工具对它们进行分析。

为了满足数据消费方的多样性需求，CDO 需要提供多种数据服务模式。通过灵活使用"推""拉""发布/订阅"等模式，可以让数据消费方更便捷地获取数据，满足其个性化需求。

6. 批量/准实时/实时

对于数据的处理和服务，时效性确实是一个关键的考虑因素，"批量""准实时""实时"反映了三种不同的时效性需求。

批量处理通常以预定的时间间隔（如每天、每小时）进行，处理大量积累的数据。批量处理的优势在于能够处理大规模数据，并允许复杂的数据分析和转换。不过，批量处理可能无法满足需要即时结果的业务需求。

准实时处理介于批量处理和实时处理之间，目的是在短时间内（通常是几分钟或几秒内）处理和提供数据。准实时处理允许较快的数据更新，适用于需要快速响应但不需要即时数据的情况。

实时处理涉及连续的、实时的数据流，目的是立即处理并响应数据，时间粒度通常是毫秒甚至微秒级别。实时处理对于需要即时决策和响应的业务环境非常重要，如股票交易或在线广告投放。

CDO 在选择数据处理方式时，需要根据业务的实际需求和 IT 系统的能力来决定。可能并不是所有的业务都需要实时数据，在有些情况下，批量处理或准实时处理就足够了。此外，实时处理也可能需要更多的资源和技术支持。因此，选择合适的数据处理方式是一个需要左右权衡的过程。

7. 消息队列/API

消息队列和 API 在现代数据集成中具有非常关键的作用，这两种方式可以灵活地应对各种数据集成场景，是 CDO 构建现代数据架构时的重要工具。

- **消息队列。** 消息队列是一种跨平台、跨系统的通信方式，它允许各种应用程序通过读写出入队列的消息来进行通信。一些流行的消息队列工具，如 Apache Kafka 和 RabbitMQ，被广泛用于处理高速的大数据流，实现微服务之间的解耦，以及异步数据传输等。消息队列的特点是能够保证消息的顺序性和确保消息至少被处理一次。
- **API。** API 是一种能让不同软件之间进行互操作的约定和协议。现代 API 通常基于 HTTP/HTTPS，数据格式为 JSON 或 XML。其中，RESTful API（表述性状态传递 API）因简单、直观、易于使用，被广泛用在各类 Web 服务中。通过 API，应用程序可以获取、创建、更新和删除数据资源。

17.3.3　数据集成的新内容

随着数据生产力经过 30 多年的发展，我们正在经历一场数据消费趋势的巨大变革。无论是数据供应端，还是数据消费端，我们都面临深刻的变化。就像任何普通商品一样，在数据供应端，数据内容正变得越来越丰富；而在数据消费端，需求也变得越来越多样化和即时化。我们已经从较为单一的数据仓库供应方式，转变为更加多样化的供应内容和需求方式，如图 17-8 所示。

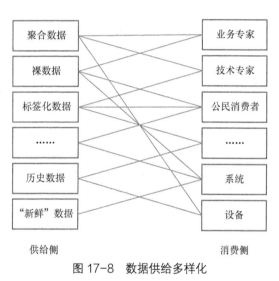

图 17-8　数据供给多样化

正是由于数据消费需求的旺盛发展，激发了对数据利用及数据集成能力的强烈需求。图 17-9 描绘了我们对多样化数据的需求。一个新的数据消费趋势正在深刻地影响数据和数据集成领域，那就是数据消费需求的民主化时代的到来。数据民主化的内容详见 31.5 节。

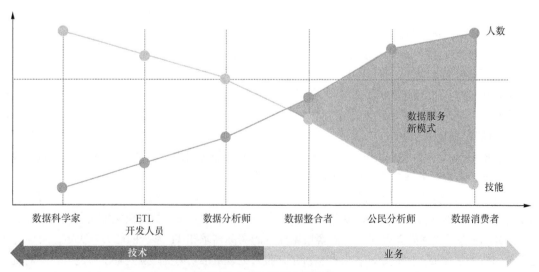

图 17-9　数据民主化趋势

在数据民主化趋势下，数据集成的生态和模式正在发生深刻的变化。作为首席数据官，我们需要密切关注这一趋势的发展。在这种趋势下，如下几点值得我们特别注意。

- **参与者增多**：随着数据知识的普及，越来越多的员工将直接参与数据的利用过程，提出数据需求和使用数据进行决策。
- **工具简化**：为了满足更广泛的数据消费者，我们需要提供更加简单、直观的数据工具集合，以降低数据使用门槛。
- **对原始数据的需求增加**：越来越多的用户需要直接获取和处理"裸数据"（Raw Data），这也带来了数据集成的新挑战。
- **强烈的即时数据需求**：随着业务的快速发展，对"OnDemand"数据集成的需求越来越强烈，这成了数据集成的主流需求和难点。
- **对"新鲜"数据的需求增加**：业务用户对最新、实时的"新鲜"数据（Fresh Data）的需求更加迫切。
- **想法驱动的数据需求**：业务用户可能基于一系列连续的想法驱动的数据需求，需要数据集成系统提供快速响应。
- **数据管理角色的变化**：随着数据民主化的推进，数据管理的相关角色正在发生深刻的变化，数据科学家、数据工程师、数据管理员等新的角色不断涌现。

在这种趋势下，CDO 的工作已经不再仅限于提供传统的数据集成方法和模式。他们需要考虑如何构建更加灵活、弹性的数据供给和集成架构，以适应日益复杂、多变的业务需求和数据环境。同时，数据的安全性和隐私保护也是不能忽视的关键议题，这需要 CDO 在构建数据架构的同时，充分考虑数据的安全防护、合规管理等问题。此外，随着新一代数据消费者的涌入，他们的数据能力和要求显著提高。他们不仅希望更直观、更便捷地获取和使用数据，还希望能够进行更深入、更自由的数据探索和分析。这对 CDO 提出了更高的要求，需要 CDO 不断更新、优化数据供给和数据集成的策略、工具，以更好地满足新一代数据消费者的需求。

17.3.4　数据集成的常见误区

数据集成有如下常见误区。

1. 数据集成不仅仅是一项技术工作

虽然数据集成涉及很多技术层面的工作，但实际上，数据集成涉及的领域远不止于此。组织和流程在数据集成过程中起着决定性作用，因此，只从技术角度看待数据集成是不全面的。

2. 不存在通用的数据集成技术

对大型组织而言，往往不存在一种万能的数据集成技术可以解决组织所有的数据集成问题。在实践中，CDO 需要选择多种技术，并且可能需要建立一个或多个数据集成平台，以应对企业和组织所面临的复杂的数据集成场景。

3. 数据集成不是一项一次性的工作

数据随着业务和技术的发展而不断离散，但又因为企业存在大量的数据集成基础设施和组织，数据又在不断被集成或拉通。这是一个持续的、螺旋式上升的过程。数据集成系统也需要不断地更新和升级。

4. 数据集成不仅仅是一项开发工作

虽然数据集成的开发工作占整个数据平台的大部分工作量，但如果只将数据集成视为一项开发工作，就会忽视数据集成的重要性。数据集成的灵活性是企业或组织数据能力的基础，是"数据底座的底座"。只有重视这个领域，才能真正将数据集成从"水面下拼命划水的鹅掌"变为"水面上优雅的天鹅"。

17.4　数据集成能力的评估

数据的敏捷性驱动着业务的敏捷性，而数据的敏捷性又来源于数据集成能力的敏捷性。数据集成能力的敏捷性是现代组织或企业数据服务能力的最重要体现。特别是对已经进入高级数据成熟阶段的组织来说，数据集成能力是这一阶段的关键指标。那么，CDO 应如何评估企业自身的数据集成能力呢？首先，CDO 需要考虑影响业务敏捷性的一些制约因素，比如：

- 数据存储在哪里？
- 是否可以轻松访问数据？
- 是否和其他来源的数据一致？
- 是否可以相信数据？
- 谁对数据负责？
- 我们可以处理这么大的数据量吗？
- 我们可以处理这么快吗？
- 我们是否拥有标准流程？
- 我们是否拥有适当技术？
- 我们是否拥有适当技能？

CDO 可以采用一种渐进式的定性评估方法。在数据管理的早期，数据仍处于粗放式的管理阶段，很少有人意识到数据集成的重要性。为了帮助 CDO 准确地认识企业的数据管理水平，特别是数据集成能力的水平，我们可以拿制造业来类比。以下是数据管理发展的三个阶段。

- 当我们热衷于听取有关数据管理的故事时，我们的数据管理可能还处于**懵懂期**。
- 当我们开始对数据管理方法产生兴趣时，我们的数据管理处于**起步期**。
- 当我们认识到数据集成和数据质量的重要性时，我们的数据管理进入**成熟期**。

数据集成的水平基本上也遵循以上发展过程，这可以作为 CDO 评估自身数据集成能力的一种方法。

企业数据集成能力的发展分为 4 个阶段——自发的数据集成、自定义的数据集成、专业的数据集成以及精益/敏捷型数据集成，如图 17-10 所示。

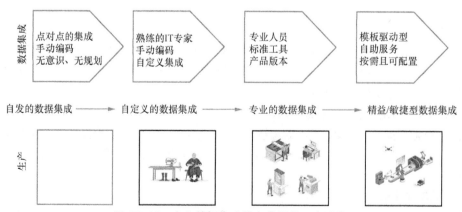

图 17-10　企业数据集成能力发展的 4 个阶段

- **自发的数据集成**：在这个阶段，数据集成还处于无意识、无规划的状态。简单地说，这是由需求驱动的数据集成，比如其他系统需要某些数据，或者需要一些数据进行交叉分析等，从而进行数据交换、初步的数据整合等点对点的操作。

- **自定义的数据集成**：随着数据集成需求的增加，CDO 已经意识到数据集成是需要独立进行管理的一项复杂工作。这个阶段的典型特征是需要熟练的 IT 专家的支持，要由经验丰富的编码工程师来定义组织的数据集成架构，并实现数据集成的落地。
- **专业的数据集成**：数据集成发展到一定的程度，CDO 逐步认识到数据集成是一项费时费力的工作，但这项工作对于组织在数据标准、最佳实践、提升工作效率等方面具有重要作用。企业进入专业的数据集成阶段，这个阶段会有专门的团队负责数据集成工作，逐步积累或外购数据集成工具以提升效率。
- **精益/敏捷型数据集成**：在这个阶段，数据集成就像工厂中的生产线，可以按需生产，提供快速、敏捷、可插拔的数据集成服务。

17.5　本章小结

从技术和业务两个维度看，数据离散化和"数据孤岛"现象不断增加，这要求数据集成的工作也要不断适应和优化。从技术维度看，随着新技术的不断出现和发展，比如云计算、物联网、人工智能等，各类数据源层出不穷，数据格式和结构也更加复杂多变，这就带来了新的数据孤岛。数据的存储、处理、分析等方式都需要适应这些新的变化。数据集成在此过程中起到关键的桥梁作用，旨在将不同来源、不同格式的数据有效地整合在一起，实现数据的高效利用。从业务维度看，随着业务的不断发展和创新，会有越来越多的系统和应用产生，这些系统和应用都会生成和处理各自的数据，从而可能形成数据孤岛。为了实现业务的全局优化和决策的精准，数据集成需要解决数据孤岛的问题，使得不同系统和应用之间的数据能够流通，为业务提供一致和全面的视角。因此，CDO 需要不断关注并解决新的数据孤岛问题，推动数据的流通和共享，提升数据的价值。同时，CDO 还需要关注数据集成技术的发展，采用新的技术和方法，提升数据集成的效率和质量，适应不断变化的环境。

推荐阅读：

[1]　Gartner. Gartner Magic Quadrant for Data Integration Tools[EB/OL]. 2022.

第 18 章

数据存储

和其他数据管理领域一样，数据存储直接影响成本和性能。在许多情况下，数据存储领域的工作和决策未必都由 CDO 负责，它们更多地属于 CIO 的职责范围，但是 CDO 一定会参与相关的讨论和建议。CDO 需要了解数据存储的方方面面。

18.1　概述

18.1.1　数据存储的概念

在广义上，数据存储是以电子或其他形式对数据进行物理记载以便事后使用的过程；在狭义上，数据存储是利用计算机系统对数据进行存储的过程。

本书仅讨论狭义上的数据存储，我们将重点介绍对结构化数据进行存储的相关知识，并简要讨论与非结构化数据存储相关的内容。

18.1.2　数据存储规划的目标

对于首席数据官（CDO）而言，规划数据存储的方式是数据资产管理的核心内容之一。在开展数据存储规划时，至少需要涵盖以下目标：

- 保障数据在数据全生命周期中的可用性；
- 保障整个组织范围内数据资产的完整性；
- 保障数据在不同使用场景下的性能要求；
- 在不同需求场景下，识别性能、可靠性、安全性、成熟度、运维支持、总体运营成本等不同因素的重要性和优先级，并尽可能取得平衡。

18.2　数据存储规划需要考虑的因素

进行数据存储规划时需要考虑数据的结构特征、处理模式、全生命周期、访问热度、存储地点，以及整体性因素。

18.2.1　数据的结构特征

如果按照结构特征进行分类，则数据通常可以分为结构化数据、非结构化数据和半结构化数据。

结构化数据是指可以使用关系数据库表示和存储，表现为二维表形式的数据。结构化数据首先依赖于建立一个数据模型，数据以行为单位，一行数据表示一个实体的信息，每一行数据的属性是相同的。

非结构化数据则没有预先定义好的数据模型，也没有以一种预先定义好的方式来组织，主要指文档类型的数据，包括各种格式的办公文档、文本、图片、各类报表、图像和音/视频等。相较于传统的数据库表或者标记好的文件，非结构化数据由于具有非特征性和歧义性，更加难以进行信息提取或自动化处理。

半结构化数据是指介于结构化数据（如关系数据库、面向对象数据库中的数据）和非结构化数据（如声音、图像文件等）之间的数据。半结构化数据是结构化数据的一种形式，但数据的结构和内容混在一起，没有明显的区分。半结构化数据并不符合关系数据库或以其他数据表的形式关联起来的数据模型结构，但其包含相关标记，用来分隔语义元素以及对记录和字段进行分层。半结构化数据中的同一类实体对象常常可以有不同的属性，即使被组合在一起，这些属性也并不遵循统一的顺序或描述规范。半结构化数据主要包括日志、XML 文档、JSON 文档、E-mail 等。

对于数据存储规划而言，数据的结构特征是首先需要考虑的，有时甚至是决定性因素。通常情况下，结构化数据适合使用关系数据库类型的系统进行存储，非结构化数据和半结构化数据适合使用 NoSQL 数据库、对象存储系统、文件系统等其他类型的系统进行存储。

对于不同的行业需求或业务场景，数据的结构特性可以有不同的体现。在具体业务场景下，需要识别（或设计）数据特定的结构特征，以帮助企业实现业务目标或提升处理效率，还需要了解是否有特定的数据库产品可以利用这种结构特征来实现所需的处理需求。事实上，正是在这些不同需求的催生下，市场上才产生了多种不同类型和特性的数据库产品。

18.2.2 数据的处理模式

从数据处理的技术特征来看，大多数数据处理归根结底可以分成两种典型的处理模式——OLTP 和 OLAP。这两种处理模式对数据存储提出了不同的要求。

OLTP（On-Line Transactional Processing，联机事务处理）也称为联机交易处理或实时事务处理，属于基本的、例行事务的操作处理。OLTP 的基本形式是产生大量客户随机申请服务的请求，通过多种设备和渠道连接到业务处理系统，每一个服务请求在业务处理系统中以一个事务的方式运行，通过对一定业务数据的处理来完成客户的请求，并向客户返回数据。

OLAP（On-Line Analytical Processing，联机分析处理）主要执行数据挖掘和聚类分析等操作，旨在进行面向主题的决策分析。OLAP 是企业决策支持、数据仓库系统的综合应用。

从数据处理模式对数据存储的要求来看，OLTP 需要较强的数据写入性能，强调数据的一致性、交易完整性、处理及时性，还需要数据库系统有较高的内存利用效率，并且要求较高的并发性能，最容易出现瓶颈的地方就是 CPU 与磁盘子系统。而 OLAP 以读取大量数据为主，经常需要进行较复杂的统计分析和数学运算，强调磁盘 I/O 的读取性能，有时需要进行数据分区以获得更好的性能。OLAP 的写入操作较少，通常是在经过一段时间后进行批量抽取和数据更新。

表 18-1 描述了 OLTP 和 OLAP 的部分不同特征。

表 18-1　OLTP 和 OLAP 的部分不同特征

对比项	OLTP	OLAP
用户	操作人员，低级管理人员	决策人员，高级管理人员
功能	日常操作	分析决策
数据库设计	面向应用	面向主题
数据颗粒度	当前的，最新细节的，二维的，分立的	历史的，聚焦的，多维的，集成的，统一的
数据模型	采用 E-R 模型和面向应用的数据库设计	采用星形或雪花模型，以及面向主题的数据设计

对比项	OLTP	OLAP
存取	读/写数十条记录	读上百万条记录
工作单位	简单的事务	复杂的查询
用户数	上千	上百万
数据库大小	相对较小	相对较大
时间要求	具有实时性	对时间的要求不严格
主要应用	数据库	数据仓库

对于 OLTP 需求，适合采用关系数据库进行存储和处理。在这种情况下，利用的是关系数据库的数据定义、数据操作、数据查询及数据控制功能，用以解决日常业务数据的输入和管理问题。

对于 OLAP 需求，则更适合采用多维数据库、MPP 数据库、分布式数据库、NoSQL 数据库（如列式数据库）或针对 OLAP 做了优化的关系数据库。在这种情况下，通常需要针对 OLAP 进行数据模型的优化设计（如采用维度模型），才能更加充分地利用这些数据库的性能。

18.2.3　数据的全生命周期

数据的全生命周期通常可以划分为获取、存储、加工、共享和使用、存档、过期销毁等不同阶段。需要指出的是，不同行业或领域的组织，以及同一组织内部的不同角色、岗位，对数据生命周期的理解和观察视角是不一样的。对于首席数据官而言，需要站在全局高度，从战略层面，在跨时空范围内审视数据在组织内部及外部的各种存在和活动状态。处于不同生命周期阶段的数据，存储的目标和要求存在明显差异，因此可能需要采用不同的数据存储方式，还需要考虑数据在不同的存储体系之间流动的方式、连续性、信息完整性等。

数据获取阶段：这是数据生命周期开始的阶段。在这一阶段，需要通过多种数据采集手段，收集不同的数据，既可以是组织外部的数据，也可以是组织内部的数据。

数据存储阶段：对收集过来的数据进行数据存储，根据不同的数据结构方式，采取的数据存储类型也可能不一致。结构化数据一般使用关系数据库进行存储，非结构化数据一般使用 NOSQL 数据库或非关系数据库进行存储。在进行数据存储时，要考虑数据安全，对数据执行数据加密和数据转换等操作。

数据加工阶段：数据只有在进行加工后才可以共享和使用，收集过来的数据需要进行清洗或转换，还需要根据业务需求进行业务逻辑的处理、数据分析和挖掘等。

数据共享和使用阶段：加工后的数据既可以提供给组织内部各业务领域使用，也可以提供给组织外部使用，应根据不同的场景提供不同的数据服务。

数据存档阶段：在这一阶段，已经很少需要对数据进行查询分析，数据主要用于存档，以便事后追溯，有的行业还需要符合相关存档法规要求。在这种情况下，需要重点关注数据存储的持久性、物理安全性、容量经济性，对访问性能要求很低。

数据过期销毁阶段：已经超出约定的保留期限或已经对组织失去使用意义的数据，需要定期进行检查并安全地销毁，以释放更多的存储空间。

18.2.4　数据访问的热度

在数据的不同生命周期阶段，数据被访问、改写的频度存在很大差异。按照数据被访问频度的不同，数据大致可以分为在线、近线和离线三种状态。

在线数据指数据处在业务环境不断产生和更新的阶段，需要频繁地被查询和改写，这种状态下的数据也称为"热数据"。

近线数据指数据与业务一线已经脱钩，虽然可能仍然需要不时地被访问（比如在进行数据分析时），但是已经不太频繁，且通常不会被改写，这种状态下的数据也称为"温数据"。

离线数据指数据很少需要被访问，只是为了满足长期保存或事后追溯的需求才打包封存。离线数据已经极少需要被访问，有时还强制要求不允许改动，这种状态下的数据也称为"冷数据"。

数据生命周期与数据热度的关系大致如下：获取阶段为在线数据，存储加工阶段为近线数据，归档阶段为离线数据。与不同的数据访问热度相对应，应考虑采用相应的物理存储介质。在计算机系统中，按照在线数据、近线数据、离线数据的顺序，存储介质主要有内存、闪存、磁盘、光盘、磁带等。

其中，内存、闪存可以提供高性能、随机访问的数据读取能力，一般用于在线数据存储。近线数据的存储则通常使用性能稍低但容量更大的磁盘。光盘、磁带则可以提供廉价且几乎无限的海量空间和长期留存的存储能力，主要用于离线数据的存储。

实际上，将内存和闪存看作数据存储介质还没有很长的时间。在"内存数据库"出现以前，内存只是作为磁盘的缓冲区和计算机的程序运行空间，而并不视为一种单独的数据存储方式。当然，即使在内存数据库中，内存也并不能独立地完成长期存储数据的任务，内存需要借助磁盘或闪存来实现数据的持久化。

闪存是一种相对较新的存储介质，近10年才得到逐渐普及。闪存兼具内存和磁盘的优势，既可以提供高性能的随机读取（与内存类似，但远高于传统磁盘），又具有数据持久化能力（掉电不会丢失数据，与传统磁盘类似）。闪存的出现和广泛应用从根本上改变了数据库早先基于硬盘存储设计的架构。基于 NVM（Non-Volatile Memory，非易失性存储器）的数据库存储架构及算法优化已经在目前最新的数据库系统和存储硬件中被广泛采用。利用 NVM 的读写特点、持久性、字节寻址等特性，可以优化数据库事务处理、读写 I/O 等性能。NVM 的主要短板是存在数据擦写，且存在物理上限（称为"写磨损"），因此需要在各个层面进行优化以减少"写磨损"，保障数据存储的可靠性和存储系统的使用寿命。

磁盘（此处特指传统机械磁盘）已经有 60 多年的发展历史。传统上，所有在线数据和近线数据都是通过磁盘来存储的，只是根据不同的性能、容量、可靠性要求，需要选择不同规格的磁盘。近10年来，随着闪存技术逐渐成熟和成本迅速降低，传统机械磁盘被闪存取代的趋势已经非常明显。目前，只有一些近线存储场景才会看到传统机械磁盘的存在，而在线数据则基本已经完全使用闪存进行存储。

相较于内存、闪存、磁盘，光盘的读取效率较低，一般用于数据存档。光盘存储的特点是WORM（一次写入，多次读取），即数据一旦写入光盘，后续就只能读取而无法改写。这一特点对于司法、审计用途非常重要，因此特别适用于需要法规遵从的场景。

磁带具有容量大、成本低廉、保存时间长的优势。但存储在磁带上的数据只能被顺序加载而无法提供随机数据访问。因此，磁带存储最典型的应用领域是数据备份和恢复，以及进行数据的长期离线保存。在实际使用时，数据通常是经过压缩打包后写入磁带的，因此后续需要解包并加载到在线或近线存储设备上才能访问。

18.2.5　数据的存储地点

多年前，将数据存储在本地是常态。不过，即使在今天，一些企业也仍然觉得这样做很方便，但这种方案并非对每个企业都是最具有成本效益的解决方案。当下，云计算服务已经十分成熟，首席数据官必须考虑将数据存储在云端还是本地。这两种方案的一些主要优点和限制如下。

1. 本地数据存储方案的优点

（1）拥有完全掌控数据的能力

当把数据存储在本地时，组织对自己的数据拥有完全的掌控能力，能够在出现问题时全天候做出反应。对于为金融、政府等高度敏感行业或机构提供服务的组织来说，这种能力尤为关键。

（2）不依赖互联网连接

在本地存储数据的最大优势是独立于互联网。这意味着组织不必担心网络连接不稳定或断开对业务产生的影响。组织可以通过内部网络确保对所有数据的持续不间断访问。另外，对于极端的数据安全要求，完全与互联网隔离可能是一项必要的措施。

2. 本地数据存储方案受到的限制

（1）对 IT 运维保障要求高

数据在本地存储对维护和管理的要求很高，需要更多的 IT 专家甚至专门的团队，这会增加成本并降低 IT 部门的效率。

（2）更大的一次性投入

数据在本地存储需要大量资金来购买服务器及配套的软/硬件设施，这需要付出大量的成本。对于部分组织而言，这可能是一种沉重的负担。同时，数据在本地存储还需要花费时间进行部署，这会给未来的硬件升级增加成本。

（3）增加数据丢失的风险

数据存储在本地，与公有云服务商完善的安全保障措施相比，组织的 IT 团队很难具备专业云服务商那样的技术能力和安全设备，数据因系统故障或遭受意外而损坏丢失的风险更高。因此，数据在本地存储一般需要配套地采取异地备份措施，而这会进一步增加成本和运维代价。

（4）响应变化的弹性不足

当业务或数据迅速变化时，采用本地存储方案难以在短时间内进行 IT 资源的扩充或收缩以适应这种变化。

3. 云数据存储方案的优点

（1）避免初期高额成本投入

云服务通常是按年付费的，组织不需要一次性采购大量的 IT 设施，后续只需要持续按年付费即可。此外，组织也不需要为维持自己的 IT 运维团队付出高昂的成本。

站在财务部门的视角，使用云端资源的费用与采购 IT 设备的支出可能属于不同的费用类型，这种差异对于大型企业，特别是上市公司来说，有时是一个重要的差别。

（2）更专业的安全保障

很多组织在考虑云数据存储方案时担忧数据安全问题。事实上，专业的云服务商配备了比一般组织更专业齐全的 IT 设施、现场安保、安全设备、容灾措施和技术团队，可以满足大多数组织所需的数据安全保障要求。

（3）能灵活地响应变化

云服务具备更大的灵活性，用户只需要为他们实际使用的资源和服务内容付费，可以随时添加和缩减服务内容来快速响应需求的变化。

4. 云数据存储方案受到的限制

（1）数据可用性依赖互联网连接

云数据存储方案最明显的薄弱点可能就是对稳定和安全的互联网连接的持续性依赖。虽然在当今世界上的几乎所有地区，这已经不再是一个问题，但在选择迁移到云之前，组织还是需要先确定自己的业务对互联网依赖的程度，评估是否可以接受互联网中断而对业务造成的风险。

（2）控制能力变弱

将数据存储到组织外部的云环境中之后，组织内部团队对数据只能间接管理和掌控，在极端情况下，这可能是一种难以接受的风险。

当然，这并不意味着对所有数据在本地存储和云存储之间做二选一，而是需要在充分认识到这两种方案各自的优劣势之后，根据每种数据的不同特性和使用需求，分别选择最合适的数据存储方案。例如，以下是三个比较典型的适合使用云存储方案的场景。

- 运行托管在云上的应用。如果使用公有云服务商提供的基于云的应用，那么许多源交易数据就已经位于公有云之上。对于云服务商或其合作伙伴推出的增值分析服务（如客户流失分析、营销优化或异地备份和客户数据归档等服务）而言，将数据存储在云上可能比将数据存储在本地更具有意义。
- 需要大量预处理的外部数据。如果正在利用社交媒体数据反馈进行客户情感监控，那么本地的服务器、存储或带宽将无法满足相关分析工作的需要。此时，可以利用基于公有云的大数据服务所提供的社交媒体过滤服务。
- 短期项目。如果组织有一个短期探索型数据项目，并且数据量远超企业内部IT资源所能够支撑的规模，那么云数据存储方案可能是唯一可行或能够负担得起的数据存储方案。在项目启动期间，可以迅速获得基于云的存储空间和处理能力；而在项目结束之后，可以迅速释放这些存储空间和处理能力。

18.2.6 整体性因素

除上述因素外，还有一些整体性因素也是首席数据官所需要考虑的。

（1）不同系统之间的相容性

基于前面所讲的各个因素，针对数据不同的结构特性、生命周期阶段、热度、存储方式、存储地点，在分别规划了数据存储方案后，还需要考察这些数据在不同存储体系之间协同运行的可行性，迁移流动的必要性、可能性和平滑性，迁移过程是否满足时效要求，是否会导致信息丢失，是否会导致颗粒度或可追溯性受损等。一般而言，在保障业务和性能要求的前提下，组织应尽量降低存储方式的多样性和复杂性，并尽量采用同类型、同架构的存储方案，以此尽量保证各系统之间的相容性。

（2）运维团队的支撑能力

任何系统都需要运维支持。组织因为受到成本的限制，只能维持一定的技术水平和人员规模的运维团队。因此，组织具体采用哪种数据存储方案将受到这个因素的限制。大部分时候，组织应该首先选择运维团队已经熟悉或者能够很快掌握的系统。如果短时间内无法熟练使用，则需要考虑引入原厂或第三方支持，或者采取服务外包等方式，确保不会出现运维问题。

（3）总体拥有成本

通常情况下，数据存储相关成本在组织的IT支出中占很大比例。影响数据存储成本的因素有很多。不同的厂商软件（包括开源产品）、组件功能配置、扩展性要求、硬件平台、云端或本地数据中心、运维和保障要求等，都会显著影响数据存储成本，而且不同因素之间通常有此消彼长的关系。例如，选择开源产品可以减少软件采购开支，但也会增加运维成本。

首席数据官需要考虑性能、可靠性、安全性、成熟度、运维支持、总体拥有成本等不同因素，在不同需求场景中识别各因素的重要性和优先级，并尽可能取得平衡，甚至很多时候不得不进行一些妥协。

18.3　选择数据库系统需要考虑的因素

18.3.1　数据库的 CAP 特性

CAP 特性中的 C 表示**一致性**（Consistency），为最终一致性；A 表示**可用性**（Availability），可通过多个数据副本保证数据安全；P 表示**分区容错性**（Partition tolerance），也就是某些节点失效后，表示系统是否还能正常工作。

CAP 理论是指，对于分布式系统（数据库系统当然也包含在内）而言，一致性、可用性、分区容错性无法同时满足，只能对一致性或可用性进行取舍。

1. ACID 和 BASE

分布式数据库的基本特征是，数据需要保存在多个节点上，因此分区容错性一定要保留，于是只能从一致性和可用性中选择其一。不同的选择策略，形成了两种不同的 CAP 特性——ACID 和 BASE。

在 ACID 特性中：

- A 表示**原子性**（Atomicity），事务中的操作要么都做，要么都不做；
- C 表示**一致性**（Consistency），系统必须始终处在强一致状态；
- I 表示**隔离性**（Isolation），一个事务的执行不能被其他事务干扰；
- D 表示**持续性**（Durability），一个已提交的事务对数据库中数据的改变是永久性的。

在 BASE 特性中：

- BA 表示**基本可用**（Basically Available），系统能够基本运行，一直提供服务；
- S 表示**软状态**（Soft-state），不要求系统一直处在强一致状态；
- E 表示**最终一致性**（Eventual consistency），系统需要在某时刻达到一致性要求，表示为支持可用性。

2. 不同数据库的 CAP 特性

关系数据库需要保障事务原子性和数据一致性。当关系数据库试图进行扩展时，它会采取放弃可用性的策略。在强一致性要求下，事务要么全部都做，要么全部都不做，从而保证所有用户看到的数据始终一致。在这种情况下，对于业务过程而言，数据一致性、事务原子性得到了保证。但与此同时，当一个数据被别人操作或数据节点出现异常时，系统就必须等待，无法保证可用性。关系数据库具有典型的 ACID 特性，因此更加适用于 OLTP 场景。

大部分 NoSQL 数据库具有 BASE 特性。NoSQL 数据库强调扩展性和性能，可用于处理大规模数据，更适合用于 OLAP 场景。通过牺牲部分的数据一致性（保证数据最终一致而非过程中实时一致），NoSQL 数据库可以显著提升系统的扩展性。之所以可以放弃一致性，是因为在一些场景中，对一致性的要求并没有那么高，更需要的是高性能和高可用性。数据虽然在短时间内可能不一致，但最终会在其他节点同步完成后保持一致。这种特征使得 NoSQL 数据库不适用于事务处理。

在使用具有 BASE 特性的数据库时，往往对上层应用的要求比较高。上层应用必须提前考虑如何处理各种数据不一致可能造成的异常。换言之，最终一致性的代价是有可能增加应用层开发的复杂度。

18.3.2　数据库的扩展性

随着互联网、人工智能、机器学习在各行各业的快速应用，现代组织需要处理的数据规模正在迅速增长。面对海量数据，传统单机数据库的容量、性能已无法满足业务要求，因此产生了对数据库处理能力进行扩展的迫切需求。然而，关系数据库的扩展性存在局限性。

1. 扩展性需要遵循的准则

对于分布式系统而言，扩展性需要遵循以下准则。

- **水平可扩展**：通过增加服务器就可以提供更多的负载能力。
- **对应用透明**：服务器的扩展性实现必须与业务的应用逻辑无关，对之透明。
- **无单点故障**：单个服务器节点"宕机"不应导致应用错误或失败。

2. 传统关系数据库

传统关系数据库以关系代数为理论基础，其本质特征是必须遵循严格的关系模型，这使得它在容量和性能扩展方面存在先天局限，无法同时遵循上述 3 个准则。

对于关系数据库，目前可行的扩展方式是"垂直扩展"，即对单个服务器的硬件规格进行提升，从而获得更高的性能。但这种扩展方式的弊端也很明显：

- 在给定的技术发展条件下，垂直扩展方式很容易遇到性能上限，因而难以持续；
- 扩展过程比较复杂，经常需要人的参与，也经常导致服务器停机；
- 常常代价高昂且性价比低，多花费的资金并没有带来相应的性能回报；
- 被替换的服务器变得没有价值，导致资源被浪费，并可能"鼓励"超支购买并不想买的高性能服务器。

由于"垂直扩展"的种种弊端，关系数据库提供了一些水平扩展的能力，主要包括增加数据分片、读写分离等，但与此同时也会受到一些限制。

"数据分片"是指根据应用程序制定的规则或界限，把数据切分到不同的数据库中。但此时更新数据就有可能发生冲突（可能会将相同的数据在两台服务器上同时更新成其他值，造成数据不一致）。为避免这样的情况发生，就需要把对每个表的请求分别分配给合适的主数据库来处理。因此，在进行完数据分片后，就需要对应用程序进行更加严密的逻辑控制，同时仔细设计数据划分模式和数据库模式，以及数据的查询方式。这使得应用程序的逻辑与数据分布方式形成高度耦合，无法做到透明化处理。

此外，在将数据打散到多台服务器后，存储在不同服务器上的表之间无法进行 JOIN 处理。此时，如果需要进行 JOIN 处理，就只能通过程序自身的逻辑来实现，这显然失去了关系数据库本身的优势。

数据分片引起的更深问题与关系数据库的本质有关。关系数据库中的表通常维护着关系模式，如果记录被切分到不同的服务器上，则相当于需要维护多个关系模式，这也意味着很可能需要更改客户端程序。数据分片的扩展方式使得关系数据库的一些原生优势荡然无存。

所以，对于关系数据库而言，数据分片虽然实现了水平扩展，却不得不放弃扩展性需要遵循的第二个准则，因为做不到对应用程序的业务逻辑完全透明。

"读写分离"是很多关系数据库采取的扩展策略，但这是一种"不完整"的水平扩展。具体而言，就是将多台服务器划分为一台主服务器和多台从服务器，通过"主从复制"（主服务器实时地把数据分发复制到从服务器）的方式来实现读写分离。主服务器提供完整的数据库功能，从服务器只提供数据读取功能，而不能进行数据写入。这样就在客户端和服务器之间形成一种智能的分工策略：把一切的读操作（SELECT 操作）分发到多台只读的从服务器，而把一切的写操作（INSERT、UPDATE 和 DELETE 操作）分发到唯一的主服务器。通过这种策略，就能够在一定程度上满足性能提升的需要。

读写分离在只读场景（如 OLAP 场景）下确实提供了水平可扩展性，并且对于应用来说也是透明的，这也是很多大型关系数据库采用的方式。但是，读写分离始终是一种受限的技术，它的瓶颈在于主服务器，特别是对于一些操作频繁的应用。"读写分离"放弃了扩展性需要遵循的第三个准则，主服务器是整个体系中的单点故障，主服务器"宕机"时应用将出现错误。

3．NoSQL 数据库

进入 21 世纪以后，随着互联网的蓬勃发展，由于数据快速膨胀、业务需求快速变化，各行各业对扩展性（Scalability）及可靠性（Reliability）产生了更加迫切的需求，而这正是传统关系数据库的弱点。自然地，新的适合这种业务特点的 NoSQL 数据库开始出现。

NoSQL 数据库的共性是不需要固定的关系模式（Schema），而采用不同于关系表的格式来存储数据。与关系数据库相比，NoSQL 数据库处理事务和 JOIN 等复杂逻辑的能力较弱，但它恰恰弥补了之前列举的关系数据库的不足。

NoSQL 数据库放弃了强一致性和关系模型，放松了对事务性和一致性的约束，大幅降低了技术难度，NoSQL 数据库具有强大的扩展性和高可用性。这意味着可以添加更多机器来处理跨多台服务器的数据，从而实现了极高的读写性能、海量文档的存储和访问以及分布式业务处理。

4．NewSQL 数据库

NoSQL 数据库虽然提供了更高的性能和扩展性，但付出的代价也很明显。由于缺乏强一致性及事务支持，很多业务场景无法顺利迁移到 NoSQL 数据库上。同时，由于缺乏统一的高级数据模型和访问接口，业务层不得不承担更多的负担和复杂性，这增加了开发难度。

如何才能在获得关系数据库的强一致性和事务支持的同时，获得 NoSQL 数据库的强大扩展性及高可用性？可行方向就是在保留 ACID 特性的前提下，像 NoSQL 数据库一样进行数据分片。通过分片，将数据或计算打散到不同的节点，突破单台服务器硬件对容量和计算能力的限制，从而获得更高的可用性、性能及弹性。这一思路催生了新一代的 NewSQL 数据库。不同的分片策略形成了不同的 NewSQL 数据库设计方向，带来不同的 ACID 特性，需要克服的问题也各不相同。

不同的分片方案，从应用层到硬件层，逐级向下可以分为分库分表、引擎分区（Partition Engine）和存储分区（Partition Storage）。

随着分片层次的下降，扩展性会减弱，但易用性和生态兼容性（指的是与传统关系数据库在 ACID 特性上的相似程度）会增大。下面分别介绍每一种选择所需要解决的问题、优缺点、使用场景以及代表性实现方式。

（1）分库分表

分库分表，就是直接用多个数据库实例共同服务，从而缓解单机数据库受到的限制。这种方式相当于在数据库系统的顶层做了分区，理想情况下，整个数据库的各个模块都可以全部并发执行。

在分库分表方案中，分片策略的设计至关重要。良好的适应业务模式的分片可以让多个数据库实例并发地执行以获得最好的扩展性，而不合理的分片则可能导致大量的跨节点访问，造成负载不均衡或引入访问瓶颈。除分片策略外，由于跨节点访问的需要，有些通用的问题需要解决。比如，如何在分片之间支持分布式事务，处理分布式查询拆分和结果合并等。最重要的是，此类新增负担全部需要由业务层来承担，这会显著提高开发和维护成本。

因此，分库分表方案在业务侧有良好设计的情况下可以获得极佳的扩展性，提供高性能、大容量的数据库服务。但是业务的耦合大、通用性差，需要用户自己处理分片策略、分布式事务以及分布式查询。这就导致分库分表的成功实现需要针对具体业务细节进行精心设计，很难简单泛化成一种通用、普适的方案。

为避免上述弊端，大多数分库分表的具体实现通过引入中间件来屏蔽分布式事务的细节，并采用像 Multi Paxos 这样的一致性协议来保证副本一致，以便对用户提供统一的数据库访问，从而在一定程度上实现对上层应用的透明性，降低开发难度。

（2）引擎分区

引擎分区指的是对外体现统一的数据库服务，只在引擎层进行分区。这种方案由于节点间相对独立，也称为 Share Nothing 架构。相较于分库分表，引擎分区将之前复杂的分布式事务、分布式查询等问题放到统一的数据库服务内部来处理。

采用引擎分区方案的 NewSQL 数据库，向用户屏蔽了分布式事务的细节，提供了统一的数据库服务，简化了用户使用。Spanner、CockroachDB、OceanBase 和 TiDB 就属于这种类型。

（3）存储分区

存储分区采用了计算存储分离架构，也称为 Share Storage。这种方案使用了统一的事务级索引系统，维护了事务状态的一致性，而只对存储层的数据交互，如 Redo、刷脏操作以及故障恢复等，进行分片处理。

采用存储分区方案的 NewSQL 数据库通常会保留单独的节点来处理服务。由于关键的事务系统并没有做分片处理，因此避免了实现分布式事务的复杂性。又因为保留了完整的计算层，所以需要用户感知的变化非常少，能够做到更大程度上的生态兼容。但同时，因为只有存储层做了分片和打散，所以扩展性不如前面介绍的两种方案。

5. 总结

如果以扩展性为横坐标，以易用及兼容生态作为纵坐标，则如图 18-1 所示，越往右上角当然越理想，但现实是，二者很难兼得，需要做出一定的取舍。

传统单节点数据库其实就是不易扩展的极端，同时由于历史悠久，传统生态就是因其定义的，因此在兼容生态方面满分。

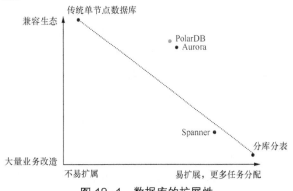

图 18-1 数据库的扩展性

另一个极端就是分库分表。在良好的分片设计下，这种方案能在一定程度上获得接近线性的扩展性，但需要业务层进行复杂的逻辑设计，并处理分布式事务、分布式查询这种棘手的问题。

采用引擎分区方案的 NewSQL 数据库由于较高的分片层次，可以获得接近分库分表方案的扩展性，同时减少对业务端的改造需求，降低上层开发的难度。

采用存储分区方案的 NewSQL 数据库则更倾向于良好的生态兼容和几乎为零的业务改造，但牺牲了一定程度的扩展性。

18.3.3 不同数据库适用的数据处理场景

本节介绍不同数据库适用的数据处理场景。

主流的关系数据库有 Oracle、MySQL、SQL Server、DB2 等，这些关系数据库的语法、功能和特性各具特色。

Oracle 数据库由 Oracle 公司开发，于 1989 年正式进入中国市场。虽然当时的 Oracle 公司名不见经传，但经过多年的发展，Oracle 公司积聚了众多领先的数据库系统开发经验，在集群技术、高可用性、安全性、系统管理等方面取得了较好的成绩。除 Oracle 数据库外，Oracle 公司还开发了应用系统、开发工具等。在数据库可操作平台上，Oracle 数据库可在所有主流的操作系统平台上运行，因而可通过运行于稳定性较高的操作系统平台上，提高整个数据库系统的稳定性。

MySQL 数据库是一种开源的关系数据库（目前已被 Oracle 公司收购），支持使用最常用的结构化查询语言（即 SQL）执行数据库操作。因为具有开源的特性，MySQL 数据库可以在 GPL 许可下下载并根据个性化需要进行修改。MySQL 数据库因体积小、速度快、总体拥有成本低而受到中小企业的热捧。

SQL Server 数据库最初是由 Microsoft、Sybase 和 Ashton-Tate 三家公司共同开发的，于 1988 年推出第一个操作系统版本。在 Windows NT 系统推出后，Microsoft 公司将 SQL Server 移植到了 Windows NT 系统上，SQL Server 数据库伴随着 Windows 操作系统而发展壮大，其用户界面的友好性和部署的简捷性，都与其运行平台息息相关。经过 Microsoft 公司大力推广，SQL Server 数据库的市场占有率也随着 Windows 操作系统的流行而不断攀升。

1. 关系数据库的适用场景

上面介绍的这些传统关系数据库有着悠久的历史。从 20 世纪 60 年代开始，因为严谨的强一致性保证以及通用的关系数据模型接口，彼时关系数据库就开始在各行各业被广泛使用。作为通用型数据库，关系数据库的突出优势主要有以下几点。

- 保持数据强一致性和事务完整性，适用于事务处理。
- 在遵循数据库设计范式方面，数据更新的开销很小（相同的字段基本只有一处）。
- 可以执行 JOIN 等复杂查询。
- 技术成熟，有大量的参考文献和专业技术人员，运维成本较低。

其中，能够保持数据一致性是关系数据库最大的优势。在需要严格保证数据一致性和事务完整性的情况下，传统关系数据库仍然是最佳选择。

2. 关系数据库的不适用场景

在以下 4 种数据操作场景中，不适合采用关系数据库。

- 需要高性能数据写入。由于关系数据库的水平扩展能力受限，数据写入性能难以通过多节点并发来提升。
- 在更新数据的同时进行索引或表结构（即 Schema）的变更。在关系数据库中，为了提高查询速度，需要创建索引；为了适应业务变化，需要改变表结构。但是，这些处理都会对表进行共享锁定，其间，数据变更（更新、插入和删除等）是无法进行的，可能会影响业务连续性。
- 需要频繁变更表中的字段。有时候，业务难以完全定型，导致字段需要经常调整，此时采用关系数据库是比较困难的。虽然关系数据库并不禁止在需要的时候增加字段，但在实际运用中，反复变更表结构是非常痛苦的。预先设定一些备用字段可以在一定程度上缓解这个问题，但时间一长，就很容易混淆字段和数据的对应状态，所以并不推荐使用。
- 在进行简单查询的同时需要快速返回结果。在进行简单查询时，关系数据库的效率并不高。关系数据库在使用 SQL 读取数据时，需要付出 SQL 解析、表锁定、解锁等方面的开销。如果查询很简单并且要求快速返回结果，则上述机制可能会成为瓶颈。

在上述场景下，采用非关系数据库（NoSQL）是更好的选择。

3. NoSQL 数据库擅长的处理场景

NoSQL 数据库所能够处理的数据不再仅限于计算机原始的数据类型，如整数、浮点数、字符串等，而可能是整个文件。NoSQL 数据库可作为 Web 应用服务器、内容管理器、结构化的事件日志、移动应用程序的服务器端和文件存储的后备存储。

NoSQL 数据库分为"键值数据库""文档数据库""列式数据库""图数据库""对象数据库"等不同类型，每种类型都有不同的特点，适用于处理不同的任务。

（1）键值数据库

键值数据库采用"键值（key-value）对"结构来存储数据，其中键和值可以是从简单对象到复杂复合对象的任何内容。键是唯一标识符，可通过键来存储和检索具体的值。

键值数据库的设计原则是以提高数据处理速度为目标，优点是数据结构简单、提供分布式处理能力、能进行高速计算和快速响应，只要配置容量更大、速度更快的内存，就可以轻松解决海量数据访问的速度问题，适合存在大量写操作的应用，擅长处理数组类型的数据。

键值数据库的缺点是无法存储结构化信息，且在发生故障时不支持回滚，因此无法支持事务，不容易建立数据集之间复杂的横向关系，仅限于两个数据集之间的有限计算。此外，键值数据库的多值查询功能较弱。

常用的键值数据库有 Redis、Memcached、Riak、Berkeley DB、SimpleDB、DynamoDB 以及 Oracle NoSQL 数据库等。

作为键值数据库代表之一的 Redis 是使用 C 语言开发的，它提供了 100 多条命令，这些命令要比 SQL 简单得多。Redis 支持的键值数据类型只有 5 种（字符串类型、散列类型、列表类型、集合类型和有序集合类型），但它提供了几十种不同编程语言的客户端库，使得在程序中与 Redis 的交互变得轻松许多。此外，Redis 中的所有数据都存储在内存中，并提供持久化支持，可将内存中的数据异步写入硬盘，从而避免了程序退出导致内存中数据丢失的问题。

（2）文档数据库

文档数据库将文档作为信息处理的基本单位，每条记录对应一个文档。文档数据库在内部采用"字段-值"的形式存储一个对象及其元数据的信息，每一个被存储对象的元数据都可以与任意其他对象不同。值的类型和结构可以有多种，包括字符串、数字、日期、数组等。文档格式可以是 JSON、BSON（二进制形式的 JSON）和 XML。

虽然不具备事务处理和 JOIN 等关系数据库才有的处理能力，但除此以外的其他处理，文档数据库基本上可以应对。文档数据库充分利用了现代程序技术，向应用系统提供了更丰富的功能。

文档数据库的特点之一是无须事先定义表结构，而是在每个文档内部有独立的结构定义。因此，虽然不定义表结构，但文档可以像定义了表结构一样使用。

例如，在电子商务应用程序中，不同的产品通常具有不同数量的属性。如果采用关系数据库，则需要管理数千个属性，效率非常低。使用文档数据库，就可以在单个文档中描述每个产品的属性，以便管理和提高阅读速度。更改一个产品的属性不会影响其他产品。

文档数据库与键值数据库的差别在于处理数据的方式：在键值数据库中，数据的细节对数据库是不透明的；而在文档数据库中，文档中的字段结构及数值对数据库引擎是透明可见的，应用程序能够进行字段的查询和筛选，并构建复杂的查询条件来获取数据。

文档数据库的灵活性以及半结构化和层级特性允许它们随应用程序的需求而变化，支持灵活的索引、强大的临时查询和文档集合分析，因此可以很好地与目录、用户配置文件和内容管理系统等业务需求配合使用。文档数据库特别适合于内容管理类应用，如博客和视频平台。通过文档数据库，应用程序的每个实体都可以存储为单个文档。如果需求变化导致数据模型需要更改，则只需要更新受到影响的文档，而不需要更新架构，也不需要对数据库停机时间进行更改。

Amazon DocumentDB（与 MongoDB 兼容）是一个完全托管的本机 JSON 文档数据库，它有助于轻松且经济、高效地处理几乎任何规模的关键文档工作负载，并且无须管理基础设施。Amazon DocumentDB 提供内置的安全最佳实践，支持连续备份，并且可以与 AWS（Amazon Web Services）进行本机集成。

（3）列式数据库

列式数据库以列相关存储架构进行数据的存储。

列式数据库会将关系表按列垂直分割成多组子关系表，分割后的每组子关系表中的所有数据都存放在同一个数据块中，每一列都是独立存储的。相比之下，关系数据库都是行式数据库，数据以"行"为单位进行存储和访问。

列式数据库由于同一列中的数据类型相同，因此可以采用数据压缩技术并获得较高的压缩比，提高磁盘的空间利用率。列式数据库的主要特点是，可以按需读取指定的列，而不必读取所有列，这样在进行数据分析时，就只需要关注有限的几个属性，因此可以只读取需要使用的列，数据读取效率更高。相比之下，如果采用行式数据库，由于数据是按行存储的，即使当前并不需要所有列的数据，也不得不将所有列读出来，因而会产生额外的磁盘 I/O 开销。

列式数据库适合于大批量数据处理和海量静态数据的分析，一般应用于 OLAP。

列式数据库的优点：

- 极高的装载速度；
- 适合海量数据的批量处理；
- 高效的压缩率，不仅节省存储空间，也节省计算内存和 CPU；
- 非常适合执行聚合操作。

列式数据库的缺点：

- 不适合扫描少量数据；
- 不适合随机更新；
- 不适合执行含有删除和更新的实时操作。

ClickHouse 是列式数据库的典型代表，开发语言为 C++，为开源产品。ClickHouse 支持多核并行处理，具有多节点分布式能力，还支持近似计算（允许牺牲精度情况下的低延迟查询），具有体系轻量、查询性能高等特性，在 OLAP 应用中处理数据的速度是传统方法的几十甚至几百倍。

（4）图数据库

图数据库不是指存储图片、图像的数据库，而是存储"图"这种数据结构的数据库。

"图"是比"树"更复杂的非线性数据结构，用于表达任意两个对象之间可能存在的某种特定关系，由顶点（表示对象）集合和边（表示对象之间的关系）集合组成。图数据库就是以图中的点、边为基础存储单元，用来高效存储、查询对象以及它们之间关系的数据管理系统。

与传统关系数据库相比，图数据库在处理海量数据之间的关联关系时具有非常大的性能优势，能够快速找到实体间的深度关联关系，并且数据模型非常灵活，可以轻松实现添加或删除顶点、边，以及扩大或缩小图模型。此外，图数据库非常敏捷直观，它能够降低数据挖掘和业务开发门槛，提高开发效率。

知识图谱是图数据库关联最为紧密、应用范围最广的使用场景。知识图谱用来对海量信息进行智能化处理，形成大规模的知识库并进而支撑业务应用。图数据库对于构建知识图谱具有存储和查询两方面的优势：在存储方面，图数据库提供了灵活的设计模式；在查询方面，图数据库提供了高效的关联查询作为图数据库的底层应用。在电商、金融、法律、医疗、智能家居等多个领域，图数据库的应用场景包括股权关系管理、风控管理、反欺诈、决策系统、推荐系统、精准营销、智能问答、用户画像等。

4. NewSQL 数据库擅长的处理场景

在讨论 NewSQL 数据库的扩展性时，已经讲到 NewSQL 数据库的设计初衷就是为了平衡 ACID 特性和扩展性。因此，NewSQL 数据库可以承担 OLTP 类型的任务。同时，NewSQL 数据库也因为具有较强的扩展性而可以获得比传统关系数据库更好的读写性能。

但是，NewSQL 数据库的分布式事务控制能力和扩展性是相互制约的。扩展性越强，对应用开发的要求越高，即需要应用自身根据具体业务特点仔细设计数据分片方式、保障业务一致性等；而如果希望业务层能无感知地实现分布式事务，则扩展性就存在较大限制了。

因此，NewSQL 数据库比较适用的业务场景，是对传统关系数据库支持的业务进行迁移改造，在保持业务特性的同时获得一定的扩展性。在迁移过程中，如果具备对业务逻辑进行开发改造的能力和条件，则可以使用分库分表类型的 NewSQL 数据库以获得线性的扩展性；而如果希望尽量减少迁移难度，以最小的改造直接适应新的数据库环境，则应该使用分区存储的 NewSQL 数据库。

Neo4j 是一种流行的、开源的图数据库。最近，Neo4j 的社区版已经由遵循 AGPL 许可协议转向遵循 GPL 许可协议。尽管如此，Neo4j 的企业版依然遵循 AGPL 许可协议。Neo4j 是基于 Java 实现的，兼容 ACID 特性，并且支持其他编程语言，如 Ruby 和 Python。Neo4j 具有极强的扩展性，在一台机器上可以处理包含数十亿个节点/关系/属性的图，也可以扩展到多台机器上并行运行。Neo4j 实现了专业数据库级别的图数据模型的存储。与普通的图数据库不同，Neo4j 提供完整的数据库特性，包括对 ACID 事务的支持、集群支持、备份与故障转移等，这使得 Neo4j 十分适合于企业级生产环境中的各种应用。

18.3.4 全能但昂贵的选择——内存数据库

对于传统的关系数据库而言，OLTP 和 OLAP 是两种特性差异很大的任务，难以做到兼顾，但是内存数据库可以顺畅地突破这些障碍。内存数据库可以同时承担 OLTP 和 OLAP 两种业务，且能获得非常优异的性能表现。

随着信息技术的发展，I/O 性能远高于磁盘的内存逐渐变得成本可控、容量充裕；同时，业界对数据库的各项特性要求越来越高（有些要求甚至相互矛盾）。在这些因素的驱动下，出现了完全针对内存进行优化设计的数据库，即内存数据库。

内存数据库摒弃了磁盘数据管理的传统方式，以"全部工作数据常驻内存"为基础，重新设计了体系结构，并在数据缓存、并行操作方面进行了相应的改进。内存数据库的最大特点是数据的"主副本"或"工作版本"常驻内存，即活动事务只与数据的内存副本打交道。

内存数据库因为内存存储在物理上是原子的，不用考虑数据写入错误的情况（对于磁盘 I/O 则无法做出这种假定），数据始终保存在内存中，所以读取和写入速度极快，不会导致数据的不完整。内存数据库在体系结构、数据组织、存取方式、事务处理机制、并发控制、恢复技术等方面与磁盘数据库存在显著的区别。例如，在数据存取方面，内存数据库采用了"指针式数据复用""基于序号的随机访问""多目录 Hash""T-树索引"等技术；在事务处理及查询方面，内存数据库采用了"外键预关联""提前提交"等策略和技术；在并发控制方面，内存数据库采用了"二级层次封锁""乐观并发控制""可扩展 Hashing"等技术；在数据加载方面，内存数据库采用了"优先级装载""频率优化装载"等优化策略。内存数据库相比常规的以磁盘 I/O 为基础的数据库，在数据处理方面快很多，速度一般是后者的 10 倍以上。

内存数据库并不是传统关系数据库的"内存运行"版本。即使将传统关系数据库的内存配置得足够大，大到足以将整个数据库或其"工作版本"常驻内存，其性能表现也无法与真正的内存数据库相比。传统关系数据库由于是在假定数据库常驻磁盘的前提下进行设计的，例如，其索引结构仍然针对磁盘存取，数据访问仍然必须经过缓冲区等，因而不具备原生内存数据库的各种功能特性和优点。即使在完全避免磁盘 I/O 的情况下，内存数据库的性能也仍然是传统关系数据库的 2～7 倍。

当然，内存数据库也并非尽善尽美。由于内存本身有掉电丢失的缺陷，因此内存数据库需要采取更加完善的数据保护措施，包括备份、记录日志、"热备"或集群、与磁盘数据库同步等，并且需要谨慎处理数据持久性的问题。

同时，获得高性能的代价是需要付出远高于传统关系数据库的采购和运维成本，包括采购数据库系统、配置合格的硬件平台以及维持一支高水平的运维团队。

SAP HANA（High Performance Analytic Application）是内存数据库的典型代表，由 SAP 公司在 2010 年发布。SAP HANA 包含一个 In-Memory Database（简称 IMDB），其中融合了行式存储、

列式存储和对象存储等多种数据结构。

　　SAP HANA 不仅仅是一个内存数据库，还是一个基于内存数据库的高性能应用平台，它不但可以内置计算、计划、分析和预测等各种引擎，而且可以简化企业信息系统架构，进行各种创新的应用开发。SAP HANA 提供高性能的数据查询功能，用户可以直接对大量的实时业务数据进行查询和分析，而不需要对业务数据进行建模、聚合等。SAP HANA 向内存中加载大量系统数据，实现了数据的高速读写。同时，每隔一段时间就向硬盘写入当前内存中数据的快照，保证数据不丢失。HANA 使用了列式存储，可以提高内存的使用率和数据的检索效率。除内置数据库外，SAP HANA 还具有高级分析功能（如预测分析、空间数据处理、文本分析、文本搜索、流分析、图形数据处理）和 ETL 功能，并内置了应用程序服务器。

　　SAP 公司和多个硬件厂商合作生产支持 SAP HANA 的高性能服务器，通常采用预配置的软/硬件一体机形态向客户提供。

18.3.5　面向特定行业的数据库

　　除了上述用于处理常规数据的数据库之外，还有一些面向特定行业开发的专用数据库，下面对其中的部分数据库进行简单介绍。

　　（1）时序数据库

　　时序数据是随时间不断产生的一系列数据，简单来说，就是带时间戳的数据，如物联网传感器数值、服务器监控指标、网站用户交互数据或金融交易数据等。时序数据库（Time Series Database，TSDB）是优化用于提取、处理和存储时序数据的数据库。时序数据库支持很多时序场景特有的分析语句与函数，如降采样、插值、滑动平均、滑动累积、window join、context by、pivot by 等。大部分时序数据库的查询场景是 OLAP。典型的查询方式有两种，一种是对指定的时间序列在指定时间段内的数据进行查询，如查询某台设备或某只股票最新一小时的数据等；另一种是对大量数据进行统计分析，如分析某只股票，甚至所有股票在过去一周内的平均价格。时序数据库主要有 TDEngine、InfluxDB、KDB+、Prometheus、Graphite、TimescaleDB、阿里云 TSDB 等。

　　（2）空间数据库

　　又称为 GIS（Geographic Information System，地理信息系统）数据库，是一种能够有效存储、操作和查询空间数据的数据库管理系统。空间数据库通常以传统关系数据库（如 SQL Server 或 Oracle 等）为基础，通过 SDEC（Spatial Database Extension Cartridge，空间数据库扩展插件），对空间数据特有的处理方式进行扩展，使之能够存储和管理空间数据，包括矢量数据和栅格数据。空间数据表示几何空间中的对象，如点、线、多边形、立体对象等。空间数据库的三大要素为空间数据类型、空间索引和空间分析函数。空间数据库提供了专用数据类型来存储空间数据，还提供了空间索引来优化对空间数据集的访问。空间索引允许有效地检索与某对象处于一定距离内的点，并提供了对空间对象进行操作的功能，例如计算距离、长度、面积、体积，计算合并或交叉区域，以及判断相交、重叠、包含、覆盖、穿越等空间关系。空间数据库在城市规划、环境保护、灾害管理、矿产资源、交通运输、农业、气象等领域具有广泛的用途。空间数据库主要有 ESRI GISDB、Oracle Spatial、ArcGIS、SuperMap GIS 等。

　　（3）多媒体数据库

　　多媒体数据包含文本、音频、图形、图像、视频等，具有数据量大、结构复杂、流式传输等特征。多媒体数据库能够有效地表示多种媒体数据，正确识别和表现各种媒体数据的特征以及它们之间的时间、空间关联，并向应用程序提供操作多媒体数据的接口。例如，针对图像可提供对图像颜色、形状、纹理、内容的查询。多媒体数据库在互联网、视频、传媒、档案等领域被广泛应用。多媒体数据库的典型代表是 MediaDB。

（4）实时数据库

实时数据库是为了适应实时应用的要求，将数据库能力与实时处理技术集成在一起发展而出现的一种数据库，其事务和数据都具有实时性或显式的定时限制。在这种数据库中，系统的正确性不仅依赖逻辑结果，还依赖逻辑结果产生的时间。实时数据库的本质特征是对定时限制进行严格的要求。定时限制有两种类型：一种是与事务相关的定时限制，通常表现为"截止时间"；另一种是与数据相关的定时限制，即要求数据具有时间一致性。实时数据库主要用于军事指挥、火力控制、飞行管制、工业控制、移动通信、金融交易等领域。

（5）区块链

区块链虽然通常不被看作典型的数据库，但其运行机制满足 ACID 特征。区块链是由区块组成的链条，其中的每一个区块保存了一定的信息，这些区块按照各自产生的时间顺序连接成一个链条。这个链条被保存在所有的服务器上，只要整个系统中有一台服务器可以工作，整个区块链就是安全的。这些服务器在区块链中被称为节点，它们为整个区块链提供存储空间和算力支持。如果要修改区块链中的信息，就必须征得半数以上节点的同意并修改所有节点中的信息，而这些节点通常掌握在不同主体的手中。因此，篡改区块链中的信息是一件极其困难的事。相较于传统的网络，区块链具有两大核心特点：一是数据难以篡改，二是去中心化。基于这两大核心特点，区块链记录的信息更加真实可靠，可以解决互信问题，同时具有强大的信息追溯能力。目前，区块链技术在金融领域已经得到实际应用，主要有数字货币、支付清算、数字票据、数据存证、贷款征信、股权交易等方面的应用。

18.4 数据存储的发展趋势

在数据存储技术日新月异的今天，以分布式存储为主流的数据库存储正在经历快速的技术变革，当前的发展热点如下。

- **超高扩展能力**：全球分布式数据库，EB 级存储系统，百亿级数据文件，千万级存储系统用户，支持百万级集群规模，可在全球范围内全局部署。
- **存储计算超融合**：类似于 Server SAN 架构，计算、存储、应用、资源调度等高度融合。
- **SSD 感知的数据库存储**：对于数据库系统，从主存、缓存到分级存储，闪存 SSD 无处不在，结合 SSD 读写、持久化、字节寻址和数据库的读写 I/O 及事务处理特点，可以不断地优化数据库架构和算法。
- **高速网络互联**：25Gbps/40Gbps/100Gbps 以太网、PCIe、InfiniBand（IB）网络互联技术得到广泛普及，可支持超低时延实时数据仓库分析应用。
- **应用感知存储**：利用感知应用层的 I/O 特点，实时地智能调整 I/O 队列和缓存等资源配置和调度策略，使数据库性能和数据库存储效率动态自适应调整和优化。
- **新一代分布式存储纠错码（Erasure Code，EC）技术**：新一代分布式存储纠错码技术将大幅提高 EC 编/解码的速度，大幅缩减数据恢复的时间，大幅简化分布式存储中元数据的管理。

18.5 本章小结

数据存储涉及方方面面。不同的数据类型、热度等都是 CDO 在决策采用怎样的存储方案时需要考虑的因素。RDBMS 和 NoSQL 等都是数据存储的形式，此外，数据湖的出现、湖仓一体架构等，也为数据的存储带来一些新的方式和挑战。除了传统的基于数据中心的存储方案之外，云数据存储方案的应用也越来越普遍。

第 19 章

数据管理能力成熟度评估

体系化的数据管理除了需要一个"起点"之外，还需要能定期进行全面评估，以评定各方面是否有所提升，这就需要开展数据管理能力成熟度评估。可以说，数据管理能力成熟度评估是 CDO 掌握企业数据管理能力发展水平、督促企业数据管理能力提升的重要"抓手"和"底座"。

19.1　数据管理能力成熟度评估模型

能力成熟度评估（Capability Maturity Assessment，CMA）是一种基于能力成熟度模型（Capability Maturity Model，CMM）框架的能力提升方案，该方案描述了数据管理能力从初始状态发展到最优状态的过程。

能力成熟度模型的概念最早源于美国国防部，是美国国防部为评估软件承包商而建立的标准。20 世纪 80 年代中期，卡内基·梅隆大学软件工程研究所发布了软件能力成熟度模型。虽然 CMM 首先被应用于软件开发，但它后来又被广泛应用于其他一系列领域，包括数据管理。

数据管理由管理计划制定、数据收集管理、数据描述和归档管理、数据处理和分析管理、数据保存管理、数据发现及重用等多种活动组成，具有与软件开发相似的过程特性。另外，随着数据管理的重要性日益提升，国内外研究机构、IT 服务企业和权威咨询机构等纷纷借用或借鉴 CMM 理论，研究出了多个数据管理能力成熟度评估模型。

目前，业内较为典型的数据管理能力成熟度评估模型有卡耐基·梅隆大学旗下机构 CMMI 研究所发布的 DMM（Data Management Maturity，数据管理成熟度）模型（即 CMMI-DMM 模型）、IBM 公司数据治理委员会的数据治理能力成熟度模型、EDMC（Enterprise Data Management Council，企业数据管理委员会）公布的 DCAM（Data management Capability Assessment Model，数据管理能力评估模型），以及中国电子工业标准化技术协会信息技术服务分会（简称 ITSS 分会）发布的 DCMM（Data management Capacity Maturity assessment Model，数据管理能力成熟度评估模型，简称 DCMM）。此外，还有斯坦福数据治理成熟度模型、Gartner 的企业信息管理成熟度模型等。下面我们以国内外比较典型且流行度较高的几个模型为例进行介绍，从 CDO 的角度，我们可以快速了解不同成熟度评估模型的形式。

19.1.1　CMMI-DMM 模型

CMMI-DMM 模型由卡耐基·梅隆大学旗下机构 CMMI 研究所以 CMMI（Capability Maturity Model Integration，能力成熟度模型集成）的各项基础原则开发并于 2014 年 8 月发布，该模型从整体上分为 5 级（见图 19-1）。

等级 1：初始级。缺乏数据思维，数据需求的管理在项目级进行，主要是被动式的管理，没有统一的管理流程。

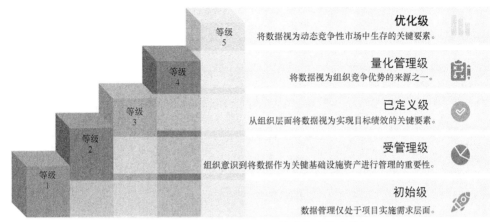

图 19-1　CMMI-DMM 模型的成熟度能力等级

等级 2：受管理级。组织已经意识到数据是资产，指定相关人员进行了初步管理，并根据管理策略的要求制定了相应的管理流程。

等级 3：已定义级。数据已被当作实现组织绩效目标的重要资产，为促进数据管理的规范化，已在组织层面制定了一系列的标准化管理流程。

等级 4：量化管理级。数据被认为是组织获取竞争优势的重要资源，可对数据管理效率进行量化分析和监控，通过量化分析实现科学管理和进程改进。

等级 5：优化级。数据被认为是组织赖以生存的基础，相关管理流程能实时优化，能够在行业内进行最佳实践分享。

具体到成熟度评估，CMMI-DMM 模型将数据管理划分为数据战略、数据质量、数据治理、平台和架构、数据运营、支持过程共 6 个职能域，各职能域的相互关系如图 19-2 所示。

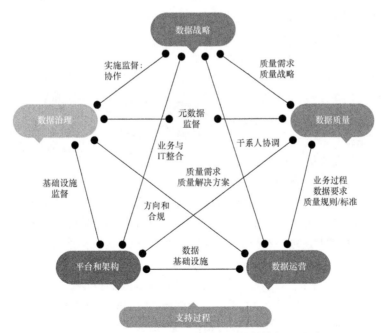

图 19-2　CMMI-DMM 模型各职能域的相互关系

根据每个职能域的特征，可将 DMM 评估的流程领域细分为 25 个过程域——20 个数据管理过程域和 5 个支持过程域，如图 19-3 所示。

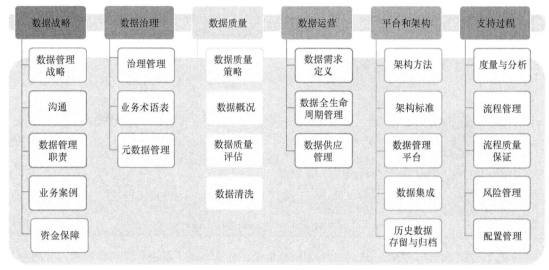

图 19-3　DMM 评估的流程领域

CMMI-DMM 模型的编制主要参考了大量金融行业数据管理案例，并在这些案例的基础上进行了总结和提炼。CMMI-DMM 模型适用的行业范围比较广，包括金融、电信、能源、制造、IT、服务业等。企业可以根据自身所处行业的特点和企业现状对 DMM 过程进行适当裁剪，以满足企业自身的需要。目前，参与 DMM 评估的企业超过 1000 家，包括 Concentrix、ERP International、GlobalLogic 等。

19.1.2　IBM 数据治理能力成熟度模型

2007 年 10 月，IBM 公司发布了"数据治理统一流程"，其中描述了企业数据能力成熟度评估模型，还根据 5 级分类提出了数据治理能力成熟度模型（见图 19-4）。

成熟度级别 1：初始级。在初始级，流程通常是临时性的，环境较不稳定，反映组织内的个人能力而不是成熟流程使用能力。

成熟度级别 2：已管理级。在已管理级，成功是可重复的，但流程可能无法在组织的所有项目中重复实践。

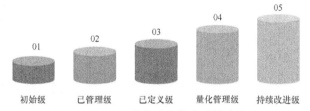

图 19-4　IBM 数据治理能力成熟度模型

成熟度级别 3：已定义级。在已定义级，组织标准流程集中于在整个组织内建立一致性。

成熟度级别 4：量化管理级。在量化管理级，组织设置流程和维护的业务数量目标，所选子流程对整体流程的性能具有重大突出贡献，可采用统计技术和其他量化技术来控制。

成熟度级别 5：持续改进级。在持续改进级，量化流程改进目标被明确地建立并继续修订，以反映不断变化的业务目标和用作改进管理流程的条件。

IBM 公司从目标、支持条件、核心规程、支持规程 4 个层面将数据管理划分为 11 个管理领域（见图 19-5），分别为项目风险管理及合规性、价值创造、组织机构与意识、管理工作、政策、数据质量管理、信息生命周期管理、信息安全和隐私、数据架构、分类与元数据、审计信息记录与报告。

IBM 数据治理能力成熟度模型是一种通用的数据管理能力成熟度模型，适用于各个行业和组织。无论是制造、金融、零售、医疗保健、政府机构还是非营利组织，都可以使用该模型来评估和提高其数据管理能力。

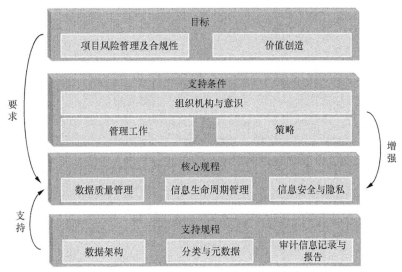

图 19-5　IBM 数据治理能力成熟度模型的管理领域

19.1.3　DCAM 2.0

EDMC 是北美地区的一个主要面向金融保险行业数据管理的公益组织。DCAM 由 EDMC 主导，EDMC 基于众多实际案例的经验总结，并组织金融保险行业的企业参与编制和验证，于 2014 年正式发布第一版（即 DCAM 1.0），并于 2019 年 5 月发布第二版（即 DCAM 2.0）。与 DCAM 1.0 不同的是，DCAM 2.0 对数据治理流程、资金支持和数据标准建设进行了重点强调，并对数据管理战略与业务案例做了合并。

DCAM 2.0 将企业数据管理能力成熟度划分为 6 个等级（见图 19-6），分别是未启动、概念型、发展型、已定义、已达成和增强型。

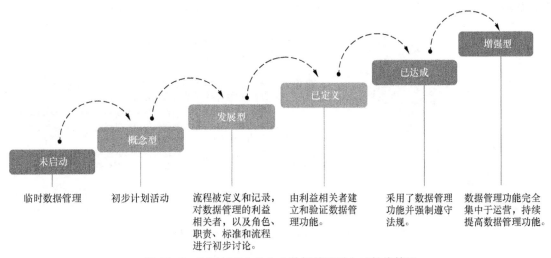

图 19-6　DCAM 2.0 的企业数据管理能力成熟度等级

未启动：临时数据管理。数据管理没有正式的目标，只是个人在进行管理。

概念型：初步计划活动。数据管理的流程是临时性的，在相关项目中执行。

发展型：流程被定义和记录，对数据管理的利益相关者，以及角色、职责、标准和流程进行初步讨论。

已定义：由利益相关者建立和验证数据管理功能，包括职责和责任结构、实施的政策和标准、建立的词汇表和标识符、可持续的资金支持等。

已达成：采用了数据管理功能并强制遵守法规，由执行管理层批准、协调活动、对遵守情况进行审计和提供战略资金支持。

增强型：数据管理功能完全集中于运营，持续提高数据管理功能。

对于职能域的划分，DCAM 2.0 主要将数据管理能力划分为数据管理战略与业务案例、数据管理流程与资金、数据架构、技术架构、数据质量管理、数据治理、数据操作 7 个职能域，如图 19-7 所示。

针对每个职能域，DCAM 2.0 会设置相关的问题和评价标准，共包括 31 个能力子域和 106 个能力项。针对每个能力子域，根据成文的、企业内部批准发现的文件进行成熟度评估。EDMC 针对其会员提供相应的算法模型。

DCAM 是 EDMC 面向金融保险行业的评估模型，内容相对更为细化和丰富，可操作性较强，但只有成为正式会员才能得到 EDMC 的支持，公开度一般。目前，已开展 DCAM 评估的企业主要有 TVS、Lloyds Bank 等。

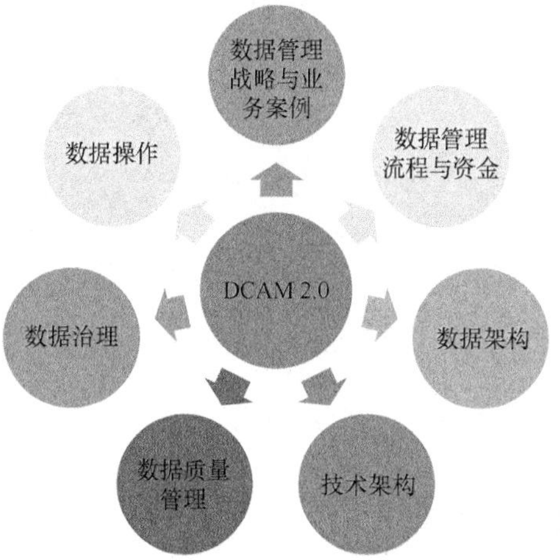

图 19-7　DCAM 2.0 的职能域

19.1.4　DCMM

DCMM[①]在国外一系列主流 DMM 模型的基础上，充分考虑我国各行业数据管理发展的现状，并引入相关金融行业的实践经验来保证模型的创造性、全面性和可操作性。

DCMM 将企业数据管理能力成熟度划分为 5 级——初始级、受管理级、稳健级、量化管理级和优化级，按照级别递增的形式，为企业的数据管理发展指明了方向，如图 19-8 所示。

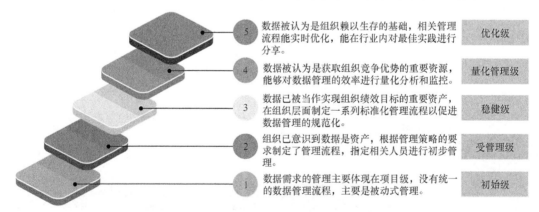

图 19-8　DCMM 的企业数据管理能力成熟度等级

等级 1：初始级。组织没有意识到数据的重要性，数据需求的管理主要体现在项目级；没有统一的数据管理流程，存在大量的数据孤岛，数据问题经常导致客户服务质量差、人工维护工作繁重等。

等级 2：受管理级。组织已意识到数据是资产，根据管理策略的要求制定了管理流程，指定相关人员进行初步管理，并识别与数据管理、应用有关的人员。

---

① GB/T 36073—2018《数据管理能力成熟度评估模型》。

等级 3：稳健级。数据已被当作实现组织绩效目标的重要资产，在组织层面制定一系列标准化管理流程以促进数据管理的规范化，数据的管理者可快速满足跨多个业务系统的准确、一致的数据要求，有详细的数据需求响应处理规范和流程。

等级 4：量化管理级。数据被认为是获取组织竞争优势的重要资源，组织认识到数据在流程优化和工作效率提升等方面的作用，针对数据管理方面的流程进行全面优化，针对数据管理的岗位进行关键绩效指标考核，规范和加强与数据有关的管理工作，并通过过程监控和分析对整体的数据管理制度和流程进行优化。

等级 5：优化级。数据被认为是组织赖以生存的基础，相关管理流程能实时优化，能在行业内对最佳实践进行分享。

DCMM 将企业数据管理能力成熟度评估项在总体上分为 8 个职能域，分别为数据战略、数据治理、数据架构、数据应用、数据安全、数据质量、数据标准、数据生命周期管理，这 8 个职能域从总体上又包括 28 个能力项，如图 19-9 所示。

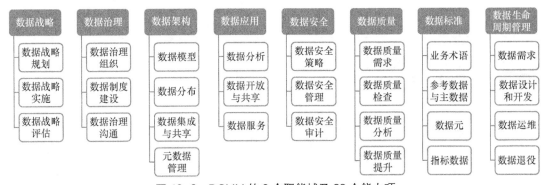

图 19-9　DCMM 的 8 个职能域及 28 个能力项

目前，DCMM 已经成为国家标准，政府也在大力推广，DCMM 在国内各行各业引起企业广泛的重视，特别是金融、能源等行业。截至 2022 年年底，全国已经累计完成 14 批次，近千家企业的DCMM 评估评级工作，有超过 500 家企业评级成功，涵盖受管理级、稳健级、量化管理级和优化级。

19.1.5　数据管理能力成熟度评估模型对比分析

从各个模型的发布时间看（见表 19-1），IBM 数据治理能力成熟度模型发布最早，然后依次是 DCAM、CMMI-DMM 模型和 DCMM。总体而言，除了 IBM 数据治理能力成熟度模型发布较早之外，其他模型都是比较新的研究成果。

从各个模型的级别定义看（见表 19-1），除了 DCAM 为 6 级之外，其他模型均为 5 级，同时各个模型的级别定义基本一致，即级别值越大，所评估对象在某评估项上的成熟度越高。

表 19-1　各个模型的发布时间和级别定义对比分析

研发/牵头机构	模型名称	发布时间	级别定义
CMMI 研究所	DMM 模型	2014 年 8 月	5 级
IBM 公司	IBM 数据治理能力成熟度模型	2007 年 10 月	5 级
EDMC	DCAM 2.0	2019 年 5 月	6 级
中国电子技术标准化研究院	DCMM	2018 年 3 月	5 级

从各个模型的评估项设置看（见表 19-2），它们在评估维度、子项类别以及数量上存在较大差异。DCAM、CMMI-DMM 模型和 DCMM 的评估维度及子项较多。其中，DCAM 和 DCMM 的评

估内容相比其他模型更为细化和丰富，而 IBM 数据治理能力成熟度模型的评价内容则从 4 个层面分为 11 个管理领域，相比其他模型细分数量少，指标设置较为宽泛。

从各个模型的评估内容看（见表 19-2），数据治理、数据质量、数据架构这三大领域是所有数据管理能力成熟度评估模型共同具备的评估元素。

表 19-2　对比分析各个模型的评估内容

模型名称	一级评估项	二级评估项	三级评估项
DMM 模型	5 大类别 + 1 个支持过程，包括数据管理战略、数据治理、数据质量、数据运营、数据平台和架构、支持过程	25 个过程域——20 个数据管理过程域和 5 个支持过程域	无
IBM 数据治理能力成熟度模型	高阶能力体现在 4 个层面，包括目标、支持条件、核心规程、支持规程	11 个管理领域分别为风险管理和合规、数据价值创建、组织机构和感知、数据照管、策略、数据质量管理、数据生命周期管理、数据安全和隐私管理、数据架构、分类与元数据管理、审计信息日志和报告	无
DCAM 2.0	7 个职能域，分别为数据管理战略与业务案例、数据管理流程与资金、数据架构、技术架构、数据质量管理、数据治理、数据操作	31 个能力子域	106 个能力项
DCMM	数据管理被划分为 8 个能力域，分别为数据战略、数据治理、数据架构、数据标准、数据质量、数据安全、数据应用和数据生命周期管理	28 个能力项	455 个条款要求

19.1.6　CDMC

云计算虽然越来越普及，但云端的数据管理成熟度评估一直缺失。

2020 年 5 月，EDMC 设立了云数据管理能力（Cloud Data Management Capacity，CDMC）工作组，该工作组专注于制定云数据管理的最佳实践和管理体系。CDMC 工作组由 100 多家公司和 300 多名专业人士组成，涵盖领先的金融公司、主要云服务提供商、关键技术公司和领先的咨询公司。首批成员单位包括微软、谷歌等 IT 巨头，还包括高盛、美国银行等，以及新一代独角兽企业 Snowflake 等。

Snowflake 的全球金融服务副总裁兼负责人马克·格里克曼表示："Snowflake 的客户，包括一些全球最大的金融服务机构，都在努力制定自己的将数据迁移到云的战略。作为 EDMC 的成员，Snowflake 帮助创建了 CDMC 框架，这个框架为企业提供了在云中管理其数据生命周期的标准方式。我们非常高兴 Snowflake 能成为第一个采用这一新标准的云平台，以进一步推动行业向云端迁移。"

2021 年 7 月 7 日，CDMC 工作组发布了关于在云中保护敏感数据的 14 项关键控制。EDMC 的主席约翰·博涅加表示，CDMC 工作组合作制定了 14 项关键控制，作为更广泛的 CDMC 框架的首个交付成果，以帮助全球各行各业的公司将基本的数据管理实践纳入云和混合云实施中。

19.2　如何开展数据管理能力成熟度评估

在大部分情况下，企业数据管理能力成熟度评估可分为自评和第三方评估两种。为寻求更客观中立的评估效果，多以第三方评估为主，自评为辅。此外，企业可适当根据自身情况选择评估范围和评估频率。

19.2.1　数据管理能力成熟度评估的实施步骤

通常情况下，企业数据管理能力成熟度评估的实施会经历以下步骤：

（1）选用合适的数据管理能力成熟度评估模型；

（2）动员数据管理能力成熟度评估利益相关者参与评估；

（3）制定数据管理能力成熟度评估整体方案；

（4）理解数据管理能力成熟度评估模型的内容；

（5）依据数据管理能力成熟度评估模型开展差异分析；

（6）输出数据管理能力成熟度评估报告。

CDO 的主要工作应以前三个步骤为主，后三个步骤以检查进度或听取汇报为主，重点帮助解决工作推进过程中遇到的问题和困难。

1. 选用合适的数据管理能力成熟度评估模型

企业可以根据自身数据管理现状、企业所处行业等特征，选取适合企业现状的数据管理能力成熟度评估模型作为评估的标准和依据。该选择最终由 CDO 做出，它关系到整个评估工作的成效，合适的数据管理能力成熟度评估模型能让企业的数据管理能力成熟度评估事半功倍。

因此，在选用数据管理能力成熟度评估模型时，建议 CDO 从以下方面考虑。首先，当你是一家企业或机构的 CDO 时，一般情况下选择 DCMM 不会错。其次，当你是一家金融机构的 CDO 时，可以选择 DCAM 作为评估模型，因为该模型主要就是针对金融行业的，适用性较强。最后，如果你觉得以上两种选择都不合适，则可以遵循以下原则来选择合适的评估模型。

- **易用性**：模型描述的实践活动与企业数据管理活动相符。
- **全面性**：模型是否覆盖广泛的数据管理活动，涉及管理、技术和业务。
- **可扩展性和灵活性**：模型结构是否支持增加行业特定或附加的管理内容，并根据组织的需要全部或部分使用。
- **抽象或详细程度**：实践和评估标准是否表达详细，能明确各阶段企业应该具备的能力，以及指导相关工作的进行。
- **可重复性**：模型是否得到一致的解释，支持企业重复评估，以便将评估结果进行自身前后的比较以及同行业不同企业之间的比较，明确数据管理能力提升成果。
- **技术中立**：模型的重点聚焦在数据管理实践上，而不是工具的种类和数量上。
- **培训支持**：模型是否能够得到全面的培训支撑，使企业数据管理相关人员掌握、理解模型的框架和内容。
- **独立性**：模型是否能够将企业数据管理活动划分到合适的场景中，使每个活动都能单独评估，同时又能识别相应的依赖关系。

企业在选择评估模型的同时可以对模型进行适当调整以满足组织的需要，但在调整时必须小心谨慎。如果剪裁或修改评估模型，则模型可能会失去原有的严谨性或可追溯性。

数据管理能力成熟度评估模型的选择是一项非常重要的工作，它是所有评估工作的起点，只有选择合适的评估模型，才能更加全面、真实、有效地反映企业的数据管理现状。CDO 应该对评估模型的选择进行多方论证并做出决策，确定企业选用哪种评估模型开展评估工作。

考虑到不同模型的评估结果所带来的参考性和对比性相对较弱，企业为了确保评估工作的延续性和统一性，应尽量使用同一模型进行定期评估。当然，评估模型选定后，并不意味着绝不允许变更。如果企业遇到业务板块调整、市场定位转变、行业领域变换等情况，发现评估模型已不再适用，则应重新决策选取其他模型开展评估工作。

2. 动员数据管理能力成熟度评估利益相关者参与评估

数据管理能力成熟度评估是一项系统性工作，具有跨组织、跨部门、多岗位协同的特性，同时需要业务人员和技术人员共同参与，存在大量的协调沟通工作。因此，动员数据管理能力成熟度评估利益相关者参与评估工作，将数据管理能力成熟度评估模型、评估目标、评估范围、各利益相关方职责、评估实施过程和方法、评估时间计划等内容，在企业范围内进行初步的宣贯和动员，是 CDO 在启动评估阶段要做的重要工作。这些工作将为后续评估工作的开展打下基础。

那么，如何识别数据管理能力成熟度评估利益相关者？表 19-3 汇总了数据管理能力成熟度评估涉及的岗位，供读者参考。

表 19-3　数据管理能力成熟度评估涉及的岗位

管理活动域	参与人员
数据战略	组织负责人、数据管理负责人、数据管理执行官、中高层管理人员等
数据架构	数据架构师、数据仓库架构师、数据集成架构师、数据模型管理员、数据建模师以及 ETL、服务、接口开发人员等
数据应用	应用开发分析师、应用架构师、BI 架构师、报表开发人员等
数据安全	安全管理师、IT 审计师、网络安全管理员、合规团队等
数据标准	数据管理专员、数据提供者、数据分析师等
数据质量	业务领域专家、数据质量经理、数据质量分析师等
数据生命周期	解决方案架构师、数据集成架构师、技术工程师、应用架构师等

不同的企业有不同的数据管理组织和岗位职责的设定，CDO 应该准确定位它们，对模型对应的管理活动域与相应的归口管理人员进行匹配，督促企业数据归口管理人员推进评估工作的开展。

3. 制定数据管理能力成熟度评估整体方案

选择好评估模型并开展全面动员后，CDO 需要组织制定并发布详细的实施方案，定义、准备和协调各项数据管理能力成熟度评估工作任务，并整合成一套项目管理方案。

为确保实际可行，企业应确定开展评估的业务范围、组织范围及数据管理能力评估范围，同时留出足够的时间来准备评估材料和输出评估结果。评估应在规定的时间内进行，评估周期应尽量短，在 3～6 个月内完成，最长不应超过 1 年。明确评估的目的是发现当前的优势和需要改进的问题，而不是解决问题。

CDO 应对评估工作设定完成期限，明确里程碑交付目标，定期听取评估进展工作汇报，确保评估工作能按照计划顺利实施，并在评估工作遇到瓶颈时提供必要的支持。

4. 理解数据管理能力成熟度评估模型的内容

开展数据管理能力成熟度评估的基础是企业各利益相关方能理解数据管理能力成熟度评估模型的内容和要求。因此，开展数据管理能力成熟度评估培训是理解数据管理能力成熟度评估模型内容和要求的有效手段之一。

一般来说，可通过聘请外部数据管理专家或观看线上视频等，帮助评估参与者快速准确理解模型的要求。此外，还可以通过查看模型的解读教材来理解评估模型。

在这个阶段，CDO 不应沉浸于数据管理能力成熟度评估模型的具体内容，而应该重点关注数据战略、数据治理、数据组织和数据管理制度体系等宏观层面的要求。

5. 依据数据管理能力成熟度评估模型开展差异分析

首先，企业需要收集评估佐证材料。评估团队可以通过问卷调查、现场访谈、文档收集等方式，对企业数据管理能力的开展情况进行全面的了解，同时为执行评估工作提供适当的输入。

企业在初步完成材料的收集后，便可开展差异分析工作。基于现有的材料，依据评估模型的要求从以下三个方面开展差异分析，明确企业数据管理能力的亮点和不足之处。

（1）**在制度标准层面**，通过审查文件和记录，包括公司层面及部门层面的规章制度、规范和管理规定等，以及公司在管理过程中产生的过程性文档，如会议纪要、会签记录等，分析制度文件、标准规范、相关记录方面存在的缺漏。

（2）**在平台工具层面**，一方面重点了解数据管理系统/平台/工具的相关功能和使用记录，另一方面观察相关平台工具在日常的数据管理过程和活动中的实际使用情况，从而分析平台工具的功能满足情况和适用度。

（3）**在人员管理层面**，通过对业务人员和技术人员进行随机访谈，对公司的规章制度执行以及数据管理平台的使用情况进行核验，判断其实施过程与客观证据是否保持一致。

这里需要注意的是，评估材料的收集和差异分析是一个循环迭代的过程，直至企业的佐证材料实现应收尽收。在现状调研阶段，CDO应对决策层的调研予以支持，帮助评估人员获取公司数据管理顶层设计以及战略规划的相关信息，同时跟踪企业佐证材料的收集进度和完整度。此外，基于数据安全的角度，还应重点关注佐证材料的脱敏和保密工作。

6. 输出数据管理能力成熟度评估报告

企业数据管理能力成熟度评估的最后一步就是输出评估报告。结合企业数据管理现状，依据数据管理能力成熟度评估模型及成熟度等级标准，直观量化地呈现数据管理成熟度评估结果，总结形成数据管理能力成熟度评估报告。图19-10给出了企业数据管理能力成熟度评估雷达图。

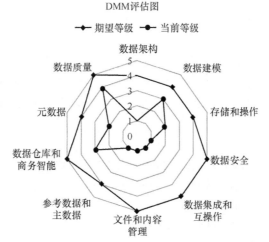

图 19-10　企业数据管理能力成熟度评估雷达图

评估报告应足够详细且全面，包括但不局限于以下内容：评估的业务驱动因素，评估的总体结果，按主题分类有差距的评级，弥补差距的建议方法，所观察到的组织优势。

评估报告可以作为企业提高自身数据管理能力的事实依据，企业可以优化完善数据管理体系，包括通过改进治理流程和标准来进一步实现业务目标。

CDO应重点关注评估报告中提及的数据管理的不足和改进建议，从高层视角判断评估报告的客观性和真实性，观察评估结果是否与企业现状相符，并及时指导评估人员修正结果。最后，CDO

应将评估报告作为后续提升数据管理能力的依据。

对于数据管理能力成熟度评估而言，至此已是终点。但是，对于企业数据管理来说，现在才是起点。通过评估，CDO 需要识别出自身数据管理工作中的亮点和不足之处，真正发现问题，找出差距，提出改进方案，明确最佳实践路径，实现数据与业务的深度融合，赋能企业数字化转型，才是企业开展数据管理能力成熟度评估的根本目标。

19.2.2   未来趋势和展望

就数据管理能力成熟度评估模型本身而言，我们有如下展望。

一是**评估模型将更加具有针对性**。通过总结分析通用的数据管理能力成熟度评估模型在各行各业实践的经验，分析不同行业数据管理的特点，基于通用评估模型分别细化出适用于各行各业的评估模型，更加实用地指导各行各业的数据管理能力成熟度评估工作。

二是**评估实施过程愈加标准化**。通过提炼评估实施通用环节，建立评估前、评估中、评估后的实施准则以及可复用的实施工具，使得评估工作的开展更加标准化，以提高评估效率、缩短评估周期，使评估结果更具备客观性和权威性。

三是**评估工作与其他数据管理工作更加协同联动**。打破只做评估，只着眼于要结论，而不根据评估结论、建设指引进行数据管理能力建设的局面。充分利用好评估工作的检验作用，定期开展评估工作，提升评估结论在数据管理能力建设方面的指导地位，促进评估工作与其他数据管理环节相辅相成。

未来，如何才能更加科学有效地评估企业的数据管理能力，将是一个重要的议题。CDO 应积极参与国家或行业数据管理能力成熟度评估模型的制定，并参考现有成熟的评估模型，酌情考虑开展企业内部评估模型的定制化研究和落地工作，形成以评促优、以评促进的良好局面。

19.3   本章小结

数据管理能力成熟度评估是开展数据管理的重要环节，是推动数字经济发展、大数据产业发展的重要举措。当前，世界各国在理论方面已经取得阶段性成果，评估实践也正在稳步推进。可以预见，随着数字经济、大数据产业的不断发展，数据管理能力成熟度评估工作将会在各行各业深入开展。

推荐阅读：

[1] CMMI Institute. Data Management Maturity (DMM)[EB/OL]. [2019-09-25].

[2] FIRICAN G. IBM data governance maturity model[EB/OL]. [2021-06-15].

[3] EDMC. Data Management Capability Assessment Model (DCAM) [EB/OL]. [2019-09-25].

[4] 数据管理能力成熟度评估模型, GB/T 36073—2018.

[5] 黄天印. 城轨行业数据管理能力成熟度模型研究[J]. 城市轨道交通, 2020.

第 20 章

数据生命周期管理

和其他资产一样，数据也有生命周期。

数据管理实践活动需要考虑数据的整个生命周期。不同类型的数据因具备不同的生命周期特征而存在不同的管理需求。同时，数据自身也会不断产生更多的数据，所以数据生命周期本身非常复杂。

随着数字经济的发展和相关制度不断完善，新的政府法规和政策已经对数据管理工作提出了更高的要求。在欧美国家，金融、医疗、电信等行业已推出许多针对数据保留的法规；在我国，相关的法规也在不断制定、完善和落实。根据数据价值随时间推移的演化关系，如何提供高效、低成本、访问安全便捷的数据管理架构，成为当前企业进而也是 CDO 亟待解决的难题。

20.1 概述

20.1.1 数据生命周期的定义

数据生命周期也叫数据生存周期。数据生命周期是指数据从产生或获取到销毁的整个过程。

目前，业界对数据生命周期并没有统一的划分标准。在 DAMA 的数据管理知识体系中，如图 20-1 所示，数据生命周期被划分为计划、设计和赋能、创建或获取、存储或维护、使用、增强、处置 7 个阶段。

在数据生命周期中，数据的价值往往决定着数据生命周期的长度。

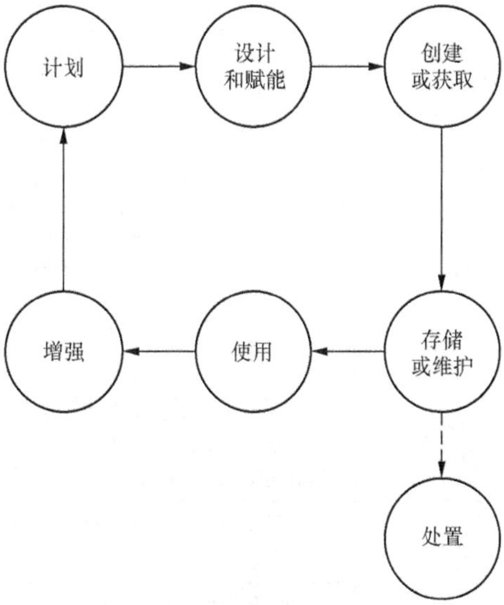

20.1.2 数据生命周期管理的定义

图 20-1 DAMA 数据生命周期中的关键活动

数据生命周期管理（Data Life-cycle Management，DLM）是指在数据从产生到销毁的整个过程中，对数据进行有效管理和控制的一系列活动。DLM 不是一种特定的产品，而是一种管理数据的方法，它有助于企业提高数据处理效率、提供准确和可靠的数据、满足客户需求，同时兼顾管理成本的合理性、个人隐私保护以及合规性的实现，有助于企业的可持续发展。

20.1.3 常见的数据生命周期管理模型

在各种数据管理体系中，数据生命周期的宏观框架基本一致，都是从生产阶段到消亡阶段的数据生命全景视图。但因为数据类型不同或管理方向不同，学界和企业界的许多研究人员提出了不同的数据生命管理模型，如表 20-1 所示。

表 20-1 常见的数据生命周期管理模型

模型	提出主体	提出目的	内容简介
DAMA 模型	DAMA（国际数据管理协会）	企业数据管理的理论框架，只给出了阶段划分，而没有详细说明每个阶段的具体内容	包括创建或获取、移动、转换和存储数据并使数据得以使用、维护、处理和共享的过程，且数据生命周期具有内部迭代性
DCMM	国家标准化管理委员会	建立和评价企业自身的数据管理能力	包括从数据需求的建立、数据的设计和开发、数据运维的处理到数据退役的全过程
CSA 模型	云安全联盟（Cloud Security Alliance, CSA）。CSA 是管理安全云计算环境的世界领先组织	为云计算模型最终的数据安全而设计	CSA 模型有 6 个阶段，分别是创建、存储、使用、共享、存档和销毁
DataONE 模型	DataONE，它是由美国国家科学基金会资助的一个组织	为生物和环境科学研究提供数据保持和再利用	拟议的数据生命周期包括收集、保证、描述、存放、保持、发现、集成和分析
DDI 模型	DDI，它是由校际政治和社会研究联合会（Inter-university Consortium for Political and Social Research, ICPSR）资助的一个项目	试图为社会科学数据资源的描述生成元数据规范	包括研究概念、数据收集、数据处理、数据存档、数据分发、数据发现、数据分析和重新调整数据用途
DigitalNZ 模型	新西兰公共部门信息管理办公室	为存档和使用数字信息而设计	包括选择、创建、描述、管理、保存、发现、使用和复用
生态信息学模型	生态信息学模型的提出主体可以是个人、团体或组织，这些主体可以是科学家、政府机构、国际组织或专门的模型开发团队	旨在通过发现、管理、集成、分析、可视化、保存相关数据及信息的创造性工具和方法来构建新知识	包括计划、收集、保证、描述、保存、发现、集成和分析
一般科学模型	由科学机构提出，用于管理科学数字数据	专为数据存档和处理而设计	包括计算、收集、集成和转换、发布、发现和通知以及存档或丢弃
地理空间模型	美国联邦地理数据委员会（Federal Geographic Data Committee, FGDC）	旨在为地理和相关空间数据活动探索、保存有价值的信息	包括定义、清点/评估、获取、访问、维护、使用/评估和归档
德乌斯托大学模型	西班牙德乌斯托大学的一组研究人员	用于智能城市数据管理	包括发现、捕获、管理、存储、发布、链接、利用和可视化
JISC 模型	英国联合信息系统委员会（Joint Information Systems Committee, JISC）	专为用户之间的数据共享而设计	包括计划、创建、使用、评估、发布、发现和复用
英国数据存档模型	英国数据档案馆	侧重于数字数据的获取、管理和存档	包括创建数据、处理数据、分析数据、保持数据、访问和复用数据，并将它们组织为一个周期
USGS 模型	美国地质调查局（US Geological Survey, USGS）数据集成社区	用于评估和改进管理科学数据的政策和实践，并确定需要新工具和标准的领域	主要的模型元素是计划、获取、处理、分析、保存和发布/共享。此外，模型元素还附带了描述、管理质量、备份和安全等步骤

模型	提出主体	提出目的	内容简介
北京邮电大学模型	北京邮电大学研究小组	用于云计算环境中的信息安全	包括5个阶段，分别是创建、存储、使用和共享、存档、销毁
PII 模型	美国信息产业机构	从个人信息保护的视角提出	包括采集、处理、存储、转移和维护

20.2 数据生命周期管理的目标及意义

数据生命周期管理旨在通过对不同阶段的数据提出针对性管理措施，降低数据管理成本并提高数据质量，从而最终达到数据价值最大化的目的。

数据生命周期管理对于组织具有非常重要的意义，具体主要体现在以下几个方面。

1. 提高数据质量

数据生命周期管理的核心是对数据本身的管理，而数据管理的重要目标之一就是提升数据质量。若不结合数据全生命周期进行管理，就很难保证数据整体的质量水平。首先，在系统前期建设和开发过程中，需要制定完善的业务规则和标准；其次，应通过对数据进行开发和维护，使数据进入"去伪存真"的正向循环，从而最终保证得到高质量的数据，为后期应用打下坚实基础。

2. 降低数据使用成本

数据成本和计算效率之间存在矛盾。很多公司在做大数据时会用空间换时间，IT 部门在面对越来越多的数据时，需要投入大量的机房、硬件、软件、人力、物力和时间成本用于运维。若不及时进行管理和存储，就会影响计算效率，导致成本及存储空间不断增长。

数据生命周期管理旨在通过各种措施，尤其是数据归档、销毁等方式，有效进行数据管理，在保证数据可用性的同时有效降低运维成本。

3. 降低数据安全风险

数据在企业内部存在损毁、泄露等显性风险，同时也存在数据生命周期管理缺失导致的数据决策错误和数据驱动失误等隐性风险。例如，企业内部可能仍使用早期的数据结论来辅助决策，但由于时过境迁，早期的数据结论可能已经失去存在或应用的条件，这些数据结论的可信度需要重新评估，混乱应用将带来决策风险。

4. 价值最大化

企业在投资项目前，可通过数据初步判断产品背后的成本和预期收益，从而对投资是否合理做出判断。若缺乏数据生命周期管理，则无法从数据上着眼价值和利益的最大化。

20.3 数据生命周期管理的阶段

根据主流知识体系，并结合实际的数据生命周期管理实践工作，我们认为数据生命周期管理包括 8 个阶段，分别为数据规划、数据创建、数据传输、数据存储、数据加工、数据使用、数据提高、数据归档或销毁。

20.3.1 数据规划

有效的数据管理始于数据产生之前，在这个阶段，需要对数据的产生、使用、管理等各方面工作提前做好规划。首先，应建设组织责任体系，把数据生命周期管理过程中各方面的主要工作职责定义好，这是做任何事情的前提。其次，要做好数据资产盘点工作，摸清家底，从全局层面直观地展现企业拥有的数据资产情况，帮助企业进行更有效的数据利用和管理。最后，要定好标准，建立数据标准和规范，从源头抓起，确保数据按照标准产生。

20.3.2 数据创建

数据创建是指数据从无到有的过程，即数据的产生和采集。在大数据时代，数据不仅来源于企业内部，还更多地需要采集外部数据，但必须在法律法规允许的框架下，根据数据战略来定义数据采集范围和采集策略，确保按照约定的方法创建或获取数据。

1. 数据采集策略

数据采集策略主要有两种。

（1）以业务需求为导向的数据采集策略。 当业务或管理人员提出数据需求时，才进行数据采集并整合到数据平台。这样做虽然只要付出较小成本即可满足业务需求，但也会限制数据分析思维，往往无法从数据中发现"意外"的数据价值。

（2）以数据驱动为导向的数据采集策略。 任何与企业有关的数据，都需要尽量采集并整合到数据平台。这种采集策略需要投入的计算、整合、存储资源较大，而且需要强大的数据专家团队来甄选数据，才能从中挖掘出隐藏的数据价值，更好地服务于大众、企业决策和企业战略。

2. 数据采集的范围及分类

数据采集的范围及分类包括但不限于以下 8 类：

- 语音数据采集；
- 图片数据采集；
- 视频数据采集；
- 用户上网行为埋点采集；
- 设备地理位置信息采集；
- 业务或管理系统日志采集；
- 可穿戴设备等生活信息采集；
- 网站信息采集。

20.3.3 数据传输

数据传输是指将数据按照数据标准进行数据清洗、数据质量检查、元数据管理、ETL、数据模型设计的过程整合集成后，传输至数据仓库的过程。数据传输有两个主体，一个是数据发送方，另一个是数据接收方。数据在通过不可信或安全性较低的网络进行传输时，容易发生数据被窃取、伪造、篡改等安全风险。因此，在传输数据的过程中，企业需要保障数据传输中所有节点的安全性。

数据一般有 4 种传输场景，因此在对数据传输进行安全管理时，也可通过这 4 种场景来开展工作。这 4 种传输场景分别如下：

- 接口传输数据；
- 文件服务器传输数据；
- 邮件传输数据；
- 移动介质传输数据（包括 U 盘、网盘、QQ、纸质文档等）。

以上 4 种传输场景既有一些相同点，也有很多不同点。因此，在数据传输的安全管控上，有一些安全管控措施是通用的。同时，每种传输场景又有自身独特的安全管控措施。数据传输场景如图 20-2 所示。

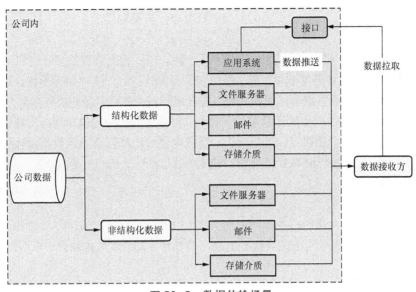

图 20-2　数据传输场景

20.3.4　数据存储

数据存储是指在信息系统中有效地组织、存储、保护和管理数据的过程，涉及对数据的物理存储设备、数据存储结构、数据备份与恢复、数据安全性等进行管理和控制。通过有效的数据存储框架，企业可以提高数据的可靠性和可用性，降低数据丢失和损坏的风险，同时满足数据安全和合规性方面的要求，为接下来的数据加工和使用奠定良好的基础。

如图 20-3 所示，数据存储框架由数据归类、数据特性分析与数据存储策略三部分组成。从中可以看出，首先需要对数据进行归类；然后在数据归类的基础上，结合业务与系统实际情况，分析数据特性；最后根据现状调研、数据归类与数据特性制定数据存储策略，从而确保数据存储策略能够更加符合业务、系统的实际需求，有效地发挥数据生命周期管理的价值。

图 20-3　数据存储框架

20.3.5　数据加工

数据加工是指基于企业的数据架构，对企业数据进行结构化和有序化的治理，让企业数据更好地融合和共享，使组织可以对当前可用的、可访问的数据加以使用，充分释放数据的价值。

数据加工使得组织能够访问、使用和分析当前可用的数据，从而支持决策制定、业务分析和创新等活动。数据加工的目标如下。

（1）**提升数据一致性**：对企业内部的数据进行整合、转换和清洗，使它们具备一致性、准确性和完整性。

（2）**提高数据质量**：消除数据冗余、错误和不一致，进而提升数据的可靠性和可用性。

（3）**消除数据孤岛**：对来自不同系统、部门和来源的数据进行集成和标准化，以便进行跨系统的数据分析和报告。促进数据的流动和共享，提升组织各个部门之间的协作和协同效率。

（4）**挖掘数据价值**：数据架构可以帮助企业可以更好地理解和挖掘数据，发现数据背后的隐藏信息和价值，从而支持业务决策、市场分析、客户洞察和产品创新等。数据架构为组织提供了更强大的数据基础，使得组织能够更加灵活、敏捷地应对市场变化和业务需求。

20.3.6 数据使用

在数据生命周期中，数据的产生和使用是关键。数据建设和管理的核心目的就在于利用数据做分析与应用，这也是数据使用的两大核心手段，可进一步发挥和扩大数据的潜在价值。

20.3.7 数据提高

数据提高主要指对数据质量进行提高。数据有别于其他资产的一个特征，就是数据在使用后不会发生损耗。不同的人或流程可以在同一时间使用相同的数据，或者多次使用同一数据，这些都不会导致数据耗尽。数据不仅没有损耗，反倒经过多次使用后，还会产生更多的数据。所以，要将不断产生的新数据纳入数据生命周期管理。

20.3.8 数据归档或销毁

对生命周期步入尾声的数据进行归档或销毁，是数据生命周期管理过程中必不可少的阶段。在数据的正常使用过程中，数据的热度分析可以作为数据生命周期判断的重要依据。从价值成本的角度考虑，没有价值的数据要销毁，数据销毁应制定严格的管理制度，并建立数据销毁的审批流程。

1. 数据热度分析

如图 20-4 所示，所谓数据热度，是指根据价值密度、访问频次、使用方式、时效性等级，将数据划分为热数据、冷数据、温数据和冰数据。随着时间的推移，数据价值会发生变化，应动态更新数据热度，推动数据从产生到销毁的数据生命周期管理。

- **热数据**：一般指价值密度高、使用频次高、支持实时化查询和展现的数据。
- **温数据**：介于冷数据和热数据之间，主要用于数据分析。
- **冷数据**：一般指价值密度低、使用频次低、用于数据检索和筛选的数据。
- **冰数据**：一般指价值极低、使用频次为零、暂时归档的数据。

分类	价值密度	使用频次	存储量	使用方式	使用工具	使用目的	数据消费者
热数据	高	高	低	报表或查询	可视化展现工具	用于决策	决策管理者
温数据	中	中	中	数据分析	可视化分析工具	分析有意义的数据	业务分析者
冷数据	低	低	高	数据检索和筛选	编程语言	探索数据意义	数据专家
冰数据	极低	零	较高				数据科学家

图 20-4 数据热度分析

2. 数据归档指标

哪些数据需要归档主要与监管法规的要求及企业的数据战略有关，如下关键指标可供参考。

- 数龄大且老化的数据。
- 低使用率且容量大的数据。
- 暂无数据价值的冰数据。
- 企业监管法规要求强行保留的数据。
- 由于具有关键价值而被保留的数据，无关乎使用概率。

数据归档还要考虑数据结构重构、数据压缩格式改变、访问性变化、数据可恢复性和数据可理解性、元数据管理等因素。

3. 数据销毁流程

为防止机密数据泄露给未经授权的人员，各部门人员应将需要销毁的数据送到数据管理部门，由存储介质安全管理部门按照评审通过的销毁方法统一进行安全销毁。未经审核和评审的机密数据，组织人员不得擅自销毁。

数据管理人员和数据提供者须根据实际情况，结合业务和数据重要性，明确需要销毁的数据，并在数据销毁平台上提出相应的数据销毁申请，需要填写的内容包括申请人、销毁内容、涉及部门、销毁原因等。经上级领导审批后，提报数据决策者和管理部门审批。

数据管理部门在接到数据销毁申请后，应组织相关人员开展数据销毁评审会议，对申请销毁的数据进行合理性和必要性评估，并根据数据分级和分类，评审数据销毁的手段和方法，包括物理销毁和逻辑销毁，比如覆写法、消磁法、捣碎法/剪碎法、焚毁法，或配置必要的数据销毁工具等，以确保以不可逆的方式销毁数据内容。对于评审通过的数据销毁申请，数据管理部门委托数据开发者在数据销毁管理平台上录入数据销毁实施期限并确认销毁申请审核。若评审结果为否决销毁，则由数据管理部门在数据销毁管理平台上执行否决需求操作。

在销毁数据时，组织须设置数据销毁相关的监督人员，监督数据的销毁过程，确保数据销毁符合要求，并对审批和销毁过程进行记录控制。

20.4 数据生命周期管理的评估

应定义并应用量化指标，衡量数据生命周期管理的有效性、必要性和可行性。如图 20-5 所示，数据生命周期管理的评估包括对数据生成与收集、数据加工与处理、数据存储与管理、数据利用与共享 4 部分进行评估。

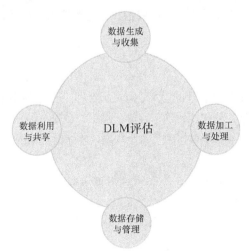

图 20-5　数据生命周期管理的评估

20.4.1 对数据生成与收集的评估要求

对数据生成与收集的评估要求如下。

- 了解组织在业务活动过程中所使用数据的概念、类型、用途、关系等基础性知识。
- 具备明确并清晰描述组织数据需求的能力。
- 具备根据数据需求通过技术能力检索数据信息的能力。
- 具备根据业务活动需求，通过调研、访谈等方式生成数据的能力。

20.4.2 对数据加工与处理的评估要求

对数据加工与处理的评估要求如下。

- 了解业务领域内数据分析方法或工具的种类、适用范围、使用条件等相关知识。
- 具备根据组织进行的业务活动，合理选择和使用数据分析方法或工具的能力。
- 具备主动寻找加工或处理数据的新方法、新工具的意识。
- 具备使用新方法或新工具加工、处理数据以及获得新知识的能力。

20.4.3 对数据存储与管理的评估要求

对数据存储与管理的评估要求如下。

- 具备主动保护数据安全的意识，如定期备份、多地备份等。
- 了解数据安全防护相关知识，如数据加密、设置数据权限等。
- 具备通过加密、权限设置、U 盘、移动硬盘、网盘、云盘等途径或工具保护数据安全的能力。
- 能够对拥有的数据进行合理的分类和组织，方便随时查找和使用数据。

20.4.4 对数据利用与共享的评估要求

对数据利用与共享的评估要求如下。

- 具备自觉主动遵守数据道德、法律法规的意识。
- 了解数据相关的法律、道德约束、行业共识等。
- 在实际使用和共享数据的过程中，具备对数据资源进行正确标引的能力。
- 具备利用数据或数据处理结果支撑实践的能力，如利用数据结果支撑论点、决策等。
- 具备通过口头或书面形式对数据进行展示和表达的能力，如数据可视化。

20.5 本章小结

本章详细介绍了数据生命周期管理的定义、意义和目标，以及数据生命周期管理过程中每个阶段的核心内容，包括数据的规划、创建、传输、存储、加工、使用、提高和销毁，还包括数据生命周期管理的评估指标。只有更充分地认识数据的全生命周期，才能更好地描述、衡量、量化和管理数据。

推荐阅读：

[1] LAURA S C. 穿越数据的迷宫：数据管理执行指南[M]. 汪广盛, 等译. 北京: 机械工业出版社，2020.

[2] 南京南数数据运筹科学研究院. 数据生命周期管理之数据需求概述[EB/OL]. [2022-05-31].

第 21 章

非结构化数据管理

非结构化数据管理一直是个大问题。尽管许多人说非结构化数据占数据总量的 80%，但其利用率几乎可以忽略不计。这是一座巨大的金矿，尚待我们去挖掘。如今，文档的管理已经不是什么大问题，然而由于技术的不成熟，特别是 NLP 的不成熟，对文档内容的基于 AI 的管理始终是个问题，直到最近 ChatGPT 的大爆发，人们才看到内容管理的曙光，才开始有了 AI 的方法来使用大规模的结构化和非结构化数据。ChatGPT 这个崭新的技术突破，对 CDO 来说，是解决非结构化数据管理和应用的一个千载难逢的好机会。

21.1 概述

21.1.1 概念

2016 年 11 月 1 日实施的《非结构化数据管理系统技术要求》（GB/T 32630—2016）对非结构化数据的定义是，"没有明确结构约束的数据，如文本、图像、音频、视频等"。

21.1.2 发展历程

与必须依赖数据库技术的结构化数据所不同的是，非结构化数据并不完全依赖数据库技术。鉴于此，非结构化数据的历史更加久远。在计算机出现之前，记录在泥板、纸草、甲骨、简牍、羊皮、缣帛、纸张等载体上的非结构化数据（档案），最早可追溯至 5000 年前。

人类自从进入文明时代以来，非结构化数据已伴随人类走过 5000 多年的历史，记录了人类文明的优秀成果，世界各文明古国都留下了形态各异的非结构化数据资源，反映了人类迈出的每一个步伐，成为我们认识过去、展望未来不可或缺的依据。我国非结构化数据的历史源远流长，现存最早的非结构化数据是商代的甲骨档案，之后又出现了青铜铭文档案、简牍档案、金石档案、缣帛档案等，以及我们今天看到的最多的纸质文档。

20 世纪 90 年代初期，随着无纸化办公技术的发展，传统纸质文档被转换为电子文档。这一时期，企业开始构建电子文档库、数字图书馆、数字档案馆，这些数字化文档都采用非结构化数据的方式进行管理。

2000 年以后，随着互联网技术的发展，非结构化数据管理体现为以网页为主的内容管理，并随着网站技术的发展，出现了网页内容管理（Web Content Management）。这一时期，电子商务、电子政务系统也随之快速发展。

2005 年以后，随着企业信息化的不断深入，非结构化数据融入业务场景，企业业务流程系统承载着大量文档、图表、报告、音频等形式的非结构化数据。对这类数据的管理需求促进了 ECM

（Enterprise Content Management，企业内容管理）的出现。随着 ECM 的出现，非结构化数据开始与业务场景深度融合，发挥更大价值。

2010 年以后，随着云计算、物联网、移动互联网和大数据的不断发展，非结构化数据的呈现形式更为多样，如影像文件、视频文件、工程电子文档、ISO 质量电子文档等。这一时期，ECM 和非结构化数据应用的发展得到了极大提升。

2015 年以后，随着云服务、移动物联网特别是人工智能技术的进步，非结构化数据开始朝着内容服务自动化、文本挖掘、语义分析等方向发展，开始了非结构化数据管理体系下的内容服务中台化和内容服务智能化。

21.1.3　现状

尽管业界都认为非结构化数据是数据管理的一个核心领域，但在数据的相关标准规范中，非结构化数据的标准规范占比非常小。目前，关于非结构化数据的标准规范仍只有为数不多的几个，包括《非结构化数据管理系统技术要求》（GB/T 32630—2016）、《非结构化数据访问接口规范》（GB/T 32908—2016）、《非结构化数据表示规范》（GB/T 32909—2016）、《非结构化数据管理系统参考模型》（GB/T 34950—2017）、《非结构化水文资料数据库结构标准》（T/CHES 47—2020）等，且大多侧重于技术/工具，缺乏针对非结构化数据的整体管理方法。

当前，企业数据管理工作仍主要侧重于结构化数据管理，针对文档、图片、音视频等非结构化数据管理的投入不足。一方面，大部分企业尚未形成对非结构化数据管理重要性的认识；另一方面，业界也缺乏成熟的非结构化数据管理体系和工具的支撑。

在非结构化数据领域，档案是其中的一个重要分支，相关的标准规范也比较健全，形成了相对完整的档案管理体系，但侧重于归档后的档案管理。尽管归档前的文件管理也有一些标准规范，如公文、体系文件、CAD 文件、技术文档等，但相对都比较零散，这也不利于形成全面的非结构化数据管理体系。

由于非结构化数据体量大、种类多、分布广、管理部门分散、系统分散，因此几乎没有什么单位能实现全面的集中化非结构化数据管理。尽管有些单位的数据治理工作想要跨越到非结构化数据领域，实现结构化数据和非结构化数据的统一治理，但估计还要经过一段时间的探索才能形成相对良好的实践和行业标准。

21.1.4　未来趋势

数据资产（Data Asset）是指由组织（政府、企事业单位等）合法拥有或控制的数据资源，以电子或其他方式记录。例如文本、图像、语音、视频、网页、数据库、传感信号等结构化或非结构化数据，可进行计量或交易，并能直接或间接带来经济效益和社会效益。随着数据资产管理方法的成熟和数据交易的推进，结构化数据和非结构化数据的统一治理将成为一种趋势。

随着深度学习技术的快速突破以及数字内容的海量增长，AIGC（AI Generated Content，生成式 AI；国外一般称 GAI，即 Generative AI）领域的相关技术打破了预定义规则的局限性，使得快速便捷且智慧地输出多模态的数字内容成为可能。特别是在 OpenAI 公司推出 ChatGPT 之后，AIGC 已经能够胜任文本生成、代码生成、图片生成和视频生成等多种任务。此后，全球各大科技公司都在积极拥抱 AIGC，不断推出相关的技术、平台和应用。在此浪潮下，AI 和非结构化数据将进一步相互促进及协同发展。一方面，AI 将进一步提升非结构化数据的智能化水平，如文档自动合成、智能写作、智能审核、智能推荐、智能聚类/分类、知识推理、智能专家等；另一方面，将非结构化数据作为语料来训练 AI，也有利于完善各类"智能大脑"，并在各行各业得到广泛应用。

21.2 非结构化数据管理的意义

以文件档案为主的非结构化数据与业务相伴而生，是管理的重要工具，在业务的不同阶段发挥着不同的作用，为业务提供多样化的价值。非结构化数据管理（见图 21-1）的意义包括安全合规、提效降本、业务连续性、决策支持、洞察创新、权益保障、资产增值、记忆（历史）留存共 8 个方面。

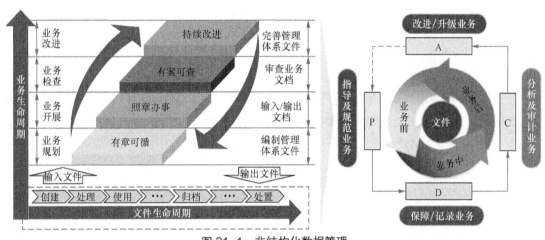

图 21-1 非结构化数据管理

21.2.1 安全合规

非结构化数据管理有利于帮助企业规避法律风险。有效的非结构化数据管理能够保障企业依法维护业务记录的真实性和可靠性，保障证据性记录的长期保管，避免重要记录因为管理不善而遗失、泄露或被篡改带来的法律风险，保障企业的合法权益。

21.2.2 提效降本

非结构化数据管理有利于帮助企业优化业务流程，促进企业高效透明运转，提高企业运行效率。相较于结构化数据，非结构化数据更加细致地记录了业务流程中事物的运行情况，是对业务流程清晰的逻辑映射。有效的非结构化数据管理，能够帮助管理者更好地洞察企业业务情况，从而提高企业运行效率，实现企业高效透明运转。

21.2.3 业务连续性

非结构化数据管理有利于帮助企业应对突发事件，迅速恢复异常业务。非结构化数据管理能够将企业运转的重要业务规则和事件予以留存和保管，当企业面对自然灾害、业务事故等突发事件而业务中断时，有效的非结构化数据管理能够将数据取出以还原业务，从而帮助企业迅速恢复异常业务，降低突发事件带来的损失。

21.2.4　决策支持

非结构化数据管理有利于促进信息资源共享和整合，提升企业决策水平。非结构化数据管理强调数据的资源性和业务性，有效的非结构化数据管理能够帮助企业实现跨部门的信息资源共享和整合，减少部门之间因系统互操作差异等因素带来的信息壁垒，降低跨部门合作的障碍，提升企业的整体决策水平。

21.2.5　洞察创新

非结构化数据管理有利于提升企业的知识发现和创新能力，帮助企业洞察创新。有效的非结构化数据管理能够实现对非结构化数据的有效开发和利用，还能够帮助企业充分挖掘和管理非结构化数据中蕴含的知识，从而提升企业的知识管理水平和知识发现能力，实现创新发展。

21.2.6　权益保障

非结构化数据管理有利于帮助企业留存合法凭证，保管客户的法律证据。非结构化数据管理能够留存和妥善保管企业自身的证据性记录；此外，还可以帮助客户留存相关合法凭证，保管客户的法律证据，在企业业务范围内为客户提供可靠的数据管理服务。有效的非结构化数据管理能够在一定程度上提升客户对企业的评价，有利于强化对客户关系的管理。

21.2.7　资产增值

非结构化数据管理有利于强化企业的信息管控能力，实现企业的信息资产增值。在大数据与人工智能时代，信息的资产性越来越被社会认可。非结构化数据更加贴近业务流程，在信息流转过程中往往有多个经手人，容易造成信息资产的流失。有效的非结构化数据管理能够有效避免相关数据泄露和遗失，强化企业对信息资产的整体管控能力，从而实现企业信息资产的保值与增值。

21.2.8　记忆（历史）留存

非结构化数据管理有利于留存企业记忆，促进企业文化建设。从时间维度来看，短期的非结构化数据是业务流程和事务的真实、可靠记录，留存了企业的业务和流程记忆；长期的非结构化数据是企业精神与文化的积淀，是企业文化记忆的载体，有助于促进企业文化的建设，丰厚企业的历史底蕴。

21.3　非结构化数据管理的核心内容

在以往的业界实践中，ECM（Enterprise Content Management，企业内容管理）被视为非结构化数据管理的主流做法。2001 年，国际信息与图像管理协会创造了术语 ECM，并将 ECM 定义为"用来捕获、存储、管理、保护和呈现与组织流程相关内容和文件的战略、方法和工具"。如图 21-2 所示，ECM 的核心管理能力包括文档管理、网站内容管理、档案管理、数字资产管理、协作和工作流/业务流程管理。ECM 缺乏权威的主管部门，且涉及顶层战略规划、IT 架构调整、业务流程变革等因素。因此，ECM 在企业实践中仅仅得到部分应用，未能实现长足发展。

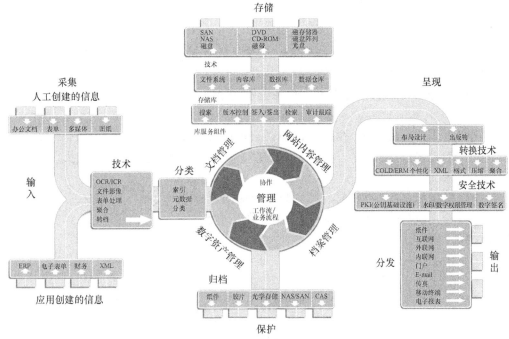

图 21-2　ECM 的核心管理能力

21.3.1　文档管理

基于文件和档案生命周期的连续性，同时考虑到业界文档一体化管理的良好实践，本书将文件和档案合称为文档。广义的文档管理等同于非结构化数据管理，涵盖对文本、图片、图形、音频、视频等各类非结构化数据的管理。

从服务视角，文档管理可以概括为综合考虑文档的合规、安全、效率、成本和价值。根据用户群体的不同，为用户提供分类分级的文档服务，将合适的文档以合适的方式，在合适的时间提供给合适的人/流程并创造合适的价值，发挥文档在事前、事中和事后的作用，实现文档的价值。

基于业界文档管理的优秀实践，我们总结了一套文档管理参考框架，如图 21-3 所示。

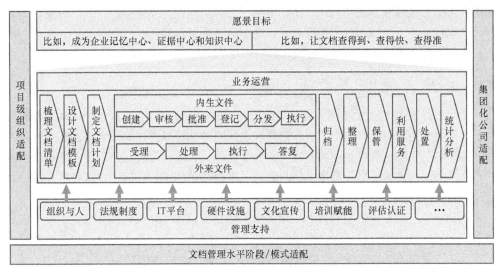

图 21-3　文档管理参考框架

21.3.2   工作流

工作流的概念起源于生产组织和办公自动化领域,针对日常工作中具有固定程序的活动而提出,目的是通过将工作分解成定义好的任务或角色,按照对应的规则和过程,执行这些任务并对它们进行监控,来提高工作效率、更好地控制过程、增强对客户的服务、有效管理业务流程等。

工作流管理联盟(Workflow Management Coalition,WfMC)将工作流定义为:一类能够完全自动执行的经营过程,旨在根据一系列过程规则,将文档、信息或任务在不同的执行者之间进行传递与执行。

常用的工作流应包含节点管理、流向管理、流程样例等基础功能。工作流在应用系统中通常会依据角色、分工与现实条件的不同,合理安排路由传递,高效分配内容等级,并帮助用户解决企业与组织运行过程中的核心问题。

21.3.3   协作

内容协作系统是由内容创作工具、协同编辑组件和分享功能等组成的围绕内容创作、生成、互动、传递和利用等环节的基础内容管理软件。内容创作工具包括 Office 软件、Wiki、在线笔记、在线流程图、思维导图、Office/CAD 创作集成组件等。协同编辑组件主要是对 Office 文档等实现基于版本控制的协同编辑或在线多人编辑。分享功能旨在解决组织内部成员间,以及组织内外部成员间的内容传递和协作。内容协作系统强调用户在进行内容创作和使用过程中的体验和交互,不受硬件设备和访问终端的限制,可以随时随地进行创作,并且可以通过全场景的团队协作方式来提升整体内容创作和利用效率。

21.3.4   影像管理

影像管理系统(Imaging Management System,IMS)是在业务活动中将纸质单据凭证扫描生成电子影像文件,进行统一管理和保护,并通过文字识别和提取技术获取影像文件中的文字信息,进而规范管理和利用的一种系统。影像管理系统主要包含三大模块:扫描仪、文字识别模块和文档管理系统。扫描仪对纸质单据凭证进行电子化和影像化,文字识别模块通过 OCR 技术提取影像文字并进行价值信息获取,文档管理系统则对电子影像文件执行安全存储、共享分发、查询搜索和电子化流程管理等后续操作。影像管理系统在金融投资、保险信托、财务会计、通信、政府机关等产生大量纸质文档、票据的行业或机构具有广泛的应用。

21.3.5   门户

门户(Portal)的概念是由美国美林公司最先提出的,它可以为企业提供一个访问企业各种信息资源的入口,企业的员工、客户、合作伙伴和供应商等都可以通过这个入口获得个性化的信息和服务。门户可以无缝地集成企业的内容、商务和社区。首先,通过门户,企业能够动态地发布存储在企业内外部的各种信息。其次,门户还可以支持网上的虚拟社区,虚拟社区里的用户可以相互讨论和交换信息。

门户也是一个应用框架,它将各种应用系统、数据资源和互联网资源集成到了一个信息管理平台之上,并以统一的用户界面提供给用户,使企业可以快速地建立企业对客户、企业对内部员工和企业对其他企业的信息通道,使企业能够释放存储在企业内外部的各种信息。

21.3.6　知识管理

知识管理（Knowledge Management，KM）是对知识、知识创造过程和知识的应用进行规划和管理的活动。知识管理系统是在组织中构建的知识系统，旨在让组织中的内容与知识，在获得、创造、分享、整合、记录、存取、更新、创新等过程中永不间断地累积，成为管理与应用的智慧资本。知识管理系统的规划与建设工作包括建立知识统一存储平台、建立多维知识呈现体系、构建知识管理蓝图、建立社区化网络知识管理体系等。知识管理模型如图 21-4 所示。

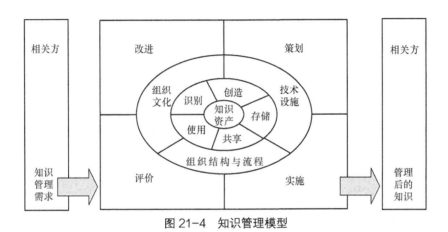

图 21-4　知识管理模型

知识管理模型包含了概念模型和过程模型。

- **概念模型**：知识管理应根据组织核心业务流程，围绕组织的知识资产开展管理活动，涵盖识别知识、创造或获取知识、存储知识、共享知识和使用知识。应从如下三个维度建设组织的知识管理基础设施：组织文化、技术设施、组织结构与流程。
- **过程模型**：知识管理体系作为组织整体管理体系的一部分，应与其他管理体系的过程保持一致，分为知识管理的策划、实施、评价、改进共 4 个环节。

21.3.7　数字资产管理

数字资产管理（Digital Asset Management，DAM）是用于组织、存储和检索富媒体，以及管理数字权利和权限的业务流程。富媒体涵盖了照片、音乐、视频、动画、播客等多媒体内容。

21.3.8　网页内容管理

网页内容管理（Web Content Management，WCM）有两个主要应用分支：ECM（Enterprise Content Management）和 CMS（Content Management System）。ECM（国内称作 Portal）侧重于通过提供应用组件，实现面向组织内部员工的信息内容聚合和呈现。CMS 是组织进行面向公众网站的内容创作、发布及管理的系统。随着这两个应用分支的发展，它们之间的界限越来越模糊，并呈现出合二为一的趋势。这两个应用分支虽有不同，但它们针对的都是网页内容的创作、发布和管理。网页内容管理强调创作方便、布局灵活、内容时效、表现丰富、扩展集成、宣传利用等。通过便捷的图文、音/视频编排，可以形成具有视觉冲击力和宣传效果的信息页面，供用户浏览和利用。

21.4　非结构化数据管理的建设方法

非结构化数据管理通常按照项目的方法进行分期建设，建设方法如图 21-5 所示。

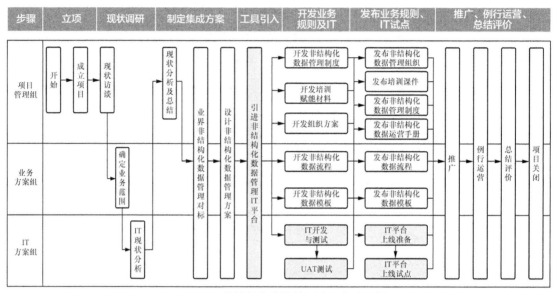

图 21-5　非结构化数据管理建设方法示例

非结构化数据管理平台的参考架构如图 21-6 所示。

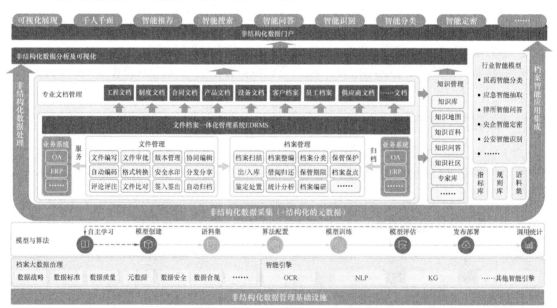

图 21-6　非结构化数据管理平台的参考架构

非结构化数据管理平台的主要功能如下。

（1）**数据采集**：非结构化数据管理平台负责建立一套有效的非结构化数据分类机制和方法，根据非结构化数据的重要程度，可通过不同采集方式实现数据采集；并在管理体系上建立事前提醒催办，事后汇总分析的机制，形成对内容数据的全面管控。数据采集形式主要包括用户主动上传、端点强制采集、API 集成采集、外网爬虫采集、邮件内容采集、打印一体机采集等。

（2）**数据存储**：非结构化数据管理平台负责组织应用系统投产后所有新增非结构化数据的集中存储。基于统一的分布式对象存储方式，非结构化数据管理平台具有海量数据存储、高性能读写、加密存储、多副本存储、便捷的水平扩展、冷热数据分离、全类型存储接口支持等特征。

（3）**数据治理**：数据治理包括对数据标准、元数据管理、数据安全、数据流转、数据质量、内容库模型、权限体系模型、分类模型、数据健康度等的综合治理。非结构化数据管理平台可以提供完整的数据治理情况总览和分析。

（4）**数据服务**：通过功能组件和中间件提供非结构化数据服务，非结构化数据管理平台可以将平台底层的公共能力输出给各业务应用。数据服务范围涵盖全业务服务内容，通过数据服务内容、数据服务技术、数据服务模式，基于统一的内容服务总线架构，实现数据资产可视化、可管理和数据资产的价值变现。

（5）**数据应用**：数据应用是指非结构化数据管理平台可以提供各种非结构化数据的协同编辑、共享开发、统一搜索等基础应用，以及开展基于非结构化数据管理平台上层的体系化业务应用，如项目文档管理、合同管理、知识管理等。

（6）**数据洞察**：数据洞察的核心驱动是基于人工智能和图谱技术实现的非结构化数据知识图谱。非结构化数据管理平台可以通过实体图谱、语义主题图谱和文件图谱等，建立起非结构化数据完整的知识图谱，对内容深层的逻辑关系进行梳理和呈现，从而实现对非结构化数据的全面洞察。

（7）**数据安全**：非结构化数据管理平台可以提供访问安全、数据摆渡、离线安全、内容安全等服务。其中，访问安全包括权限模板、访问权限、多级还原、动态水印、共享范围、密级权限验证等；数据摆渡包括直接触发数据摆渡、流程审批数据摆渡、批量计划数据摆渡、智能内容数据摆渡等；离线安全包括透明加密、外发加密、DLP（Data Loss Prevention，数据防泄露）边界防控等；内容安全包括敏感词、病毒扫描、智能定密、安全域、文控流程、历史版本和防勒索模块等安全能力模块。

21.5　本章小结

随着数据作为一种新的生产要素出现，非结构化数据所能产生的价值越来越被重视，组织也在思考如何把组织内部的非结构化数据管理好，使其价值最大化。本章介绍了组织非结构化数据管理的核心内容，组织进行非结构化数据管理的意义，并对组织如何进行非结构化数据管理建设提出了一些方法和建议。

第 22 章

数据分析和挖掘

数据分析和挖掘关注的是如何实现数据的价值。无论是通过为业务赋能从而间接实现数据的价值，还是通过数据产品交易从而直接实现数据的价值，数据分析和挖掘都是 CDO 应用数据并实现数据价值的重头戏。

22.1 概述

对于数据分析和数据挖掘这些术语，业界并没有统一的界定。按照 DAMA 的观点，数据分析是指各种 BI 报表，在技术上通过数仓（数据仓库的简称）来实现，BI 的侧重点是对已经发生的事情进行总结和展现，反映的是过去。而数据科学则包括了统计分析、数据挖掘、机器学习等，在技术上通过数据湖来实现，侧重于对未来的预测以及对隐藏在数据背后的规律的挖掘。

在本书中，按照国内较普遍接受的定义，我们把数据分析等同于数仓和 BI；而把数据挖掘等同于数据科学，包括数据湖、AI、机器学习等。

22.2 数据分析与数据挖掘的异同

数据分析和数据挖掘都是对已获得的数据进行整理、汇总、分析，并提炼出其中所蕴含的价值和规律的过程。如表 22-1 所示，数据分析和数据挖掘的区别在于，前者主要基于成熟的分析工具，结合业务理解，有目的地解释某种现象，并获得决策依据；而后者更多地依赖编程语言，将数学和计算机知识结合在一起，最终形成对未来有预测作用的结论。大数据时代发展至今，越来越多的人开始意识到数据分析和数据挖掘的重要性。

表 22-1 数据分析与数据挖掘的对比

		数据分析	数据挖掘
共同点		都是对已获得的数据进行整理、汇总、分析，并提炼出其中所蕴含的价值和规律的过程	
不同点	定义	采取合适的统计分析方法与工具，对数据进行处理和分析，从中获取有价值的信息	从大量的数据中，通过统计学、人工智能、机器学习等方法，挖掘出未知的且有价值的信息和知识的过程
	方法	主要采用对比分析、分组分析、交叉分析、回归分析等常用分析方法	主要采用决策树、神经网络、关联规则、聚类分析等统计学、人工智能、机器学习等方法进行挖掘
	结果	得到指标统计量结果，如总和、平均值等，并且需要分析人员结合业务进行解读；注重业务解释后的结论，反映的是过去	输出模型或规则，并且可相应得到模型得分或标签，可以直接应用；注重模型产出的结果，反映的是未来
	技术	数仓和 BI	数据湖和 AI

22.3　数据分析的核心内容

数据分析的核心在于如何利用分析工具和业务知识对数据进行分析，与数据挖掘相比，数据分析更注重业务性和解释性，侧重于对已经发生的事情进行总结和展现，一般有明确的需求提出方和需求目的。

22.3.1　数据分析理论和方法

数据分析的理论基础是统计学。统计学是一门综合性学科，不仅要研究怎么收集数据，怎么整理数据，还要对数据进行分析，并将分析结果描述出来，从而让你对产生数据的对象有更清晰的认识，甚至能够预测未来。

统计学有两个重要分支：概率论和数理统计。概率论是研究不确定事件发生概率及发生规律的数学分支。数理统计则分为描述统计和推断统计，数理统计以概率论为基础，通过统计分析方法进一步研究数据规律。

基于统计学基础，常用的数据分析方法有逻辑树分析法、多维度拆解分析法、对比分析法、假设检验分析法、相关分析法等。

- **逻辑树分析法**：把复杂问题拆解成若干简单的子问题，像树枝一样逐步展开，逐步解决，如图 22-1 所示。

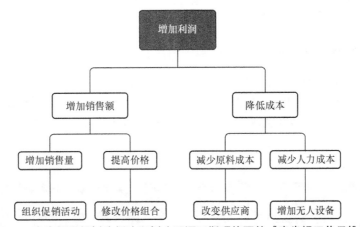

图 22-1　麦肯锡逻辑树分析法示例（图源卫斯理编写的《麦肯锡工作思维》）

- **多维度拆解分析法**：与逻辑树分析法相似，将一个问题拆解成互不相关的多个维度，从单个维度进行分析。
- **对比分析法**：确定对比对象和对比维度，对目标事物和对比事物进行比较，常见的有行业对比、竞品对比、与自身同比、环比等。
- **假设检验分析法**：先提出假设，再收集证据，最后得出结论。
- **相关分析法**：一种旨在研究两个对象相关性的方法，如身高和体重的关系。

数据分析的各种方法通常可以根据实际业务问题灵活、交叉地运用。

22.3.2　数据分析工具

数据分析通常采用较为成熟的分析软件对数据进行分析，在这些设定好的分析工具中，分析人员可以直观地访问数据，查看数据的分布，对数据进行图形化处理，甚至运用计量统计的方式对数据进行预测。典型的数据分析工具有以下几个。

- Python：相较于其他主流的编程语言，Python 是一种较新的编程语言，诞生于 20 世纪 90 年代初。但在 TIOBE 编程语言排行榜上，Python 从 2022 年 3 月开始便一直占据榜首。截至 2023 年 1 月，Python 仍以 16.36%的市场优势从 C、C++、Java 等元老级编程语言中脱颖而出。而 Python 能够如此成功的一大原因，就在于其语法简洁而优美、开源且可移植。Python 的应用场景极多，对于数据分析而言，Python 提供了支持多维数组运算与矩阵运算的 NumPy、支持高级科学计算的 SciPy、支持 2D 绘图的 matplotlib，这些模块都具有简单易用的特点，因此经常被数据分析师用于编写分析程序。
- R：这是一种十分适用于统计分析的编程语言。一方面，在统计编程环境中，虽然可以通过编写 R 程序来进行数据分析，但对于大部分数据分析师而言，这有一定的门槛；另一方面，R 语言的语法通俗易懂，很容易学会和掌握，数据分析师可以非常灵活且迅速地处理分析程序，R 语言提供了强大的图形功能。
- SPSS：这是一款功能全面、专业的数据统计软件，具有信息采集、处理、分析等评估和预测功能。无须编写程序，便能支持几乎所有的数据分析工作。
- SAS：这是一个模块化、集成化的大型应用软件系统，功能包括数据访问、数据存储及管理、应用开发、图形处理、数据分析、报告编制等。
- Excel：这是一款耳熟能详的办公软件，操作简便而实用，适用于大多数数据分析场景。
- SQL：一种常用的数据库语言，可直接访问数据库中的数据。在大多数情况下，使用 SQL 可以进行简单的描述性统计分析。

22.3.3　数据分析应用

对企业而言，数据分析体现了数据服务价值的基本要求，可以帮助分析人员调查访问和格式化数据，以安全和可靠的方式将数据信息呈现给管理层，为企业提供决策依据。

一般来说，数据分析主要包括固定报表、即席查询、多维分析和描述性统计分析等多种形式，如图 22-2 所示。

固定报表　　　　　　　　　　　　　　即席查询

多维分析　　　　　　　　　　　　　　描述性统计分析

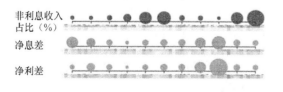

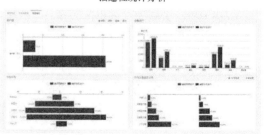

图 22-2　数据分析的形式

1．固定报表

为了加强信息系统建设，满足外部监督管理要求，适应日益加剧的市场竞争，以及企业精细化管理的需要，业务人员对数据查询的需求产生了爆发式增长。因此，功能灵活、数据全面的报表系统应运而生。

报表系统的定位如下。

- **建立企业级指标体系**。围绕指标全生命周期管理，建立企业统一的指标标准，实现共享的指标模型，建立有序的指标管理机制，搭建友好的指标管理分析平台。
- **搭建开放式的数据应用平台**。通过固定格式报表查询、汇总数据分析查询、明细数据查询和即席查询 4 类数据查询分析服务，为用户提供多元化的数据查询与展示，以及定制化的报表查询、开放式的数据定制服务，满足用户不同的数据访问需求。
- **提升数据应用水平，推进条线建设**。以项目建设为抓手，建立知识社区，推进统计分析条线建设，逐步建立稳定、专业的数据分析团队。

2．即席查询

即席查询与普通查询从 SQL 语句上来说，并没有本质上的差别。它们之间的区别在于，普通查询在系统设计和实施时是已知的，因此可以在系统实施时通过建立索引、分区等技术来优化，查询效率很高；而即席查询是用户在使用时临时生产的，系统无法预先优化，所以即席查询也是评估数据仓库的一个重要指标[①]。

3．多维分析

企业报表中包含多维分析内容，以钻取、切片或切块的方式，对宏观问题通常从多个不同维度进行分析，获得信息量丰富的数据，快速定位到问题，比如发现存在什么问题等。

一线业务单位对多维分析更为依赖，因为一线业务单位的数据服务人员的数据分析能力较上级单位的数据服务人员还有一定差距，所以一些较为复杂的业务分析数据不能得到正确及时的支撑。有了多维分析报表，业务部门或领导就可以看到某个业务的发展情况。多维度的统计汇总数据或明细数据可以快速得到响应，并且可以通过对数据不同维度的钻取和分析，快速定位业务发展中的问题，针对问题迅速制定市场调整策略并实施，做到对症下药。

4．描述性统计分析

企业进行报表建设的期望之一就是搭建开放式的应用平台，进行四大数据查询服务之一的统计分析。以银行为例，银行每季度的存款规模和贷款规模是多少，预计到年底可以达到什么水平，哪些贷款有违约风险等，都来源于统计分析。企业统计分析主要使用频次分析或分位数分析等方法，对历史数据进行统计分析并找到一定的规律。通过统计分析不难发现企业经营中出现问题的原因，以及问题所带来的影响。

22.4　数据挖掘的核心内容

数据挖掘直接体现企业的数据获取能力和机器学习技术能力，适合在数字化转型的进程上有一定经验，希望数据资产从深度和广度上有一定扩展，愿意汲取新技术，在科技道路上更进一步的企业进行研究应用。

数据挖掘是指没有明确需求目的的数据分析行为，是对数据进行研究，并理解数据特殊性质的服务过程，旨在从大量数据中分析出隐含的、未知的、面向未来的、对决策有潜在价值的关系、

---

① 吴启雯. 基于数据仓库的电信经营分析系统设计与实现[D]. 四川: 电子科技大学, 2011.

模式和趋势。可以利用各种分析工具在海量数据中发现模型和数据之间的关系,这些模型和关系可以用来分析风险,以及对潜在问题的发生进行预测。[1]

数据挖掘的核心在于选用数据挖掘模型对数据进行分析。数据挖掘模型更注重技术层面,对数学和计算机有着更高的要求,并且能够解决更多数据分析难以企及的问题。但相较于数据分析而言,数据挖掘的结果隐藏在较为深层的数据运算中,因此业务解释性较弱。

数据挖掘包括两类:一类是传统意义下的数据挖掘,另一类是大数据背景下的数据探索。

22.4.1　传统意义上的数据挖掘

传统意义上的数据挖掘是从大量的、不完全的、有噪声的、模糊的、随机的实际应用数据中,提取隐含在其中的,人们事先不知道但又潜在有用的信息和知识的过程。以上定义包括好几层含义:数据源必须是真实的、大量的、含噪声的;发现的是用户感兴趣的知识;发现的知识要可接受、可理解、可运用;不要求发现放之四海皆准的知识,仅支持在特定领域或情境中发现问题。[2]

传统意义下常见的数据挖掘算法有回归分析、分类分析、相关性分析、聚类分析、判别分析、主成分分析、因子分析等。

1. 回归分析

一般情况下,回归分析被定义为利用数理统计的方法,在掌握大量观察数据的基础上,建立因变量与自变量之间的回归关系函数表达式。根据研究中因果关系涉及的自变量个数,回归分析可以分为一元回归分析和多元回归分析;根据自变量与因变量之间因果关系的函数表达式是线性的还是非线性的,回归分析还可以分为线性回归分析和非线性回归分析。我们所遇到的非线性问题,都可以借助数学手段转换为线性回归问题来处理。

一般的线性回归也可以分为一元线性回归和多元线性回归。常用的非线性回归是逻辑斯谛回归。逻辑斯谛回归是研究因变量为二分类或多分类观察结果与影响因素之间关系的一种多变量分析方法,属于概率非线性回归。根据因变量的多少,逻辑斯谛回归可以分为二分类逻辑斯谛回归和多分类逻辑斯谛回归。

在实际应用中,回归分析是定量预测的方法之一,旨在从现有事物内部的规律来预测未来的发展趋势,具有一定的精确性。

2. 分类分析

(1) 决策树

决策树起源于概念学习系统(Concept Learning System,CLS),目标是找出最具有预测分辨能力的属性。但由于 CLS 可以处理的学习问题不能太大,因此后来又陆续产生了 ID3 算法、C4.5 算法等,除此之外,还有著名的 CART 算法和 Assistant 算法。

决策树是目前应用最为广泛的分类算法之一。决策树上的每个节点是对实例某个属性的一个划分,旨在使实例的每一个子节点(即每一个子集)的数据相比父节点的数据更"纯"一点。子节点的每个分支节点都属于该子节点的可能值。图 22-3 给出了一个决策树的例子。

(2) 人工神经网络

人工神经网络是人工智能中研究比较成熟的技术,它模拟了人脑神经元,是一种应用类似人脑神经突触连接的结构来进行信息处理的数学模型。

目前最流行的神经网络学习算法是反向传播(Back-Propagation,BP)算法。这种算法通过迭代地处理一组训练样本,并将每个样本的网络预测类别与实际知道的类别做比较来进行学习。对

① 李绍中. 基于智能计算的网络学习评价模型研究与系统设计[D]. 广东: 中山大学, 2011.
② 赵颖. 数据挖掘技术研究[J]. 中国新技术新产品, 2009(12): 28.

于每个训练样本，修改连接权值，使网络预测类别与实际类别之间的均方误差最小。[①]

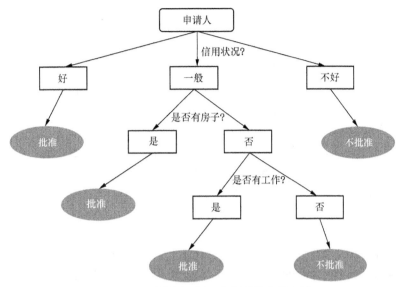

图 22-3 决策树示例：银行贷款审批申请

如图 22-4 所示，作为一种通过训练来学习的非线性模型，人工神经网络会将获取的所有定性和定量数据存储于各个单位神经元中，从而使得模型的容错性很强。另外，人工神经网络采取的是并行处理方式，可以快速地进行大量运算。人工神经网络有很强的学习能力和适应能力，能够同时处理定量和定性知识。[②]

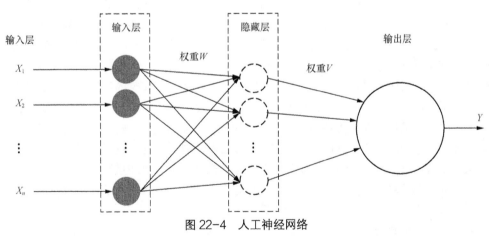

图 22-4 人工神经网络

3. 相关性分析

相关性分析研究的是变量之间是否存在某种依存关系以及变量之间依存关系的密切程度。相关性分析会对建立在总体之中确实存在的某种关系进行分析，旨在描述客观事物之间的相互关联程度及密切程度。例如，如果在一段时间内，居民银行存款随着经济的发展而上升，则说明这两个指标之间存在正相关；反之，则说明这两个指标之间存在负相关。

4. 聚类分析

聚类是一种量化分类方式，旨在将相似度高的样品或变量归为一类，而把不相似的样品或变

[①] 张海笑, 徐小明. 数据挖掘中分类方法的研究[J]. 山西电子技术, 2005(2): 20-21, 42.
[②] 吴学礼, 孟凡华, 王永骥, 等. 基于新型联想记忆神经网络的非线性系统辨识[J]. 地理与地理信息科学, 2004, 20(4): 110-112.

量归为另一类。

聚类分析算法有很多，如系统聚类法、分割法、层次法、栅格法、模型法等，它们都是基于距离度量的统计分析方法。在数据挖掘领域，k 均值聚类算法应用最为广泛和有效。

5. 判别分析

判别分析旨在依据相应的判别准则，建立一个或多个判别函数，然后用研究对象的大量资料确定判别函数中的待定系数，计算出判别指标。[①]例如，为了定义客户的类型，需要对客户开办的业务进行对比，从而判断客户属于哪种类型。

6. 主成分分析

主成分分析（Principal Component Analysis，PCA）是一种用来对各变量之间互相关联的复杂关系进行简化分析的技术，旨在对高维空间进行降维。PCA 通过对初始变量进行线性组合，得到了一组互不相关的综合变量，并从中尽可能少地选取能尽可能多解释初始变量信息的综合变量，作为主成分变量。

7. 因子分析

因子分析也是一种用来降维、简化数据的技术，这种技术通过研究众多变量之间的内部依赖关系，来探求观测数据中的基本结构，并用少量几个"抽象"的变量来表示基本的数据结构。这几个抽象的变量被称作"因子"，它们反映了原来众多变量的主要信息。[②]

因子分析中的"因子"是不可观测的，它们代表了原来众多变量的共性，如客户忠诚度、满意度等。

22.4.2　大数据背景下的数据探索

大数据背景下的数据探索与传统意义上的数据挖掘相比，具有如下特点。

- 大数据背景下的数据探索的对象是文本、网页内容、图形/图像、音频、视频等非结构化数据。非结构化数据相较于结构化数据，数据处理方式完全不同，且数据处理难度也要高很多。
- 不再使用抽样数据。
- 数据探索只关注"是什么"，不关注"为什么"。因为有了海量的数据，所以通过大量数据统计得出的结论应该具有很大程度的普适性。这样的结果直接拿来用就可以了。探究和证明因果关系的过程非常复杂和困难。经典的啤酒与尿布案例，就是从数据中得出的结论，把啤酒和尿布放一起卖就可以提高销量，没必要耗时耗力地去查明原因。
- 大数据背景下的数据探索相较于传统意义上的数据挖掘，更注重数据获取。数据为先，现在的计算机计算能力已不同于往日，只要想到办法，计算机就能替我们做到。所以，我们需要获取更多、更全面的数据来让计算机进行分析。
- 有别于从内部数据库提取数据，大数据背景下的数据探索有更多的数据源，可以采用更多的非结构化数据，数据量更大。
- 大数据背景下的数据探索关注实时性，数据在线即用，与对时间要求不高的传统数据挖掘有很大不同。

表 22-2 对大数据背景下的数据探索与传统意义上的数据挖掘做了对比。

如今，企业已经积累了大量的交易数据，正在拓展数据获取来源，引进互联网相关数据，加强数据录入和交换质量控制。为实现这些数据价值的最大化，迫切需要对积累的各类数据展开全面分析，深入挖掘，从中提炼出埋藏于数据深处的规律和趋势，并全面运用于企业的经营战略决

---

① 吴宇晗. 江苏外向型经济发展的地域差异及分类研究——以江苏省 13 市为例[J]. 技术与市场, 2009, 16(10): 40-41.
② 陈敏，倪小林. 基于因子分析的全国各省市城市竞争力评估[J]. 企业导报, 2012(15): 1-3, 130.

策与业务发展。因此，做好数据探索服务建设，培养企业自己的数据探索服务团队，向数据要效益已成为企业发展的当务之急。

表 22-2　大数据背景下的数据探索与传统意义上的数据挖掘

	大数据背景下的数据探索	传统意义上的数据挖掘
关注点	数据优先	模型优先
数据类型	结构化数据和非结构化数据均可	结构化数据
数据要求	全量数据	抽样数据
数据来源	内部数据+外部数据	通常从内部数据库中提取数据
结果	只关注"是什么"	不仅关注"是什么"，同时也关注"为什么"
性能要求	关注数据在线即用的实时性	对时间要求不高

大数据背景下的数据探索服务所能够分析的不只是传统的结构化数据，还有非结构化数据（如文本、图像、音频、视频等）。世界上多达 80%的数据都是非结构化数据，如客户与银行客服的通话信息、客户搜索银行网站的历史记录等。我们可以从这些非结构化数据中分析出客户的偏好、风险接受程度等。这些信息如果不能得到捕捉和分析，那就未免过于浪费了。

但是，这些信息（文本、图像、音频、视频等）的质量通常良莠不齐，并且关系复杂，如果没有有效的信息处理手段来提取其中的潜在价值，那么不仅达不到预期的效果，反而会使原本富含价值的数据变成"垃圾"。数据探索的类型归纳起来有文本数据探索、图片数据探索、音频数据探索和视频数据探索。

1. 文本数据探索

文本内容分析是网络信息处理的关键技术，旨在对散布在网页、应用程序等地方的有效、可利用、便于理解的文本文件进行抽取并分析，从中提取出有用的信息。文本文件包括新闻文档、研究论文、图书、数字图书馆、电子邮件和 Web 页面等。

文本数据挖掘的主要应用是从没有经过处理的原始文本中挖掘出未知的知识，但它们无法和结构化数据一样，而是必须先处理那些语义模糊、没有格式的文本数据，因此必然涉及信息技术、模式识别、统计学、数据可视化、机器学习等多个学科的知识。

2. 图片数据探索

图片数据探索在银行中的应用很少，但它在医学和交通领域发挥了很大的作用。随着客户管理系统的不断完善，我们对客户日常的生活信息接触更多了，图片数据探索也将深入客户的日常生活。

3. 音频数据探索

音频数据探索是近年来兴起的一种数据挖掘形式。音频数据探索涉及很多复杂的音频转换，这些都需要运用专门的音频数据分析软件来对音频进行转换处理，从而进行数据挖掘。音频数据探索的步骤与文本数据探索相差不大，重点需要放在有数据挖掘价值的平台上，如客户服务热线、特定产品热线和电话银行等。

4. 视频数据探索

视频中的数据虽然信息量巨大，但有用信息的占比最小。对于视频数据的挖掘，目前业界很难形成一套完整的体系。视频数据探索应用最多的领域是医药和交通。

银行的视频数据主要来自监控器，这些都是为了保障银行经营安全，打击违法犯罪。但是随着银行服务的发展，视频数据探索必将在银行业得到广泛的应用。

22.4.3　数据挖掘工具

在大数据探索的需求下，一批性能卓越的大数据探索工具开始出现。当今主流的大数据探索工具主要有 Hadoop、Spark、Storm 等。

1. Hadoop

Hadoop 是由 Apache 基金会开发的分布式基础系统架构，也是一个开源的大数据分析软件，可以称作编程模式。Hadoop 通过分布式的方式处理大数据，其开源特性使得众多的国内外知名企业开始采用 Hadoop 来搭建自己的分布式计算系统，由 Hadoop 进行挖掘的数据存储在硬盘上，常用于复杂的大数据挖掘和处理。

2. Spark

Spark 也是 Apache 基金会的开源项目，是另一种重要的分布式计算系统。Spark 在 Hadoop 的基础上进行了一些架构改造，与 Hadoop 不同，由 Spark 进行挖掘的数据存储在内存中，因此 Spark 相比 Hadoop 有更高的运行速度，但不能长期保存数据，常用于快速的大数据挖掘场景。

3. Storm

Storm 也是一种分布式计算系统，相较于 Hadoop，Storm 最大的特点是实现了实时运算和挖掘，可以直接通过系统传输实时地接收并处理数据，然后直接传回，常用于实时的大数据挖掘和处理。

22.4.4　数据挖掘应用

在数字时代的洪流中，数据挖掘能为企业带来的革新远比想象的多，尤其是在将数据挖掘与业务场景结合在一起时。比如在客户关系管理中，就经常会用到数据挖掘技术。

1. 客户流失

客户是企业经营发展的基础，在企业面临的众多问题中，客户流失是一个重要的问题。对企业来讲，发掘一个新客户所需要投入的成本往往是老客户的 5～10 倍，并且企业对老客户的了解程度远高于新客户，有较坚实的数据基础，因此可以尝试利用数据挖掘技术，完善客户流失挽留策略。具体来说，要从技术层面研究客户流失的问题，要以客户的历史数据为基础，通过一定的数据挖掘手段，综合考虑客户流失的性质、程度以及与之相关的多种因素，从中发现一些与客户流失相关联的特征，预测客户的流失倾向，为业务人员提供有力的营销支持策略，以便相关部门进行精准营销。[①]

在进行充分的数据挖掘后，我们可以逐步解决以下问题。

- 预测现有客户的流失可能性。
- 预测现有客户的可能流失时间。
- 分析现有客户流失的原因。
- 分析和评估现有客户流失的影响。客户流失的影响应该包含对客户自身的影响、对企业的影响和对其他客户的影响。
- 制定对流失客户的挽留措施。

2. 客户细分

客户细分（Customer Segmentation）的概念最早由美国市场学家 Wendeiir Smith 在 20 世纪 50 年代中期提出，指的是企业分析客户的属性，按照一定的标准，将现有客户划分为不同类型的行为。现代企业已经逐渐接受客户分级服务和分级营销的理念，重视客户关系的管理，客户细分是其中重要的一步。经济学家 Suzanne Donner 曾在《银行家》杂志上发表文章写道，"正确的客户细

---

① 朱圣堤. 分析型 CRM 在营销决策中的运用研究[D]. 湖北: 华中农业大学, 2008.

分能够有效地降低成本，同时获得更强、更有利可图的市场渗透。"通过客户细分，企业可以针对不同客户群体设计不同的策略，同时吸引各个群体的客户，提升客户忠诚度。

客户细分的理论依据主要如下。

- **客户需求的异质性**，这是客户细分可行的内在因素。不同个体消费的决定性因素不同，这导致不同消费者的消费需求和消费行为必定存在差异。
- **消费档次假说**。消费档次假说是指，随着消费者经济收入增加，他们的消费量也会随之增长，但非线性增长，而是呈现阶梯状的增长模式。即对于消费者而言，当经济收入不断增长时，消费水平可能不会立即发生变化，直到收入增加到某个程度之后，消费水平才会提高到一个新的档次，并且重复这个过程。因此，消费者的消费水平和习惯在一段时间内是相对稳定的，这为客户消费群体的划分提供了理论前提和可行性。

客户细分可以根据客户不同的属性来进行，也可以根据不同属性的简单组合来进行。但为了更精确、合理地划分客户消费群体，就需要使用更加复杂的条件组合。传统的客户分类技术可能已经满足不了当今企业的需求，而数据挖掘技术显得更加适用。

在使用数据挖掘技术进行客户细分时，应根据企业的目的和方法，选择合适的变量和划分条件。因此，选择一个合适的客户细分模型十分重要。客户细分模型的选择需要满足三个要求：首先，要满足使用者对客户细分深度的要求；其次，要有优秀的大数据处理能力和误差数据兼容能力；最后是稳定性，客户细分模型需要能够适应不同的变化情况。因此，客户细分模型可能需要不停地升级和更新。

通过客户细分模型可以得到不同的客户群体，但是这些细分的客户群体不一定是有效的，关键还要看细分出来的客户群体是否与企业业务目标相关，是否可理解和可特征化，每个客户群体的人数是否足够多，以及是否能够针对各个客户群体开展活动等。

对于有效的客户群体，企业需要针对各个客户群体制定适合的营销策略。这样不仅能满足不同客户多样化、个性化的需求，也可以对客户服务系统进行精细化管理，降低企业成本，实现企业与客户的"双赢"。

RFM 模型（见图 22-5）是经典的客户细分模型。RFM 模型主要有三个变量——消费间隔、频率和金额，目的是识别重要客户。其中，R（Recency）是客户最近一次消费至今的时间间隔，时间间隔越短，R 越大；F（Frequency）是一段时间内客户发生消费行为的频率；M（Monetary）是一段时间内客户消费的总金额。研究发现，R 和 F 越大的客户，越容易发生新的消费行为；M 越大的客户，越容易购买企业新的产品和服务。

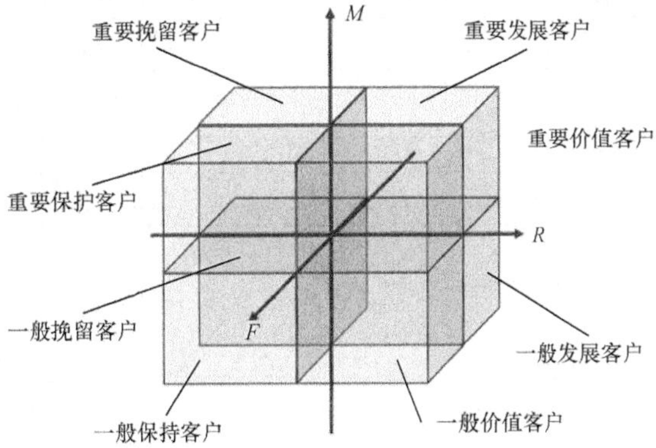

图 22-5　RFM 模型

3. 营销活动

企业要生存和发展，就必须不断开拓新客户，推出新产品，这就需要企业针对各种潜在客户开展直接营销活动。但现实中，企业可能选择不出明确的目标客户，尽管付出了巨大的财力和物力，实际效益却不佳，甚至可能出现支出大于收益的现象，导致成本无法收回。一方面，客户每天都通过短信、电子邮件、网站等接触到各式各样的产品，但它们会因为缺乏针对性和足够吸引力的营销活动而被客户直接忽略。另一方面，客户越来越看重个性化服务，对产品的多样化要求越来越高。[1]

① 翟婧宏. 利率市场化对我国银行业的影响探析[J]. 科技创新与应用, 2012(10Z).

企业需要对营销活动数据进行挖掘。企业可以收集部分以往的营销活动数据（对营销活动响应的客户数据和未对营销活动响应的客户数据），选择客户属性，如客户人口统计学特征和账户信息等，利用直方图、分布图来初步确定哪些因素可能影响客户响应。

企业在数据挖掘技术的帮助下，可以针对客户数据建立营销响应预测模型。要考察营销活动是否取得真正的成功，不仅要看营销活动中产品销量的增加，更要着重分析营销效率。

具体来说，首先要参考同类产品过去的营销数据，看看历史营销活动的效率，然后确定保留和改进的挖掘对象及方法，最后建立营销响应预测模型。营销响应预测模型的主要功能是，预测哪部分客户会对某种产品或服务的宣传进行响应。自变量就是我们所选取的各种属性，包括客户年龄、客户收入、客户购买时间、客户购买频率等。完成以上工作后，就可以较为准确地预测某营销活动是否值得开展。[①]

22.5　数据分析和挖掘的应用场景

数据分析和挖掘不只从宏观上改变企业决策模式，还应落实到实际执行层面，包括对外经营模式和对内管理手段，要在方方面面使企业实现数字化、智慧化和效率化转型。

企业所涉及的业务领域可以划分为 6 个管理板块，每个管理板块还可以进行业务细分。在每个分类中，都可以采用数据分析和挖掘技术对业务现状进行分析，对未来情况进行预测，从而发掘出实际业务管理过程中可以优化的机会，我们称之为企业业务提升框架（Business Framework Improvement，BFI），见表 22-3。

表 22-3　企业业务提升框架

业务领域	业务细分
客户管理	新增获客、客户培养、客户黏性、客户挽留、客户赢回、生命周期管理
产品管理	市场探索、销售推广、优化升级、可持续性、转型换代、退出复盘
营销管理	市场分析、方案设计、渠道投放、推广策略、效果评估、策略优化
绩效管理	销售业绩、渠道业绩、产品业绩、流程业绩、客户价值、整合绩效
风险管理	准入策略、风险评级、授信策略、贷后监测、反洗钱与反欺诈、全面风险管理
财务管理	监管与披露、资产负债管理、定价及成本、财务预算、合并与收购、绩效分析

22.5.1　客户管理

做好企业，从客户管理开始。客户管理旨在建立"以客户为中心"的经营理念，充分把握和了解客户的分类、行为、兴趣爱好，在适当的时候向适当的客户，在适当的渠道推荐合适的产品或提供合适的服务。客户是企业的重要资源，不难发现，客户对企业的贡献也遵循二八定律，即 20%的客户贡献企业 80%的利润。因此，识别价值客户成为客户管理的关键。数据价值服务基于用户行为进行客户生命周期研究，同时进行全生命周期分析并维护，进而有效甄别存量客户中 20%的优质客户。针对不同客户提供更贴身到位的服务，紧紧抓住他们。[②]

借助数据分析和挖掘的思路及技术，企业可以在客户管理的每个环节开展相应的专题分析，见表 22-4。

① 王晓菲. 数据挖掘在商业银行中的应用[J]. 现代企业文化, 2012(9): 2.
② 俞锋. 中小企业困境突围策略研究[J]. 中国商界, 2009.

表 22-4 客户管理分析框架

客户管理环节	专题分析内容
新增获客	潜在价值客户挖掘、相似客户拓展
客户培养	客户行为分析、客户活跃度分析、客户价值提升分析
客户黏性	用户留存分析、流失预警分析、客户体验分析
客户挽留	客户流失倾向、客户挽留策略分析、客户流失原因分析
客户赢回	传播策略分析、社交网络分析、赢回响应预测分析
生命周期管理	漏斗转化分析、渠道分析、客户迁徙矩阵

22.5.2 产品管理

产品是奠定企业品牌优势的基石。客户会被企业营销手段吸引，但要长久地维持客户，归根结底还要靠企业自身的优异产品。企业在收集市场需求开发新产品的同时，也要对老产品进行迭代优化。因此，每个产品的生命周期中存在不同的决策节点，而数据分析和挖掘就是支持企业做出最终决策的重要因素，见表 22-5。

表 22-5 产品管理分析框架

产品管理环节	分析内容
市场探索	市场供需分析、竞品分析、投资回报分析
销售推广	产品销量预测、渠道归因分析、目标客群分析
优化升级	产品 A/B 测试、用户意见分析、客户体验分析
可持续性	客户活跃度分析、产品价值评估、客户流失分析
转型换代	转型方向分析、转型效果分析、客户接受度分析
退出复盘	产品回头看、竞品对比分析、市场趋势分析

22.5.3 营销管理

在如今的信息飞速传播时代，想要吸引客户，营销管理是绕不开的话题。但随着数据分析和挖掘技术的推进，营销不再只是铺天盖地的粗放式营销，而是可以有的放矢地为不同客群制定相应的营销方案，在降低营销成本的同时，提高营销响应率，见表 22-6。

表 22-6 营销管理分析框架

营销管理环节	分析内容
市场分析	消费者需求分析、市场定位、SWOT 分析
方案设计	产品客群匹配、差异化定价、文案内容摘要
渠道投放	渠道活跃度分析、渠道转化率、第三方广告分析
推广策略	个性化推荐、关联销售、推荐算法
效果评估	响应效果分析、用户体验分析、收益分析
策略优化	产品优化策略、渠道优化策略、推广优化策略

22.5.4 绩效管理

绩效管理是指各级管理者和员工为了达到组织目标，共同参与的绩效方案制定、绩效辅导沟通、绩效评估、绩效结果应用、绩效目标提升的持续循环过程。绩效评估是绩效管理的核心工作，绩效评估包括收集信息、建立评估体系、确定评估方法、实施考核等一系列工作，而这一系列工作都与数据价值服务息息相关，甚至是其中的一部分，见表 22-7。所以，数据价值服务会作用于绩效管理的方方面面，是企业绩效管理的基础，也是保障。

表 22-7　绩效管理分析框架

绩效管理环节	分析内容
销售业绩	销售人员绩效、销售人员聘用模型、销售奖金奖励
渠道业绩	分支机构绩效、终端绩效、渠道价值模型
产品业绩	产品绩效管理、产品定价模型、手续费定价模型
流程业绩	运营绩效管理、KPI 和六西格玛管理、客户影响分析
客户价值	客户绩效管理、客户关键绩效指标、客户分配
整合绩效	员工绩效管理、平衡计分卡（Balanced Score Card，BSC）、运营状况仪表盘

22.5.5　风险管理

对一般企业而言，所面临的风险大多是战略风险、财务风险和运营风险等，通常是发生频率较低、影响程度大小不一的风险；风险管理主要指的是针对银行等金融机构所面临的信用风险而采取的管理手段。

信用风险即违约风险，是金融风险的重要类型之一。对金融机构而言，信用风险的主要内容就是贷款风险。大部分金融机构网点分布广、数量大，贷款金额不大，贷款期限较长，收益相对较低，业务风险较大，不良贷款比重偏高，贷款客户集中度低，且不良贷款率高。其中，较大的呆账、赖账比例，以及大量的不生息资产，普遍存在于不良贷款中，使得金融机构的日常经营受到严重制约。风险管理的分析框架见表 22-8。

表 22-8　风险管理分析框架

风险管理环节	分析内容
准入策略	黑/灰名单管理、预授信策略、监管政策解读
风险评级	个贷申请评分模型、小微企业贷款申请评分模型、关联方风险模型
授信策略	审批结果建议、定价模型、定额模型
贷后监测	风险预警模型、行为评分卡、穿透式风险管理
反洗钱与反欺诈	申请反欺诈、交易反欺诈、反洗钱
全面风险管理	操作风险、市场风险

22.5.6　财务管理

财务管理是企业管理的核心，指企业资金的投资、分配、运作等一系列管理活动。数据价值服务以财务报告和其他相关资料为依据和起点，采用专门的方法，系统分析和评价企业过去和现在的经营成果、财务状况及其变动，以了解过去、评价现在、预测未来，帮助企业改善决策，见表 22-9。数据价值服务会将大量的报表数据转换成对特定决策有用的信息，以减少决策的不确定性。[①]

数据分析和挖掘是从大量的数据中提取有用信息并进行洞察的过程。对收集到的大量数据进行清洗和加工，然后进行数据分析和挖掘，这对很多领域都有重要的作用和意义，具体如下。

---

① 王彦. 风险控制中的财务管理[J]. 新疆金融, 2005(8): 2.

表 22-9　财务管理分析框架

财务管理环节	分析内容
监管与披露	银行业监管报表、财务报表、财务整理
资产负债管理	资金转移价格、资产负债管理、资产分配引擎
定价及成本	客户收益分析、定价模型、潜在价值分析
财务预算	财务预算与规划预测模型
合并与收购	资产负债平衡表分析、合并重组分析
绩效管理	股东权益回报分析、关键指标明细报告

（1）**发掘潜在商机**：通过对大量的数据进行分析和挖掘，可以发现隐藏在数据中的商业机会。这有助于企业发现市场趋势和用户需求，从而帮助企业制定更有针对性的商业策略，提升竞争优势。

（2）**提供准确的决策支持**：通过对数据进行深入的分析和挖掘，可以提供准确、可靠的数据信息，为决策者提供高效的决策支持。这有助于企业做出明智的决策，改进产品和服务，提高业务效益。

（3）**预测未来趋势**：通过对历史数据和市场趋势进行分析和挖掘，可以建立预测模型，预测未来市场走势。同时，也可以帮助企业发现、解决潜在的风险和问题，并及时采取应对措施。

（4）**提升产品和服务质量**：通过分析用户反馈数据和产品使用效果，可以了解用户需求和偏好，从而改进产品和服务，提高用户体验和满意度。

（5）**优化业务流程和提高效率**：通过数据分析和挖掘，发现、解决业务中的问题和异常，可以提高企业业务流程的效率和质量，帮助企业提升效率和效益。

（6）**风险管理**：数据分析和挖掘可以帮助企业识别、评估风险。通过分析历史数据和模式，可以帮助企业预测未来可能的风险，并采取相应的措施进行风险管理。

22.6　数据分析和挖掘的实施方法

22.6.1　数据分析的实施方法

数据分析侧重于解决确切的业务问题，重视分析逻辑思维，并且要求分析人员具有从运营和产品角度思考问题的能力。

分析人员的主要任务是做好以下三点：

- 定位问题；
- 分析原因；
- 提出解决方案。

首先是定位问题，只有明确问题根源所在，才能提出正确的解决方案，避免"跑偏"。

接下来围绕问题分析原因。通常情况下，需要分析两个维度，一是哪里出了问题，二是为什么出现问题。在此基础上，选择合适的数据分析方法对数据进行分析。

找到原因后，针对原因给出建议，或者提出可以实施的解决方案。而建议或解决方案并非唯一，可以有选择地提供若干较为精简的决策项，避免扰乱决策人的思维。决策项必须是可以落地的具体措施。

最后，决策人根据数据分析的结果和建议做出决定，并推动解决方案落地，监督实施过程，关注业务提升效果，总结经验教训，以便在企业内部共享经验，促进成果长期优化迭代。

22.6.2　数据挖掘的实施方法

数据挖掘侧重于从海量数据中探索有价值的信息，重视算法、数学及编程能力，但不意味着与业务脱节。

随着数据化市场的发展和不断成熟，国际上的许多权威组织都提出了数据挖掘的方法论，如CRISP-DM、SEMMA、5A（Assess、Access、Analyze、Act、Automate 的简称）等。其中，CRISP-DM、SEMMA 的使用最为广泛。CRISP-DM 偏向于对数据挖掘项目进行整体描述，SEMMA 偏向于数据挖掘的建模过程。图 22-6 展示了 CRISP-DM 的 6 个阶段。

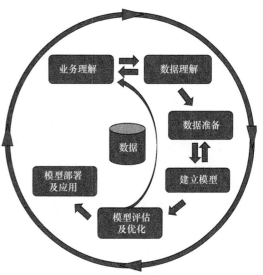

图 22-6　CRISP-DM 的 6 个阶段

阶段 1：业务理解

数据挖掘人员的首要任务仍是理解业务。在对业务进行全面、深入的理解之后，明确分析目的，提出相关问题。问题一般可以分为以下 4 类：

- 在什么数据范围内进行查找，要找到什么样的关系？
- 要解决的问题是否与现有业务相吻合？
- 挖掘的深度，是找到关联还是要进行模型预测？
- 以及挖掘过程中出现的不合理问题的解决机制。

阶段 2：数据理解

数据理解的主要目的是熟悉数据，了解数据的质量问题，发现数据的内部属性，或探测引起兴趣的子集以形成隐含信息的假设。[1]

如果数据质量不满足数据挖掘的要求，数据理解将涉及数据治理层面的问题，这也是企业数字化转型的首要工作。

阶段 3：数据准备

成功的数据挖掘依赖好的数据准备。数据准备是一项非常精细的工作，占数据挖掘工作的60%。但随着数据资产的整理和积累，企业数据平台上的标签、指标和其他模型的特征都能复用，这可以一定程度上减少数据准备阶段的工作量，提高挖掘建模的敏捷程度。

阶段 4：建立模型

建立模型是指对经过处理的数据，选择适合的挖掘算法，对模型的参数和配置进行配置。挖掘算法的选择是对模型的效率和精度进行综合考虑后得出的结果，一方面依赖建模人员的经验，另一方面需要花费时间成本进行多次尝试，最终产生一个或若干合适的模型用以比较。

但需要着重强调的是，建模（建立模型的简称）的目的是使挖掘效果最大化且稳定，而非一味追求前沿技术。

阶段 5：模型评估及优化

模型评估分为技术层面和业务层面。在技术层面，计算一定的参数来评估模型效果；而在业务层面，则要推断模型的实用性。在模型评估过程中，还可以通过 A/B 测试对模型进行一定的优

① 郭珉江. 数据挖掘技术在疾病诊断相关分组中的应用[D]. 湖南：中南大学, 2009.

化，降低风险，提高业务契合度。

阶段 6：模型部署及应用

在这个阶段，除了总结项目成果以外，还要考虑如何将模型部署好，将挖掘结果应用到营销策略、客户细分等具体实践中。

模型也存在自身的生命周期，需要安排人员对其进行定期观测、持续优化和适时重构。

对于决策层而言，无论是数据分析还是数据挖掘，重要的是技术革新带来的业务增效，以及窥见商业新模式的机会。为此，我们必须有足够的耐心和决心，对于这类项目给予足够支持。

22.7 本章小结

数据分析和挖掘是通过对大量数据进行处理、分析和挖掘，从中提取有用的信息和洞察，以支持决策和解决问题的过程。数据分析和挖掘在很多领域都有广泛的应用。CDO 作为企业的数据管理高管，需要对数据分析和挖掘的核心内容有所了解，还需要对数据分析和挖掘的实施方法有所了解，以及能够清楚地认识到企业进行数据分析和挖掘建设的重要意义，对数据分析和挖掘工作提供足够的支持，让组织的数据分析和挖掘工作发挥出应有的作用。

第三篇

做好转型

第 23 章

数据伦理

人类社会处处充满了辩证法，技术既可以被用于解放人类，又可能被用于压迫人类。一方面，数据化既改变了商业运行的方式，也改变了人们的思维方式，为社会治理、社会安全提供了新的思路。但是另一方面，新的数据技术引发人们生活方式的变革，可能对旧的伦理体系产生冲击，从而引发伦理失范问题，例如个人信息被无限制获取，生活隐私被窥探利用，消费广告滥发，数据安全漏洞，以及信息垄断挑战公平等，由此引发一系列的社会问题。这些问题不能仅仅依靠法律手段来解决，还必须依赖人们遵循数据伦理治理的基本准则和基本方法，发挥技术引导人类福祉的正面作用，而避免技术的负面作用。

23.1 概述

按照 DAMA 的观点，数据处理的伦理（即数据伦理）有以下 4 项基本内容：
（1）尊重他人；
（2）行善原则；
（3）公正；
（4）尊重法律和公众利益。

23.1.1 遵守伦理是企业开展业务活动的底线

伦理是指处理人与人、人与社会相互关系时应遵循的道理和准则，既是一系列指导行为的观念，也是从概念角度对道德现象的哲学思考。伦理不仅包含对人与人、人与社会、人与自然之间关系处理的行为规范，还蕴涵依照一定原则来规范行为的深刻道理。在西方文化中，伦理具有风俗、习性、品性等含义。在我国，人们对伦理的重视程度远高于西方国家，"入则孝，出则悌"等伦理思想影响了中国几千年。

与法律外在的强制性不同，伦理是发自内心的一种"柔性"的自我约束。违背伦理的行为并不一定违法。

如今，科技的飞速发展对现有的伦理道德观念产生了冲击。相较于传统低自由度状态下的伦理道德观，现代认知自由度和物质自由度迅速提高，伦理不再是简单地遵守传统道德准则，而是已经延伸至不同的领域，越发具有针对性，引发了环境伦理、科技伦理等不同层面的问题。任何持续影响全社会的团体行为或专业行为都有它们内在特殊的伦理要求，科技企业作为独立法人，有自身特定的生产经营行为，也有遵循科技伦理的要求。

23.1.2 企业需要遵守数据伦理

数据伦理是科技伦理的一部分，它所面对的是由于大数据技术的产生和使用而引发的一系列社会问题。作为一种新的技术，大数据技术像其他技术一样，其本身无所谓好坏，大数据技术的"善""恶"全然在于其使用者，以及使用者想要通过大数据技术达到的目的。一般而言，使用大数据技术的个人、公司都有着不同的目的和动机，导致大数据技术的应用会产生积极影响或消极影响。

对于数据伦理，DAMA 给出的定义是，"企业以符合伦理准则的方式获取、存储、管理、使用和销毁数据。"违反数据处理伦理准则会导致组织声誉受损及失去客户，因为那样会使数据被泄露的人面临风险。数据伦理问题同时也是社会责任问题，具体集中在几个核心概念上：数据代表个人的特征，可用于各类决策，从而影响人们的生活，因此必须保证数据的质量和可靠性；滥用数据会对人和组织造成负面影响，所以需要有伦理准则来防止数据被滥用；数据由于存在经济价值，因此需要规定数据所有权，即谁可以使用数据以及如何使用数据。

按照符合伦理准则的方式使用数据，越来越被认为是一种商业竞争优势。遵循数据处理伦理准则可以提高组织自身及其数据和处理结果的可信度，建立组织与其利益相关方之间更好的关系。首席数据官（Chief Data Officer，CDO）、首席风险官（Chief Risk Officer，CRO）、首席隐私官（Chief Privacy Officer，CPO）、首席分析官（Chief Analysis Officer，CAO）等新兴角色专注于通过可接受的数据处理实践来控制风险。但伦理责任不仅限于担任这些角色的人，DAMA 认为，数据管理专业人员都有管理数据的伦理责任，以降低数据可能被歪曲、滥用或误解的风险，这种责任贯穿数据从创建到消亡的整个生命周期。

23.2　数据伦理面临的问题及典型案例

本节将介绍数据伦理面临的 6 个主要问题，并提供 1 个数据伦理问题的典型案例。

23.2.1　数据伦理面临的问题

数据伦理面临的问题主要包括数据中立的问题、数字鸿沟问题、隐私处理的问题、唯数据主义的问题、人的主体地位问题等。

1. 数据中立的问题

关于科技的中立性，马克思曾经指出，科学技术作为一种人类改造自然的工具，在本质上体现了客观世界的真理性，但同时科学技术源于社会实践，与社会生活紧密相关，具有社会属性。

同样，对于数据来说，数据本身是社会事实、概念和指示的表示形式，具有客观中立的属性；但同时，数据在处理和使用过程中，由于人为的处理方式和展现方式的不同，也可能会产生非中立的结果。典型的案例就是推荐算法的使用，它体现了算法设计者本身的目的和价值观，从而使得数据的使用失去了中立性；或者利用统计口径的不同，夸大偶然性数据，把相关性当成因果性，错误地使用和展示数据，从而使数据失去了中立性。

2. 数字鸿沟问题

数字鸿沟问题是数字化时代产生的一种新的社会公平问题。传统意义上的数字鸿沟，主要指人们在数据可及、数据应用、数据分析等方面存在使用数字技术的巨大差异，表现为一部分群体能够较好地获取和使用数字技术，但另一部分群体很难获取和使用数字技术。数字鸿沟产生的数字技术资源分配不平衡问题，会逐步引发群体矛盾和社会不公。在大数据背景下，随着移动互联网的普及，数字鸿沟以及由此造成的社会公平问题，不再主要表现在数字技术的可及和应用方面，而是日益演变为数据鸿沟，并集中表现为知识、技术、经济等因素导致的技能鸿沟、价值鸿沟等。

究其原因，首先，数字鸿沟在不同的机构之间较为明显。一些政府部门、企业、科研机构等，能够较为容易地获得和使用数据，通过对数据进行挖掘、计算、存储、传送等，掌握社会中的个体行为，而普通民众则很难获得庞大的高质量数据，且不具备分析各类复杂数据的技能。

其次，不同地区之间也可能存在数字鸿沟。根据世界银行的数据，截至 2021 年 3 月，全球互联网普及率为 65.60%，但各个地区之间差异较大。北美为 93.90%，欧洲为 88.20%，但是作为两个人口大洲，亚洲和非洲的互联网普及率仅为 63.80% 和 43.20%。大数据技术深刻依赖底层的互联网技术，互联网普及率的不均衡带来的直接结果，就是数据资源接收的不均衡，这是造成数字鸿沟的一个重要原因。

年龄、体能等因素也是造成数字鸿沟的重要原因。根据中国互联网络信息中心（China Internet Network Information Center，CNNIC）的数据，截至 2021 年 12 月，我国互联网普及率达 73.0%。但在 60 岁以上的老年群体中，互联网普及率仅为 43.2%。众多老年人在购买生活用品、查找信息、出示健康码/行程卡等网络活动中，显著落后于社会整体水平，数字鸿沟体现出直接影响日常生活的后果。

3. 隐私处理的问题

隐私是"已经发生的、符合道德规范的、正当而又不能或不愿示人的事或物、情感活动等"。隐私是人的自然权利，只要主体愿意隐瞒，他/她的隐私就不应该被泄露。

数据安全和数据隐私不同，数据安全主要关注数据免受不法分子的侵害，包括损坏、更改和泄露等；而数据隐私更侧重对数据的管理和使用，保护数据不被滥用和过度收集。

大数据时代是一个技术、信息、网络交互运作发展的时代，在现实与虚拟世界的二元转换过程中，不同的伦理感知使隐私伦理的维护处于尴尬境地。大数据时代下的隐私与传统隐私的最大区别在于隐私的数据化，即隐私主要以"个人数据"的形式出现。在大数据时代，个人数据随时随地可被收集，它们的有效保护面临着巨大挑战。

在实际生活中，隐私保护面临三个难题。

首先，隐私的界定没有统一的标准。由于民族、地域、文化和生活习惯的差异，不同地区的不同人对隐私的定义和理解差异很大。比如，在一些国人看来，年龄、婚姻、收入不属于隐私的范畴；但在西方国家，这些都是个人隐私。

其次，数据开放和数据隐私之间存在博弈。互联网、大数据技术的发展是伴随数据逐渐开放的过程，这种对于"更多数据"的需求与数据隐私之间存在天然的矛盾，无法轻易化解。

最后，在不同的场合，人们对隐私的定义不同。比如，同样是公共场合，在走廊、楼道，在商务场合，在商场试衣间，在海滨、游泳池等娱乐场所，人们对隐私的定义并不相同。网络空间也是公共场合，在网络空间中，在不同的数据使用场景下，对于哪些数据算隐私，也并无统一的界定。

笔者认为，隐私处理的本质问题，是在面对新型网络公共场合的情况下，人们对应该保留或开放的隐私边界尚未达成基本共识。

4. 唯数据主义的问题

在互联网时代，数据是对事物更加精准的描述，有利于我们增加对事物认识的精确度和深度，但"数据"并不是"事物"本身，而只是事物的反映。我们的生活中逐渐出现了唯数据主义的问题——从"数据增加可信度"变成了"只有数据才有可信度"，进而出现了剪裁现实生活、忽视社会情境、抹杀主体建构、取消生活意义等问题。此时，不再是人想把自身塑造成什么样，而是客观的数据显示结果，数据从根本上决定了人的认知和选择范围，人被数据分析和算法完全量化，变成"数据人"。

以流行的运动数据为例。我们跑步、进行力量训练的根本目的在于保持健康，而不是为了让数据显得好看。一个跑步数据很好的人，可能是一个身体过度劳累、关节过度磨损的人；一个体重过轻的人，可能是一个身体缺乏营养、肌肉脂肪比例失调的人。更何况，如果过度注重数据的比拼，而让自己心情焦虑，则可能引发更多的问题。

数据只能反馈一部分事物，且只能提供相关性；大数据只是对事物表象的描述，而非内在本质解释，它只能帮助我们认识事物，而非得到事物的本质。盲目崇拜数据信息，而不进行科学理性的思考，会导致对大数据过分依赖，还会带来损失。我们不能满足于对现状的描述，而应该追求通过基于专业科学知识的因果分析手段，洞察数据表面背后更为根本的知识图景。

除了基于经验数据的推断之外，人类具有独特的获得新发现的手段——直觉。英国物理化学家、哲学家迈克尔·波兰尼在其著作《个人知识》中提出，人类的知识（信息）分两种，一种是可量化、可被充分表达的显性知识；另一种是无法言说、非理性思维的缄默知识。数据知识属于前者，而无法数据化的"意会"在人类发展进步中的作用更加重要。比如，门捷列夫在发现了63种化学元素之后，正是靠着睡梦中的直觉，才将这些元素落在表格中，总结出元素周期表；第谷虽然观测了大量的数据，但他并没有足够的抽象能力，因而未能发现行星的运动规律，反而成就了他的学生开普勒。

5. 人的主体地位问题

在"万物皆数据"的环境中，人的主体地位受到前所未有的冲击。

在现行的商业经营中，商家倾向于用大量数据标注组成的标签体系来描述人本身、人的活动甚至人与人之间的关系。通过对用户性别、年龄、教育背景、消费信息、位置信息等数据的获取，在网络虚拟环境中，每个人都能够得到基于同样衡量维度的刻画和定义。这样人就与其他的一切事物一样，也被数据化了，人之所以不可替代的独特性就被削弱了。

然而正如哲学家黑格尔所说："每个人都是一个整体，本身就是世界，每个人都是一个完满的有生气的人，而不是某种孤立的性格特征的寓言式的抽象品。"意思就是，每个人都是独立且独一无二的个体，都有着仅属于自己的外在特征和内在精神世界，在不同的场合有不同的身份，扮演不同的角色。每个人从事什么职业、有什么生活习惯，都是自己生活的一部分，也许是变化莫测的，每个人都有真正属于自己的多样的生活方式。这些生活特征并非都能够通过数据来衡量，比如爱、情感、信仰、善恶。然而在数据主导的环境中，这些都不重要，重要的只是那些能够以数据来衡量的方面。即便针对那些以数据能够衡量的方面，由于大数据对"统计"的过分追求，而忽略那些具有个人特征的数据，我们的应用、服务仿佛也只是为了满足统计上的大多数人的需要，而对庞大总体中相对低比例的个体（这些个体在绝对数量上或许并不少）选择视而不见。

在大数据环境中，人远离了自己本真的存在，被遮蔽而失去自己的个性，失去自由，这就意味着人被异化了。人本身的"数据孪生"形成了一个由数据界定的人的透明身体，而事实上这是一种机器对人的非人格化计算。在这种情况下，人的主体性、人的意义逐渐消失了——人与人之间只有单一数据量纲下的量的差异，丧失了质的多样性，而质的多样性意味着世界意义的消失，因为意义建立在质的差异之上。

6. ChatGPT带来的伦理问题

从2022年年底开始，OpenAI研发的ChatGPT迅速火爆全球。ChatGPT能够通过学习和理解人类语言来进行对话，还能根据聊天的上下文进行互动，真正像人一样聊天交流，甚至能完成撰写邮件、视频脚本、文案、代码，以及进行翻译、写论文等任务。ChatGPT取得发布仅仅两个月，活跃用户就超过1亿的骄人成绩，但由此也引发一系列的伦理问题。

首先是抄袭的问题。ChatGPT生成的内容大多搬运而来，使用者可能使用ChatGPT来获取本不属于自身的作品，导致抄袭和剽窃情况的出现。

其次是数据安全的问题。目前，诸如ChatGPT的大语言模型在训练中都需要收集客户的个人信息，尤其是"人机互动"的相关数据。因此在使用ChatGPT的过程中，应特别注意个人隐私数据保护、数据权益保护、国家安全风险等。

最后是对现有的工作方式、社会治理方式等缺乏相应的准备。ChatGPT和人工智能的发展将替代更多的人力，导致大量人失业。一旦ChatGPT等强人工智能替代现有工作岗位，我们就将面临一系列挑战，比如重新对社会资源和财产进行分配、重新塑造价值观、重新设置社会契约和分配方法、防止社会失控等。

23.2.2 数据伦理问题的典型案例：Facebook 定向广告推送事件

2017 年 3 月，Facebook 被曝光逾 5000 万用户的信息被一家名为剑桥分析的公司泄露。剑桥分析公司专门从事与政治事件相关的数据挖掘与定向广告业务。定向广告依赖对信息的收集和分析，在这个领域，个人信息保护面临的数据伦理问题，主要出现在个人信息的收集、存储、使用、流转和删除等阶段。

从数据管控的维度看，在数据的收集阶段，负责任的数据运营商会将维护用户权益列在首位。用户同意后才收集其信息，收集信息的目的要足够明确，避免非法收集、过度收集等问题；在数据的流转阶段，负责任的数据运营商原则上应避免与任何公司、组织和个人共享用户的个人原始信息。

客观而论，此次事件并非 Facebook 自身泄露数据所致，Facebook 并非事件的直接责任人。但是，由于海量数据是从 Facebook 平台获取的，Facebook 作为数据运营的平台方，被要求履行较高的注意义务和管理义务，合乎情理。这个事件警示数据运营商，即使保证了法律层面的合规，但如果在商业伦理上未能尽职，则一旦发生重大风险事件，作为平台方也会遭遇信任危机。

23.3 数据伦理治理的核心内容

本节先介绍国内外数据伦理与隐私保护的实践情况，接着介绍数据伦理的基本准则，最后介绍数据伦理治理的基本方法。

23.3.1 国内外数据伦理与隐私保护实践

下面将介绍国外、国内和国际间三个维度的数据伦理与隐私保护的实践情况。

1. 国外数据伦理与隐私保护实践

国外在数据伦理与隐私保护方面的法治建设起步较早，相关的法律法规、行业伦理规范和实践标准较为完善，在全球的数据伦理与隐私保护制度的建设上起到了引领与示范作用。典型的如欧盟设立了欧洲数据保护专员公署，美国成立了"大数据、伦理与社会理事会"等机构，来保障和监督消费者与用户各项信息的安全。2018 年 5 月和 11 月，欧盟分别发布了《通用数据保护条例》和《伦理与数据保护指引》，成为重要的用户隐私保护法律，为数据伦理与数据保护提供了直接的指引，给出了具体的方向，引起广泛的关注。此外，欧盟的相关管理机构已将数据伦理的相关工作作为日常工作来做。2019 年 4 月，欧盟发布了《可信人工智能伦理指南》，特别强调了针对人工智能相关的伦理及用户的隐私保护。2021 年 4 月，欧盟发布了《人工智能法》提案，设置了一种重视风险且审慎的监管结构，精细划分人工智能风险等级，并制定针对性的监管措施。人工智能系统被分为不可接受的风险、高风险、有限风险和极低风险 4 种类型。该提案主要规制的是不可接受的风险和高风险。除非绝对必要，否则有可能导致不可接受风险的人工智能系统和应用都将被禁用。高风险人工智能的使用则必须受到严格监管。

近年来，国外尝试通过"零方数据"，也就是通过寻求许可方式来收集更准确、相关、及时且与消费者兴趣更匹配的数据。在算法上通过隐私技术、联邦计算等，实现了"可用不可见"的数据建模，在一定程度上实现了数据保护和数据私有。与此同时，企业也在不断尝试借助区块链技术来实现隐私保护。

2. 国内数据伦理与隐私保护实践

国内因人工智能、大数据、合成生物学等新兴技术的快速兴起而带来的很多不确定的伦理风险，也引起我国政府对新兴技术的科技伦理治理的日益重视并陆续出台相应的管理措施。2019 年 7 月审议通过的《国家科技伦理委员会组建方案》和 2020 年 5 月审议通过的《中华人民共和国民法典》，都对个人及相关的数据信息与应用做出相应规定。2020 年 6 月，《中华人民共和国数据安全法（草案）》提交全国人大常委会第一次审议。2020 年 10 月，党的十九届五中全会提出了健全科技伦理体系。2022 年 3 月，中共中央办公厅、国务院办公厅印发了《关于加强科技伦理治理的意见》，提出了"伦理先行、依法依规、敏捷治理、立足国情、开放合作"5 个治理要求，明确了 6 项科技伦理原则——增进人类福祉、尊重生命权利、坚持公平公正、合理控制风险、保持公开透明。此外，针对算法偏见和歧视，我国于 2022 年 3 月实施了由国家互联网信息办公室等多个部门联合印发的《互联网信息服务算法推荐管理规定》。

3. 国际数据伦理与隐私保护实践

面对数据伦理，尤其是人工智能技术的飞速发展所带来的伦理问题，人类应该携起手来共同应对。一些国际组织也就基本的数据伦理达成共识。

2019 年 6 月 8 日和 9 日，二十国集团（G20）部长级会议在日本筑波召开，会上表决通过了《G20 人工智能原则》，这是人工智能治理方面的首个国际共识。《G20 人工智能原则》的第一部分列出了"负责任地管理可信赖 AI 的原则"，共 5 条：

（1）包容性增长、可持续发展及福祉；

（2）以人为本的价值观及公平性；

（3）透明度和可解释性；

（4）稳健性、安全性和保障性；

（5）问责制。

2021 年 11 月 24 日，经过三年的协商，联合国教科文组织在其第 41 届大会上通过了首份人工智能伦理问题全球性协议——《人工智能伦理问题建议书》，它主要由价值观、伦理原则和政策指导三部分组成，内容十分全面，注重多方观念和利益的平衡。其中，人工智能的价值观强调尊重、保护和促进人权、基本自由及人的尊严等 4 个价值观；伦理原则主要包含相称性和不损害、保障安全等 10 个方面；政策指导则涉及伦理影响评估、伦理治理和管理一共 12 个细分领域。

23.3.2　数据伦理的基本准则

目前，世界各国在隐私法的编制中，也都使用了不同的数据伦理方法。表 23-1 和表 23-2 分别列出了欧洲的《通用数据保护条例》（*General Data Protection Regulation*，*GDPR*）和我国的《中华人民共和国个人信息保护法》中的数据伦理相关准则。*GDPR* 中的数据伦理相关准则支持和平衡了个人对其数据的某些合法权利，包括访问数据、纠正不准确数据、可移植性、反对有可能造成损害和窘迫的数据处理行为以及删除数据的权利。

表 23-1　*GDPR* 中的数据伦理相关准则

准则	描述
公平、合法、透明	数据主题中的个人数据应以合法、公平和透明的方式进行处理
目的限制	必须按照指定、明确、合法的目标采集个人数据，并且不得将数据用于采集目标之外的方面
数据最小化	采集的个人数据必须足够相关，并且仅限于与处理目的相关的必要信息

续表

准则	描述
准确性	个人数据必须准确，有必要保持最新的数据。必须采取一切合理步骤，确保在完成个人数据处理后能及时删除或更正不准确的个人数据
存储限制	数据必须以可识别的数据主体（个人）的形式保存，保存时间不得超过处理个人数据所需的时间
诚信和保密	必须确保个人数据得到安全妥善的处理，包括使用适当技术和组织方法防止数据被擅自或非法处理，防止意外丢失、被破坏或摧毁等
问责制度	控制数据的人员应负责并能够证明符合上述原则

表 23-2　《中华人民共和国个人信息保护法》中的数据伦理相关准则

准则	描述
一般规定	符合下列情形之一的，个人信息处理者方可处理个人信息： （一）取得个人的同意； （二）为订立、履行个人作为一方当事人的合同所必需，或者按照依法制定的劳动规章制度和依法签订的集体合同实施人力资源管理所必需； （三）为履行法定职责或者法定义务所必需； （四）为应对突发公共卫生事件，或者紧急情况下为保护自然人的生命健康和财产安全所必需； （五）为公共利益实施新闻报道、舆论监督等行为，在合理的范围内处理个人信息； （六）依照本法规定在合理的范围内处理个人自行公开或者其他已经合法公开的个人信息； （七）法律、行政法规规定的其他情形
敏感个人信息的处理规定	处理敏感个人信息应当取得个人的单独同意；个人信息处理者处理敏感个人信息的，还应当向个人告知处理敏感个人信息的必要性以及对个人权益的影响；个人信息处理者处理不满十四周岁未成年人个人信息的，应当取得未成年人的父母或者其他监护人的同意，并制定专门的个人信息处理规则
国家机关处理个人信息的特别规定	国家机关为履行法定职责处理个人信息，应当依照法律、行政法规规定的权限、程序进行，不得超出履行法定职责所必需的范围和限度；还应当依照本法规定履行告知义务；个人信息应当在中华人民共和国境内存储；确需向境外提供的，应当进行安全评估

《DAMA 数据管理知识体系指南（原书第 2 版）》指出，数据伦理准则包含 4 个方面：尊重他人、行善原则、公正，以及尊重法律和公众利益。

23.3.3　数据伦理治理的基本方法

数据伦理治理的基本方法如下。

1．企业应建立数据伦理文化

现代企业管理理论指出，文化对企业经营有着至关重要的作用，是企业基业长青的重要保障。美国麻省理工学院斯隆商学院教授埃德加·沙因认为，组织的文化在得到有效运转之后，会成为组织成员条件反射式的直觉和下意识的行动，从而成为人们思考和行动的一种习惯。因此，建立企业数据伦理的文化是企业数据伦理治理的非常重要的一个方面。

如何建立数据治理文化？DAMA 认为，我们需要了解现有的做法，界定预期行为，将它们编入政策和道德守则，并提供培训和监督，以执行预期行为。与其他管理数据和改变文化有关的举措一样，这一过程需要强有力的领导。

明确地重视道德行为的组织文化不仅要有行为准则，还要确保有明确的沟通和治理控制措施，为员工提供查询支持和适当的升级路径。如此一来，如果员工意识到不道德行为或道德风险，就能突出问题或停止处理，而不必担心报复。为了改善组织在数据方面的道德行为，就需要一个正式的组织变革管理流程。

2. 社会应加强大数据伦理的管理

为了有效应对大数据伦理的问题，需要在社会层面制定大数据伦理规约，同时辅以技术、监管等方面手段的加强，从而约束人们在大数据采集、存储和使用过程中的不当行为，引导人们正确使用数据。

应注重在社会层面培养数据伦理文化。要进行广泛的数据伦理理念宣传教育，培养数据主体和数据处理者的责任观念，积极引导数据从业人员树立正确的业务观、科技观和数据观，督促他们主动学习数据伦理知识，增强数据伦理意识和能力，坚守数据伦理底线，人民群众也要积极承担对违背数据伦理的行为进行谴责的角色。

对于大数据技术进步带来的问题，应推动技术创新和技术进步。解决隐私保护和信息安全问题，从根本上看，要靠技术事前保护，从技术层面提高数据安全管理水平。例如，对个人身份信息、敏感信息等采取数据加密升级和认证保护技术；将隐私保护和信息安全纳入技术开发程序，作为技术原则和标准；通过系统将数据分类分级的控制原则变为控制手段，制定技术处理流程，改进技术架构和物理设施，平衡好流程的增加和处理效率之间的矛盾。

应建立监管机制，提升大数据应用过程中的事中、事后监管能力。应有专门的组织对企业、社会的数据隐私保护措施等定期检查，对不合理的行为及时纠正，对于已经暴露的数据处理伦理问题，要配合执法部门进行监督整改。

3. 政府应持续完善大数据立法

法律是维护社会安定有序发展的必不可少的制度规范。应通过法律制度，明确规定数据伦理主体的行为选择与权利义务，形成强制约束力，规范、约束和引导大数据行为主体的行为，实现对治理主体和治理对象行为的正确引导。

首先，应进一步完善大数据立法。尽管我国先后出台了《中华人民共和国网络安全法》《中华人民共和国数据安全法》《中华人民共和国个人信息保护法》等法规，但它们都比较宏观，缺少实施细节和可操作性，而且法律制度的建设往往滞后于技术的发展。所以，在深入调研的基础上，在法律层面及时补充细化相关条款是非常有必要的。

其次，在法律的基础上制定相关的规章制度，对相关主体的数据采集、存储和使用等行为进行规范和约束。例如，明确大数据企业在采集信息时，应遵循"合法、公开""目的限制""最小数据""数据安全"等原则。当企业运用大数据技术对客户数据进行挖掘时，应限制某些敏感隐私信息的使用途径，对违反相关规定的数据挖掘者或使用者进行更加严厉的处罚。

4. 应制定相关政策化解数字鸿沟

为了让企业在大数据时代顺利发展，有必要对数字鸿沟进行伦理治理。只有当利益相关主体都能够公平地参与数据应用过程时，才有可能有效化解数字鸿沟。

首先，应鼓励相关企业在开发数字化应用时，考虑"数字弱势群体"的需求，开发针对性的版本。以老年人使用微信为例，他们对字体、音量的大小有特殊需求，对应用的操作便捷性也有特殊需求，但是对应用的丰富性（如"摇一摇"、视频号、复杂的设置功能等）要求比较低，政府可以引导、鼓励腾讯公司开发针对老年人的微信版本，让他们避开使用相关应用时的障碍。

其次，增加数字技能培训和科普。政府可以对不同的人群推出各种数字技能培训，如计算机培训、互联网培训等，以提高他们数字技能方面的能力，使他们能够胜任各种现代职业。针对网络流行技术趋势词，政府可以进行科普，为"数字弱势群体"答疑解惑，提高他们理解和参与社会的能力。

接下来，应努力弘扬数据共享精神。如果无法实现数据共享，必然导致数据割裂和数据孤岛，无法消除数据鸿沟。对企业而言，应鼓励企业适当开放部分数据，促进政府与企业间、企业与公众间数据的流通；对个人而言，应适时调整传统隐私观念和隐私领域认知，培育开放共享的大数据时代精神，使人们的价值理念更契合大数据技术发展的文化环境。

最后，完善数字基础设施建设。为消除不同地区间的数字鸿沟，政府可以加大投资和转移支付，加快数字基础设施建设，如 5G 基站、宽带网络、信息化服务建设等，提高群众接触数字信息的能力和效率。

5. 在对大数据异化的扬弃中促进人的全面发展

大数据技术在使人异化的同时也隐藏着破除这种异化的力量。如今，大数据处理的数据类型多样，结构化、半结构化、非结构化数据都可以存储，分布式文件系统、分布式数据库、批处理系统等技术的发展，使得海量数据的处理也成为可能。数据不仅是人行为的记录、一部分思想的记录，更是人与外界连接关系多样性的体现。通过对数据进行全面挖掘，可以找到更深层次的自然规律和社会规律，同时增强人对自身普遍性和全面性的理解。

人类社会非常复杂多样，但传统社会中的群体关系、社会关系、政治关系、经济关系等都能够包含在大数据中。"人和社会的裂痕在数据中被磨平"，通过对这些关系进行深度挖掘，就可以对复杂的社会规律有所认识，从而更好地为人类服务。

另外，由于大数据技术将人和自然万物都量化为"0"和"1"，人和自然的关系也将在数据中实现弥合，人在与自然的辩证统一中实现了整体性回归。这和传统的技术进步不同。那些传统技术的每一次进步，都使得人的主体地位得到进一步增强，但也加大了人与自然之间的鸿沟。

正确地对大数据技术加以应用，也将极大地加深人类对自身的认识，提升人类改造世界的能力。通过体感传感数据，我们对自己的身体状况有了比以往更全面的了解，能够保持更好的身体和精神健康状态。比如在 COVID-19 流行期间，人们可以居家监测自身的血氧数据，一旦低于警戒数值，就马上就医；也可以通过联网方式将血氧数据上传至数据中心，政府可以对医护人员进行合理的调配。人们还可以通过对自身时间利用数据、办事效率情况的记录来综合提升自己的时间管理能力和任务分配能力。通过对数据进行合理利用，可以增强我们控制自己人生的意识，达到对自身自由的全面追求。

在大数据时代，我们应该增强对技术对人的异化的批判，呼吁价值理性，增加对人的生存状态的关注，注重人的全面发展，推动人们对真实个性的追求；增强政府监管，引导企业正确发挥大数据的正面价值，使企业的关注点从"消费客户"回归到"为客户服务"的基本点；企业则应该加强对用户满意度的调研，使用户的原声成为和数据产生拮抗的一种良好手段，便于企业在客户感受和盈利之间取得良好的平衡。

23.4 本章小结

业务沉淀数据、数据驱动业务的闭环是企业数字化转型的重要工作。在大数据得到广泛应用的背景下，数据伦理治理也应得到企业重视。本章阐述了数据伦理的基本概念，数据伦理的问题及典型案例，数据伦理治理的核心内容等。通过数据伦理的治理，CDO 可以让组织避免声誉受损及失去客户，提高组织自身及其数据和处理结果的可信度，建立组织与其利益相关方之间更好的关系。

推荐阅读：

[1] 林子雨. 大数据导论——数据思维、数据能力和数据伦理（通识课版）[M]. 北京: 高等教育出版社, 2020.

[2] 邓晨悦. 大数据技术下人的异化研究[D/OL]. 大连: 大连理工大学, 2022.

[3] 杜梦伟. 大数据时代人的主体性的缺失及重塑研究[D/OL]. 成都: 电子科技大学, 2022.

第 24 章

数据开放与共享

数据开放与共享是数据拥有者对社会做出的贡献。各方通过数据开放与共享为数据的价值实现提供了一个更加宽广的舞台。数据开放与共享有赖于数据的分类分级以及相关法律的保障。数据的分类分级是一项非常烦琐的工作，而且很多时候是劳动密集型工作，目前还没有基于 AI 的自动化解决方案。相关的法律条文也不是很全，其中的许多还在探索过程中。

24.1 概述

24.1.1 基本概念

数据开放是指数据拥有者将原始数据无条件提供给社会公众，重点强调数据的公开性、可获取性和可用性。数据共享则是指为了突破企业内外部壁垒，获取组织内外部数据的行为。从本质上看，数据开放强调的是一视同仁，而数据共享强调的是共同参与。数据开放一般是单向的，而数据共享是双向、互惠互利的。

事实上，这一系列概念并非一夜之间形成，而是经历了长时间的演变，大致可以分为三个阶段[①]。第一阶段为政府信息公开（Open Government Information，OGI），这个概念最早由美国政府于 1996 年提出，一经提出便引起美国社会广泛关注，英国、日本、中国也相继推出有关政府信息公开的政策文件，主要强调公民获取政府信息的权利以及政府公开行政信息的义务。第二阶段为开放政府数据（Open Government Data，OGD），这个概念的起点是美国开放数据网的上线，随后英国、澳大利亚等国政府也相继推出了自己的数据公开网站，开放政府数据一时间风靡全球。同时，各国联合签署的声明也表明了政府数据透明化的决心，各国政府将致力于为公民提供更好的服务。第三阶段为政府数据开放共享（Open and Sharing Government Data，OSGD）。随着数据开放态势越来越明朗，跨国、跨组织的数据共享成为热点话题。在这一形势下，我国率先明确了数据开放与共享的概念，这是政府数据开放的延伸和升级，更符合我国国情。

24.1.2 数据开放与共享的历史回顾

随着数据开放与共享概念的逐步明确，一些国际组织初步提出了数据开放与共享的实施原则，为想要进行数据开放与共享的组织提供了实施方向，也为各国数据开放与共享方面的立法提供了借鉴。

1. 开放政府工作组提出的 8 项原则

总部位于英国的开放知识基金会下设的开放政府工作组（Open Government Working Group）于 2007 年提出了政府数据获取和开放的 8 项原则——完整性、原始性、及时性、可获取性、可机

---

① 黄如花, 李白杨, 周力虹. 2005—2015 年国内外政府数据开放共享研究述评[J]. 情报学报, 2016, 35(12): 12.

器处理、非歧视性、非私有性以及免于授权（见表 24-1）。

表 24-1   开放政府工作组提出的 8 项原则

原则	描述
完整性	所有公共数据均可用，不受隐私、安全或权限限制的数据
原始性	数据是一手的，具有尽可能高的粒度，而非整合细化处理过的数据
及时性	根据需要尽快提供数据，以保留数据的价值
可获取性	数据可供最广泛的用户用于最广泛的目的
可机器处理	数据结构合理，允许机器自动处理
非歧视性	无须注册任何人都可以使用的数据
非私有性	确保任何人与组织都无法占为己有
免于授权	数据不受任何版权、专利、商标或商业秘密法规的约束。可能允许合理的隐私、安全或权限限制

这 8 项原则较为全面，涵盖了数据开放对象、数据格式及法律法规等方面。一方面，数据拥有者（如政府、企业等）可以以这些原则为基准，建立自己的开放数据库；另一方面，数据接收者（如企业、个人等）可以以这些原则监测提供者是否真正达到开放的水准，抑或只是简单地公布部分数据。然而，较为可惜的是，这些原则由于提出时间较早，彼时数据开放与共享还未引起广泛重视，因此没有在各国的立法中有所体现。

2. G8 开放数据宪章

在 2013 年的 G8 峰会上，美国、英国、法国、德国、意大利、加拿大、日本和俄罗斯签署了开放数据宪章。G8 开放数据宪章作为政府间协议，提出了 5 项开放原则（默认数据开放原则、数据质量和数量原则、人人可用原则、为改善治理而发布数据原则、为激励创新而发布数据原则）。此外，G8 开放数据宪章还明确了 14 个重点开放领域（见表 24-2）与 3 项共同行动计划。G8 开放数据宪章的提出是为了促进政府以更高频率、更高质量向公众开放数据。G8 开放数据宪章认为数据的获取可以促进创新并提供分析事物的新视角，在国家内部和国家之间加速信息的流通，提升组织透明度，在对外开放的同时也让组织自身更了解其发展现状。政府对外开放数据可以增强个人、媒体、民间团体和企业的能力，从而推动卫生、教育、公共安全、环境保护和治理等公共服务取得更好的成果。

表 24-2   G8 开放数据宪章明确的 14 个重点开放领域

序号	开放领域	数据集实例
1	公司	公司/企业登记
2	犯罪与司法	犯罪统计，安全
3	地球观测	气象/天气，农、林、牧、渔业
4	教育	学校名单，学校表现，数字化教育能力
5	能源与环境	污染等级，能源消耗
6	财政与合同	交易费用，合约，招标，地方预算，国家预算（计划与支出）
7	地理空间	地形，邮政编码，国家地图，地方地图
8	全球发展	援助，粮食安全，采矿业，土地
9	政府问责与民主	政府联络点，选举结果，法律法规，工资
10	健康	处方数据，医疗成果数据
11	科学与研究	基因组数据，研究与教育活动，实验数据

续表

序号	开放领域	数据集实例
12	统计	国家统计数据，人口普查，基建数据，财产数据，从业技能
13	社会流动性与福利	住房，医疗保险，失业补助
14	交通设施与基础建设	公共交通时刻表，宽带接入点

3. 国外的数据开放与共享政策

2022 年，欧盟委员会公布了《数据法案》草案，提出了企业间数据共享、个人数据访问、云转换等规定，以确保数据环境的公平性，为数据驱动创新提供机会。《数据法案》是使更多数据可供使用，并符合欧盟规则和价值观的关键法案。《数据法案》是欧洲数据战略的关键支柱，将为达成数字化转型目标做出重要贡献。个人与企业通常认为其应该对自己产生的数据拥有完全的使用权限。然而，这些权限往往不明确。这导致在如此重要的数据上构建的能力无法公平分配，从而阻碍数字化和价值创造。因此，《数据法案》通过制定有关使用物联网（Internet of Things，IoT）设备生成数据的规则来确保公平性。

2018 年，美国参、众两院通过了《开放政府数据法案》，该法案于 2019 年 1 月 14 日正式成为美国的一项法律，标志着美国政府在开放程度上取得历史性的突破。该法案规定公共的政府数据资产必须以机器可读的方式公开。同时，每个政府部门必须开发和运行一套数据清单，并任命一名首席数据官。该法案还要求美国行政管理和预算局成立首席数据官议会，首席数据官议会的主要工作就是制定一套实践准则，以更好地使用、保护、传播和生成政府层面的数据，同时促进政府部门之间数据的共享。该法案还设立了一套后续监管措施，要求美国政府责任署评估该法案提供的数据为公众带来的信息价值，并评估公开尚未发布的数据对公众是否有价值，以及评估政府部门数据清单的完整性。《开放数据法案》对美国政府对外数据开放，美国政府部门间数据共享，CDO 的设立，以及开放完整性的后续检验等做出了严格规定，成为美国诸多法典中的又一瑰宝。虽然美国并不是最早将数据开放写进法律的国家（前有法国和德国），但仍为后续国家提供了宝贵的经验。

日本的数据开放情况在亚洲国家中一直排名靠前，根据万维网基金会发布的"数据开放晴雨表"，日本在满分为 100 分的数据开放评估中得到 68 分，力压美国、德国等欧美国家，并列排名第 7，在亚洲仅次于韩国。日本的数据开放政策可以大致分为三个阶段：2012 年，日本高度信息通信技术社会发展战略本部发布了《数字行政开放数据战略》，指出公共数据为社会共有财产，政府有义务进行数据开放，这标志着日本数据开放的开始；2014 年，日本的公开数据网站正式上线，两年后，日本提出"开放数据 2.0 计划"，将数据开放的最终目标设定为解决实际问题，这意味着数据开放的作用必须落地，不能只作为国家义务的展示，这标志着日本在开放数据的实践中踏上新征程；2019 年，日本内阁会议决定通过《数字政府实施计划》，提出到 2025 年建立数字化社会，让信息技术的便利真正造福社会，并着重强调开放数据在其中的重要性，这标志着数据开放成为日本从工业经济迈入数字经济的重要推手。

4. 我国的数据开放与共享政策

2015 年 8 月 31 日，国务院印发《促进大数据发展行动纲要》（以下简称《纲要》）。《纲要》指出，要加快政府数据开放与共享，推动资源整合，提升治理能力；推动产业创新发展，培育新兴业态，助力经济转型；强化安全保障，提高管理水平，促进健康发展。在政府数据开放与共享方面，《纲要》首先明确应大力推动政府部门数据共享，明确各部门数据共享的范围边界和使用方式，依托政府数据统一共享交换平台，大力推进各个领域数据库的建设；其次，政府应在安全保障和隐私保护的前提下，稳步推动公共数据资源开放，优先推动信用、交通、医疗、卫生、就业、社保、地理、文化、教育、科技、资源、农业、环境、安监、金融、质量、统计、气象、海洋、企业登记监管等民生保障服务相关领域的政府数据向社会开放。通过政务数据公开共享，引导企业、行业协会、科研机构、社会组织等主动采集并开放数据。

2021 年 6 月 10 日，第十三届全国人民代表大会常务委员会通过了《中华人民共和国数据安全法》（以下简称《数据安全法》）。在《数据安全法》的总则中，指出了该法律的目的是在保障数据安全的前提下，促进数据开发利用，保护个人、组织的合法权益，维护国家主权、安全和发展利益。同时，《数据安全法》明确了国家应实施大数据战略，推进数据基础设施建设，促进数据在各领域的创新应用；在政府数据公开方面，大力推进电子政务建设，提高政务数据的科学性、准确性、时效性，提升运用数据服务经济社会发展的能力。

24.1.3　数据开放与共享的价值路径

数据开放与共享的价值路径主要发生在生产侧和需求侧。具体而言，在生产侧，数据主要发挥修正和优化经营者的生产经营模式的功能，其主要特征体现在作为生产要素的角色上。企业可以运用数据形成其生产、经营、治理等方面的高效转变，一方面能够突破传统模式下的信息屏障，实现效率的提升；另一方面，企业通过运用数据的可叠加使用特征，降低了运行成本。在需求侧，数据可以帮助微观经济主体更好地在市场上表达自身的偏好，将市场上本身存在的信息不对称有效打通，运用数据形成经济主体间的信息转移，降低交易费用，提高交易效率。

24.2　数据开放与共享的建设意义

1. 数据开放与共享助力开放型政府建设

政府数据开放有利于在新时代增强政府的透明度，提高社会对政府的信任度，因而有助于开放型政府的建设。截至 2021 年 12 月，全国共有 670 个省、市、县、区政府建立了地方性数据开放平台[①]。

首先，政府数据开放能有效提升政府公共服务的能力和效率。政府数据开放打破了政府和其他部门原有的壁垒，改变了各自为政的现象，避免了重复工作，提升了部门协作治理能力，政府的开放性得到进一步提升。

其次，政府数据开放有助于政府利用数据掌握社会经济的运行规律，分析内在联系，创新社会治理，尝试创新性服务。以智慧城市建设为例，基于数据的挖掘、开放和运用，可以实现智慧城市管理的网格化、可视化，提升社会治理水平，强有力地推进政府部门的高效运转[②]。

最后，政府数据开放可以有效地协助公民了解政策、表达需求，增强政府部门与民众的互动，进而影响政府公共决策过程，助力开放型政府建设。

2. 数据开放与共享提升企业运营效率

一方面，企业数据开放增大了数据量，企业可以以此为依据，再次利用数据资源，制定出科学合理的经营方案，从而降低企业成本，提高生产效率。

另一方面，高质量的数据环境让企业员工可以方便地查询所需的数据，然后即刻展开自己的工作，而无须在部门之间申请、协调等，从而有效提高工作效率和企业的运营效率。

3. 数据开放与共享促进公众服务更加便利

随着大数据逐渐融入大众的日常生活，大众的生活也开始依赖大数据。数据开放进一步提高了

① 中国政府开放数据利用研究报告（2022）[R/OL]. 武汉：华中师范大学信息管理学院，2022.
② 李任斯茹. 陕西省省级政府数据开放问题与对策研究[D/OL]. 西安：西北大学，2021.

公众福祉,促进公众服务更加便利。数据开放有助于打破信息孤岛,为公众提供快捷、精准、高效、方便的公共服务。例如,以前需要市民跑腿的工作将由大数据代劳,通过各部门开放的数据,办理点可以直接调用政府、人社、公安、市场监管、民政等部门共享出来的信息,将原先分散在多个窗口的业务集中到一个综合窗口办理,大幅缩短了办理时间,便利了民众。企业数据的开放有利于公众挖掘和研究数据,了解企业各项业务的发展,更深入地了解企业,以做出合理决策。

24.3　数据开放的核心内容

本节将介绍什么是数据开放,以及数据开放的关键要素。

24.3.1　什么是数据开放

1. 数据开放的定义

如前所述,数据开放是将一类可以被任何人不受限制地免费获取、再利用、再分发的完整原始数据,通过数据接口、网站等形式,在业务系统内部、系统之间或整个社会中,以合理、合法的方式来公开获取和使用的权限。数据开放以政府和企业为主体,还包括个人、社会组织等。

2. 数据开放的特征

(1)政府数据开放的特征

第一,政府是数据开放的主体,政府部门负责履行数据开放职能。华东地区的数据平台建设情况良好,平台行政层级情况如图 24-1 所示,截至 2021 年年底,建有政府数据开放平台的省级行政区占省级行政区总数的 80.65%,这一占比在副省级行政区为 86.67%,在地市级行政区为57.66%,县区级行政区的政府数据开放平台占比最小,仅 15.51%。相较于 2020 年,各行政层级的政府数据开放平台数量都有所上升,但县区级平台建设率偏低,政府数据开放平台的建设还需要进一步落实到基层。平台所属地区情况如图 24-2 所示,我国政府数据开放平台主要集中分布于华东地区,数量高达 245,占平台总数的 36.51%;其次集中在华南地区;西南、华北地区平台数量相对持平;西北、华中地区平台数量相对持平;东北地区平台数量为 30,占比最小。这说明我国政府数据开放平台建设以华东地区为领头羊,其他地区的政府数据开放平台有待建设和完善[①]。

第二,公民、企业或其他社会组织为政府数据开放的对象。

第三,基于政府的互联网平台和信息技术运用手段进行数据开放。

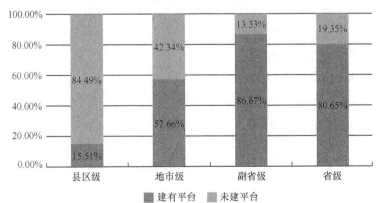

图 24-1　2021 年政府数据开放平台行政层级统计

---

① 中国政府开放数据利用研究报告(2022)[R/OL]. 武汉: 华中师范大学信息管理学院, 2022.

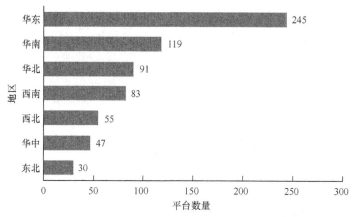

图 24-2   2021 年政府数据开放平台所属地区统计

第四，开放的数据符合法律法规，不涉及国家隐私，不威胁国家安全。

第五，开放的数据是一手的、未经加工的原始数据，并且是与国家公共事务密切相关的政府数据。对 2021 年已上线的 670 个政府数据开放平台上可访问并且发布了数据集的平台主体情况进行统计与分析，如图 24-3 所示，主题词靠前的是"服务""教育""文化""科技""资源""农业""社会""机构""信用""团体""公共""卫生"。与 2020 年相比，"服务"仍是政府开放数据的主要领域，这与国家以服务为宗旨的政策要求相契合。同时，我们可以看出，当下政府开放数据主要集中在教育、文化、科技、卫生、农业等领域[①]。

第六，可依据公众的需求开放特定数据，公众可以免费获取这些数据，保障人民群众的知情权、参与权、表达权和监督权。

（2）企业数据开放的特征

第一，企业是数据开放的主体。

第二，公民或其他社会组织为企业数据开放的对象。

第三，基于企业的互联网平台和信息技术运用手段进行数据开放。

第四，可能存在不符合法律法规、涉及国家隐私、威胁国家安全的开放数据。

第五，开放的数据对原始数据进行了算法加工整合，是基于企业自我保护层面的衍生数据，

图 24-3   2021 年部分政府数据开放平台主题词

并且这些数据与企业主体自身相关，如企业地址、经营范围、财务报表等。

第六，不可以依据公众的需求而开放特定数据，公众需要付费才能获取这些数据。

24.3.2   数据开放的关键

数据开放的关键在于数据开放的意愿、能力和效果。

1. 数据开放的意愿

（1）政府数据开放的意愿

从外部看，如表 24-3 所示，欧美国家已经建设了较为完整的数据开放平台，并发布了较为完

---

① 中国政府开放数据利用研究报告（2022）[R/OL]. 武汉: 华中师范大学信息管理学院, 2022.

备的数据开放法律、政策体系，"政府要不要数据开放？"这一问题已经在全球大部分地区达成共识。而我国缺乏一部国家层面的专门针对政府数据开放的法律，一些政府数据开放的规定散见于其他的条例、规范之中，这对于我国政府数据开放的法治保障和权利实现是不利的，还会降低政府数据开放的意愿。从内部看，公众对数据需求的日益增长也促使政府不断开放数据，来自公众、社会组织等主体的压力在一定程度上也会影响政府数据开放的意愿。

表 24-3　中美两国在政府数据开放方面的法律和政策①

美国	中国
《政府信息公开和机器可读行政命令》《美国数据开放行动计划》《透明和开放政府备忘录》《信息自由法案备忘录》《开放政府指令》《提高对联邦资助的科学研究成果开放的备忘录》《开放数据政策》，阿肯色州、科罗拉多州等 16 个州有明确的法律要求行政部门开放数据	《中华人民共和国政府信息公开条例》《关于深化政务公开加强政务服务的意见》《关于推进公共信息资源开放的若干意见》《国务院办公厅关于印发政务信息系统整合共享实施方案的通知》《公共信息资源开放试点工作方案》《中华人民共和国数据安全法》

（2）企业数据开放的意愿

企业作为市场的主体，在数据开放中扮演着十分重要的角色。企业数据是一种相当重要的资源，它们的背后蕴藏了巨大的价值，而每一家企业又处于十分激烈的竞争环境中，企业不想轻易地变现这种价值，存在一种"只想获取他人信息，而不愿分享自身信息"的心理。此外，数据安全问题也阻碍了企业数据开放的意愿。

2. 数据开放的能力

（1）政府数据开放的能力

首先，数据质量影响政府数据开放。数据的碎片化、分散存储和重复收集等特征，以及缺乏定期维护和及时更新等，增加了数据开放的难度。其次，政府作为数据开放的决策者，在数据开放的法律法规和政策体系方面的标准还不统一。最后，数据技术影响政府数据开放，政府现存的数据技术还不是很先进，成熟完备的信息技术有利于搭建科学、高效的数据开放平台。

（2）企业数据开放的能力

在发展迅猛的大数据时代，我国的一些大型企业，如华为、阿里、腾讯、百度等，拥有领先的信息技术水平，在大数据提供商榜单上经常位于前列，这些企业自身已经建立了科学、高效的大数据平台。这些技术可帮助企业自身实现数据开放。中小型企业受制于数据技术水平，开放水平还有待提升。

3. 数据开放的效果

（1）政府数据开放的效果

首先，政府数据开放促进了政务服务开放透明。政府部门将原始数据在公共平台上开放，确保了政府各项工作能够透明、廉洁地开展。

其次，政府数据开放有利于社会治理创新。政府数据开放可以突破地方政府之间的"信息壁垒"，推动政府部门数据开放，提高开展公共事务的政府部门之间的治理协作能力，有效推动和创新社会治理能力和治理体系现代化。

最后，政府数据开放让公众更加了解政府的工作，化解了公众对政府工作的疑惑，提升了政府在公众心中的形象，有利于公众更好地行使监督权，参与政府决策和管理，同时对原始数据进

① 东方，邓灵斌. 政府数据开放的法律规制：美国立法与中国路径——基于美国《开放政府数据法》(OGDA)的思考[J]. 情报资料工作，2021，42(05)：50-57.

行深入分析后再反馈给政府部门，有利于政府做出更科学、更高效的决策①。

（2）企业数据开放的效果

一方面，只有在数据开放的前提下，数据交换和数据共享才能更好地实现，数据资源的潜在价值才能得到更好的挖掘和利用，有利于打破信息壁垒，消除信息孤岛，推动企业数据流动，便利企业业务整合，提高企业决策能力，实现企业利润最大化。另一方面，企业加快数据开放平台建设，促进数据开放，有利于实现数字化转型，促使企业发展提质增效。

24.4　数据共享的核心内容

本节将介绍什么是数据共享，以及数据共享的关键要素。

24.4.1　什么是数据共享

1. 数据共享的定义

随着互联网的发展，不同地区、不同时空的信息可以在短时间内流转，但这些信息格式冗杂，难以统一，数据共享应运而生。数据共享是指为了突破组织内外部壁垒、消除数据孤岛、提高组织效率、降低流转运营成本等，而需要获取和使用组织内外部数据的行为。

不同组织对数据共享的定义不尽相同。中国信息通信研究院在《数据资产管理实践白皮书（5.0 版）》中指出，数据共享旨在打通组织各部门间的数据壁垒，建立统一的数据共享机制，加速数据资源在组织内部的流动，强调组织内部数据流动和共享平台的重要性。不管是从什么主体、什么角度来解读，数据共享都是让处于不同地理空间的个体或组织通过不同方式或媒介读取、使用其他个体或组织数据，并执行各种操作运算和分析的过程。

2. 数据共享的特征

（1）双向性。 数据作为新时代的生产要素，所引发的生产要素变革，正在重塑我们的需求、生产、供应和消费，并改变社会的组织运行方式。每一个个体和组织都是理性的，单方向输出数据资源违反理性原则。供需双方从数据的直接价值到使用数据的间接价值都需要进行双向交换，才能促进数据共享的可持续发展。

（2）平台化。 数据信息量大且多，传统的传输工具（如 U 盘）难以保障数据安全②，统一开放平台的重要性逐渐显现，组织和个体可以通过共创、共建、共享数据平台，缩短数据传输和获取时间，提高运作效率。

（3）合作性。 数据需求单位可以通过共享平台收集整理数据，从而履行各自职能，满足双方诉求，达到合作共赢的目的。

（4）经济性。 随着数字经济的发展，数据已经成为一种资产，面对数据市场中的无限需求，显性数据资产的业务价值、经济价值和社会价值逐渐体现。

（5）规范性。 数据共享是有秩序法规可循的，缺少管理的数据共享最终会因为利益分配等问题走向不健康的发展轨道。各国政府、各个行业都陆续出台了各种针对数据安全、数据责任认定等的法律条款，在极大程度上规范了数据共享行为。

（6）整合性。 数据是前置研究调研的客观载体，一个数据的背后可能有万千数据的支撑，数据共享对资源整合和管理细化都起到了重要作用。

① 李任斯茹. 陕西省级政府数据开放问题与对策研究[D/OL]. 西安: 西北大学, 2021.
② 梁海波. 关于数据共享与个人信息保护的思考[J]. 信息系统工程, 2022(08): 121-124.

24.4.2　数据共享的关键

数据共享的关键在于技术能力、组织信任、数据安全和法律法规。

1. 技术能力方面

电子信息建设带动了信息技术在个人、企业和政府中的创新应用，一些重要的技术要素，如元数据、信息安全及语义整合等，得到越来越多的关注[①]。随着信息技术的发展，各组织之间协调的有效性有所增强，效率有所提高，故技术能力的进步对数据共享具有促进作用。然而，数据共享系统的开发和实施都需要付出一定的时间、精力和金钱，因此降低了数据共享的可能性，技术复杂性对组织机构参与数据共享的意愿具有抑制作用。

2. 组织信任方面

参与组织是数据共享活动中最为重要的利益相关者或群体，这些组织在接受数据共享这样的新事物之前，会对数据共享的成本和收益进行评估衡量，即考虑数据共享的预期收益及风险。评估得出的结果在很大程度上会影响组织之间共享数据的意愿，同时也决定了数据共享项目所能够取得的效果。另外，组织本身的一些特征，如组织文化、组织架构和组织间关系，都会对数据共享的效果产生影响[②]。

3. 数据安全方面

数据安全是网络安全和国家安全的重要组成部分。很多数据本身具有保密性，一旦这些数据与其他组织或部门共享，数据的安全性就无法得到保障，这会给网络安全和国家安全带来隐患，故数据安全风险会对数据共享产生抑制作用。为了解决这个问题，对数据进行分类分级，并对数据进行合规评估，是进行数据共享的前提。

4. 法律法规方面

法律和政策对组织机构、公共部门或企业间的信息和数据共享有较大的影响[③]。国家出台的共享政策有助于为数据共享营造合法有效的环境，并能够指导推进信息资源的共享。法律和相关政策的支持对数据共享有明显的激励作用。

图 24-4 总结了数据共享的激励因素和抑制因素。

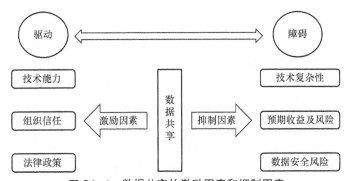

图 24-4　数据共享的激励因素和抑制因素

24.5　数据开放与共享的实施方法

本节将介绍数据开放与共享的资源体系、建设路径和运行机制。

---

① 刘红波, 邱晓卿. 政务数据共享影响因素研究述评[J]. 华南理工大学学报, 2021, 23(3): 96-106.
② 卢祖丹. 科研人员数据开放共享的影响因素与激励机制研究[J]. 图书馆, 2022(9): 38-46.
③ 高志华. 数据治理背景下政府数据开放共享研究[J]. 行政科学论坛, 2021, 8(7): 29-33.

24.5.1　数据开放与共享的资源体系

可以开放与共享的数据包含至少三种类型——消费者数据、政府数据和企业数据。随着平台经济和数字经济时代的到来，政府通过消费者数据和企业数据的海量存储获得极具潜在价值的政府数据。与此同时，企业通过数字化服务消费者的同时，消费者数据也在企业层面沉淀了下来，越来越多的企业，尤其是平台型企业，开始将消费者数据转变为消费者数据资产。消费者数据资产是指与消费者相关的、由企业拥有或控制的、能够直接为企业带来经济利益的数据资源。图 24-5 展示了开放与共享数据所处的资源体系。

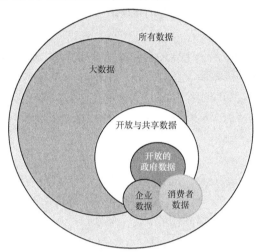

图 24-5　开放与共享数据所处的资源体系

24.5.2　数据开放与共享的建设路径

1.　建设的主体：凸显政府的核心服务作用

数据开放与共享涉及信息安全和国家安全，以及隐私问题和数据要素相关法律法规框架，因此必须发挥政府的核心服务作用。政府有必要制定相关规则，缓解消费者与企业对开放式数据误用和数据安全的担忧，并制定一系列标准和具体实施方案，以实现数据开放与共享的潜在经济价值与社会福祉。

2.　建设的载体：涉及数据流通的关键环节

目前，我国数据要素市场不活跃，陷入数据要素无法向数据资产转变的困境。数据权属、数据分级授权、价值转移方式、数据许可和数据形态等的认定，贯穿数据要素流通的生命周期。因此，有效的数据要素开放和分享机制需要涉及数据流通的各个关键环节，这是让数据参与经济活动的有效途径之一。例如，很多平台型企业对数据开放与共享保持极为谨慎的态度，原因就在于，关于数据流通过程中数据开放与分享的具体实施方案的维度，尚没有明确和清晰的界定，企业顾虑重重。因此，数据开放与共享的具体实施方案需要从实施维度和实施种类两方面来解决实际流通问题。数据开放与共享实施方案的相关维度见表 24-4。

表 24-4　数据开放与共享实施方案的相关维度

实施维度	实施种类	实施解决问题侧重点
数据所有权	个人数据	数据产权归属清晰，这是进行数据开放与共享的收益划分基础，侧重产权归属问题
	企业数据	
	政府数据	

续表

实施维度	实施种类	实施解决问题侧重点
数据分级授权	完全保密	主要考虑根据对象进行的数据开放与分享的分级授权许可，即差异化共享数据
	部分保密	
	完全开放	
价值转移方式	无偿	主要考虑数据开放与共享过程中的数据要素流通对价
	有偿	
数据许可	一对多	主要考虑数据开放与共享过程中双方的数量对比关系
	多对一	
	多对多	
数据形态	原始数据	主要考虑数据资产在流通过程中的存在形式，进而进行相关约定
	数据加工品	
	数据服务产品	

3. 建设的途径：落实激励+约束的市场化培育

数字时代往往呈现跨界创新、融合创新、组织创新等特征，早已超越以往对突破性创新的定义[1]。特别是开放与共享的数据要素参与市场机制的创新，已经不是简单数据技术研发和应用的问题，而是如何破解数据技术、数据要素市场和数据市场运行制度三要素协同的问题。在我国，面临数据要素有效供给不足、参与者不足等困境，政府需要将相关风险通过政策进行明确的约束，同时"激励"作为数据要素的供方介入，激活数据要素参与经济活动的活力，只有这样才能促进国家数据安全可控、有序繁荣的监管体系的建立。

4. 建设的检验：建立数据开放与共享的生态系统

由市场参与主体组成的网络存在很强的网络外部性，数据要素市场失灵的风险也有可能通过生态网络放大，数据要素开放与共享实施方案至关重要。因此，实施方案应该以激活开放与共享数据要素高效参与市场经济活动为导向，探索建立基于数据要素市场参与者高效价值创造的动力机制，进而构建政府数据、企业数据、个人数据和整个社会高效运转、相互协同的生态系统。伴随平台自身数据开放与共享的相关实施方案的不断完善，平台可以通过数据要素市场的有效运转，创造生态圈经济个体共享价值的良性循环，推进我国数据要素市场实施方案的日臻完善。

24.5.3　数据开放与共享的运行机制

数据开放与共享的运行机制有三种：社会数据向政府的开放与共享，政府数据向社会的开放与共享，以及社会数据和政府数据开放与共享的高效协同。

1. 社会数据向政府的开放与共享

在绝大多数情况下，与我们的工作和生活息息相关的是有效运用开放与共享的数据来提升生活品质。其实，追根溯源，数字化时代的每个公民和社会组织，都可以作为社会数据产生者向政府开放和共享数据。社会数据中，尤以平台型企业作为重点论述对象。在所有的社会主体中，公民的数据更多的是无意识产生或无意识提供的。通过对公民行为数据进行收集，政府部门可以进行舆情监测和舆情研判，使政府能够根据公众的真实需求和偏好，针对现有决策进行调整和优化。

① Sainio L M, Ritala P, Hurmelinna-Laukkanen P. Constituents of Radical Innovation—Exploring the Role of Strategic Orientations and Market Uncertainty[J]. Technovation, 2012, 32(11), 591-599.

2. 政府数据向社会的开放与共享

政府是一个国家最重要的数据生产者和保存者，政府数据包含政府在日常活动中产生、收集和保存的大量与公众生产生活密切相关的数据。政府数据的开放不仅是对政治层面个人权利的保障，还将极大提高其他社会主体经济运行效益，尤其是以数据为重要竞争力的平台型企业。以平台型企业入驻商户和用户资质审核为例，监管部门要求平台型企业对用户信息进行 100%的验证。但在缺乏个人信用相关身份信息、征信记录、犯罪记录等关键权威信息的情况下，平台型企业只能通过第三方机构购买相关数据，使用成本高，数据真实性难以保证。政府数据的开放将极大提高平台型企业的运营效率。

3. 社会数据和政府数据开放与共享的高效协同

平台型企业的数据已成为政府数据的重要补充，政府数据虽然具有权威性高、可信度强、价值大的特点，但也存在实时性和动态调整不足的缺陷。平台型企业的数据具有实时更新的特点，它们将成为政府实现高效治理不可或缺的支撑。社会数据和政府数据的协同则体现在政府管理方面，特别是应急管理方面。平台型企业拥有大量反映参与者状态、涉及用户安全的数据，通过及时有效地与政府部门共享，可以极大提高政府的应急响应能力、协同管理水平和服务效率。如疫情期间，工业和信息化部统筹中国移动、中国电信、中国联通，用手机大数据分析跟踪重点人群流动情况，与全国有关部门共享数据，大幅提升精准防控水平。

24.6　本章小结

在数字经济时代，数据开放与共享是大势所趋。本章简述了数据开放和数据共享的异同，并对数据开放的历史做了介绍，还对如何实现数据开放与共享提出了一些建议。CDO 需要充分开放和共享数据，才能使数据的价值最大化。

第 25 章

数字化转型与数字文化

麦肯锡在其 2017 年的调查报告《数字时代的文化》中提出,文化障碍是企业数字化面临的最大挑战。DAMA 的 2022 年调研显示,缺乏数据文化已成为企业数据管理非技术障碍之首,同时也是企业数据管理落地的主要障碍。在清华全球产业院 2021 年的调查中,35% 的受调研企业认为,"缺少数字化转型的文化氛围"是当前企业推动数字化转型的主要阻碍。由此可见,在数字化转型过程中,技术并不是最有挑战性的因素,更具挑战性的是文化的变革。

作为首席数据官,除了开发利用数据资源来帮助业务做决策支持、为业务赋能之外,更需要采取措施和行动建设企业数字文化,推动企业员工,尤其是企业高层领导,逐步转变认知,为企业数字化转型破除思想障碍,以加速推动数字化转型。

25.1 概述

25.1.1 数字化和数字化转型

数字化最初源于英文 Digital,翻译成中文就是数字、数码的意思,以区别于以前的模拟(Analog)形态。与数字化相关的概念有三个,分别是数字化转换(Digitization)、数字化衍生(Digitalization)和数字化转型(Digital Transformation)。

"数字化"侧重于技术实现,它更多地属于技术范畴。数字化转型以及转型成功后的数字经济则远远不只是技术问题,同时还是业务问题,更是一种崭新的经济形态。

什么是数字化转型?目前仍处于各抒己见、百家争鸣的阶段,不同的国家和组织,以及各行各业都根据自身的理解和发展需求给出了不同的定义。

国家发展和改革委员会给出的定义是:"传统企业通过将生产、管理、销售各环节和云计算、互联网、大数据相结合,促进企业研发设计、生产加工、经营管理、销售服务等业务数字化转型。"

IDC 咨询公司将数字化转型定义为组织利用数字化技术(如云计算、大数据/分析技术、人工智能、物联网、区块链等)推动业务模式和商业生态系统变革的方式。商业生态系统由消费者、合作伙伴、竞争对手、企业本身以及企业所处的业务和监管环境组成。数字化转型是业务的转型,但需要最新数字化技术的支持。

阿里巴巴公司提出"一切业务数据化,一切数据业务化",并认为数字化"是一个从业务到数据,再让数据回到业务的过程"。企业数字化转型的关键在于三点:IT 架构统一、业务中台互联网化、数据在线智能化。①

华为公司认为,数字化转型是指通过新一代数字技术的深入运用,构建一个全感知、全连接、全场景、全智能的数字世界,进而优化再造物理世界的业务,对传统管理模式、业务模式、商业

---

① 详见阿里巴巴公司前副总裁、阿里 CIO 学院院长胡臣杰在"2019 中国数字企业峰会"上所做的主题演讲"从信息化到数字化"。

模式进行创新和重塑，实现业务成功。

微软 365 团队将数字化转型定义为使用新技术和业务工作流来优化、自动化和现代化组织业务运营的过程。以这种方式更新技术工具和方法有助于组织改进内部流程、提高效率并以更高水平的灵活性和敏捷性运作。这反过来又使企业能够快速、有效地应对现在和未来出现的任何挑战。

综上所述，数字化转型是数字技术对企业的全面重塑。与传统信息化相比，数字化是从技术应用向全面重塑的转变，在本质上则是利用新一代数字技术和数据要素对企业实现更深层次的重塑与再造，是脱胎换骨式的自我革新，是利用数字技术对传统业务以及管理、商业和服务模式进行全面的重塑，是利用数字技术和数据来驱动企业商业模式创新和商业生态系统重构的途径与方法。尽管不同的行业和组织在不同的时期，数字化的进程可能不一样，但通常具有如下共性。

- 数字化转型是长期规划与局部建设协同进行的一个长期过程。
- 数字化转型的关键要素是数据。数据是数字经济的基础，数据管理是数字化转型的前提。
- 数字化转型是由业务与技术双轮驱动的。业务驱动，技术落地。
- 数字化转型是一把手工程，需要领导者承担相应的责任。

25.1.2　数字化与信息化的区别

很多人经常把"数字化"和"信息化"弄混淆，但它们实际上是不一样的。

"信息化"一词最早由日本学者梅棹忠夫（Tadao Umesao）在 20 世纪 60 年代提出。我国在《2006—2020 年国家信息化发展战略》中将信息化定义为："信息化是充分利用信息技术，开发利用信息资源，促进信息交流和知识共享，提高经济增长质量，推动经济社会发展转型的历史进程"。表 25-1 列出了数字化与信息化的区别。

表 25-1　数字化与信息化的差别

	信息化	数字化
应用范围	单个系统或业务，局部	全域系统或流程，整体
决策模式	线性思维	多元智慧大脑
数据	信息孤岛	数据共享
导向	产品导向	客户导向
目标	竞争优势	协作共赢
业务创新	流程驱动	数据驱动

通常来说，数字化是信息化的延伸，是信息化的下一阶段，即信息化是数字化的基础，数字化是信息化的高级阶段。不过在现实中，数字化阶段也可以和信息化阶段并存，或者企业从一开始就进入数字化阶段，比如数据原生类企业。

25.1.3　数字文化和数据素养

"企业文化"这个概念及相关的一些理论最早出现于美国，众多学者虽然基于不同视角在观点和表述上有所差异，但他们达成的基本共识就是将企业文化定性为核心价值观或相关表述。企业文化可以理解为企业从高层领导到员工的意识、感受和行为准则的总和。企业文化并非一成不变，而是会根据企业内部经营发展和外部环境变化更新甚至重构。当前恰逢数字化变革时代，企业须主动出击，顺势而为，借势而上，从上至下转换思想意识。数字文化能够指导企业实施数字化战略，为企业数字化发展奠定文化基础，以及为企业智能升级提供动力。

当前关于数字文化（Digital Culture）、数据文化（Data Culture）和数据素养（Data Literacy）（这三个术语其实是可以互换的）的讨论很少，其热度远不及数字技术等话题。波士顿咨询公司高级顾问 Jim Hemerling 在其文章"没有数字文化就不是数字化转型"中提出，数字文化是一种行为准则，它让员工可以自由地做出判断和现场决策。Slack 公司将数字文化定义为受到数字工具和技术塑造、影响的工作场所。在拥有先进数字文化的企业中，大多数员工使用数字技术进行协作、创新，并为客户提供产品、服务和支持。数字文化还有其他一些定义，比如"数字文化是在工作、就业、学习、休闲以及社会参与中，自信、批判和创新性使用信息技术的能力，包括数据意识、数据相关性、数据素养、数据分析等。"①

结合上述几个关于数字文化的定义不难发现，数字文化是企业文化的组成部分，已不单单是价值观、意识或思想的描述，同时还要求员工具备实现数字文化的数字技术能力。

25.2　数字化转型的驱动因素

到底是哪些因素驱动了目前轰轰烈烈的数字化转型呢？

25.2.1　外部驱动因素

1. 时代洪流，滚滚向前

自 1860 年以来，人类社会先后经历了 4 次工业革命，第 1 次工业革命是机械化，第 2 次工业革命是电气化，第 3 次工业革命是信息化，现在正迈向第 4 次工业革命（即数字化）。每一次工业革命都诞生了许多技术，催生了一些新的行业和企业，但也会摧毁一些传统行业，还会对一些企业产生革命性影响。与之对应，人的思维和行为方式也必然会打破原有模式，不断扩展知识的广度与深度。"来而不可失者，时也；蹈而不可失者，机也。"

变革即机遇，各个国家为了在这一新浪潮中占据一席之地，纷纷出台政策。例如德国"工业 4.0"计划、《中国制造 2025》计划，都以孵化前沿技术和新企业并推动企业转型为目标。为了适应数字时代对人才资源新的能力与发展的要求，2021 年，中央网络安全和信息化委员会印发了《提升全民数字素养与技能行动纲要》，提出实施全民数字素养与技能提升行动，到 2035 年基本建成数字人才强国。中共中央、国务院最近印发的《数字中国建设整体布局规划》更是将数字化提升至国家层面，全面推进数字技术与经济、政治、文化、社会、生态文明建设"五位一体"深度融合。

2. 行业竞争，生存之战

每一次技术革新都必然会为企业带来新的商业模式、经营理念和管理方式等。珍妮纺纱机的出现促使了纺织工业自动化；内燃机的出现和广泛应用，为汽车和飞机工业的发展提供了可能；第一颗人造地球卫星上天，开创了空间技术发展的新纪元。目前正处于数字化时代，互联网、云计算等技术的出现和广泛应用，促使电商、电子支付、社交软件等新的购物和沟通方式的涌现，降低了传统购物、支付和沟通成本，提高了行动效率。当人们的思维意识和行为习惯逐渐适应这些变革后，必然伴随新社会文化的形成，以及市场需求和风向的转变，从而加剧同行甚至跨行竞争，传统行业将被大幅压缩生存空间甚至被淘汰。"穷则变，变则通，通则久"，有些企业在"转"与"不转"之间面对的可能是生死之战。

25.2.2　内部驱动因素

1. 提高客户满意度

随着互联网、大数据和云平台等先进技术的普及和应用，企业积累了大量的客户交易数据、行为数据和社交数据等，通过将这些数据与数据挖掘分析技术、人工智能算法相结合，企业可以

---

① 天津市大数据协会. 提升企业数字素养，共建数字文化[EB/OL].

深入了解不同客户的差异化需求，实现定制化、个性化服务，同时也可以减少客户销售、购买、售后等环节的沟通成本，并对全流程服务实现智能监督和反馈，准确定位并快速解决问题，真正做到以客户需求为中心，形成企业与客户沟通的良性循环，全范围提升客户体验和满意度。

2. 创新商业模式

数字化转型对商业模式的影响，就是利用各种数字技术影响企业的创造、传递、支持和获取价值的各个环节。物联网的出现让越来越多的产品接入网络，实现了多物互联、远程操控，同时也改变了原有传统行业的产品服务模式。有声读物改变了出版行业；线上问诊部分缓解了就医困难；社交媒体和电子商务的兴起使企业获得客户、宣传品牌的方式增多，传播速度加快。显然，企业以往仅靠生产同质化的产品和单一销售渠道，就可轻松制胜的局面已不复存在。

3. 改善企业管理效率

当前很多企业的业务流程需要耗费大量的时间，这在很大程度上缘于企业运营过程中的大量审批、检查、复核工作需要手动来完成。企业可以通过积极运用以数字化为基础的技术和产品，如企业自建 OA（Office Automation，办公自动化）、CRM（Customer Relationship Management，客户关系管理）系统或采购各种第三方云计算、云测试服务等，实现内部工作方式简明化、流程化、透明化，从而升级管理体系，降低管理成本，提高运营效率，增强企业跨部门沟通能力。

25.3   数字文化的核心内容

2022 年，腾讯研究院发布《数字化转型指数报告 2022》，这份报告指出，从数字化规模看，行业工具（包括互联网、软件和信息技术服务业以及各类租赁和商务服务业、科研和技术服务业等）、金融和电商领先明显，文化、体育和娱乐业及工业居于中游。

由此不难看出，不同行业、不同领域的企业数字化成熟度截然不同，对数字化的接受程度和态度也处于不同阶段。本节将在研究一些数字化较为成功的企业数字文化的基础上，总结和提出企业数字化转型过程中应该具备的数字文化，为企业提供一些具有共性的参考。

25.3.1   数据思维

数据是企业数字化转型的核心要素。建设企业数字文化首先要构建企业数据文化，只要人人拥有了数据思维或数据意识，企业的数据素养、数据氛围就会水到渠成，最终形成企业的数字文化。

数据思维内涵丰富，至少应包含数据思考、数据共享、数据决策等思维方式。数据思考是指培养数据潜意识，相信数据的价值和力量，实事求是，用数据交流和探索，坚持以数据为基础的客观理性思考，以避免主观化、情绪化的决策。数据共享将企业看作一个有机整体，拆除部门"烟囱"，突破各自为战，数据就像血液一样可以跨部门，甚至跨上下游，实现企业内外部的互联互通、相互融合。数据决策是为了在进行数据思考的同时，结合数据分析和数据挖掘方法，帮助企业优化运营状况，预测未来趋势，创造新业务机会，产生可理解、可操作的见解。

25.3.2   与客户共创

伴随云计算、社交软件、短视频等数字技术和产品的大量使用与普及，客户和企业的距离也拉近了。信息流通加速、交流成本降低、表达方式多元，企业以往通过获取和积累大量客户数据，并运用先进的人工智能算法进行预测和个性化推荐的数字化转型，已然不能满足现在主流消费群体的需求。随着数字原生代大量加入需求大军，他们不再满足于仅仅作为市场的旁观者、技术成果的被动接受者，而是运用移动互联网、社交媒体等多种方式来获取企业商品和服务信息，主动提出期望，由此也促使市场碎片化需求逐步成为主流，企业此时应具备更多的同理心，认真聆听客户表达，体察客户的情绪、所见所感，真正理解客户遇到的困难和他们希望达成的目的，与客户共创。

25.3.3 协同开放

在当前的数字变革时代，数字概念和数据理念已经深入人心，数字经济和智慧社会的快速发展，引发全社会对数字技术和数字产品的需求呈裂变式增长。数据的互联互通，信息的高速流转，数字技术的全方位渗透，无疑减少了知识获取的成本和难度，同时也打破了人与人、客户与企业，以及企业部门之间的壁垒和阻隔，以往少数甚至一家企业凭借资金和技术优势主导开发一条封闭垄断的产业链，企业内部各部门各自为战的情况，显然已不再适应当今的发展要求。目前，数字化转型企业都在将数字技术融入产品生产、渠道销售、平台和运营管理等环节，只有打破部门间信息孤岛，实现跨部门、跨职能的集体协作，在企业间构筑开放共赢的产业生态环境，将选择权交给用户，才能促进企业在剧烈变革、适者生存、优胜劣汰的转型攻坚战中取得胜利。

25.3.4 创新包容

企业的数字化转型是一个持续动态的过程，不是通过几个项目就能完成的。同时，企业进行数字化转型更不是仅仅为了实现降本增效、改进流程，更重要的是激发企业突破既有的边界，带来全新的价值点。每个企业所属行业不同、领域不同，转型路径和方式千差万别，没有统一的标准和方法论。可能很多企业需要自己摸着石头过河，经过跋山涉水，蹚出属于自己的转型道路，这条道路充满荆棘，泥泞难行，企业需要勇于创新、支持冒险、包容试错和失败，采用颠覆性思维推进转型。转型的本质是对原有状态和模式的变革与颠覆，在转型过程中突破原有规则是常态。企业应建立激励创新和容错纠正机制，冲破只许成功不许失败的逻辑，不能因为做错一点事情或没有达到预期效果就立马评判，尤其是刚开始，不要施加过大的业绩压力。

25.3.5 持续学习

每逢一次大的变革，都会对社会的方方面面造成巨大冲击和转变。在数字化变革时代，知识、技术、理念突飞猛进，一日千里，企业为了适应数字技术快速迭代和瞬息万变的大环境，逐步意识到持续学习的重要性，并致力于打造学习型组织和企业文化。企业一把手应首先起到向行业标杆和转型成功的企业学习的榜样作用，并对全体员工进行全方位理论和方法培训，学习数字化知识，培养数字化技能，推动企业上下从固有静态思维向持续运动成长思维转变，形成理念、行动、再反馈的闭环，才能在数字化转型中有能力落实数字化战略，体验数字化的价值。

25.3.6 崇尚科技

"科学技术是第一生产力""发展才是硬道理"。数字化革命的科技就是数字科技，这是数字经济的另一个核心要素，而企业每一次转型的目标可以概括为求生存、谋发展。因此，企业数字化转型的终极目标可以解释为，依靠数字科技实现降本、增效、提质、创新和赋能，谋求生存可持续，突破固有边界，挖掘发展潜能。数据科技的进步速度堪称一日千里，无论是具有先天优势的数字原生企业还是传统企业，都在不断适应和研发新的科技力量。十几年前的阿里巴巴是一家互联网原生电商公司，随后阿里巴巴将触角伸向移动支付、人工智能、云计算等领域，现在成功转型为一家集提供数字业务和数字基础设施的数字生态公司。其他知名企业，如亚马逊、微软、腾讯等，也都有相似的经历。相对作为生产食品饮料的传统企业娃哈哈，则在 2015 年完成了串/并联机器人、平面机器人的研发，并用于产品装箱、码垛、生产物料投放等。

25.4   数字化转型的实施指南

　　汹涌澎湃的数字化浪潮促进了对企业文化的数字化重构，能否提出和落实相适应的数字文化对企业能否转型成功至关重要。数字化转型是企业变革的一种方式，企业文化的数字化变革在其中举足轻重。Jorn P. Kotter 提出的 "领导变革八步法" 值得我们借鉴，而 CDO 作为企业数字化转型的急先锋，可以在其中发挥相应的作用。

25.4.1   树立紧迫感

　　在我国，数字经济呈快速发展态势，数字化转型已经进入深水区，更多 "互联网+" "云+" "自媒体+" 等新模式被催生出来，如线上问诊、云消费、云体验、云健身、云学习、短视频制作等，这必然挤压企业原有市场份额，其他行业也会跨行加入新蓝海，谋求多元发展，带动新的增长点。作为 CDO，应随时随地了解和跟进各类新变化，与企业其他领导和员工充分交流，对企业当前和未来可能受到的影响进行研判，并运用自己的专业知识，向企业领导、员工和其他企业利益相关者解释企业需要谋求转型的必要性和益处，以及不转型可能会对企业造成的后果，增强企业内外的紧迫感和危机意识。

25.4.2   沟通和设计愿景

　　企业数字化转型是一个全面和持续的过程，在转型之前，企业要对自身现状和各部门情况进行详尽调研和充分了解。在制定数字化愿景、目标和规划时，包括 CDO 在内的各层面领导、基层员工和其他企业利益相关者，需要进行充分和清晰的沟通。CDO 在参与制定包括企业数字文化在内的数字化转型相关内容时，需要充分与各层面领导和部门成员沟通，理解企业未来整体的数字化发展愿景和规划，以及他们对数据未来的期待，以便制定出符合企业发展需求的企业数字文化，减少变革阻力，为企业数据改革指明方向。

25.4.3   建立数据型组织

　　数据是企业构建数字文化的重要元素，也是企业数字化转型的基石。数据工作是企业数字化转型的重中之重，也是 CDO 的核心工作之一。为了完成这些纷繁复杂的工作，CDO 需要招募各类专业人才，包括数据技术人才、数据管理人才、数据运营人才和数据应用人才，同时创建有效数据组织。数据组织包括由 CDO 负责管理的团队以及与其他部门协同组建的团队，例如分散在业务部门的数据岗位。招聘人才只是团队建设的第一步，CDO 还需要协同其他团队领导制定数据组织管理制度和岗位职责，发挥团队优势，提高管理效率；以及拟定人才培养计划，宣传数据文化，提高全体员工数据素养等。CDO 无须事必躬亲，在制定或解决某些具体事项时，要充分发挥团队优势，细化分工，提高管理效率。

25.4.4   积累短期，驱动长期

　　CDO 为了证明改革的必要性，以及在短期内让怀疑者不攻自破，并赢得领导层的支持，在与利益关系人沟通、宣传和策划包括企业数字文化建设在内的一系列数据工作计划和目标时，需要兼顾短期改革成效和长期转型规划的推进。短期胜利具备可见性和明确性，并与变革最终目标密切相关。短期成果除了有利于获得支持和信心之外，还能帮助团队在改革的过程中及时发现和修正目标落实过程中存在的问题和偏差，助力企业驱动长期持续的变革，从而由量变达到质变。

25.4.5   成果融入文化

　　建设企业数字文化的本质是对企业文化部分甚至全部核心价值的变革，这同样是一个持续演

进的过程，不仅要促进企业全体员工和利益相关者的思想与意识发生转变，减少企业数字化转型过程中认知方面的阻力，更要为企业起到"长期固化转型成果，新行为习惯逐步取代旧文化"的作用。企业数字化转型是一个持续和长期的过程，当企业数字化转型取得阶段性成果时，CDO 需要将成果固化到企业文化中，促使企业成员长期适应变革，而不要认为这个变革仅仅是一个短期项目。

25.4.6 动态调整，时刻检视

企业数字文化建设是一个持续的系统工程，CDO 及其团队既要反复地对各个部门进行多层面、多维度的深入调研，制定周密的方案，还要建设全方位、全过程、全要素的企业数字文化动态评价与跟踪体系，并对数字文化传播工程和落地工程进行动态跟踪评估，及时发现和解决建设过程中存在的问题，不断校准纠偏。企业可以通过评价，为规划和建设企业数字文化提供一手的基础资料，使计划能够有的放矢，提高针对性。

25.5 数字文化建设的评估指标

企业数字文化建设贯穿于整个企业数字化转型，是一个持续演进的过程。当前，企业数字化转型已经进入深水区，企业数字文化的贯彻程度更能凸显其在企业数字化转型中的重要地位。本节将介绍企业数字文化和企业数字文化建设的评估指标。

25.5.1 企业数字文化建设成果的评估指标

目前，工业和信息化部、华为公司等都发布了企业数字化成熟度评估办法。本小节通过综合各种评估办法，提出如下企业数字文化建设成果的评估指标。

1. 认可度

认可度蕴含了领导层和普通员工对企业数字化是否抱有开放和积极的态度，是否认为有助于他们的工作，以及是否能为他们的工作带来便利等。领导层的认可度越高，越有助于推动企业数字化转型；员工认可度高，则会积极主动参与企业数字化转型。

2. 知识匹配度

企业的每一位成员对企业数字化转型中所需知识和技能的掌握程度是否与工作要求相匹配，以及知识体系的深度和广度、技能使用的熟练程度等是否与规划目标相适应。

3. 人才重视程度

企业对数字化人才的重视程度，体现在资金和各类资源在数字化人才培养中的投入大小和占比，各类数字化专业人才占总人数的比例，企业是否有健全、持续的培训体系和定期考核评估体系，企业是否建立了与市场相匹配的数字化人才晋升通道和薪酬体系等。

4. 合作度

企业不同部门和岗位对数字化程度需求不同，需要高度配合，相互支持。业务部门与数据部门经常需要紧密配合，配合程度越高，就说明业务部门进行数据思考和决策的素养越高；对数据分析部门提供的支持和认可程度越高，越有利于促进企业数字化转型。

5. 成熟度

企业数字文化是企业数字化成熟度评估的核心内容，企业可以参考 CMMI 模型、《数字化转型管理能力体系建设指南》以及华为公司的开放数字化成熟度模型（Open Digital Maturity Model，ODMM），对企业数字文化成熟度进行评估。

25.5.2　企业数字文化建设能力的评估指标

1.　规划能力

CDO 在制定企业数字化战略规划或顶层设计时是否重视、制定、打造或新增符合企业发展的数字文化，是否具有可持续的贯彻计划，以及是否积极地对内对外宣传企业数字文化。

2.　协作能力

CDO 在规划、设计、汇报与宣传企业数字文化的一系列活动中，与其他部门的沟通是否顺利，配合是否充分，资源调度是否充分有效，以及提出的企业数字文化是否被其他部门认可。

3.　团队管理能力

CDO 对数据团队的管理能力，包括人才的招聘和培养，对成员创新和容错的开放程度，招聘的人才是否与岗位具有较高的匹配度，数据人才在企业中的覆盖率和工作积极性，团队内部以及数据团队和其他部门的配合程度等。

4.　专业能力

CDO 在参与制定企业数字文化各方面规划、目标和落实方案时是否具备匹配的工作经验，以及 CDO 专业知识的广度和深度是否与企业发展战略要求高度匹配等。

25.6　本章小结

企业在进行数字化转型的过程中，一定要进行企业数字文化的建设，提高全体员工的数字素养和数据素养。企业的数字化转型需要数字文化作为支撑，通过创造、传播数字化的内容、产品及服务，促进企业数字化转型。同时，企业数字化转型也能推动企业数字文化的发展，使更多的人了解和参与数字文化创新。本章阐述了企业数字化转型和数字文化的定义，企业在数字化转型过程中进行数字文化建设的驱动因素、核心内容、实施指南和评估指标，从而为 CDO 在企业数字文化建设过程中提供指引。

推荐阅读：

[1]　JOHN P K. 领导变革[M]. 徐中，译. 北京：机械工业出版社，2021.

[2]　张宏云，黄伟，徐宗本，RICHARD Y W. 大数据领导——首席数据官[M]. 北京：高等教育出版社，2019.

[3]　陈雪频. 一本书读懂数字化转型[M]. 北京：机械工业出版社，2020.

[4]　刘继承. 数字化转型 2.0[M]. 北京：机械工业出版社，2021.

[5]　赖文燕，周红兵. 企业文化[M]. 南京：南京大学出版社，2023.

[6]　刘建超，范莹莹，孟曦. 企业文化动态评价与跟踪系统的设计与实现[J]. 智能计算机与应用，2019(11).

[7]　刘志刚. 新技术革命对思维变革的影响[J]. 齐鲁学刊，1989(6).

[8]　武连峰. 数字化转型 2.0 驱动企业服务大变革[EB/OL]. 中国企业互联网 CEO 峰会，2019.

[9]　王勇，谢晨颖. "数字化文化"——企业数字化转型的土壤. 2022.

[10]　华为公司. 行业数字化转型方法论白皮书 2019[R/OL]. 2019.

[11]　JIM H, JULIE K, MARTIN D, LIZA S, CAILIN A. It's Not a Digital Transformation Without a Digital Culture [EB/OL]. 2018.

[12]　IBM 公司网站. 什么是数字化转型[EB/OL].

[13]　Slack 网站. What is digital culture[EB/OL].

[14]　埃森哲网站.数字转型[EB/OL].

[15]　Microsoft 365 网站. 数字化转型：它是什么以及如何成功[EB/OL].

第 26 章

数据要素

2020 年是数据要素元年。当时，大家都没有想到事情会发展得这么快，从 2024 年 1 月 1 日起，数据作为资产就要"入表"了。尽管这项工作并非全部由 CDO 负责，因为还涉及财务和法务部门，但 CDO 在其中所起的作用不可低估。

26.1 概述

世界各国都认可数据的价值，都认可数据是数字时代的新石油、新黄金。不过，只有我国在认可数据是资产的同时，还把数据提高到了生产要素的高度。关于数据要素的讨论和实践其实无论在理论和实践上，也无论在广度和深度上，我国都走在世界前列。也正由于数据要素，国内 CDO 的工作内容实际上比国外 CDO 的工作内容要多很多。

26.1.1 背景

2020 年 4 月 9 日，《中共中央 国务院关于构建更加完善的要素市场化配置体制机制的意见》发布，正式将数据作为与土地、劳动力、资本、技术等传统要素并列的第 5 大生产要素。数据成为一种新型生产要素，是人类社会从农业社会、工业社会、信息社会，进入数字社会的必然结果。为加快建设数据要素价值体系、提升数据要素作用、推进数据要素的流通交易，2022 年 12 月 19 日，《中共中央 国务院关于构建数据基础制度更好发挥数据要素作用的意见》发布，为数据要素的市场化流通和数据资本化提供了积极的制度供给。其间，为全面激活数据要素潜能，做大数字经济，我国还陆续发布了相关政策文件，详见表 26-1。

表 26-1 数据要素相关政策文件

时间	政策/文件名称	发布主体/场合	数据要素相关内容	数据伴生关键词
2019 年 10 月 31 日	《中共中央关于坚持和完善中国特色社会主义制度 推进国家治理体系和治理能力现代化若干重大问题的决定》	中国共产党第十九届中央委员会第四次全体会议	首次将"数据"列为生产要素，提出了"健全劳动、资本、土地、知识、技术、管理、数据等生产要素由市场评价贡献、按贡献决定报酬的机制"	市场、贡献
2020 年 4 月 9 日	《中共中央 国务院关于构建更加完善的要素市场化配置体制机制的意见》	中共中央、国务院	将数据作为与土地、劳动力、资本、技术等传统要素并列的第 5 大生产要素，并明确提出"引导培育大数据交易市场，依法合规开展数据交易"	生产要素、市场、交易
2020 年 5 月 11 日	《中共中央 国务院关于新时代加快完善社会主义市场经济体制的意见》	中共中央、国务院	进一步加快培育发展数据要素市场，建立数据资源清单管理机制，完善数据权属界定、开放共享、交易流通等标准和措施，发挥社会数据资源价值	要素市场、资源清单、权属、交易流通、价值

续表

时间	政策/文件名称	发布主体/场合	数据要素相关内容	数据伴生关键词
2021 年 1 月 31 日	《建设高标准市场体系行动方案》	中共中央办公厅、国务院办公厅	建立数据资源产权、交易流通、跨境传输和安全等基础制度和标准规范	资源产权、交易流通
2021 年 3 月 14 日	《中华人民共和国国民经济和社会发展第十四个五年规划和 2035 年远景目标纲要》	第十三届全国人大四次会议通过	对完善数据要素产权性质、建立数据资源产权相关基础制度和标准规范、培育数据交易平台和市场主体等做出战略部署	产权、交易、市场
2021 年 11 月 15 日	《"十四五"大数据产业发展规划》	工业和信息化部	建立数据价值体系,提升要素配置作用,加快数据要素化,培育数据驱动的产融合作、协同创新等新模式	价值、数据要素化
2022 年 1 月 6 日	《要素市场化配置综合改革试点总体方案》	国务院办公厅	探索建立数据要素流通规则	要素流通
2022 年 1 月 12 日	《"十四五"数字经济发展规划》	国务院	充分发挥数据要素作用,强化高质量数据要素供给,加快数据要素市场化流通,创新数据要素开发利用机制;加快构建数据要素市场规则,培育市场主体、完善治理体系,到 2025 年初步建立数据要素市场体系	市场化流通、开发利用、市场主体
2022 年 4 月 10 日	《中共中央 国务院关于加快建设全国统一大市场的意见》	中共中央、国务院	加快培育数据要素市场,建立健全数据安全、权利保护、跨境传输管理、交易流通、开放共享、安全认证等基础制度和标准规范,深入开展数据资源调查,推动数据资源开发利用	要素市场、交易流通、开发利用
2022 年 12 月 19 日	《中共中央 国务院关于构建数据基础制度更好发挥数据要素作用的意见》(简称"数据二十条")	中共中央、国务院	建立数据产权制度,推进公共数据、企业数据、个人数据分类分级确权授权使用,建立数据资源持有权、数据加工使用权、数据产品经营权等分置的产权运行机制,健全数据要素权益保护制度	数据产权、确权授权
2023 年 8 月 21 日	《企业数据资源相关会计处理暂行规定》	财政部	明确数据资源的确认范围和会计处理适用准则等,并于 2024 年 1 月 1 日起施行	数据入表

26.1.2 定义

数据要素并不简单等同于数据本身,而是一种以电子方式记录、以数据产品或服务模式交付、以市场配置方式进入社会生产经营活动,并为使用者或所有者带来经济价值的新型生产要素。相比传统生产要素的排他性、可交易性和可分割性,数据要素本身具有如下特性。

- **形态可变性**:数据要素在数据资源持有者(原始态)、数据资产加工生产者(中间态)、数据产品经营销售者(产品态)等不同主体控制期间,其形态存在极大的差异。形态越原始,可塑性越强,但对数据消费方的直接业务使用价值越低,反之亦然。在进入市场交易流通阶段之前,数据要素应以能解决数据消费方实际业务问题的数据服务/产品出现,而非以可变性极强的"原始态"出现。
- **可复制性**:不同于传统生产要素,数据要素本身具备可复制性,持有方对数据并非独家占用,在符合相关法律规定的前提下,同样形态的数据可以被多个主体持有。

- **非消耗性**：数据要素作为一种虚拟类生产要素，自身在加工生产交付过程中不会产生损耗，只会根据自身所处的不同阶段，与其他数据产生价值递增效应。
- **规模价值递增性**：数据受自身属性的影响，数据聚合越多，维度越丰富，体量越大，数据的价值越高。

26.2　数据要素识别

作为生产要素的一种，数据要素是经济学领域的专有概念。结合上文对数据要素的定义，不是所有的数据都具备经济学意义上的要素属性，数据要素必须能够通过市场流通持续产生经济价值。因此，参考数据市场流通的实际情况，我们认为数据如果能以下列形态进入市场，实现合法（符合"三法一例[①]"）、可用、稳定的流通，则基本可确定为数据要素。

- **数据集**：未经深度加工处理的数据，可表现为数据表、数据接口，支持以离线或在线方式进行数据交互，在和其他数据融合后，便可加工生产出数据产品，在数据形态上属于"中间态"。需要强调的是，用于数据市场交易流通的数据集不可以包含相关隐私敏感信息，而需要按照相关数据律法要求进行处理。
- **数据接口产品**：以数据接口为主要交付方式，按照数据消费方使用场景来对数据进行加工生产，使数据具备通用型数据能力。一般以接收数据使用端入参，以"数据核验、数据查询"等方式出参，并以解答数据消费方所提出问题的方式提供服务。
- **数据应用产品**：以平台为主要交付方式，将数据能力与平台能力相结合，提供类似数字仪表盘、在线统计报告查询浏览等模式服务。相较于接口类的数据产品，数据应用产品的封装程度更高，在交付形态上更接近软件产品，采用了安装部署或 SaaS（Software as a Service，软件即服务）类在线平台服务模式。
- **综合数据服务**：数据资源方采用自身数据能力，从解决数据需求方的业务问题的角度提供综合性的数据服务，包括提供数据前期咨询、方案设计、数据接口产品或数据应用产品开发及运营等的综合性服务。

26.3　数据确权

自从数据正式作为生产要素在 2020 年 4 月被提出以来，围绕数据权属，相关部门及各地政府在制定地方数据条例时都进行了深入反复的讨论。如前所述，由于数据要素不同于传统生产要素，因此在权属界定上并不完全适合以"物的所有权"模型来直接套用。根据中央全面深化改革委员会在 2022 年发布的《中共中央 国务院关于构建数据基础制度更好发挥数据要素作用的意见》，在新的"三权分置"架构中，结合数据要素从原料到可交易商品必经的三阶段特征，可以将传统生产要素的"所有权"调整为"资源持有权"，并新增"加工使用权"和"产品经营权"。这项制度创新不仅规避了数据在传统所有权上的"财产权及人格权"溯源纷争，也充分考虑到了数据交易标的物特征，即不是简单的"原料交易"，而是结合需求方的应用场景需求的"产品"。当然，在实际数据加工流转交易过程中，如何有效套用这个"三权分置"架构，还需经过实践的检验和市场的磨合。但这并不妨碍我们从"数据资源持有权、数据加工使用权、数据产品经营权"对数据确权体系进行探讨。

- **数据资源持有权**：企业或相关组织需要证明其合法合规持有相关数据，从逻辑上实际持有

① "三法一例"是指《中华人民共和国网络安全法》《中华人民共和国数据安全法》《中华人民共和国个人信息保护法》和《关键信息基础设施安全保护条例》。

数据的主体也可对数据进行加工并对形成的产品进行经营。这从法律意义上强调的是对数据资源本身的实际支配权或控制权，但不等同于所有或占用。

- **数据加工使用权**：企业或相关组织可以对自身合法持有的数据资源或依法合规获取的数据资源进行加工，并使用自身业务领域内的权利。
- **数据产品经营权**：企业或相关组织在自身经营范围内，通过对自身合法持有或依法合规获得的数据资源进行加工后形成的数据服务/产品，以及依法合规且在授权链路完整的前提下获得的数据服务/产品，进行对外销售经营的权利。

26.4　数据要素价值评估

目前业界比较认可的数据价值评估方法包括成本法、盈利法和市场法。数据要素价值评估涉及一系列工作，从数据评估流向上看，依次需要完成以下工作：数据权属确定、数据资产边界确定、数据资产成本计量评估、数据要素价值评估，对评估后的数据要素还要形成相关有价凭证，用于后续的数据要素流通和数据资产的资本化应用。

26.4.1　数据权属确定

首先，从数据流通的合规实践角度和"数据二十条"的精神，数据要素价值评估主要涉及公共数据、企业数据和个人数据。其中，公共数据为"各级政府部门、法律法规授权履行公共事务管理职能的组织，依法履职或提供公共服务过程中产生的数据"，应采取"推进实施"的方式加速公共数据确权授权机制；企业数据"泛指所有持有数据的市场主体在市场经营过程中积累的数据资产"，尚处于"推动建立"的阶段，需要摸索企业数据确权授权机制；个人数据则处于更为早期的阶段，还只能以"建立健全"的方式来尝试个人数据确权授权机制，在模式上探索由受托者代表个人利益，监督市场主体对个人数据进行采集、加工、使用的机制。

其次，对于数据权属的界定，则主要参考前文定义的"数据资源持有权、数据加工使用权、数据产品经营权"这一"三权分置"架构。

26.4.2　数据资产边界确定

由于进入市场流通的数据要素来自数据资产，因此首先需要对相应的数据资产边界进行确定。数据资产指的是"通过对数据资源进行加工处理，使之成为质量有保障、价值可计量、可产生经济利益的资产"。

从数据应用场景来看，对企业在增收、提效、控制风险上有实际价值，在营销、风控、决策等场景中能直接产生价值的数据才称为数据资产，因此在确定数据权属后，对企业持有的数据资产范围需要进行界定，不是所有的数据资源都具有资产属性，不能全部纳入后续的价值评估范围。

26.4.3　数据资产成本计量评估

数据资产成本计量评估，从行为上指的是资产评估机构及其资产评估专业人员，根据委托对评估基准日特定目的下的数据资产价值进行评定和估算，并出具资产评估报告的专业服务行为。基于目前数据流通实践，从评估方法上大致可以根据以下四个维度对已界定清晰的数据资产进行评估。

1. 法规评估

- 从法律合规的角度，首先需要明确被评估主体对所持有的数据处置权属于数据资源持有权、数据加工使用权、数据产品经营权中的哪一类或哪几类。从评估原则上讲，数据处置权越多，项目得分越高。其次，需要建立一套法规评估评分指标体系，对被评估主体进行计分。

- 从法律诉讼状态，评估被评估主体目前是否处于资产被抵押、被诉讼等非正常状态，此类非正常状态会对被评估主体形成负面评分影响。需要建立一套对应的评分指标，对被评估主体进行减分项处理。

2. 成本评估

对产出数据要素对应的数据资产（数据中间表等）在生产过程中产生的相关成本进行逐一核实计量计价。

- **存储成本**：用于存储数据资产的相关云或数据中心的成本，可按月或按年计算。
- **计算成本**：用于数据中间表等数据计算调度任务发生的算力需求，可按月或按年计算。
- **人工成本**：对数据资产生成过程中的相关人员进行建模、生产、产品封装等投入的费用，按相应的人工成本进行计算。
- **平台工具成本**：在数据资产生成及数据产品加工封装过程中，投入的相关建模、算法、软件工具等成本。

3. 价值评估

数据资产本身存在很大的价值差异，导致价值差异的主要因素如下。

- **应用场景**：能应用于营销、风控、洞察、决策等直接给数据消费主体带来增量收益、控制风险损失、提升运营效率、降低经营成本等的数据产品对应的数据资产，在当前的商业数据流通市场上都具备较高的直接经济价值，而不能直接产生经济收益的数据资产的价值相对较低。同样，在数据资产中，由于相关性差异，也存在核心数据变量和辅助数据变量之分，需要建立数据应用场景价值知识图谱，先将待评估数据资产按知识图谱关键字进行标注，再进行打分评估。
- **数据覆盖范围**：数据覆盖范围对数据资产本身的影响也非常大，某县区的数据和覆盖全国的同类数据，在实际价值评估上存在极大差异。因此，需要结合数据应用场景建立一套相应的评分指标体系，对不同被评估数据资产进行打分评估。在设计评分指标体系时，还需要考虑数据覆盖地区和行业等价值维度。例如，一线城市的金融消费数据和四线城市的同类数据，在评估上就不能同样按"市"这个等级进行简单标注。
- **更新频次**：数据密度对应的数据更新频次的高低，也直接影响数据资产价值的评估。分钟级、小时级、天/周/月/季/年等不同更新频次，使得数据在实际应用中的价值差异非常大，但并非更新频次越高越好，还和应用场景相关。因此，在更新频次及应用场景上，需要建立一套相应的知识图谱和指标评分体系，以便在实际评估中参考。

4. 质量评估

干净可控的数据直接影响最终数据资产在应用场景中的表现，从数据治理的角度，通常需要从如下维度，建立起数据质量评估指标体系，以便进行打分。

- **完整性**：数据是充分的，任何有关操作的数据都没有被遗漏，主要包括实体不缺失、属性不缺失、记录不缺失和字段值不缺失。
- **唯一性**：数据值被约束成一组独特的条目，每个数据值都是唯一的，主要包括主键唯一和候选键唯一。
- **准确性**：数据必须真实准确地反映实际发生的业务。
- **精确性**：计量误差、度量单位等方面的精确度应符合业务需要。
- **一致性**：描述数据结构、数据值以及它们之间相互关系符合逻辑规则的程度，如统一数据来源、统一存储和统一数据口径。

- **及时性**：数据更新、修改和提取的及时程度应符合业务需要。
- **合规性**：数据格式、类型、域值和业务规则的有效性。

26.4.4　数据要素价值评估

对于依法合规进入市场流通的数据要素的价值及定价，一般参考数据资产成本加成定价法和市场竞争性定价两种模式。

- **数据资产成本加成定价法**：如果现有数据资产生成的数据要素在市场上属于稀缺产品，可一定程度由供给方定价，在成本基础上增加相应的预期收益后进行产品定价，用于市场销售。
- **市场竞争性定价法**：如果现有数据资产生成的数据要素在市场上已有同类或类似的数据产品进行供给，属于相对充分竞争市场，则应参考同类市场成熟产品价格进行定价。

26.4.5　探索资本服务

数据要素在明确数据资产权属、评估方式流程并形成规模性市场化流通后，对资本市场影响最大的就是企业数据资产进表的预期。当然，随着国家对数据要素市场的重视及政策制度的连续供给，数据资本化的进度也已开始取得一定实质性进展。特别是 2022 年 12 月 9 日，财政部会计司发布的关于征求《企业数据资源相关会计处理暂行规定（征求意见稿）》意见的函，有助于完善基础性制度供给，夯实数据要素相关业务的会计基础，对解决数据交易双方如何进行会计处理、数据资源是否可以作为资产入账等问题形成直接的指导性意见。我们相信随着数据要素市场化的进一步推进，数据资本化能有效帮助被评估主体对接金融机构，以数据资产为基础，探索开展数据资产质押融资、数据资产担保等数据资本服务，实现企业数据合规高效地流通和增值。

26.5　数据交易

数据交易是提供方将数据要素以安全合规、确保质量的方式交付给需求方，且以双方约定的结算标准完成费用支付的过程。根据交易标的物的形式的不同，存在一次性交易和连续性交易两种情况。

26.5.1　交易标的物

如前所述，交易标的物是不同交付形态的数据要素，包括但不限于数据集（包）、API 接口类数据产品、平台类数据应用产品、综合数据服务等。由于交付形式不同，存在一次性交付标的物和连续性交付标的物两种类型。

- **数据集**：提供方将数据库表以接口或 SFTP（Secure File Transfer Protocol，安全文件传送协议）等形式交付给需求方，一般以数据体量或更新时间周期为计价方式。此类标的物主要满足需求方需要从细粒度的数据层面进行数据融合及二次加工后应用的场景。
- **数据接口产品**：目前主流的形式包括但不限于 API 接口类、在线数据分析报告类、算法模型类等。此类标的物按不同形式计价及结算模式各不相同，有些以查询量收费、有些以报告交付份数收费，还有些以部署次数及更新迭代次数的算法模型收费。
- **数据应用产品**：以软件平台为承载物的数据产品，既可能是纯工具类数据应用产品，也可能是融合了数据服务的数据应用产品。例如，基于需求方的具体业务场景提供的数据中台工具、包含独有数据源服务的自助 BI 查询平台或数字仪表盘平台等。
- **综合数据服务**：除了以上偏数据产品类交付形式之外，提供方还为需求方提供面向具体业务场景的相关服务，包括但不限于咨询、开发、运维等一揽子服务内容，可提供团队驻场服务。此类标的物一般以项目方式计费结算。

26.5.2 参与主体

在整个数据交易过程中，除提供方和需求方这两类基本的参与主体外，还可能存在交易中间商、交易机构、第三方服务机构等主体。

- **提供方**：提供数据交易标的物的主体。按照"数据二十条"的数据"三权分置"架构，提供方必须拥有"数据产品经营权"，当然也可能同时具有"数据资源持有权"和"数据加工使用权"。
- **需求方**：愿意付费获取数据交易标的物的主体。获取的目的可能是用于解决自身生产业务场景需求，也可能是用于转售获取中间差价。
- **交易中间商**：撮合提供方和需求方，完成数据交易的主体。
- **交易机构**：基于数据交易的安全合规等专门成立的主体，如数据交易所、数据交易中心等。
- **第三方服务机构**：在数据交易过程中，提供数据资产评估、权属法律鉴定等服务的组织，以向交易的提供方、需求方收取服务费获取收益。

26.5.3 定价

考虑到本章提及的数据交易是一种市场行为主导的交易模式，因此在进行数据交易标的物定价时主要以"市场定价法"为主。

- **定价主导权**：在实际交易过程中，如果提供方处于相对垄断地位，其所提供的数据要素在市场上属于相对稀缺类型，则提供方拥有相对定价主导权，反之，需求方更有定价主导权。
- **定价及结算**：按照数据要素的不同形态，定价主要考虑交易标的物的交付数量、时间周期、是否预付等因素，结算则主要考虑结算周期及结算标准。例如，要素核验类 API 接口产品，一般按次或时长计费，按次或时长定价，按月/季度/年等周期对账结算。

26.5.4 风险提示

在数据交易过程中，可能存在业务和法律两个层面的风险。

- **业务风险**：如前所述，数据交易是一个数据流转的过程。为确保需求方按质获取提供方的数据要素，双方会签署相关协议，明确 SLA（Service-Level Agreement，服务等级协议）条款。一旦提供方未达到所约定的服务等级引起需求方损失，就需要提供方按协议进行经济赔偿甚至终止合作。
- **法律风险**：数据交易过程不仅涉及数据交付流转的安全，同时也和双方的授权合规有关。除了数据交易过程中的数据泄露引起的法律追责之外，提供方数据来源授权不合规，以及需求方终端使用授权不合格等问题，都可能对另一方形成法律上的连带风险。

26.6 数据入表

2023 年 8 月 21 日，财政部发布《关于印发〈企业数据资源相关会计处理暂行规定〉的通知》，自 2024 年 1 月 1 日起施行。

数据作为资产"入表"，有利于显化数据资源价值，提升企业数据资产意识，激活数据市场供需主体的积极性，增强数据流通意愿，减少"死数据"，为企业对数据进行深度开发利用提供动力。同时，建立数据资源入表机制，能够有效带动数据采集、清洗、标注、评价、资产评估等数据服务业发展，激发数字经济发展活力。

入表意味着数据完成了从自然资源到经济资产的跨越，作为数字经济时代的第一生产要素，数据有望成为政企报表及财政等收入的重要支撑。后续数据要素确权、定价、交易流通、收益分配、试点等进展有望陆续推出。

在数据作为资产入表的过程中，CDO 需要做好数据管理工作，特别是：

- **梳理数据资源目录**，分清哪些数据将进入资产交易环境；
- **对数据进行分类分级**，做好数据的安全和隐私保护；
- **创建数据产品**，包括可以挂牌交易的数据产品，比如报告等；
- **保障数据的质量**，这将直接影响数据的交易价格。

数据作为资产入表的工作一般由财务部门来完成。

26.7   本章小结

数据要素作为一个经济学术语，相比其他生产要素有其特殊属性。本章介绍了什么是数据要素，如何识别数据要素，以及数据作为一种生产要素如何进行确权；还介绍了数据要素价值的评估，包括数据权属确定、数据资产边界确定、数据资产成本计量评估、数据要素价值评估和探索资本服务；最后从交易标的物、参与主体、定价、风险提示等方面介绍了数据作为一种生产要素如何进行交易。CDO 必须认识到数据要素作为一种新的生产要素，所能够产生的价值是非常大的，实施数据开放与共享，优化数据治理，不断完善数据权属界定、交易流通等标准和措施，促使数据资产重复使用、多人共同使用、永久使用，加快推进各区域、部门间数据共享交换，显得十分必要。

推荐阅读：

[1] 中国网信网. 《"十四五"国家信息化规划》专家谈：激发数据要素价值 赋能数字中国建设[EB/OL].

[2] 新金融评论. 更好发挥数据要素作用的六个建议[EB/OL].

[3] 中国资产评估协会. 资产评估专家指引第 9 号——数据资产评估.

[4] 中国资产评估协会. 数据资产评估指导意见（征求意见稿）.

第 27 章

公共数据授权运营

数据的授权运营是一个崭新的话题，目前仅对公共数据的授权运营有了些尝试。本章内容仅限于公共数据的授权运营，而不涉及企业数据和个人数据的授权运营。

27.1 概述

27.1.1 政策背景

2020 年 4 月，《中共中央 国务院关于构建更加完善的要素市场化配置体制机制的意见》提出了推进政府数据开放，并有针对性地提出促进企业登记、交通运输、气象等公共数据开放和数据资源有效流动。2021 年 3 月，《中华人民共和国国民经济和社会发展第十四个五年规划和 2035 年远景目标纲要》提出了探索将公共数据服务纳入公共服务体系，还提出了开展政府数据授权运营试点，并由此提出"公共数据"和"政府数据"的概念区别，从政策角度规范了二者的概念界定。2021 年 12 月，国务院连发两份文件：《"十四五"数字经济发展规划》（国发〔2021〕29 号）提出对具有经济和社会价值、允许加工利用的政务数据和公共数据，通过数据开放、特许开发、授权应用等方式，鼓励更多社会力量进行增值开发利用；《国务院办公厅关于印发要素市场化配置综合改革试点总体方案的通知》重申"探索开展政府数据授权运营"。2022 年 12 月，《中共中央 国务院关于构建数据基础制度更好发挥数据要素作用的意见》指出，对各级党政机关、企事业单位依法履职或提供公共服务过程中产生的公共数据，加强汇聚共享和开放开发，强化统筹授权使用和管理，推进互联互通，打破"数据孤岛"。

在国家一系列政策的积极推动与指导下，各地围绕政策规范、落地实践、运营主体、平台建设、收益分配等方面竞相探索公共数据授权运营多样性的授权运营模式和可行路径。通过将公共数据的授权运营引入社会化力量，可更好探索公共数据价值，为数据要素市场提供新动力，促进数据要素价值释放。

27.1.2 现状与实践

当前，我国正处于公共数据授权运营初期探索阶段。北京、上海、浙江等地先后将"公共数据授权运营"写入地方法律法规文件，海南、贵州、广东、四川等地也各自开展公共数据授权运营探索。此外，吉林长春市、山东济南市、山东青岛市、湖南长沙市、浙江温州市、四川成都市等城市也相继开展公共数据授权运营政策探索，在整体运行逻辑基本一致的基础上探索各具特色的公共数据授权运营。目前，很多地方都通过成立地方数据集团公司作为开展公共数据授权运营的关键市场主体，承担公共数据授权运营平台或公共数据开发利用管理平台的建设与运营工作，进行公共数据开发利用，相关实践见表 27-1。

随着公共数据授权运营工作的开展，目前有很多地方先后推进平台建设，并根据各地应用需求与实际情况规划建设平台，为跑通公共数据授权运营提供技术支撑保障。调研发现，各地平台建设已逐步趋向成熟，功能架构有明确的标准化需求，在建设提效的同时，推进形成可复用建设经验，并促进跨区域对接统一。

表 27-1 部分省、市、区公共数据授权运营探索与实践

省/市/区	文件名称	发布时间	适用范围	术语定义	授权方
温州市	《温州市公共数据授权运营管理实施细则（试行）》	2023年9月21日	本市行政区域内与公共数据授权运营相关的授权、加工、经营、定价、安全监管等数据活动，适用本实施细则	公共数据授权运营是指市人民政府按程序依法授权法人或者非法人组织，依托公共数据授权运营域，对授权的公共数据进行加工处理，开发形成数据产品或服务，并向社会提供的行为	温州市人民政府
杭州市	《杭州市公共数据授权运营实施方案（试行）》	2023年9月1日	优先支持与民生紧密相关、行业增值潜力显著和产业战略意义重大的信用、交通、医疗、卫生、就业、社保、地理、文化、教育、科技、资源、农业、环境、安监、金融、质量、统计、气象、企业登记监管等领域开展公共数据授权运营	公共数据授权基本模式是"原始数据不出域、数据可用不可见"，主要以模型、核验等数据产品或服务对外提供。依托数据开发与运营平台，做好授权数据加工处理环节的管理	杭州市人民政府委托协调小组（由分管副市长任组长，成员单位包括公共数据、网信、发改、经信、公安、国家安全、司法、财政、市场监管等单位）
济南市	《济南市公共数据授权运营办法（征求意见稿）》	2023年8月10日	本市行政区域内与公共数据授权运营相关的数据授权、加工处理、安全保障、监督管理等活动，适用本办法	公共数据授权运营是指市、区县大数据主管部门或者数据提供单位（以下统称授权单位）在保障国家秘密、国家安全、社会公共利益、商业秘密、个人隐私和数据安全的前提下，按规定与符合条件的法人或者非法人组织（以下统称运营单位）签订公共数据授权运营协议，依法授权其在授权运营平台对公共数据进行加工处理，开发形成公共数据产品并向社会提供服务的行为	由大数据主管部门进行综合授权或者由数据提供单位进行分领域授权的直接授权方式

省/市/区	文件名称	发布时间	适用范围	术语定义	授权方
浙江省	《浙江省公共数据授权运营管理办法（试行）》	2023年8月1日	本办法适用于本省行政区域内公共数据授权运营试点工作	公共数据授权运营是指县级以上政府按程序依法授权法人或者非法人组织（以下统称授权运营单位），对授权的公共数据进行加工处理，开发形成数据产品和服务，并向社会提供的行为 授权运营域是指由公共数据主管部门依托一体化智能化公共数据平台（以下简称公共数据平台）组织建设和运维的，为授权运营单位提供加工处理授权运营公共数据服务的特定安全域，具备安全脱敏、访问控制、算法建模、监管溯源、接口生成、封存销毁等功能	县级以上政府
北京市	《北京市公共数据专区授权运营管理办法（征求意见稿）》	2023年7月18日	本办法适用于公共数据专区的授权运营管理工作，包括专区建设运营、数据管理、运行维护及安全保障等，涉及专区监管部门、专区运营单位、合作方等公共数据专区建设运营参与方	公共数据专区是指针对重大领域、重点区域或特定场景，为推动政企数据融合、社会化开发利用、促进数据要素流通复用而建设的各类专题数据区域的统称，一般分为领域类、区域类及综合基础类	经北京市人民政府审定的公共数据专区授权运营申请单位（统称专区运营单位），由北京市人民政府确定授权运营协议签订模式
长沙市	《长沙市政务数据运营暂行管理办法（征求意见稿）》	2023年7月13日	本市行政区域内或使用本市政务数据开展与运营相关的数据汇聚、处理、授权、获取、经营、安全、监管等活动，适用本办法	政务数据运营是指长沙市数据资源管理局（以下简称"市数据资源局"）在长沙市人民政府的授权下，将各级政务部门、公共服务企事业单位在依法履行职责、提供服务过程中采集、产生和获取的各类数据资源，按照法定程序授权相关主体基于特定的场景需求加工、处理并面向数据使用方提供服务、获取收益的过程 政务数据运营类型包括数据（及算法）服务、渠道（及推广）服务和成果（及能力）服务等	长沙市人民政府授权市数据资源局统一管理和组织政务数据运营实施

省/市/区	文件名称	发布时间	适用范围	术语定义	授权方
广东省	《广东省数字政府建设运营中心管理细则》	2023 年 6 月 27 日	本细则适用于已通过广东省政务服务数据管理局（以下简称"省政务服务数据管理局"）审核并挂牌的建设运营中心履职涉及的组织人员、安全、政企沟通、供应链生态以及由省政务服务数据管理局牵头联合采购的省级政务信息化项目等方面的管理工作。其他未挂牌但承担建设运营中心职责的服务商可参照执行	承担数字政府基础设施、公共支撑平台及通用业务系统的建设运营	省政务服务数据管理局
青岛市	《青岛市公共数据运营试点管理暂行办法》	2023 年 4 月 25 日	本市行政区域内公共数据汇聚、管理、运营、社会化应用等活动，适用本办法	公共数据运营试点是指经青岛市政府同意，具体承担本市公共数据运营试点工作的企事业单位（统称运营单位），在构建安全可控开发环境基础上，挖掘社会应用场景需求，围绕需求依法合规进行公共数据汇聚、治理、加工处理，提供公共数据产品或服务的相关行为 公共数据应用单位（简称应用单位），是指具备一定数据安全保障能力，有明确的应用场景需求，使用运营单位提供的数据产品或服务，合法合规研发自有新产品、新服务，或开展经济活动的企事业单位和社会组织	青岛市人民政府
上海普陀区	《普陀区公共数据运营服务管理办法》（试行）	2021 年 11 月 24 日	本办法适用于本区公共数据运营服务的组织、实施、管理、监督等活动	公共数据运营是指通过建立公共数据治理、应用、安全等方面的长效运营机制，为公共数据的归集、整合、共享、开放、开发利用等提供全面支撑	服务采购方：区大数据中心或区职能单位

27.1.3 问题与挑战

公共数据授权运营作为数据要素市场化的重要一环，可持续促进公共数据的开发利用和流通交易，带动数据要素市场繁荣发展。各地在开展公共数据授权运营实践的过程中，虽然取得了一定的成果，但与此同时也存在一些瓶颈问题，阻碍了公共数据授权运营的进一步提升，亟待通过制度或技术加以解决，持续提升公共数据授权运营的规范化水平，以充分激活发展动力，有序推动公共数据价值释放。

1. 数据供给水平有待提升

在公共数据授权运营的数据供给阶段，普遍存在"不敢开放""汇不上来""数据质量不佳""数据不好用""需要的数据拿不到"等问题，公共数据的整体供给水平有限，影响公共数据的应用和开发。究其原因，首先是公共数据授权运营机制尚不健全，公共数据开发利用的概念及做法目前尚未界定，各地进行实践探索的维度和尺度都不完全一致；其次是数据安全尚未得到充分保障，对各参与方而言，数据泄露或违规开发利用的风险高于数据开发利用的收益。此外，针对公共数据的管理、治理、开放或运营，缺乏明确的评估机制与激励机制，数据供给水平仍有待进一步提升。

2. 授权机制有待完善

在公共数据授权运营的数据授权阶段，普遍存在"授权程序不明确""流程机制不完善""单一主体缺乏市场竞争""实际应用监管难"等问题，各地进行公共数据授权运营的模式不同，难免出现不规范、不透明等现象。这一方面是因为目前公共数据授权运营乃至公共数据的开发和利用都尚未建立全国统一机制，各地分别进行探索的层次与进度不同，各级机构对公共数据授权运营的理解与执行也存在差异，可能带来潜在的安全与合规风险。另一方面是因为授权运营的监督机制尚未形成一环扣一环的紧密结构，尚未实现对全流程监管的全覆盖，部分关键环节或节点的监管仍难以落实。与此同时，由于国家数据局的组织架构仍在建立过程中，各地区、各级数据主管部门的组织建设与职责划定也尚未全部完成，一定程度上影响授权运营统一机制在全国范围内的建立和落实，各地发展尚不均衡。当前，我国推进公共数据授权运营存在发展不均衡的问题。部分地区已建立起不同的授权运营模式，而部分地区的探索还仅限于制定地方的公共数据管理办法和成立当地的数据集团公司，缺乏应用场景，导致难以真正实现数据应用，还有大部分地区尚未进行任何探索。不难发现，各地在实践中普遍存在对地方公共数据授权运营缺乏明确规划的情况。推进公共数据授权运营，除了政策的支持与规定以外，最关键的就是要构建完善的公共数据授权运营体系，从顶层规划到模式设计与平台搭建，再到依照一定的路径逐步推进实施，通过实际应用场景真正跑通落地，都需要基于当地实际情况进行全面考量与规划，形成公共数据授权运营整体实施方案。

27.2　授权运营方式

公共数据的授权运营仍处于模式探索阶段。目前的公共数据授权运营方式可以分为4类。

1. 以应用场景为中心的授权方式

以满足应用开发者的特定场景应用的数据需要为准则，坚持"无场景不授权"，授权运营单位按照应用场景申请授权运营公共数据，并提供申请授权运营的业务场景和数据需求。

2. 以应用需求为中心的授权方式

依托公共数据运营平台，实行运营与应用分离。公共数据运营平台从顶层规划了政府授权、国有化运营、场景牵引的数据运营模式。运营单位确保公共数据运营平台安全稳定运行，根据应用单位需求开发数据产品或服务，应用单位按照协议约定的内容，使用运营单位提供的数据产品或服务。

3. 以产品运营为中心的授权方式

按照"一场景、一方案、一评估"的原则发布运营场景，向社会公开征集运营方案，选择最优运营主体开展运营实施。此种方式从培育运营商的角度提出了运营场景，而数据则是绑定运营场景的。因此，授权方基于特定的运营场景和绑定的数据，授予这部分数据的运营权。

4. 以专区主题为中心的授权方式

以重大领域、重点区域或特定场景为专区，在这一模式下，数据是动态的且与运营主题绑定在一起，即被授权方可以在获取主题牌照后，动态申请新的相关数据用于专区建设。这一动态特性显著有别于其他模式，且被授权方获得了数据的加工权以及产品的经营权。

从各地数据授权运营的模式来看，运营方式侧重点的选择各不相同。在公共数据授权运营中，哪些数据可以授权运营、采取何种授权方式、可以授权给谁等问题，目前尚处于初步实践探索之中。从公共数据授权运营来看，涉及利益相关方众多，需要进一步把握公共数据授权运营不同阶段的发展规律，明确各方职责，协同各方力量，不断探索新型授权方式。

27.3　授权运营的实现路径

要想实现公共数据的授权运营，需要从公共数据授权运营的发展现状出发，梳理各地实践中存在的问题与面临的挑战，剖析发展痛点，在厘清相关概念、运行逻辑与推进思路的基础上，从机制建设、平台建设、实施路径等方面切入，提出具体的可行方案，并分析当前公共数据的典型应用场景，尝试描摹公共数据授权运营的未来图景。

27.3.1　建立主体机制（组织框架搭建）

公共数据授权运营的推进应由政府统筹搭建组织架构和运行框架，从工作机制建设、项目立项、平台投资建设、运营绩效考核等视角出发。公共数据授权运营组织框架的设计需要考虑主管部门、审核主体、实施主体、数据基础设施共 4 项核心内容，由主管部门统筹规划、出台相关制度规定与标准规范；由审核主体落实机制建设，执行数据及场景审核；由实施主体承接公共数据的开发、应用、流通等具体工作，并完成公共数据基础设施的建设和运营。从全国公共数据授权运营落地实践来看，已基本形成"一局、一组、一公司、一平台"的组织框架。

"一局"主要指省级大数据主管部门，负责公共数据综合管理和数据开发利用的统筹规划，包括公共数据授权运营的授权管理及审核监督。"一组"为城市公共数据主管部门牵头组建的公共数据授权运营专家组，组长为分管大数据领域的副市长。城市公共数据授权运营专家工作组建议纳入政、产、学、研、用等各界专家。除公共数据主管部门外，网信办、发改委、经信、公安、国家安全、司法行政、财政、市场监管等公共管理部门和职能机构也需要指定人员加入专家组，以形成公共数据授权运营统筹协调机制。"一公司"主要指地方开展公共数据授权运营时被授权的运营主体，多为以数据要素市场建设、公共数据运营为目标的大数据平台公司。"一平台"为公共数据授权运营平台。

27.3.2　规范行为制度（政策文件支持）

应以公共数据授权运营的安全合规有序开展为目标，针对授权运营的各个关键节点设计完备的制度体系，以提升全流程的规范化水平。通过制度体系的建设，明确全流程各环节各类参与主体的角色分工与协同合作，将各方的职责落实到具体的关键举措，并将监管举措嵌入其中，构建完善、清晰、合理的监管流。大数据主管部门的责任绝不是对监管事务亲力亲为，而是重在提升监管质量、开辟监督渠道且确保程序公正。平台、公众、数据开发利用者、第三方均是公共数据授权运营监管体系的重要组成部分。加强数据开发利用者的相互监督，设置举报制度，对参与者恶意爬取、篡改、泄露、毁损数据等行为，鼓励相互监督并给予相应奖励；鼓励第三方开展独立监督，数据专家委员会对数据开发利用者的数据处理行为以及数据安全情况开展评估和认证。

此外，应建立开发利用者分级制度，配以相当的数据开发利用权限，并实行动态考核。在安全可控和授权使用原则的指导下，授权运营应当设立必要的准入门槛。但为避免设置不合理的准入门槛，增加试错成本而导致封闭利用甚至数据垄断，可借鉴数据分级分类制度，从数据存储、数据处理、数据服务三方面综合衡量开发利用者的运营能力，并根据其运营能力的强弱进行上、中、下分级。其中，数据存储包括元数据、主数据的存储容量，结构化、非结构化的存储技术等；数据处理包括与授权运营项目相关的高价值的数据利用行为和高品质的数据供给行为；数据服务包括场景化、特定化的数据运营，如安全保障、政策研判、趋势预测、服务分析、数据优化等服务。各种数据考核的子项目比重可以有所区别，具体方案不能由运营主体自行决定，可由大数据主管部门与专家组共同商定。分级考核可以定期或不定期进行，定期分级考核可以按季度、年度进行，不定期分级考核则在竞争具体授权运营项目时进行。

27.3.3　选择建设模式（确定授权主体和授权方式）

运营主体的选择对公共数据授权运营的合规开展和高效运行至关重要。选择运营主体主要需要考虑两方面因素。

一是运营主体准入资质。已发布的公共数据授权运营管理办法或实施方案均不同程度提及授权运营主体的审核原则和准入条件，通过准入标准的设定和法定程序的约束，筛选出具备专业能力的合格主体，承担公共数据合规开发和数据产品流通等工作。从考察运营主体是否有提供数据公共服务的能力出发，考核涵盖法律地位、组织规模、人员配备、内部管理能力、承接公共服务的经验和相关社会评价等方面。

二是运营主体准入程序。为了保证营商环境的公平性，无论是政府采购模式还是特许经营模式，都强调竞争性因素，建立公平、合理的市场竞争机制。

通过总结多地授权运营经验，我们得到以应用场景为中心的授权方式、以应用需求为中心的授权方式、以产品运营为中心的授权方式、以专区主题为中心的授权方式共4种授权方式。这4种授权方式可总结为以平台为中心和以数据为中心的两大类授权逻辑范式，前者以平台运营权被动代入数据加工权和产品经营权，后者则授予特定数据资源的加工权和产品经营权。其中，在以数据为中心的授权逻辑范式下，又可以根据绑定应用场景、绑定运营场景、绑定运营主题三个子范式来确定被授权数据资源的范畴。各地应根据公共数据运营发展程度，选择适合本地实际需求的运营方式。

27.3.4　搭建授权运营平台

公共数据授权运营平台的建设目标是在安全合规的前提下，为产业、社会提供高质量的公共数据生产资料和开发环境，重点解决有条件开放数据在安全合规前提下的开放途径、开放方式、利用价值层面的问题。直接接触原始数据或样本数据的是具备一定资质的公共数据授权运营主体，社会公众作为数据产品及服务的使用主体，不直接接触全样本原始数据。授权运营平台通过隐私计算、密码学等技术手段实现"数据可用不可见、可控可计量"，更便于公共数据运营的全流程安全监管。公共数据授权运营平台是政府主导组织建设的具有公信力的城市公共数据基础设施，强调公共服务职能，同时具备一定的市场收费基础，属于政府准公益项目范畴。平台建设须发改委立项，通常采取政企合作的模式。从投资、建设操作实践分析，准公益性项目一般由地方政府平台公司作为业主单位，负责项目整体出资、建设、运营和管理。

根据各地应用需求与实际情况规划建设平台，为跑通公共数据授权运营提供技术支撑保障。

首先，明确平台建设主导方：其一，以大数据主管部门或其设置的事业单位组织为主导方，参与平台规划与建设，平台资产属于政府，大数据主管部门以提升政务云的整体服务能力为目标，委托具有专业能力的资质合格的国资平台公司进行平台运营；其二，以运营公司为主导方出资组织建设、运营公共数据授权运营平台，平台资产属于大数据平台公司，大数据平台公司以满足公共数据公益服务为基础，聚焦公共数据运营商业价值。其次，确认平台建设的功能架构有明确的标准化需求，在为建设提效的同时，推进形成可复用建设经验，并促进跨区域对接统一。最后，明确平台使用规则和功能规则。授权运营活动原则上都应在平台上开展，未依托平台开展的，则应当在公共数据运营平台备案，明确"以平台活动为原则，备案为例外"。对于不按照平台使用规范从事数据开发利用的市场主体，平台可以限制其开发权限。平台功能规则可分为平台管理功能规则和数据服务功能规则，平台管理和数据服务的具体内容，宜在梳理各地已有的实践基础上加以总结，并设置兜底条款，同时出台配套的标准化技术规范。

27.3.5　设计收益分配

不同于欧盟国家和美国的政府数据开放，我国尚未就公共数据产品或服务采取知识产权许可式保护政策，也没有专门设置特殊权利保护。我国的公共数据授权运营机制颇具中国特色，尚处于实践探索阶段，不宜完全照搬国外的做法。要想数据开发利用市场充满活力，须妥当设置合理的收益分配制度。

公共数据授权运营的财产收益来源并非数据交易本身，而是加工形成的数据产品或数据服务的价值。公共数据授权运营秉持"数据不出域"，授权运营的原始数据原则上禁止交易。在高价值的数据利用中，这种加工行为既包括被授权主体利用授权数据开发新产品或服务，也包括将授权数据与自己控制的数据或其他数据相结合开发新产品或服务，形成促进政企数据融合应用的加工方式。在高品质的数据供给中，加工行为主要是给数据赋予产品价值，完成原始数据的可机读、脱敏、清洗、加密、匿名化、可追踪等处理，使数据便于开发利用。

应沿用我国目前相关法律法规的规定以及公共数据授权运营实践做法，并采取成本加成的价格规制方式，成本加成方式也与国有资本运营公司和特许经营两种运营方式相适配。一方面，公共数据开发运营公司能有效控制价格并保持公益性而不至于为市场主体牟取暴利；另一方面，在与竞争性的特许经营相结合后，这种方式既能固定成本并在供需双方间披露价格信息，又具有维持充分投资率水平的优势。

公共数据授权运营的收费方式应更加灵活多样，不应局限于传统形式。收费的根本目的在于激励数据开发利用者，让他们持续在公共数据运营平台上共享数据和数据成果。对此，在国有资本运营公司方式下，可以允许加入平台的数据开发利用企业回传自身运营数据，或将他们研究开发的数据产品或服务作为其获得授权运营数据的对价和维持开发利用授权运营数据的资格；还可以根据价值贡献的大小，将本应获取的收益折抵取得特许经营资格或充当继续从事数据运营的相关费用。

27.3.6　形成授权运营生态

公共数据授权运营的核心使命是面向行业、产业领域开展数据赋能，提供公共数据生产资料、数据加工环境、数据开发工具组件、数据计算模型等，有效链接社会数据和企业数据，提供场景化的数据产品流通服务。但是，作为公共数据资源供给的创新方式，各地公共数据授权运营尚处于起步探索阶段，须持续完善相关的生态建设，促进生态繁荣，才能推动公共数据授权运营持续发展。从数据要素价值释放的角度出发，公共数据授权运营还须不断丰富数据应用场景。可以通过组织试点示范、开展案例评选、举办赛事活动等方式，大力宣传展示公共数据应用成效，吸引和带动更大范围的公共数据应用挖掘。既要不断拓展公共数据在卫生健康、交通运输、城市管理、社会保障、生态环保等领域的应用，提升社会治理精准化和公共服务高效化水平，也要加强公共数据在制造、能源、金融等重要行业的应用，有力支撑数字经济发展。

从有效发挥市场效能的角度出发，公共数据授权运营须打造公平参与的市场环境。应充分利用社会化力量推动公共数据的价值发现，坚决破除各种不合理门槛和限制，支持各类市场主体公平参与公共数据授权运营的各个环节。公共数据主管部门需要充分发挥引导者、规范者、布局者的角色，推动出台公共数据运营市场生态建设的相关政策，吸引汇聚广大数据开发者、数字技术服务方、数据服务商、专业第三方数据服务机构，构建活跃的公共数据运营生态。而大数据平台公司作为公共数据授权运营主体，应借助政府数据要素方面的政策扶持资金、产业引导基金等，主动创新商业模式，可通过围绕公共数据的创新应用筹建产业创新中心、产业聚集基地、生态赋能中心，基于平台化运营，将政府资金、专业技术、周边生态、技术人才等资源有效整合，推动本地相关产业链生态建设。

从持续强化相关主体动力的角度出发，公共数据授权运营须建立并逐步完善激励机制。应持续跟踪各地进展，总结经验做法，组织第三方机构开展公共数据开发利用成效评估评价，评选优质公共数据产品、优质公共数据运营机构、优质公共数据应用场景、优质技术方案等，对于优质的、创新的、特色的公共数据运营成果，可以通过合理的政府奖项、税收优惠、财政补贴等政策倾斜方式加以激励和宣传引导。在此过程中，可发挥行业协会、组织的协调作用，通过举办论坛峰会、开展培训交流、推广优秀案例等，引领和支撑公共数据运营生态繁荣发展。

27.4　本章小结

公共数据授权运营虽然是一个崭新的话题，却是 CDO 工作的主要组成部分。本章就公共数据授权运营的现状、方式方法、主体、相关的制度和平台建设，以及收益分配机制等做了介绍。随着各地试点和经验的积累，公共数据授权运营问题将会取得重大突破。

第四篇

建好团队

第 28 章

数据团队建设

组织能力的核心元素是人，毕竟企业的任何团队都由人构成。数据团队的建设需要从组织架构入手。有了总体的组织架构，我们才有可能进一步考虑如下问题。

- 为了实现业务战略，我们需要什么样的数据管理能力？
- 我们需要什么样的数字化人才？他们必须具备什么样的能力和特质？
- 我们目前是否有这样的人才储备？技能差距在哪里？
- 如何招聘、培养、保留、借用合适的人才？
- 如何对人员进行绩效考核？

以上这些工作都需要由 CDO 来设计和建设。

28.1 数据团队的组织架构

数据管理是一项贯穿整个企业的工作，需要技术、业务等多方面的合作，还需要企业总部以及各个分支机构的上下联动，从制度、流程、标准、监控等方面提升数据管控能力。为了解决这些问题，我们首先需要考虑组织的架构问题。根据企业数据战略，针对企业数据治理现状与需求，量身设计适合企业的数据治理组织架构，明确各级组织机构的职责分工、角色权限、人员配置与技能要求，建立管理制度、工作机制与流程体系，规范各数据管理职能的高效执行，以确保持续提升组织数据质量，有效满足企业业务发展与经营管理的需要。

对于数据团队建设而言，建立组织架构是第一步。

以银行、能源等行业的数据治理为例，常见的数据管理组织设置方式有集中式、分布式和联邦式三种。

- **集中式**：企业集团设数据治理部门，统一管理全集团数据资产，统筹和开展各项数据治理工作，业务部门不设数据治理岗。
- **联邦式**：企业集团设数据治理部门，负责统筹、组织和协调各业务部门开展数据治理工作，各业务部门安排人员对数据治理工作进行配合。
- **分布式**：企业集团不设数据治理部门，业务部门各自负责数据治理相关工作。

数据治理的相关内容详见第 6 章。

不同数据管理组织设置方式的结构、优点和挑战见图 28-1，不同的企业可以根据实际情况和需要采取不同的数据管理组织设置方式。

集团数据可能涉及多个法人，因此需要研究和制定有别于单一法人主体的数据治理组织架构，还需要考虑包括管理组织与执行组织的二维架构。在建设企业数据实施团队的时候，要借鉴多级法人的数据治理成功经验，熟悉公司治理和多级法人企业管理架构设计，为集团提供更有针对性的数据治理组织架构咨询服务，这有助于保障未来数据治理的落地实施效果。

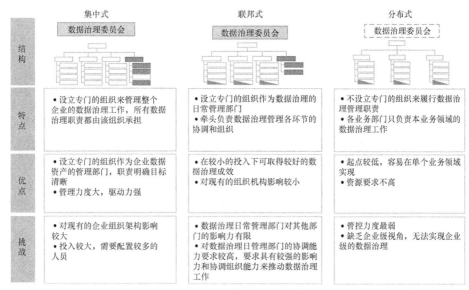

图 28-1 对比不同的数据管理组织设置方式

CDO 需要组织集团内的数据治理组织架构与管理制度、流程体系等的宣贯和培训，并推动试点落地。基于成功的经验，一般建议在企业集团内选一两家典型的二级单位或子部门来试点，并根据试点经验完善组织架构设计、管理制度与流程，然后逐步推广。

28.2 组织架构建设的指导原则

组织架构建设有如下指导原则。

1. 数据管理需要从全集团的利益出发

（1）站在全集团的利益角度统筹管理数据，保障所有数据的质量。

（2）数据管理组织和体制是对数据管理职责的确认和正式化。

（3）由集团内相关管理者授权对数据相关事项的行使权威和决策权。

2. 数据管理工作的进行需要合理分工

（1）数据管理者不是数据所有者，相关的业务机构才是；数据管理者由数据所有者授权进行数据管理。

（2）数据治理指的是对数据管理流程实行管理，而不是数据管理流程本身的执行；数据管理流程的执行通常依赖于业务和科技部门的配合。

（3）数据管理者本身并不包揽所有的数据治理和管理工作，部分数据治理和管理工作需要由业务部门的数据协调员和科技部门共同完成。

3. 数据管理工作需要各方通力合作

（1）数据管理者需要与各自对口的业务领域里的业务专家合作，共同提升数据质量。

（2）数据管理者鼓励和牵头与业务和技术领域的数据治理相关的流程改善。

4. 明确数据团队岗位职责

随着组织机构的发展，岗位的专业化是数据管理发展的必然趋势。在数据管理的所有要素中，人是数据治理工作的执行者，即使组织机构设立再合理，如果人的岗位职责不明确、责任主体不清，也会造成职责混乱、工作者无所适从、工作效率低下。数据管理需要整个团队协同工作，每个岗位既要完成自己职责范围内的工作，又要与其他岗位进行良好的沟通和配合。只有明确具体工作的参与者和责任，才能将各环节的工作落到实处。

28.3　建立数据团队认责机制

执行是管控体系落地的关键，考核是保障制度落实的根本，为公正、合理、全面地评价数据治理工作，须建立科学的激励约束机制和明确的考核制度。在实际操作中，可根据各组织实际情况，建立相应的针对数据治理方面的考核办法，并与个人绩效相关联。以绩效手段将数据的生产者、使用者、管理者及拥有者关联起来，形成一套可持续有效执行的数据认责考核体系，促进、保障数据管控机制持续有效运行。考核机制的工作原则是，以解决数据管控各环节工作中的问题为导向，将数据定义、产生、使用、监督等全生命周期中的各类责任分层落实、逐步实施、动态优化。

数据认责确保了首席数据官制定的数据政策、标准、指导原则和规则被真正应用，以及数据在定义和使用上的一致性。数据认责还确保了数据管理者在负责的数据领域执行数据管理流程。

Gartner 在其 2008 年的一份报告中指出："以提升数据质量为己任的企业必须指派数据管理人员。数据认责若要成功，企业文化就必须转变，数据应视为竞争性资产而非不得已为之的手段。"

数据认责的主要内涵是确定数据管理工作的相关各方的责任和关系，包括数据治理过程中的决策、执行、解释、汇报、协调等活动的参与方和负责方，以及各方承担的角色和职责等。

数据认责想要达成的目标如下。

（1）形成由数据管理部门牵头的、全员参与的主动认责文化，重视问题的沟通，能够主动剖析和快速响应出现的认责问题。

（2）建立全集团统一的认责流程，对认责流程管理持续进行优化。

（3）细化和落实各类数据认责流程及管理办法，并成功地将数据认责纳入企业绩效考核体系。

（4）执行基于数据域的数据认责模式，使数据域的划分清晰且合理，厘清各部门、各小组以及各参与者所应承担的角色职责，在全集团推广数据认责。

图 28-2 给出了数据问题管理流程的一个例子，从中可以看到数据认责的主要角色有 4 个，分别是数据使用者、数据管理者、数据提供者和数据所有者。

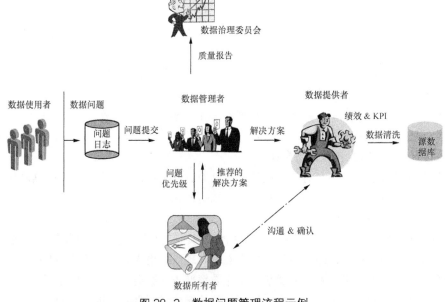

图 28-2　数据问题管理流程示例

- **数据使用者**需要理解数据标准、数据制度和规则，遵守、执行数据治理相关的流程，根据数据的相关要求使用数据，并提出数据质量问题。
- **数据所有者**对数据资产负责，同时对数据管理的政策、标准、规则、流程负责，提供数据的业务需求，分配数据的使用权，解释数据的业务规则和含义，并执行关于数据分类、数据访问控制和数据管理的最终决策。
- **数据提供者**（又称数据开发者）负责按照相关的数据标准、数据制度和规则、业务操作流程的要求生产数据，并对所生产数据的质量负责。
- **数据管理者**负责落实数据需求，对数据实施管理，保证数据的完整性、准确性、一致性以及数据隐私，负责数据的日常管理与维护。

28.4 数据团队的构成

数据团队需要什么角色？规模应该多大？这两个问题完全要看组织的具体情况。

28.4.1 数据团队的 5 个职能

从数据资产运营角度考虑，为充分发挥数据的价值，一般来说，数据团队应具备 5 个职能。

1. 数据分析和应用职能

目标：关注数据价值的发现和使用，以提升业务绩效。

团队：数据分析团队、使用各类分析应用（如报表查询）的业务部门。

2. 数据治理职能

目标：关注高质量数据资产的提供，负责规范的制定和组织其他部门共同解决数据质量问题。

团队：数据治理团队。

3. 信息系统开发和运维职能

目标：开发面向需求的数据分析和商务智能应用，保证系统的稳定以及数据、信息在各系统间传递的可靠性。

团队：数据源业务系统开发团队。

4. 数据资产承载平台管理职能

目标：关注整合性数据资产平台的建设和日常管理，如数据仓库平台、大数据平台、数据集市平台；使得数据模型、数据架构和平台处理能力达到数据使用部门的要求；负责保障平台的安全性和可靠性。

团队：数据仓库团队、大数据平台建设团队。

5. 数据要素职能

目标：关注数据要素相关的各项目标，以实现数据交易和数据资产入表。

团队：数据要素团队。

28.4.2 不同的数据角色

从具体的数据资产管理角度考虑，目前业内各企业均采用图 28-3 所示的方式建立和明确数据资产管理相关角色职能。

数据管理者牵头数据治理工作，负责制定数据治理的政策、标准、规则、流程，协调认责冲突，并对数据实施管理，保证数据的完整性、准确性、一致性以及数据隐私，负责数据质量监控与组织解决问题。该角色主要由数据治理部门承担。

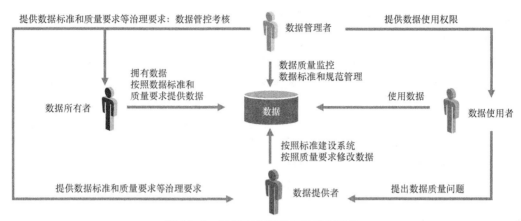

图 28-3   数据资产管理相关角色职能

传统意义下的**数据使用者**需要理解数据的业务含义，遵守和执行与数据管控有关的流程（如安全和隐私管理流程），分析和使用数据，并提出数据质量问题。该角色通常由数据分析团队及各业务部门承担。就数据要素而言，作为数据使用者，主要完成数据的交易和入表工作。

数据所有者对数据资产的最终状态负责，解释数据的业务规则和含义，执行数据标准与数据质量要求。该角色通常由产生原始数据的业务部门（如负责储蓄、信贷的部门）承担。目前国内大型企业的业务部门也设置了专门的人员来和数据治理管理部门对接，共同承担数据管理职责。

数据提供者（又称数据开发者）负责数据及相关系统的开发，执行数据标准与数据质量要求，负责从技术角度解决数据质量问题。该角色通常由信息技术部门的应用开发团队和数据仓库、大数据平台开发团队承担。

28.4.3   数据治理子团队的构成

很多企业成立了专门的数据治理委员会和数据治理管理部门。数据治理管理部门负责按照数据治理委员会确定的纲领和战略履行数据治理的具体职能。数据治理管理部门内部须设定具体的专业岗位，同时，各科技专业部门和业务部门也都应设立专职或兼职的数据治理协调员，负责协调并落实数据治理管理部门的相关任务和要求。典型的数据治理子团队的构成见图 28-4。

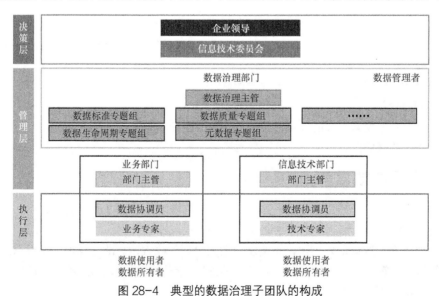

图 28-4   典型的数据治理子团队的构成

28.4.4　数据分析和应用子团队的构成

数据分析和挖掘是一项团队工作,部门设置和团队人员配置需要根据企业业务发展的需要来定。同时,数据挖掘与数据管理和数据库开发(后者属于 IT 范畴)性质不一样,数据挖掘与营销策划、风险管理、客户管理等关系更为紧密。因此,企业需要设置单独的数据分析与服务团队,以支持整个企业的业务决策和战略发展。

每个企业设置数据分析和应用子团队的方法不尽相同,但基本上需要覆盖常规的 BI 报表分析、自定义查询支持、数据挖掘探索。典型的数据分析和应用子团队的构成见图 28-5。

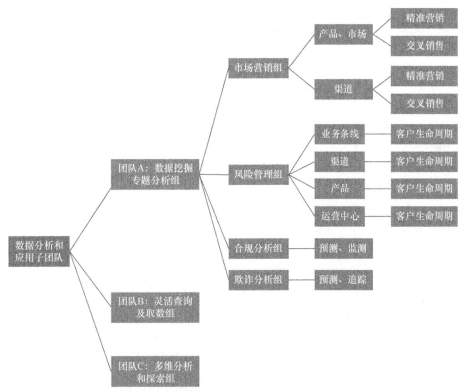

图 28-5　典型的数据分析和应用子团队的构成

1. 团队 A:数据挖掘专题分析组

团队 A 主要负责目标、范围、任务周期、技术要求都非常明确的专题分析需求。以承担风险管控和精确营销支撑的分析组为例,其目标就是支持风险管控和精确营销,范围是整个企业,任务周期是常态支撑,技术要求是 SAS、SPSS 等挖掘工具。对于此类需求和目标都明确且有必要的,建立相应的专题分析小组;条件都不明确的,则由灵活查询及取数组(即团队 B)来完成。

数据挖掘专题分析组下设市场营销组、风险管理组、合规分析组和欺诈分析组 4 个分组。

2. 团队 B:灵活查询及取数组

团队 B 主要负责日常紧急的数据查询需求。企业需要完善相应的组织、制度、流程,提升人员的技术和业务水平,提高用户满意度。团队成员须应对企业各级部门和业务部门不定期、变化且急迫的数据查询和取数需求。

3. 团队 C:多维分析和探索组

团队 C 主要负责灵活、临时、紧急、探索性的分析需求,此类需求[如决策层临时布置的分析任务、存贷款利率等宏观政策的影响分析、重大事件（如发生地震）对业务的影响分析，以及关心的业务问题（违规操作）等]由多维分析和探索组负责响应。

总之，这 3 个团队共同提升组织整体的数据分析服务能力，既能满足稳定的、目标明确的专题分析，又能适应临时的、探索性的数据挖掘工作。

28.4.5 数据平台开发子团队的构成

数据平台开发子团队由基础平台团队和数据汇聚团队构成。

基础平台团队负责搭建稳定、可靠的大数据存储和计算平台，核心成员包括数据开发工程师、数据平台架构师和运维工程师。

- **数据开发工程师**负责 Hadoop、Spark、HBase 和 Storm 等系统的搭建、调优、维护和升级等工作，保证平台的稳定。
- **数据平台架构师**负责大数据底层平台整体架构设计、技术路线规划等工作，确保系统能支持业务不断发展过程中对数据存储和计算的高要求。
- **运维工程师**负责大数据平台的日常运维工作。

数据汇聚团队主要负责数据的清洗、加工、分类和管理等工作，构建企业的数据中心，为上层数据应用提供可靠的数据，核心成员包括数据开发工程师、数据挖掘工程师和数据仓库架构师。

- **数据开发工程师**负责数据的清洗、加工、分类等开发工作，并能响应数据分析师对数据提取的需求。
- **数据挖掘工程师**负责从数据中挖掘出有价值的数据，把这些数据录入数据中心，为各类应用提供高质量、有深度的数据。
- **数据仓库架构师**负责数据仓库整体架构设计和数据业务规划工作。

28.4.6 数据系统运维子团队的构成

数据系统运维子团队主要负责系统的运维和保障工作，以使系统稳定，有时也承担一定的开发工作。主数据上线后需要有运维团队，成员少则两三人，多则上百人，以统一集中管理主数据、参考数据和代码系统。同样，元数据上线后也需要有专业的全职员工来运维，不断更新和维护数据资源目录。以数据安全为例，企业一般会设立专门的数据安全团队，由首席数据安全官带领，落实各项工作。首席数据安全官向首席数据官汇报。

28.4.7 数据要素运营子团队的构成

数据要素运营子团队主要负责数据产品的交易和运营，以及数据资产入表等，以实现数据和数据产品的价值最大化。随着我国数据交易市场的完善和普及，数据要素运营子团队的作用将越来越重要。和"数据分析和应用子团队"不同，数据分析和应用子团队侧重于传统的"为业务赋能"的功能，而数据要素运营子团队侧重于数据产品的交易和数据资产入表。尽管二者都是"数据的使用者"，但侧重点是不一样的。

28.5 数据团队的人员构成

数据团队的人员构成有赖于组织自身的实际情况和业务需求。以下描述的各个数据岗位也并非一定要由不同的人来承担。

28.5.1　数字化人才的定义

数字化人才指的是具备较高数据素养，能有效掌握数字化相关专业能力，同时兼备相当的业务知识和服务能力的人才。

数字化人才是数字经济时代的产物。以互联网、云计算、大数据、物联网、人工智能为代表的数字技术近几年发展迅猛，数字技术与传统产业的深度融合释放出巨大能量，成为引领经济发展的强劲动力。而数字化人才正是推动数字化经济发展的关键因素。

有两点需要注意：

- 首先，一些工作岗位，如 DBA，尽管仍偏向技术，但按照数字化的要求，也应该学习和掌握足够的业务知识，以便从技术人才转为新型数字化人才；
- 其次，在现阶段，为了能够有效评估个人的数据管理能力和数字化能力，应充分重视相关行业认证，如 DAMA 的 CDMP（Certified for Data Management Professional，数据管理专业人士认证）、CDGA（Certified Data Governance Associate，数据治理工程师）、CDGP（Certified Data Governance Professional，数据治理专家）和 CCDO（Certified Chief Data Officer，首席数据官认证）等。

28.5.2　数据库管理员

数据库管理员（DBA）是从事管理和维护数据库管理系统（DBMS）相关工作人员的统称，属于运维工程师，主要负责业务数据库从设计、测试直到部署交付的全生命周期管理。

DBA 需要具备的技能如下。

- **数据库技术**：这是 DBA 最为核心的技能，包括 SQL、数据库设计、数据备份与恢复、数据库性能优化等。
- **操作系统**：DBA 需要了解服务器操作系统（如 UNIX/Linux 等）的基本知识，这些知识能够帮助他们更好地管理数据库。
- **网络知识**：DBA 需要了解基本的网络知识，如 IP 地址、路由器、交换机等，这些知识能够帮助他们更好地维护数据库的网络环境。
- **服务器硬件**：DBA 需要了解服务器硬件的基本知识，如硬盘、CPU、内存等，这些知识能够帮助他们更好地管理数据库的硬件环境。
- **数据备份与恢复**：DBA 需要了解如何备份和恢复数据，以防止数据丢失或损坏。
- **数据库性能优化**：DBA 需要了解如何优化数据库的性能，以提高数据库的响应速度和吞吐量。
- **安全性**：DBA 需要了解数据库安全性的基本知识，如加密、防火墙等，这些知识能够帮助他们更好地保护数据库的安全。

根据工作职责的不同，DBA 分为以下类型。

- **运维 DBA**：主要负责数据库的运维管理，包括安装部署、备份恢复、监控报警、工单处理、复制拓扑管理等。
- **架构 DBA**：主要负责数据库的架构优化，包括高可用架构、分布式架构等以及集群管理（如高可用集群管理和分布式集群管理）。
- **开发 DBA**：主要负责数据库的开发，包括运维开发（偏向于运维管理侧的自动化运维开发、相关脚本的开发等）和数据库插件开发、内核级开发等。

28.5.3　ETL 工程师

ETL 工程师是负责数据提取、转换和加载的专业人员。ETL 工程师的主要任务就是协调不同数据源之间的数据交换，确保数据质量。

ETL 工程师需要具备以下技能：

- 熟练掌握 SQL 开发技能，对 PostgreSQL、Oracle 等常规数据库有一定的了解；
- 掌握 ETL 工具的使用方法，执行数据抽取、转换、加载等操作；
- 具备数据仓库、ODS（Operational Data Store，操作型数据存储）、大数据项目经验，熟悉相关技术和工具；
- 熟悉 Hadoop 等技术及生态圈，了解其原理和应用场景；
- 逻辑思维较强，能够清晰地认知自我；
- 具备良好的沟通能力和团队合作精神，能够与项目团队成员有效沟通；
- 具备快速的项目突发事件反应能力，能够及时处理和解决问题。

ETL 工程师的主要工作职责如下：

- 负责数据仓库建模和 ETL 工作，参与数据项目各类数据源 ETL 的接口设计以及文档、流程规范；
- 负责项目中与数据清洗、数据处理、数据校验相关的开发工作；
- 配合使用主流数据挖掘工具、ETL 工具、BI 展现工具进行设计和开发；
- 能够按照企业全面质量管理的要求，高质量地完成各类技术支持工作。

28.5.4　数据架构师

数据架构师是负责设计、开发和实施企业级数据架构的专业人员，工作内容涵盖数据治理、数据模型设计、数据存储和访问、数据处理和转换、数据质量管理等。

数据架构师需要具备以下技能。

- **数据分析能力**：数据架构师需要能够对数据进行深入分析，发现数据中的规律和趋势，为企业提供决策支持。
- **技术能力**：数据架构师需要具备扎实的技术能力，熟悉大数据技术栈，如 Hadoop、Spark、Hive 等，能够根据业务需求设计和实现大数据架构。
- **项目管理能力**：数据架构师需要具备项目管理能力，要能够制订项目计划、管理项目进度、协调各方资源，确保项目按时完成。
- **沟通能力**：数据架构师需要具备良好的沟通能力，要能够与业务人员、技术人员等进行有效的沟通，理解业务需求，协调各方资源，推动项目进行。
- **领导能力**：数据架构师需要具备领导能力，要能带领团队完成项目，激发团队成员的工作热情和创造力，提高团队的工作效率和质量。
- **学习能力**：数据架构师需要具备持续学习的能力，不断学习新的技术和知识，跟上行业的发展趋势，提高自己的技能水平。

数据架构师的主要工作职责如下。

- 负责制定和实施企业级数据架构，包括数据模型设计、数据存储和访问、数据处理和转换、数据质量管理等方面。
- 负责大数据平台的基础技术规划，编制相关规范文档。
- 负责大数据相关技术发展方向的预研。
- 负责协调和指导跨部门的数据架构设计和开发工作，确保数据的统一性和规范性。
- 参与业务需求调研，根据需求及行业特点设计大数据解决方案并跟进项目的具体实施。

28.5.5　数据分析师

　　数据分析师是不同行业里专门从事行业数据收集、整理、分析,并依据数据做出行业研究、评估和预测的专业人员。数据分析师不仅精通技术工具,他们还是高效的交流者。数据分析师对于那些把技术团队和商业团队隔离的公司是至关重要的,他们的核心职责是帮助其他人追踪进展和优化目标。

　　数据分析师需要具备以下技能。

- **数学和统计学技能**:数据分析的核心是使用数学和统计学方法来发现和解决问题。因此,数据分析师需要掌握基本的数学和统计学知识,包括线性代数、微积分、概率论和统计推断等。
- **编程技能**:数据分析师需要能够熟练使用编程语言和工具来处理和分析数据,熟练掌握至少一种编程语言(如 Python、R、SQL 等)以及相应的数据分析库和工具(如 NumPy、pandas、SciPy、matplotlib 等)是必要的。
- **数据处理和清洗技能**:数据分析师需要能够对数据进行清洗和预处理,包括缺失值的填充、异常值的处理、数据格式的转换等。此外,数据分析师还需要了解常见的数据结构和数据存储方式(如 CSV、JSON、SQL 数据库等),以便能够高效地读取和处理数据。
- **机器学习技能**:数据分析师需要了解常见的机器学习算法,并能够使用相应的工具和技术进行模型训练和评估。对于一些特定的领域(如自然语言处理、图像识别等),数据分析师需要掌握相关的深度学习技术。
- **商业洞察力和沟通能力**:数据分析师不仅需要有扎实的技术功底,还需要具备商业洞察力和沟通能力。他们需要能够将数据结果转为可视化报告或简单易懂的汇报,向非技术人员清晰地传达数据发现和解决方案是数据分析师需要具备的一项非常重要的能力。

　　数据分析师的主要工作职责如下。

- **收集数据**:从不同来源收集各种数据,并整理好数据格式和结构。
- **处理数据**:使用统计工具和编程语言对数据进行清洗、转换和整合,使数据满足分析要求。
- **分析数据**:利用统计学、机器学习等方法分析数据,提取有用信息并形成可视化报告。
- **提供见解**:将数据分析结果转为商业见解,并向团队或客户提供建议和改进方案。
- **优化业务**:根据分析结论提出改进建议,协助业务团队制定战略规划并监控实施效果。
- **维护数据质量**:保证数据的准确性、完整性和一致性,及时发现并解决数据质量问题。

28.5.6　数据建模师

　　数据建模师是负责建立和管理企业数据模型(包括概念模型、逻辑模型、物理模型)的专业人员。他们的工作涉及从原始数据中提取有价值的信息,并将它们转为可理解、可操作的模型,以支持业务决策和优化。

　　数据建模师需要具备以下技能。

- **数据库设计能力**:掌握关系数据库设计原理,了解数据规范化、ER 模型、UML 等设计方法,能够独立完成数据库设计工作。
- **数据仓库建模能力**:了解数据仓库设计原理,具备维度建模、事实表设计、星形模型、雪花模型等数据仓库建模技能。
- **大数据建模能力**:了解大数据技术体系,包括 Hadoop、Spark、Hive、Flink 等技术,掌握NoSQL 数据库设计方法,能够应对大规模数据的存储和处理需求。
- **数据集成能力**:了解 ETL 工具的使用方法,具备数据集成能力,能够将数据从多个数据源集成到目标系统中。

- **数据质量管理能力**：了解数据质量管理理论和方法，掌握数据清洗、数据整合、数据验证等技巧，确保数据的准确性和可靠性。

数据建模师的主要工作职责如下。

- 负责核心业务流程的数据仓库建模与数据分析模型设计，以及数据仓库架构设计、数据集市设计。
- 提供面向业务的数据服务，完成数据指标的统计、多维分析和展现。
- 协助数据分析师推动数据驱动产品迭代。

28.5.7　元数据管理师

元数据管理师是从事元数据规划、采集、加工、存储、检索、共享、维护、应用和销毁等工作并具备元数据管理能力的专业人员。

元数据管理师需要具备以下技能。

- **元数据收集能力**：元数据管理师需要能够收集来自各种数据源的数据，包括传感器、数据库、API、文本、图片等。
- **元数据清洗和处理能力**：元数据管理师需要能够对数据执行规范化、去重、去除缺失值和异常值等操作。
- **元数据分析能力**：元数据管理师需要能够利用各种分析工具和算法，对数据执行探索性分析、预测建模、数据挖掘等分析操作。
- **元数据可视化能力**：元数据管理师需要能够使用可视化工具，将数据可视化地展示给相关人员和用户，以便他们更好地理解和分析数据。
- **元数据安全风险意识**：元数据管理师必须具备良好的元数据安全风险意识，熟悉相关的法律法规及政策要求。
- **元数据审核经验**：元数据管理师应有一年以上的元数据审核经验，要能够充分理解并执行由管理人员制定的元数据管理方案。

元数据管理师的工作职责如下。

- 负责收集、整理和维护组织的元数据，确保它们的准确性和一致性。
- 要了解组织的数据需求，设计和实施元数据管理策略，并与数据管理员和业务用户合作，确保元数据的正确应用。
- 具备一定的技术能力，能够使用元数据管理工具，并熟悉元数据标准和元数据管理的最佳实践。

28.5.8　主数据管理师

主数据管理师是从事主数据管理规划、主数据标准设计、主数据管理平台建设、主数据管理流程制定、主数据管理培训、主数据管理咨询等工作的专业人员。

主数据管理师需要具备以下技能。

- **数据收集能力**：主数据管理师需要能够收集来自各种数据源的数据。
- **数据清洗和处理能力**：主数据管理师需要能够对数据执行规范化、去重、去除缺失值和异常值等操作。
- **数据分析能力**：主数据管理师需要能够利用各种分析工具和算法，对数据进行探索性分析、预测建模、数据挖掘等。

- **数据安全能力**：主数据管理师需要保障数据的安全，并具备防范数据泄露以及数据被攻击的能力。
- **自动化处理能力**：主数据管理师必须具备自动或手动的错误处理功能，以应对企业主数据同步发生故障的状况。
- **系统架构设计能力**：主数据管理师需要能够设计出好的系统架构，以方便后续的数据处理、数据分析、数据应用等。

主数据管理师的主要职责如下。

- 负责主数据管理整体规划，对成本中心、产品、渠道、组织机构等领域主数据进行整合、打通，以适应企业经营管理战略的需要。
- 负责制定主数据管理流程、标准、管理制度、监督考核办法及执行落地，以及与业务部门、管理职能部门、使用人员协同，并结合实际情况进行优化和改善。
- 组织统筹各种主数据（成本中心、产品、渠道、组织机构等领域主数据）的维护工作。
- 组织统筹主数据系统的用户权限的审核及维护工作。

28.5.9　数据质量专员

数据质量专员是对数据质量进行监控，对数据问题进行分析和解决，并制定数据质量标准和监控计划的专业人员。

数据质量专员需要具备以下技能。

- **数据分析能力**：数据质量专员需要掌握数据分析方法和工具，能够对数据进行清洗、整理、分析和解读，发现数据中的问题和趋势，为决策提供依据。
- **数据质量管理知识**：数据质量专员需要了解数据质量管理的概念、原理、标准和规范，以及数据质量的管理、评估和改进方法。
- **数据标准管理能力**：数据质量专员需要熟悉数据标准管理的内容、程序和方法，能够制定和实施数据标准，确保数据的规范化和标准化。
- **数据清洗能力**：数据质量专员需要掌握数据清洗的方法和技术，能够处理和解决数据中的缺失、异常和冗余等问题，提高数据质量。
- **沟通协调能力**：数据质量专员需要能够与各个部门和团队进行有效沟通和协调，解决数据管理过程中的问题和冲突，确保数据管理工作的顺利推进。
- **责任心和保密意识**：数据质量专员需要具备责任心和保密意识，能够对数据进行保密，并保证数据的安全性和完整性。

数据质量工程师的主要职责如下。

- 负责收集业务部门对数据质量的需求并理解需求，制定可落地的数据质量规则。
- 针对客户反馈的数据质量问题，快速做出响应，制定治理、清洗方案，协调数据组进行数据质量优化。
- 制定数据库表字段存储规范及清洗逻辑，协调数据组执行。
- 编写数据质量检测脚本，定期对数据库中的数据进行数据质量检查工作，发布数据质量报告，并实现自动化处理。

28.5.10　数据安全管理师

数据安全管理师是从事数据防护、数据安全运维、数据风险排查、数据安全运营等相关风险管控工作的专业人员。数据安全管理师需要具备优秀的方案设计能力，能够将数据安全与隐私保护需求以最优的方式融入产品或应用，同时具备数据安全防护方案规划能力、数据安全风险评估能力、数据防泄漏能力、数据安全加/解密能力、数据安全审计能力等。

数据安全管理师需要具备以下技能。

- 熟悉国家网络安全法律法规及组织所属行业的政策和监管要求，了解行业内数据安全建设的最佳实践路线。
- 具备良好的业务发展战略判断能力，能够通过平衡业务需求和法律风险进行战略思考并提供实用建议。
- 了解组织的业务特性，能够根据业务的发展变化，制定或调整组织的数据安全策略。
- 能够基于组织的数据安全策略，编制相关的制度体系文件，对业务过程进行规范指导。
- 具备组织内跨部门的管理协调能力，能够调动其他部门资源配合落地相关的数据安全控制机制。
- 具备数据安全管理团队的组建及人才梯队建设的能力。
- 具备数据安全应急指挥能力，对业务过程中发生的数据安全问题，能够准确判断并快速组织相关人员进行应急处置。
- 具备良好的数据安全风险意识。

数据安全管理师的主要职责如下。

- 制定数据安全管理制度并监督执行。
- 负责数据安全风险评估，制定风险应对措施。
- 规划设计数据安全监测方案，对安全设备日志和流量等安全数据进行监测，输出报告，分析监测数据，发现威胁并报警响应。
- 规划设计安全态势监测分析方案，进行安全态势监测和分析，给出网络安全态势的合理评价。
- 参与数据安全事件调查，分析事件原因和责任，制定预防措施。
- 定期组织数据安全培训和演练，增强员工的数据安全意识。
- 配合其他部门开展数据安全管理工作，提供技术支持和指导。

28.5.11　数据合规师

数据合规师是具备现代商业环境法律风险管理能力和业务流程技能的专业人员，主要负责制定和执行数据合规管理策略，包括数据隐私保护、数据安全、数据质量管理等。

数据合规师需要具备以下技能。

- 熟悉数据合规法律法规和标准要求，了解相关监管机构的要求和规定。
- 掌握数据合规风险评估和管理方法，能够识别和评估数据合规风险，制定风险应对策略。
- 掌握数据安全技术和安全管理方法，能够制定和执行数据安全管理制度和操作规范。
- 掌握数据处理和传输流程，能够制定数据处理和传输的合规管理策略。
- 掌握数据质量管理方法，能够制定和执行数据质量管理制度和操作规范。
- 掌握商业环境法律风险管理能力，能够制定和执行企业法律风险管理策略。

数据合规师的主要职责如下。

- 建立健全数据合规管理组织架构，明确决策层、执行层、管理层以及相关人员的职责。
- 制定和完善数据合规管理制度，包括数据安全管理措施和数据合规管理制度。
- 开展数据合规培训，培训对象包括企业员工、第三方合作伙伴等，培训主题可参考具体业务流程中的典型案例。
- 持续改进数据合规管理工作，对数据合规风险进行评估、监测和应对。

- 配合监管机构开展数据合规检查和调查。
- 加强与外部机构的合作，共同推进数据合规管理工作的进行。

28.5.12　大数据科学家

大数据科学家是指运用统计分析、机器学习、分布式处理等技术，从大量数据中提取出对业务有意义的信息，以易懂的形式传达给决策者，并创造出新的数据运用服务人才。

大数据科学家需要具备以下技能。

- **编程和数据库**：一般来说，大数据科学家大多要求具备编程、计算机科学相关专业背景，并掌握处理大数据所必需的 Hadoop、Mahout 等大规模并行处理技术，以及与机器学习相关的技能。
- **数学、统计学和数据挖掘**：除了数学、统计学方面的素养之外，大数据科学家还需要具备使用 SPSS、SAS 等主流统计分析软件的技能。其中，面向统计分析的开源编程语言及其运行环境备受瞩目。
- **分析解决问题以及深入理解所分析领域背景知识的能力**：这是大数据科学家的最终任务，因此必不可少。
- **收集、清洗、压缩和展示数据的能力**：这是大数据科学家的基本功。
- **建模能力以及一定的统计学和最优化知识**：这是大数据科学家的内功，也是衡量大数据科学家功力深浅最为核心的能力和知识。
- **领导力和软技能**：大数据科学家需要与团队成员进行有效的沟通和协作，因此需要具备一定的领导力和软技能。

大数据科学家的主要职责如下。

- 从大数据中挖掘客户属性，分析用户行为和个性化需求。
- 不断挖掘用户属性数据，根据这些数据产生新的应用。
- 应用先进的统计建模、数据挖掘、机器学习方法建立数据模型来解决实际问题，并研发创新方法以解决常规算法不能解决的问题。
- 和其他部门沟通，把数据模型应用到实际业务中。

28.5.13　数据治理师

数据治理师是数据治理团队的核心成员，负责制定和实施数据治理策略，确保数据治理的有效性和高效性。

数据治理师需要具备以下技能。

- **数据分析能力**：数据治理师需要能够熟练使用数据分析工具和技术，对数据进行分析、挖掘和解读，发现数据中的模式和趋势，为决策提供依据。
- **数据管理能力**：数据治理师需要能够熟练掌握数据的标准化、规范化和存储技术，确保数据的完整性、准确性和可靠性。
- **数据治理能力**：数据治理师需要能够制定数据治理政策和流程，对数据质量和安全进行控制和管理，确保数据的合法性、合规性和隐私保护。

此外，数据治理师还需要具备沟通协调能力、业务分析能力、创新思维能力、团队协作能力等。

数据治理师的主要职责如下。

- 负责数据治理项目的实施，利用数据治理工具完成数据的收集、清洗、存储、结构化以及主题数据设计、模型构建等，推动数据治理项目的顺利开展。

- 参与制定数据标准和数据规范，参与数据应用系统需求分析、建模、开发、用户培训等。
- 协助客户检验数据治理各项制度，包括元数据、主数据、数据标准、数据质量、数据安全、数据资产管理等的执行效果评估。
- 完成数据治理平台工具的安装、部署、测试及上线，展示数据治理及数据应用成果。

28.5.14   数据资产评估师

数据资产评估师是一个崭新的职业。数据资产评估是推动数据资产化的重要前置工作。中国资产评估协会在 2023 年印发《数据资产评估指导意见》。这是继财政部出台《企业数据资源相关会计处理暂行规定》后，又一部推动数据资产化的财会文件。

数据资产评估师需要有确权、资产边界界定、成本归集、预测估计等领域的专业能力及经验，能够为数据资产入表企业提供有力的服务性支撑。例如，数据资产入表前的资产识别和辨认，市场通用价值评估模型，数据资产初始计量过程中历史成本的归集和梳理，存货类数据资源涉及的成本结转、无形资产类数据资源涉及的摊销方式确定等。同时也要充分了解数据资产的独特性。

就技能而言，数据资产评估师除财务评估外，还需要掌握的技能涵盖了专业需求、财务报表分析、数据收集、流程分析、统计学、财务模型、法律知识、资源估算、风险识别、成本分析、价值识别和不动产管理等方方面面。数据资产评估师需要具备良好的沟通技巧，以便更好地与客户交流，并为客户提供准确和详细的投资建议。

28.5.15   数据交易师

数据交易师有时也叫"数据经纪人"。和数据资产评估师一样，数据交易师也是一个崭新的职业。随着大数据时代的到来，数据交易师的重要性越来越重要。数据交易师主要负责数据的购买、销售和交易，帮助企业和个人实现数据资产的价值最大化。这些交易包括在合理合法的前提下场内和场外的交易。作为数据交易师，应该具备如下能力：

- 对相关行业的了解；
- 对数据交易市场的了解；
- 对数据产品的了解；
- 数据的采集和整理；
- 数据的分析和挖掘；
- 数据的交易和营销；
- 数据的安全和合规；
- 数据资产价值的评估和定价规则；
- 数据质量的评估和管理。

28.6   数据团队的建设方法

根据赛迪智库发布的报告，到 2025 年，我国大数据人才的缺口是 230 万人。目前政府和企业普遍遇到的问题是招不到人。这不仅仅是薪资待遇问题，就算薪资再高，也未必能招到合格的数字化人才。因此，数据团队的建设显得尤为重要。

28.6.1   数据团队建设的一些考虑

组织或企业在进行数据团队的建设时，可以从以下方面来考虑。

- **明确团队定位**：明确公司的战略目标，根据公司的战略目标明确数据团队的定位。
- **明确目标和职责**：明确数据团队的目标和职责，如数据分析、数据挖掘、数据可视化等方向，以及数据团队需要完成的重点项目和日常工作任务。
- **确定团队规模和结构**：根据公司的业务规模和发展趋势，确定数据团队的人员数量和角色，如数据分析师、数据工程师、数据产品经理等。
- **确定团队能力要求**：根据公司的业务需求和人员特点，确定数据团队的能力要求，包括数据分析能力、数据挖掘能力、数据可视化能力等。
- **人员招聘和培训**：在确定团队结构和人员数量后，需要聘请具备相关技能和经验的数据人才。同时，为了提升数据团队的能力和水平，还需要进行内部培训和外部培训，包括数据分析技能、数据挖掘算法、数据可视化技巧等方面的培训。
- **建立良好的沟通机制**：数据团队需要与业务部门、技术部门等多个部门进行沟通和协作，因此需要建立良好的沟通机制，包括定期会议、交流和分享等，以便更好地推进项目和工作。
- **建立考核和激励机制**：为了激励数据团队成员的积极性和创造性，需要建立考核和激励机制，包括考核指标、考核周期和考核方法等。此外，还需要给予数据团队成员相应的奖励和惩罚，鼓励优秀人才发挥更大的作用。
- **关注团队文化建设**：数据团队需要注重团队文化建设，营造积极向上、团结协作的工作氛围，鼓励成员之间互相学习、交流和分享，提高数据团队的凝聚力和战斗力。

总之，数据团队的建设需要综合考虑团队的定位、规模、结构、人员招聘和培训、沟通机制、考核和激励机制以及文化建设等方面，以提升数据团队的能力和水平，为公司的发展提供有力的数据支持。

28.6.2　数据团队人才建设的渠道

数据团队的人才建设主要有 5 个渠道：从内部培养、社会招聘、校园招聘、外包团队的建设、自由职业者和专家库。

1. 从内部培养

面对激烈的人才竞争，从内部培养是目前最佳的数据团队人才建设渠道，包括内部推荐、内部竞聘等。许多企业都在开展大规模的内部轮训，就是因为从外部不一定能招到合格的数字化人才。从内部培养的好处在于内部员工已经了解业务，并且熟悉组织的企业文化，能够比较快地融入新角色。表 28-1 列出了数字化人才的核心能力以及需要增强的能力。

表 28-1　数字化人才的核心能力以及需要增强的能力

职务	核心能力	需要增强的能力
数据架构师	IT 知识	业务知识
数据分析师	IT 知识	业务知识
数据建模师	IT 知识	业务知识
元数据管理师	IT 知识	业务知识
主数据管理师	IT 知识	业务知识
数据质量专员	业务知识	IT 知识
数据安全管理师	IT 知识	业务知识
数据合规师	业务知识	IT 知识
大数据科学家	IT 知识	业务知识
数据资产评估师	业务知识	IT 知识
数据交易师/数据经纪人	业务知识	IT 知识

2. 社会招聘

社会招聘形式主要有现场招聘、从人才市场招聘、网络招聘和猎头推荐等。面向社会招聘人才是组建数据团队的重要方法之一。最近在美国和欧洲国家，带有"数据""数据管理"字眼的招聘岗位相比 2010 年增加了 240%，岗位工资平均增长了 26%。市场需求巨大，对企业而言，招工难度不小。

3. 校园招聘

校园招聘就是直接从学校招聘各专业、各层次的应届毕业生，既可以现场招聘，也可以线上招聘。在与数据有关的所有工种中，相比较而言，数据集成（如 ETL 工程师）和数据标注工种可以校招，未必需要大学文凭。其他工种基本需要本科以上学历。遗憾的是，我国的大学教育还没有跟上形势，没有数据管理相关的大学专业。2023 年，中国人民大学首次招生数据管理专业。大学教育远远跟不上市场需求。

4. 外包团队的建设

将数据管理工作外包非常普遍。外包商是企业和机构管理数据的重要补充，部分外包商甚至起到长期支撑的作用。这里需要特别注意的是外包工作中的数据安全问题，包括数据开发过程中的权限控制、问责机制、如何考核等问题。

5. 自由职业者和专家库

作为一种新兴的就业方式，有些高端的数据人才会以项目或人天（即一人工作一天）的形式提供服务。组织可以利用这些外部资源，作为内部数据团队的补充，特别适合一些比较难以招到全职员工的领域，以及一些短期性的项目。这些资源可以通过社交媒体来传播，包括微信群、QQ群、论坛等，不断积累潜在人才，做到平时养人、关键时有人可用。

28.7 本章小结

在数字化转型的背景下，企业数据战略的落地需要数据组织的支持和保障。数据团队是数据组织中属于人的部分，涉及数据的开发、分析和应用等。设置并建设一支高效的数据团队是 CDO 的核心工作。本章阐述了什么是数据组织、数据组织建设的指导原则、数据团队的构成、数据团队考核的重要性及实现路径。通过建立数据团队，CDO 可以让数据战略得以执行，真正使企业的数据资产发挥价值。

推荐阅读：

[1] 王兵，王璐. 大数据是商业银行发展的重要引擎[N]. 金融时报. 2014, 6(16).
[2] 张乐柱. 农村合作金融制度研究[D]. 泰安: 山东农业大学, 2004.
[3] 杨兵兵. 商业银行数据治理与应用——以光大银行为例[J]. 银行家, 2012(1): 114-115.
[4] 刘静芳，杨旭，刘超. 现代商业银行数据管控体系建设探讨[J]. 金融电子化, 2008(4): 63-65.
[5] 易明，曹中源. 搭建数据质量提升的组织架构[J]. 中国农村金融, 2015(19): 45-46.
[6] 中国工商银行信息技术部. 数据治理体系机制研究[J]. 金融电子化, 2014(4): 51-52.

第 29 章

CDO 及其数据团队的绩效考核

绩效考核是绩效管理的一个环节，指的是考核主体对照工作目标和绩效标准，采用科学的考核方式，评定员工的工作任务完成情况、工作职责履行程度，以及员工的发展情况，并将评定结果反馈给员工的过程。最终目标并不是单纯地进行利益分配，而是促进组织与员工的共同发展，最终使组织与个人达到双赢。没有考核就没有管理。绩效考核作为 CDO 的团队管理方法和工具，是夯实数字化基建、畅通数字化循环、深化数字化应用、拓展数字化创新、激发数字化动能的重要抓手。

29.1　CDO 绩效管理的独特性

在全球范围内，数据管理已经成为企业管理者关注的热点之一。首席数据官的工作究其本质，就是以数字化技术为驱动力，以数据为要素，以产品/服务转型以及流程优化重构为手段，使得企业绩效与竞争力得到根本性提升的一系列变革。

和其他职务相比，首席数据官的工作具有以下独特性：

- CDO 直接支撑组织战略迭代，影响组织转型升级的成败；
- 技术环境快速变化，导致 CDO 工作的协调和管理难度增加；
- 数据管理涉及范围广，系统建设复杂，涉及专业多；
- 职务相对较新，没有太多的成功考核供参考，相应的一些指标也不完整，对数据团队的考核也面临同样的问题。

29.2　CDO 绩效考核及其目的

CDO 绩效考核是为了实现数据管理工作目标，运用特定的标准和指标，采取科学的方法，对数字治理人员完成指定任务的工作实绩和效果做出价值判断的过程。

管事得管人，管人得管财，管财就得有考核。CDO 绩效考核能解决什么问题呢？CDO 绩效考核可以解决如下 4 个问题。

（1）**达成数据管理绩效目标，打造数据管理工作抓手。**数据管理的绩效考核在本质上是一种过程管理，而不仅仅是对结果的考核。通过建立考核机制，可以将中长期数据管理目标分解为年度、季度、月度指标，使用考核指标和权重的抓手，形成数据管理工作指挥棒，有效帮助企业和 CDO 达成数据管理绩效目标。

（2）**挖掘数据管理工作问题，弥补数据管理绩效短板。**绩效考核是一个不断设定绩效目标、制订计划、执行和改进的 PDCA（Plan-Do-Check-Action）循环过程。通过对数据管理工作绩效数据进行对比、分析和评价，可以发现绩效短板，挖掘问题，分析问题，解决问题，持续改进绩效，弥补数据管理绩效短板。

（3）**提供数据管理激励依据，激活激发员工新动能。**企业在某个阶段，用利益激励，既是最无奈又是最有效的手段。与利益没有关联的绩效考核是无法落地的，因为没人会关注。一旦数据管理绩效与干系人的利益有了关联，就需要将绩效考核结果作为激励分配依据。根据绩效考核结果进行激励是一把双刃剑，用得不好就会打击一些人的信心，激励如果相对公平、合理、到位，则能够充分激活干系人和团队的参与积极性，产生内驱力，赋予新动能。

（4）**驱动数据治理协调配合，促进共创、共建、共成长。**绩效考核的最终目的并非单纯的利益分配，而是让各部门人员在从事数据管理工作时具有与从事部门工作同等的绩效影响，让绩效考核成为推倒"金字塔"、打破"部门墙"、驱动跨部门协同配合的有效方式。同时，通过绩效考核发现短板，找出差距，指导改进，提升技能，促进数据管理人员赋能成长，共创共赢。

29.3　CDO 绩效考核对象及其指标

29.3.1　CDO 绩效考核对象

数据管理工作在组织内由主要责任部门主导，其他支撑部门共同参与，按项目化形式展开各项工作。因此，CDO 绩效考核对象分为 5 类：

- CDO；
- 数据管理部门；
- 其他支撑部门；
- 项目负责人；
- 项目成员。

29.3.2　CDO 绩效考核指标

表 29-1 列出了 CDO 绩效考核指标与权重的最佳实践和原因分析。

表 29-1　CDO 绩效考核的最佳实践和原因分析

最佳实践	原因分析
项目考核指标不少于 3 个，不多于 10 个，5~8 个为好	过多的考核指标会导致项目成员分散注意力，且影响效率，考核指标过少则无法平衡，易走极端，公司级考核指标可超过 10 个
每个 KPI（Key Performance Indicator，关键绩效指标）所占权重一般不高于 30%	过高的权重易导致"抓大放小"，对其他与项目密切相关的指标不加关注
每个 KPI 所占权重一般不低于 5%	过低的权重对考核得分缺少影响力，且很难衡量准确
权重一般取 5 或 10 的整数倍	简化操作

可以从数据管理工作的目标责任和指标筛选两个维度提炼 KPI。图 29-1 给出了绩效考核的基本操作步骤。

在数据管理中，角色不同，考核指标也不同，具体的考核指标如下。

1. CDO 考核指标

CDO 对组织数字化战略负责，CDO 的工作绩效是从战略角度衡量的。CDO 绩效考核以述职的方式进行，适用如下"5+1"的考核指标。

（1）组织健康指数。数字管理部门和岗位人员配置，以及人员变动情况（低于 7% 或高于 15%，组织不健康；保持在 10%~12% 比较理想），要能够吸引、发展、留住数据管理人才。

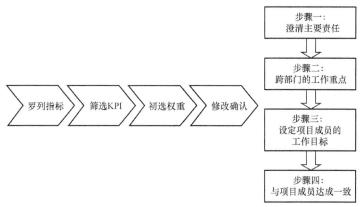

图 29-1　绩效考核的基本操作步骤

（2）本年度数字化项目计划完成率，应高于 90%。

（3）数字管理知识普及度或覆盖度，按年度覆盖目标进行考核，最终应达到 70% 或更高比例。

（4）数字化贡献活力指数。数字化收入占总收入比例，或指数环比增长率，或降低/节约数字化服务费用。

（5）关键干系人满意度（公共关系）。关键干系人包括合作伙伴、政府部门、用户和社区。

（6）附加指标。数据安全和数据质量：一般事件最多扣 10 分，重大事件或事故一票否决。创新指标：经评议有创新行为并创造价值，或获得省部级以上奖项的，可以加分，最多加 10 分。

2. 数据管理部门考核指标

数据管理部门主导数字化建设，考核指标如下。

（1）项目立项：及时率、合规性、资料完整性。

（2）数据管理体系建设：流程、模板、工具、建章立制。

（3）项目过程评审：评审准备度、一次评审通过率。

（4）项目过程管理：数字管理项目建设信息收集、汇总、报告，以及文档资料归档。

（5）**数据管理人才培养**：进行工程师、数据治理专业人才、项目经理等数字化必备人才的培养。

3. 其他支撑部门的考核指标

数字管理需要各个部门共同参与，为此，需要在绩效考核中设计针对各支撑部门的考核指标，具体如下。

（1）支撑部门的数据管理工作计划完成率：实际工作数量/计划工作数量。

（2）资源保障：实际投入资源数/计划投入资源数。

（3）协作响应：两天内响应事件数/总响应事件数，部门协作积极主动为满分，其他情况酌情给分。

（4）知识共享：能主动提供数据管理的合理化建议、服务技巧、经验、经典案例并进行总结分析。

（5）附加分：支撑部门因数据管理工作得到上级单位表扬、获奖或形成数据管理工作标杆的过程性文档。

4. 项目负责人考核指标

项目经理是数据管理项目目标和交付的第一责任人，适用如下"5+1"的考核指标。

（1）数据管理项目进度完成率。

（2）数据管理项目质量合格率（或系统稳定性）。

（3）数据管理项目预算执行偏差率。

（4）数据管理项目过程文档。

（5）数据管理项目干系人满意度。

（6）附加指标：知识贡献、遗留问题解决率。

5. 项目成员考核指标

数据管理项目成员是负责完成所分配工作的个人。项目成员来自不同部门、不同专业，他们在多个项目中有可能承担多个角色，同时兼顾部门工作，适用如下"5+1"的考核指标。

（1）个人计划完成率。

（2）交付成果质量合格率。

（3）个人工作过程文档。

（4）流程规范遵循度。

（5）关键干系人满意度。

（6）附加指标：知识贡献、遗留问题解决率。

29.3.3 KPI 要素

在确定绩效考核指标之后，需要对每个绩效考核指标进行要素分解。无法满足 KPI 要素的指标须慎重使用。

KPI 要素包括指标名称、指标定义、测量对象、设置目的、统计部门、统计方法、计算公式、计量单位和指标统计时间。下面以"项目目标成本完成率"为例说明 KPI 要素的定义。

* 指标名称：目标成本完成率。
* 指标定义：在项目收尾时评价项目预算的达成情况。
* 测量对象：项目组。
* 设置目的：反映项目组对项目成本的控制情况。
* 统计部门：财务部。
* 统计方法：项目目标成本由财务人员根据项目估计的配置来匹配标准成本（或硬件采购价），再加上软件开发费用；实际项目成本由财务代表根据项目实际发生计算得出。
* 计算公式：[1+（1−项目成本实际值÷项目成本目标值）]×100%。
* 计量单位：%。
* 指标统计时间：从立项时确定成本目标值开始，到收尾时计算出成本实际值结束。

29.4 考核频率

在数据管理中，可以根据不同考核对象设定不同的考核频率。下面从人力资源绩效考核、数据管理绩效考核、项目化工作绩效考核三个维度，对考核频率进行对比说明，见表 29-2。

表 29-2 对比说明数据管理的考核频率

考核维度	考核频率
人力资源	每年度对组织进行考核
	每半年对中高层领导进行考核
	每季度对二线员工、服务支持人员进行考核
	每月对一线员工、销售人员进行考核
数据管理	每年度 CDO 进行述职
	每半年数据管理部门进行述职
	每季度支撑部门进行述职
	每月度销售、技术支持人员进行述职

考核维度	考核频率
项目化工作	对于工期小于 3 个月的项目，在项目结束、目标实现后进行考核
	对于工期一年以上的项目，分阶段进行考核
	每季度对项目成员进行考核
	根据项目节点对项目及项目成员进行考核

根据数据管理基础和要求，考核频率可以灵活设定，以上仅供业界实践时参考。

29.5　考核基准

数据管理工作要同时考虑需求不确定性和技术不确定性。考核基准分为两类 4 种情况：首先，按照开发和工程属性，考核基准可以分为开发类项目考核基准和工程类项目考核基准；其次，按照需求的确定性情况，考核基准可以分为已知需求类项目的考核基准和未知需求类项目的考核基准。

29.5.1　开发类项目的考核基准

对于数据管理中的开发类项目，首先规划系统远景，然后进行迭代，最后按每个迭代确定考核基准。

29.5.2　工程类项目的考核基准

数据管理涉及机房建设、系统集成等工程类项目，由于项目目标和实现方案都比较明确和清晰，因此可以根据批准的计划设定考核基准。

29.5.3　已知需求类项目的考核基准

在数据管理中，对于已知需求，70%～80%的工作范围和内容是明确的，可以根据同类项目进行基准确认；剩下 20%～30%的工作范围是未知的，可以通过产品或系统面临的风险及存在的问题，对未知需求进行工作范围、进度、资源、费用的估算和基准确认。

29.5.4　未知需求类项目的考核基准

在数据管理中，有可能存在前瞻性、基础性、课题性的研究和对新领域的探索。此类工作在确定考核基准时，首要问题是采用 QFD（Quality Function Deployment，质量功能展开）工具验证需求的必要性和充分性，然后根据验证的需求进行工作量、资源、费用等的估算，从而设定考核基准。

29.6　考核方法

在不同的阶段，针对不同的考核对象和考核目标，可以选择不同的考核方法。考核方法没有对错和好坏之分，也没有优先级排序的必要。根据数据管理基础、考核要求和目标，选择合适的即可。

29.6.1　排序法

针对工作数量比较大且可以短、平、快完成的考核项，建议采用排序法。排序法可以从两端开始排序，也就是从最好或最差的那一端开始排序，示例见表 29-3。

表 29-3   排序法考核的示例

项目	排序（1 为最好）
项目 A	2
项目 B	8（最差）
项目 C	5
项目 D	6
项目 E	4
项目 F	3
项目 G	7
项目 H	1（最好）

29.6.2   对比法

对比法基于两两对比，最终得出最好和最差的项目。如果配对比较更优，则给出一个 "+"；如果更差，则给出一个 "−"。最后统计 "+" 的数量，就能快速考核众多项目的绩效。对比法的优点是操作简单，适合对比多个项目，缺点是只关注结果，省略了过程，示例见表 29-4。

表 29-4   对比法考核的示例

项目	项目 A	项目 B	项目 C	项目 D	项目 E	项目 F	项目 G	项目 H
项目 A		+	−	−	+	−	−	−
项目 B	−		−	−	−	−	−	−
项目 C	−	+		−	−	+	−	−
项目 D	+	+	−		−	−	−	−
项目 E	+	+	+	+		+	−	−
项目 F	−	+	+	+	+		−	−
项目 G	+	+	−	+	−	−		−
项目 H	+	+	+	+	+	+	+	

29.6.3   正态分布法

正态分布法又称强制分布法，主要用于打破平均主义，对绩效结果按优秀、良好、满意、须改进、不可接受进行强制分布，并对优秀绩效人员进行奖励，而对不可接受绩效人员进行末位淘汰。通过内部的竞争机制，经过不断的淘汰和补充，使组织留存下来的人员素质越来越高，绩效越来越好，示例见表 29-5。

表 29-5   正态分布法考核的示例

等级	比例
优秀	10%
良好	20%
满意	40%
须改进	20%
不可接受	10%

29.6.4 文献法

文献法是针对开发类、基础研究类、技术验证及创新工作的绩效考核方法，由于还无法验证成果，通常采用年度发表的论文数作为考核指标。

29.6.5 述职法

述职法针对的是高层管理者，他们的绩效结果需要在中长期的战略目标中才能体现，并且他们各自分管的工作范围较大。在这种情况下，他们一般每半年做一次述职报告，说明所分管工作的完成情况与年度计划的达成情况，并说明所采取的措施和下阶段的预测。述职法由绩效评审委员会采用专家评审的方式给出绩效结果。

29.6.6 尺度评价法

尺度评价法是针对能力项的评估方法，无法进行连续量化，因而采用离散量化的方式进行考核，示例见表 29-6（考核的是沟通能力）。

表 29-6 尺度评价法考核的示例

能力项	评分标准	评分
沟通能力	优秀	远超工作要求 超高的绩效 有可能提升到更高级别
	良好	超过职位要求 经常表现出来的长处可以弥补偶尔的不足
	满意	具有工作所需的能力 能够完成交付工作 偶尔表现出来的长处可以弥补偶尔的不足
	须改进	勉强完成交付的工作 偶尔表现出来的长处不能弥补频繁的不足
	不可接受	不能完成交付的工作 需要监督交付的工作 不得不考虑降职或转入其他部门，或者辞退

在尺度评价法中，还可以使用行为等级评价法作为补充，按照行为事件举证，给出相应分值，示例见表 29-7（以处理客户关系的行为为例）。

表 29-7 行为等级评价法考核的示例

处理客户关系	
行为	评分
经常替客户打电话，为客户执行额外的查询	6
经常耐心地帮助客户解决很复杂的问题	5
当遇到情绪激动的客户时能够保持冷静	4
如果没有查到客户需要的信息，则告诉客户结果并说"对不起"	3
在忙于工作的时候，经常忽略等待中的客户，时间达数分钟	2
一遇到事情，就说事情跟自己没什么关系	1

29.6.7   有无考核法

针对数据管理的过程规范化管理，可以使用有无考核法，对全员、全生命周期进行系统、科学、规范的管理。这种方法简单、实用、易操作，导向效果明显，示例见表 29-8。

表 29-8   有无考核法的考核示例

序号	阶段	指标	A 类项目 重点	B 类项目 一般	C 类项目 须改进	评分	
1	启动	立项申请	√	√		0	
2		项目任务书	√		√	+1	
3	计划	工作分解	√	√		−1	
4		节点计划	√	√	√		
5		责任分配	√	√			
6	执行	周报/月报	√				
7	监控	变更申请	√				
8	收尾	验收报告	√				
9		改进建议	√		√		
		合计					

说明：首先，在数据管理的不同阶段，将应知应会、合规要求的规定动作作为过程考核项，以引导规范的过程管理；其次，根据不同的项目类型，对规定动作进行裁剪，以增强过程管控的灵活性和应变性；接下来，对过程活动进行评分，做了且能满足要求的计 0 分，没做或做得不符合要求的减 1 分，做了且能成为样板标杆的加 1 分；最后，对所有考核项的分数进行求和，得到考核结果。

29.6.8   内部结算法

内部结算法是一种在组织内部进行虚拟结算的考核方法。将数据管理工作按项目化方式运作，对每个项目虚拟出产值收益和资源成本，然后将收益减去成本之后的项目净产值作为结算收益，按照收益比例进行价值共享和利益分配。如果项目周期较长，则需要对项目虚拟产值分阶段估算，按阶段进行结算和激励。内部结算法的优势是能够体现多劳多得，并且能够自我平衡、自我激励、自我调节。

29.6.9   个人绩效承诺法

个人绩效承诺法是针对员工需要参与跨部门、跨项目、多角色的工作而采用的一套考核方法。员工工作被分为结果目标承诺、过程措施承诺、团队工作承诺三个方面，示例见表 29-9。

表 29-9   个人绩效承诺法考核的示例

结果目标承诺	做什么，做到什么程度 员工承诺的本人在考核期内所要达成的绩效目标，以支持部门或数据管理项目总目标的实现
过程措施承诺	如何做 为达成绩效目标，员工与考核者对完成绩效目标的方法及执行措施达成共识，并将执行措施作为考核的重要部分，以确保结果目标的最终达成
团队工作承诺	配合谁，需要谁的支持 为保证团队整体绩效目标的达成，更高效地推进关键措施的执行和结果目标的最终达成，员工必须就交流、参与、理解和相互支持等方面做出承诺

个人绩效承诺法的操作详见如下模板。

姓名：_____   部门_____

1．结果目标承诺（权重：__%）考核得分：__

结果目标承诺指标包括工作计划完成率、个人负责工作严重问题数、问题解决率，结果目标承诺的权重需要分配给上述 3 个指标，结果目标承诺的考核得分为上述 3 个指标得分的加权和。

1.1 工作计划完成率（权重：__%）考核得分：__

任务	计划完成时间	实际完成时间

参考评价标准：A（≥100%），B（90%～100%），C（85%～90%），D（<85%）。

1.2 个人负责工作严重问题数（权重：__%）考核得分：__

	提交流程严重问题数
开发阶段	
验证阶段	
发布阶段	

参考评价标准：

A	B	C	D
开发阶段：1	开发阶段：2	开发阶段：3	开发阶段：>3
验证阶段：0	验证阶段：1	验证阶段：2	验证阶段：>2
发布阶段：0	发布阶段：0	发布阶段：0	发布阶段：≥1

1.3 问题解决率（权重：__%）考核得分：__

问题类型	计划完成问题解决率	实际完成问题解决率
总的问题解决率		

参考评价标准：A（≥100%），B（90%～100%），C（80%～90%），D（<80%）。

说明：问题解决率与工作的阶段、环境、复杂度等都有非常大的关系。原则上鼓励多提问题，多发现问题，只有这样，总的问题解决率才能提高。应尽可能在设计阶段发现问题。可以考虑对各阶段的问题解决率进行不同的加权。

2．过程措施承诺（权重：__%）考核得分：__

过程措施承诺指标包括流程执行度、规范符合度、文档质量，过程措施承诺的权重需要分配给上述 3 个指标，过程措施承诺的考核得分为上述 3 个指标得分的加权和。

2.1 流程执行度（权重：__%）考核得分：__

参考评价标准（违规次数）：A（0），B（1），C（2），D（≥3）。

说明：可以由审计或 QA（Quality Assurance，质量保证）团队统计出违规次数。

2.2 规范符合度（权重：__%）考核得分：__

参考评价标准：A（完全符合，并积极参与技术规范建设），B（完全符合），C（违反 1 次），D（违反 1 次以上）。

说明：包括公司和部门的设计规范符合性。

2.3 文档质量（权重：__%）考核得分：__

参考评价标准（严重问题个数）：A（1），B（2），C（3），D（≥4）。

说明：开发阶段，以评审时的严重问题为参考，由 QA 团队统计得出。文档受控后，以实现文档与设计文档的符合度为参考，一个不符合点计为一个严重问题。

3．团队工作承诺（权重：__%）考核得分：__

团队工作承诺指标包括周边工作满意度、公用基础模块（Common Building Block，CBB）贡献度、关键事件贡献度，团队工作承诺的权重需要分配给上述 3 个指标，团队工作承诺的考核得分为上述 3 个指标得分的加权和。

3.1 周边工作满意度（权重：__%）考核得分：__

参考评价标准：A（完全满意），B（比较满意），C（基本满意），D（不满意）。

说明：周边工作满意度由项目经理根据员工个人受到的表扬或投诉进行打分，着重关注个人在小团队中的协作性。

3.2 公用基础模块贡献度（权重：__%）考核得分：__

输出类型	计划要求（篇/次）	实际完成（篇/次）
总结案例		
问题分析总结		
组织或提供培训		
技术交流		
清单		
其他		
合计		

参考评价标准：A（≥2），B（1），C（0）。

3.3 关键事件贡献度（权重：__%）考核得分：__

编号	描述	贡献度
1		
2		

参考评价标准：A（贡献较大），B（贡献一般），C（无贡献）。

29.6.10 综合绩效考核法

针对各数据类项目的实施，如何通过有效的考核方法，高效推进项目进展，并开展纵向和横向的比较？综合绩效考核法将满分设定为 1 分，并将累计进度、里程碑节点、直接成本、信息安全、数据质量、过程规范、管理制度作为考核指标，在项目月度绩效会议上举证说明考核指标绩效情况，每月直接计算各项目的综合绩效结果，示例见表 29-10。

表 29-10 综合绩效考核法的考核示例

指标	总计	结果管理					过程管理	
		累计进度	里程碑节点	直接成本	信息安全	数据质量	过程规范	管理制度
权重	100%	20%	10%	20%	10%	10%	10%	20%
上月得分	1.01	0.86	1	1.11	1	1	1	1.1
本月得分	0.94	0.75	0.82	0.95	1	1	1	1
与上月对比	−0.07	−0.01	−0.18	−0.16	0	0	0	−0.1

29.7　考核数据收集

能用制度解决的问题，就不要纳入考核。因为考核成本远比制度成本高。制度发布后，只要检查、记录、执行即可。绩效考核需要进行数据的收集、统计、分析、指导、反馈、面谈、纠偏、结果应用等，所投入的管理成本是比较高的。所以，绩效考核应抓住关键绩效指标，将考核数据与过程管控相结合，不要为了考核而收集数据，而要在日常工作的沟通和汇报中就生成考核数据。在考核数据收集过程中，要坚决杜绝为了考核而编造数据，也不要为了考核而随意找理由拒绝提供数据。

在绩效考核中，通常有以下两种情况需要考虑：是按照实际发生的时间、成本、资源、质量、风险、采购进行数据的收集？还是按照实际报账金额，由财务进行考核数据的收集、整理和分析？

29.7.1　权责发生制的数据收集

权责发生制的数据收集是事后统计，这种绩效信息无法及时反映过程状态，但不存在偏差，工作量也比较小。

29.7.2　实际发生制的数据收集

实际发生制的数据收集是指按照实际消耗的资源和实际完成的工作成果，按周或按月进行数据的收集，然后按照考核频率汇总计算绩效结果。

29.7.3　绩效数据与项目实施过程融合

最佳的考核数据收集方式是，在每月的数据管理工作会议上，进行各项工作的汇报、展示和举证，同时记录绩效考核数据，并现场确认当月绩效结果。此外，还可以对考核期的未来绩效结果做出预测，从而避免出现实际工作绩效与考核绩效差异较大的现象。

29.7.4　项目全生命周期数据收集

在数据管理工作以项目形式开展的情况下，可以按照项目生命周期的方式进行数据的收集：
- 在项目启动阶段，确定绩效考核目标和激励标准；
- 在项目规划阶段，确定绩效考核基准数据，比如成果、进度、成本、质量等考核基准；
- 在项目执行与监控阶段，收集工作绩效数据，记录工作结果，分析并预测过程绩效状态；
- 在项目收尾阶段，进行绩效数据汇总，发布考核结果，并根据反馈进行面谈。

29.8　考核结果

考核结果分为价值绩效、结果绩效、过程绩效，无论哪种绩效，都需要清晰定义评价内容和度量方式，并对考核结果设置活力区间，以及定义绩效考核结果应用和反馈机制。

29.8.1　数据管理价值评价

数据管理绩效考核需要以价值交付为导向。价值是客户使用产品或服务的特定特性或功能的能力。比如，通过数字化转型为组织和干系人带来运营效率提升、满意度提升、良好的体验、品牌提升、市场份额增加、盈利能力提升等。对数据管理的价值评价主要从以下13个方面展开：

（1）客户体验；

（2）重塑组织；

（3）提升业务价值；

（4）重新定义商业模式；

（5）推动产业创新发展；

（6）提升企业治理水平；

（7）降本增效；

（8）助推"双循环"发展；

（9）助力"双碳"目标实现；

（10）促进高质量发展；

（11）提高运营效率和效果；

（12）提升市场份额；

（13）提高产品或服务盈利能力。

29.8.2　考核的"量化"神话

没有考核就没有管理，没有量化就没有考核。在对绩效考核结果进行量化时，需要考虑量化的成本。工作进度和成本可以进行连续量化。但有些绩效考核结果虽然能够量化，但无法考核。以清洁工的工作绩效结果为例，虽然可以使用机器设备测量光洁度、粉尘度、油腻度，但在实际工作中，只需要用手套或纸巾擦一下，就可以知道是否清洁干净。无法"量化"的考核结果，只做规范，不做考核。

29.8.3　活力曲线

活力曲线是为了减少考核结果的临近比较。比如 89 分与 90 分只有 1 分之差，这样的绩效说明不了什么问题。为此，可以根据组织的人员规模，设定等级区间，以等级作为考核结果的体现，从而便于考核结果的计算，减少冲突。

绩效考核结果活力曲线区间可以划分为三级、四级或五级。

三级：A-B-C（优秀－正常－须改进）。

四级：A-B-C-D（优秀－良好－正常－须改进）。

五级：A-B-C-D-E（优秀－良好－正常－须改进－差）。

以四级为例，绩效考核结果活力曲线区间等级划分原则见表 29-11。

表 29-11　绩效考核结果活力曲线区间等级划分原则

等级	评价等级及说明	参考比例
优秀/A	各方面特别出色的成绩	10%
良好/B	涉及的主要方面取得比较突出的成绩	40%
正常/C	基本达到预期计划要求，无明显的失误	45%
须改进/D	未达到预期计划要求，很多方面存在明显不足或失误	5%

29.8.4　考核结果应用

考核结果是否需要与薪酬挂钩？如果挂钩，绩效考核很难获得满分，容易导致被考核人误认为在变相扣工资。如果考核结果与薪酬关联且关联比例过大，则员工心里没有安全感；而如果关联比例过小，则考核结果又很难得到重视。所以在考核结果应用方面，需要进行多元化的应用。数据管理领域的考核结果应用除了薪酬、奖金、晋升之外，可以参考的激励要素还有工作成就、人际关系、领导认可、工作环境、表扬、带薪休假、培训机会、导师制、岗位轮换、期权、股票等。

从激励知识型员工的四大要素来看，个人成长占34%，工作自主占31%，业务成就占28%，金钱财富占7%。之前提到，在某个阶段，最无奈但又最有效的激励方式可能是金钱财富，但考核结果如果仅用单一的金钱财富做关联，在考核结果仅差一两分时，就很难解释清楚。比如将考核结果应用到奖金上，员工对金钱的敏感度是很高的，这种考核很容易陷入死局。

对于考核结果，推荐进行多元化的应用，包括但不限于优秀思想导师奖、专利奖、敬业奖、优秀团队奖、经典案例奖、技术尖兵、精益求精奖、攻关奖、5 年或 10 年荣誉奖、伯乐奖、Bug之星奖等。在过程考核中嵌入各种奖项，既可以及时激励，又可以引导过程管理，还可以起到榜样的作用。

部门考核的结果建议公开，但针对个人的考核结果不建议公开。

29.9　绩效反馈

"结果不反馈，过程全作废。"对好的绩效结果进行奖励不是目的，只是手段。考核从某种程度上看，是为了发现工作中的不足和能力短板，通过绩效反馈，指出存在的问题，反馈能力改进和提升之处，规划未来的个人发展计划。

29.9.1　绩效反馈与沟通

当绩效结果为优秀或良好时，主管给下属反馈绩效是一种报喜；而当绩效结果为差或需改进时，主管带给下属的则是一种痛苦的绩效反馈和沟通。

1. 别把绩效反馈和沟通仅仅看作反馈评价结果

主管不要把绩效反馈和沟通仅仅看作反馈评价结果，而应看作主管和下属共同探讨如何提高员工绩效的又一个机会，主要目的是进行双向交流。同时，主管也要充分认识到，绩效反馈和沟通既是对前期数据管理工作的回顾，也是对未来数据管理工作改进点的探讨和目标制定。

通常，主管与下属正式的绩效沟通至少每季度一次，以便对员工各季度的绩效情况进行回顾和展望。

2. 绩效面谈的 9 个步骤

绩效反馈和沟通是交换信息、传达意义、表达感情的过程，目的是促进相互理解，忌讳是抱有成见和假设。绩效面谈的 9 个步骤如下：

（1）绩效有问题吗？

（2）员工自己知道绩效不佳吗？

（3）员工知道自己该做什么吗？

（4）员工知道为什么要做和怎么做吗？

（5）有客观原因影响项目绩效吗？

（6）员工是否认为自己的做法更好？

（7）员工的努力得到了及时的反馈和回报吗？

（8）一直绩效欠佳的员工会受到惩罚吗？

（9）员工自身有能力提升业绩吗？

除了遵循以上 9 个步骤以外，相关的绩效面谈要点也需要掌握。

3. 绩效面谈的要点

绩效面谈的要点如下。

"一个中心"：对事不对人，以客观事实为依据，以日常观察为凭据。

"两个基本点"：要注意非语言信息，关注沟通过程和承诺达成情况。

"四个基本原则"：

- 了解心态，换位思考；
- 预先通知，选择方式；
- 平衡听讲，追踪核对；
- 避免对抗，严防冲突。

除了掌握绩效面谈要点之外，还需要留意注意事项。

4. 绩效反馈和沟通注意事项

在进行绩效反馈和沟通时，需要注意一些相关事项，以使绩效反馈和沟通更加有效，具体如下。

- 重视日常积累：注意平时的沟通反馈和改进情况。
- 不迁就：懂得说"不"，要坚定、简明、友好。
- 注意倾听：要用同理心进行倾听和回应。
- 用事实说话：多用量化数据进行说明。
- 表达正面动机：正确分析优缺点，正面引导和关心员工的未来成长和发展。
- 运用期望的力量：明确目标差距，降低期望值。
- 对事不对人：根据性格特点，采用不同的方法。
- 区分问题员工：上层主管选择参与，新老主管共同参与。

那么，具体应该如何操作才能使绩效面谈达到理想效果呢？

5. 绩效改进面谈

绩效改进面谈分为三个阶段：准备阶段、驾驭交流阶段、面谈结果的处理阶段。各阶段的操作细节如下。

准备阶段：

- 拟定面谈议程；
- 确定预期结果；
- 诊断绩效问题；
- 确定解决策略及方法。

驾驭交流阶段：

- 营造交流氛围；
- 驾驭交流过程；
- 处理话题偏移；
- 激发对方投入；
- 避免对抗与冲突。

面谈结果的处理阶段：

- 面谈结论的记录和整理，填写考核表格；
- 考核结果偏差修正；
- 就下阶段绩效方案达成共识。

6. 绩效辅导方法

主管针对员工的绩效考核结果，需要及时做出绩效辅导。在绩效辅导过程中，用好辅导方法将起到事半功倍的效果。在进行绩效辅导时，需要描述具体行为，清晰表述绩效后果，并就下阶段绩效方案和改进方法征求意见，达成共识。最后需要指出的是，绩效辅导应着眼于未来。

数据管理的绩效辅导需要从以下 4 个方面开展。

（1）知识方面：有做好数据管理工作的知识和经验吗？

（2）技能方面：有应用数据管理方面的知识和经验的技能吗？

（3）态度方面：有正确的态度和自信心吗？

（4）障碍方面：有不可控的外部阻碍、障碍和妨碍吗？

绩效辅导主要是为了实现被考核者的能力提升和个人绩效改进，使员工的成长与组织的成长同步，具体操作见如下模板。

填表日期：＿＿＿年＿＿＿月＿＿＿日

员工姓名		员工项目组		指导人姓名	
员工工号		指导人项目组		指导人工号	
指导人电话		起始日期		结束日期	
培养总目标	业务发展方向：数据管理 工作定位：数据管理 应达到的水平能力：				
第一周	培养目标	1. 2.			
	具体培养措施	1. 2. 考核：			
第二周	培养目标	1. 2.			
	具体培养措施	1. 2. 考核：			
第三周	培养目标	1. 2.			
	具体培养措施	1. 2. 考核：			
第四周	培养目标	1. 2.			
	具体培养措施	1. 2. 考核：进行培养考核答辩			

拟制：＿＿＿＿＿＿　　审核：＿＿＿＿＿＿　　批准：＿＿＿＿＿＿

29.9.2　绩效考核中的常见问题及应对措施

没有哪个单位会说绩效考核很好，最理想的说法是："我们单位的绩效考核还过得去，凑合着用。"绩效考核如果老板满意，员工就不满意；而如果员工满意，老板就不满意。所以，绩效考核能有 80% 以上的人认同，就已经是很好的考核制度了。由此可见，绩效考核中存在着诸多问题。

1. 绩效反馈中常见的 8 种情景

（1）赞成结果，不愿意改进。应对措施：指出危害。

（2）拒绝对自己的低水平承担责任。应对措施：责任到人，任务到边。

（3）不同意评语，反驳结论确定的依据。应对措施：提供过程绩效数据，多用举证法。

（4）一言不发，准备下次考核时离职。应对措施：通过别人与之间接沟通。

（5）瞎忙型员工，每天都很忙，但是没有绩效。改进措施：制订详细的工作计划。

（6）感觉型员工，自我感觉良好，实际绩效不理想。应对措施：找同事做标杆，让感觉型员工自己对标，发现不足。

（7）口号型员工，说什么事都回复"没问题"，但交付时总是掉链子。应对措施：加强检测频率，别人每周一次，针对口号型员工，至少每两天检测一次。

（8）高能低效型员工，这类员工有能力、有才华，但就是不出绩效。应对措施：让这类员工专做内部专家顾问，带团队。

2. 如何降低考核中人为因素的负面影响

在绩效考核中，考核者与被考核者之间应保持一定的情感距离，否则在考核时"下不了手"。

为了弱化人为因素的影响，一定要做到遵从制度，慎用宽容。有制度大家都必须遵循，不能把人性化变成人情化来做考核。

面对被考核者，也要以业绩为先，素质是基础，尽量提升员工素质。在面对考核结果时，作为主管，要树立大局观，以大局为重，摒弃个人好恶，尽量做到相对公平，不凭个人喜好打分。

为了有效监督考核者，组织内部要建立被考核者的申述渠道，在公布并确保申述渠道通畅的情况下，这从一定程度上可以弱化人为因素的影响。

3. 绩效考核中的八大误区

绩效考核中难免会有一些误区。如果能提前知道哪里有坑，就可以尽量减少摔倒的次数。绩效考核中的八大误区如下。

（1）**光环化倾向**。被考核者因为之前是劳模或绩效优秀，每次考核就给他优秀绩效，这种光环化倾向是存在的，但是当"以绩效说话"的时候，这个误区就可以避免。

（2）**宽容化与严格化倾向**。一些特定人群或"牛人"绩效不理想，为了挽留这些人，可能会给出宽容的标准；不过，也可能存在对某些绩效理想但平时不太遵守纪律的人，给出较为严格标准的情况。这个误区需要遵循制度，以业绩为先的方式来破解。

（3）**中间化倾向**。在进行考核时，为了不得罪员工，将考核结果都打到 80～90 分，出现中间化现象，这样做虽然"你好，我好，大家好"，但失去了考核的意义。这个误区可以通过强制分布的方式来破解。

（4）**近期行为偏见**。有的被考核者，每年国庆节过后，第一个来上班，最后一个下班。等到年终绩效考核的时候，大家对该员工的印象都很好，给出的得分也比较高。事实是，被考核者的近期行为误导了考核者。这个误区可以采用"过程+结果"的方式来破解。过程保证结果的必然性，结果验证过程的有效性。

（5）**好恶倾向**。80% 的考核受情感影响。对被考核者更有好感的，"下手"就比较轻；而如果对被考核者的情感比较疏远，"下手"就会比较重。这个误区也需要遵循制度，以业绩为先的方式来破解。

（6）**逻辑推断倾向**。由于上一个项目做得很好，并且之前的绩效一直很好，因此理所当然地认为当期绩效也不会差。这种逻辑推断式的考核，与绩效关联不大，会导致考核缺失公信力。

（7）**倒推化倾向**。倒推化的考核是指在需要进行排名的时候，倒推落实到被考核者身上，属于模糊评价。倒推化评价方式会出现近期行为偏见，由于近期绩效不理想，导致全年绩效分数低，否定上半年良好绩效结果；或者下半年绩效比较好，从而忽略了上半年绩效差的实情。这个误区一般采用按季度考核并对结果加权的方式来破解。

（8）**轮流倾向**。如果采用正态分布的考核方式，则有可能出现轮流"坐庄"现象，即这次考核张三排名靠前，下次考核张三就排名靠后，一年下来大家的绩效都差不多。这个误区将滋生平均主义，可以通过检查以及进行绩效反馈和沟通来加以调整和优化。

29.10　绩效考核体系建设

绩效考核体系建设主要分为 10 个步骤：
（1）取得高层领导支持；
（2）开展全员宣贯；
（3）统筹规划三阶段；
（4）确定考核目标；
（5）设计 KPI 和权重；
（6）选择合适的考核方法；
（7）设计考核结果的活力区间；
（8）设计考核频率；
（9）设计考核结果应用；
（10）开展绩效反馈与辅导。

29.10.1　取得高层领导支持

企业管理的"上三路"是使命、愿景、价值观，"下三路"是组织、人才、KPI。绩效考核绝对是一把手工程。绩效导向是什么，数据管理战略目标如何分解，考核结果如何应用与激励，这些都需要企业一把手亲自抓，亲自参与决策。所以，在设计绩效考核体系时，首先需要与高层领导进行充分沟通，并确定考核目标以及绩效考核的管理闭环。

29.10.2　开展全员宣贯

在取得高层领导的支持后，接下来就需要通过培训的方式进行全员宣贯，使主管及以上级别人员对绩效考核达成共识。

29.10.3　统筹规划三阶段

绩效考核需要进行三阶段的规划与统筹。作为管理指挥棒，第一阶段是建立基于现状的绩效考核制度，要能够兼顾近期经营管理目标和现有管理基础，否则就会脱离现状，甚至带来灭顶之灾。第三阶段是基于组织战略，建立未来助力战略实现的考核制度。第二阶段主要是建立过渡考核制度，旨在从第一阶段的现状，过渡到第三阶段的未来理想，这中间需要设计一套过渡的绩效考核制度。

29.10.4　确定考核目标

不同阶段的考核目标是不同的。当前阶段是建立数据管理意识和思维，接下来就是引导数字化转型，最后则是建立数字生态和创造数字产业价值。为此，每个阶段的绩效考核目标都需要提前确定，并围绕目标展开后续的 KPI 和权重设计。

29.10.5　设计 KPI 和权重

关键绩效指标设计好了就是 KPI，设计不好就是 IP（"挨批"）和 IK（"挨尅"）。关于如何设计 KPI 和权重，详见 29.3 节。

29.10.6　选择合适的考核方法

考核方法有很多，没有对错和好坏之分，需要根据管理基础和考核目标，选择最合适、最匹配的考核方法，详见 29.6 节。

29.10.7　设计考核结果的活力区间

活力曲线可以减少考核结果的临近比较，从而便于考核结果的计算，减少冲突，详见 29.8.3 节。

29.10.8　设计考核频率

考核频率可以根据管理的基础和要求以及考核对象的实际情况进行设定，详见 29.4 节。

29.10.9　设计考核结果应用

考核结果的应用方式非常重要，好的应用方式可以对员工形成激励，不好的应用方式则会起到反作用，详见 29.8.4 节。

29.10.10　开展绩效反馈与辅导

绩效考核的根本目的是发现工作中的不足和能力短板，所以需要通过绩效反馈与辅导来帮助员工进行改进和提升，详见 29.9 节。

通过上述 10 个步骤，可以基本形成绩效考核体系制度的框架结构，在内容上组织讨论并细化即可。在数据管理绩效考核体系的构建中，建议将数据管理部门作为主导方，将人力资源部门作为考核体系编写的组织方，而将其他相关部门作为参与和细化方。最终的数据管理绩效考核体系需要纳入人力资源管理的整体考核体系，并且考核结果的应用，比如奖金发放、晋升、培训等，也需要与人力资源部门协同并备案归档。

29.11　本章小结

对 CDO 及其数据团队的考核是数据管理的一个重要环节。本章介绍了数据管理中应该考核的对象和考核方法，并对相关的考核指标提出了一些通用性的建议。最后，本章介绍了绩效考核体系的建设内容和过程。

第 30 章

数据项目的管理

DAMA 一直强调，数据管理是一个过程，数字化转型更是一个过程。但无论如何，数据管理的工作和整体的数字化转型最终都是以项目的形式来开展和落地的。CDO 需要了解项目管理的核心内容，并对数据项目（或数据类项目）进行有效的管理。

30.1 数据项目的定义

30.1.1 什么是数据项目

这里把数据管理相关的所有项目都定义为"数据项目"或"数据类项目"，如传统的主数据管理项目、数据安全专项、数据质量提升项目等。

数据要素相关的项目也属于"数据项目"，比如数据价值评估、数据产品组合、数据交易合规评估等，也属于"数据项目"。

30.1.2 数据项目的独特性

无论是数据项目还是其他项目，如建筑项目，它们都有一些共性。项目管理的原则既适用于建筑项目的管理，也适用于数据项目的管理。不过，和其他项目相比，数据项目有自身的独特性，具体如下。

（1）**数据项目的对象是数据**。数据作为资产和其他资产有许多不一样的地方。数据是无形的，并且是不会被消耗的；数据的确权很难，数据的价值评估更难。仅仅以上几个特性就决定了数据项目管理的复杂性，在许多场景下，不能用传统的项目管理方法来管理数据项目。

（2）**对于数据项目，我们很难评估其独立的经济价值**。比如，通过数据分析和精准营销来提高销售额，通过主数据管理来减少库存，通过数据应用来提升社会治理水平等。在这些场景中，数据毫无疑问起到了量化支持作用，但这些业绩的提升是否都因为数据本身而实现？数据项目的ROI（Return On Investment，投资回报率）到底如何计算？事实是，恐怕有其他因素也起到了一些作用，所以很难评估数据的贡献有多大。另外，有些数据项目很难看到直接的业务价值，特别是元数据管理类的项目。元数据管理是数据管理的重中之重，但它的直接业务价值实际上很难评估。

（3）**数据项目工期可能比较长**。在许多情况下，对于数字化转型，政府都以 5 年作为一个周期，企业则以 3 年作为一个周期。德国西门子公司的数字化转型整整用了 25 年，产品合格率最终才达到 99.9988%。就具体的数据管理项目而言，主数据管理从立项到落地基本需要至少一年，数据仓库的建设时间则更长。某省政务数据资源目录的建设整整耗时两年。由于时间比较长，动力不足，大的人事变动等都会给数据项目的管理增加难度。

（4）**数据项目一般是跨部门和跨业务职能的**，这在无形中又给数据项目的管理增加了难度。主数据需要从整体的角度来管理，牵涉多个系统和职能部门，甚至还要考虑行业标准。元数据管理也需要整合多个系统以及包含多个甚至几百个数据库的数据字典。元数据管理遵循"应归尽归，应收尽收"的原则，元数据和数据资源目录需要尽量完整，而我们在现实中会碰到相当大的阻力，导致最后无法从各方收齐数据资源目录。

（5）许多数据要素相关的项目还不够成熟，数据的确权、数据的价值评估、数据挂牌、数据产品的交易、利益分配、数据资产入表等问题还处在探讨阶段，没有现成的模型和成功的经验。这些没有任何参考的工作都是前所未有的挑战。数据要素相关项目的管理更加困难。

30.2　项目管理及其发展

项目管理是一门遵循特定程序和指导方针来发起、组织、执行、监督组织内实施的新计划或变化的学科。项目管理由于需要创建新的项目来完成预定的结果或目标，因此不同于作为常规活动管理业务的持续实践。在项目管理中，最终的可交付成果受制于有限的时间和金钱。项目管理的基本组成部分如下。

- 时间：完成项目需要的时间。
- 成本：在项目上花费的金额。
- 范围：项目交付的变更/创新。
- 质量：项目执行的质量。

30.2.1　项目管理的发展历程

1. 经验式项目管理（20 世纪 30 年代以前）

在提出"里程碑"的概念之前（20 世纪 30 年代以前），项目主要依靠熟练人士的经验进行管理，如中国的长城、埃及的金字塔、古罗马的供水渠等，都是经验式项目管理的典型案例。这一阶段的项目管理是经验性的、不系统的，项目管理的标志性事件如下。

- 1917 年，Henry L. Gantt 发明了甘特图。
- 20 世纪 30 年代，里程碑的提出并得到广泛应用。

2. 近代项目管理（20 世纪 30 年代至 80 年代）

近代项目管理的萌芽起源于 20 世纪 40 年代，主要被应用于国防和军工领域。这一时期，人们不仅发明了大量的项目管理工具和方法，还成立了项目管理的专业组织。20 世纪 70 年代后，项目管理逐步发展成一门专业学科，涌现出许多标志性事件，具体如下。

- 20 世纪 30 年代，美国航空业利用"项目办公室"监控飞机的研制过程，工程行业设立"项目工程师"来监控和协调项目相关的部门。
- 1939 年，第二次世界大战全面爆发，催生了项目管理的应用与实践，项目管理被认为是第二次世界大战的副产品。
- 20 世纪 40 年代，美国曼哈顿原子弹计划首次应用项目管理来进行项目的计划和协调。
- 1957 年，杜邦公司发明了 CPM（Critical Path Method，关键路径法），使得维修停工时间由 125 小时锐减至 78 小时。
- 1958 年，美国海军在北极星导弹项目中应用 PERT（Program Evaluation and Review Technique，计划评审技术），将北极星项目工期缩短了 2 年（计划时间 8 年）。
- 1965 年，国际项目管理协会（International Project Management Association，IPMA）在欧洲瑞士成立。
- 1969 年，美国项目管理协会（Project Management Institute，PMI）在美国宾夕法尼亚州成立。

3. 现代项目管理（20 世纪 80 年代后）

20 世纪 80 年代是近代项目管理和现代项目管理的分水岭。1980 年后，美国、英国和澳大利亚等国先后开始在大学设立正式的项目管理学位课程，项目管理开始逐步规范和系统化。这一时期的标志性事件如下[1]。

- 1984 年，PMI 推出 PMP（Project Management Professional）认证。
- 1987 年，PMI 公布了项目管理知识体系（Project Management Body Of Knowledge，PMBOK）的第 1 版草稿。
- 1992 年，英国项目管理协会出版了欧洲版的项目管理知识体系，即《APM 知识体系》。
- 1996 年，PMI 发布 PMBOK 第 1 版。
- 1996 年，澳大利亚项目管理协会发布了世界上的第一部项目管理能力标准，即《项目管理能力国家标准》。
- 1997 年，ISO 以 PMBOK 为框架颁布 ISO 10006 项目管理质量标准。
- 1998 年，IPMA 正式推出《国际项目管理专业资质标准》（IPMA Competence Baseline，简称 ICB）。
- 1999 年，IPMA 发布了《IPMA 能力基线》。

30.2.2　项目管理的九大知识领域

目前项目管理有两大研究体系，即以欧洲为首的国际项目管理协会（IPMA）和以美国为首的项目管理协会（PMI）。IPMA 有自己的知识体系标准，即《国际项目管理专业资质标准》，对项目管理者有 40 个方面的素质要求。PMI 开发了项目管理知识体系（PMBOK），把项目管理划分为九大知识领域，即范围管理、时间管理、成本管理、质量管理、人力资源管理、沟通管理、采购管理、风险管理和综合管理。

（1）**项目范围管理**。项目范围管理确保项目完成且仅完成全部规定要做的工作，基本内容是定义和控制列入或未列入项目的事项。项目范围管理的主要过程包含启动、范围规划、范围定义、范围核实、范围变更控制等。

（2）**项目时间管理**。项目时间管理保证项目按时完成所需的各个子过程，主要子过程包括活动定义——找出为创造各种项目可交付成果所必须进行的各项具体活动、活动排序、活动历时估算、时间进度表制定、时间控制等。

（3）**项目成本管理**。项目成本管理旨在保证在批准的预算内完成项目所需的各个子过程，主要子过程有资源规划、费用估算、费用预算、费用控制等。

（4）**项目质量管理**。项目质量管理旨在保证项目能够满足既定的各种要求，主要子过程有质量规划、质量控制、质量保证等。

（5）**项目人力资源管理**。项目人力资源管理旨在保证最有效地使用和发挥项目参与者的个人能力，主要子过程有组织规划和团队建设等。

（6）**项目沟通管理**。项目沟通管理是为了在人、思想和信息之间建立联系，主要子过程有沟通规划、信息分发、进度报告和收尾善后等。

（7）**项目采购管理**。项目采购管理是为了从项目组织外部获取货物或服务，主要子过程有采购规划、询价规划、询价、来源选择、采购实施、合同收尾等。

（8）**项目风险管理**。项目风险管理是为了识别、分析不确定因素，并对这些不确定因素采取应对措施。项目风险管理能把有利事件的收益最大化，并把不利事件的损失最小化。

（9）**项目综合管理**。项目综合管理的核心就是在多个互相冲突的目标和方案之间做出权衡，以满足项目利害关系者的要求。项目综合管理是为了正确地协调项目各组成部分而进行的各个子过程的集成。

30.2.3　项目管理人才的技能要求

数字化时代的项目管理需要根据项目要求，组织相关方共同整合、筛选项目内外部的知识、技能、工具与技术，并将其创造性地应用于项目活动以实现相关方的价值诉求。根据 PMI 最近的一项调查和随后的名为"未来的项目经理——发展数字时代的项目管理技能以在颠覆性时代茁壮成长"的研究，项目管理要求组织和个人都接受全方位的能力和方法，以及广泛的技能。PMI 人才三角的三个顶点（代表理想的技能三要素）分别是技术项目管理、战略和业务管理，以及领导力。

1. 技术项目管理技能

技术项目管理技能是关于成功定制项目所需使用的工具、技术和流程，以及全面计划、确定优先级和有效管理与项目相关的范围、进度、预算、资源和风险的能力。数据项目属于"技术项目"。

2. 战略和业务管理技能

战略和业务管理技能旨在制定交付策略并最大化业务价值。有些项目需要特定的组织和/或行业知识，这些知识可以按行业（制药、财务等）、部门（会计、营销、法务等）、技术（软件开发、工程实施等）或业务领域（采购、研发管理等）来定义。这些应用领域通常与学科、法规以及项目、客户或行业的特定需求有关。

3. 领导力技能

领导力技能对所有项目团队成员都很有用，而无论项目团队是在具有集中权限的环境中还是在共享领导环境中。与领导力有关的特征和活动如下。

- 建立和维护愿景。
- 培养和运用批判性思维，以便能够识别偏见，确定问题的根本原因，并考虑具有挑战性的问题，如歧义、复杂性等。
- 了解是什么激励团队成员执行并与项目团队成员合作，以继续致力于项目及其成果的达成。
- 培养人际交往能力，如情商、决策能力和冲突管理能力。

在当今的数字环境中，取得成功需要多种技能的组合，其中一些技能包括数据科学（数据管理、分析和大数据）、创新思维、安全和隐私知识、法律和监管合规知识、做出数据驱动决策的能力以及协作领导。技能本身是不够的，还必须与领导力以及战略和业务管理相结合，才能支持组织的长期战略目标。

30.3　数据项目管理的原则

在数字经济时代，数据成为新的生产要素，政府、高校、科研院所、企业和社会组织等机构的运营都已离不开数据的支撑。数据项目管理是促进数据资产化过程高效进行，有效提升数据要素资产价值的重要手段。针对数据和数据项目的独特性，我们应该遵循一些原则，具体如下。

（1）**全局规划、小步快跑**。不言而喻，数据项目需要全局规划。CDO 应该加强全局性谋划、一体化布局、整体性推进。同时，考虑到数据项目的长期性和复杂性，CDO 还应该关注数据项目的短期成果。DAMA 把 12～24 个月定义为短期，这在国内是不可接受的。为使项目成功，小步快跑中的"小步"应该是每 3～6 个月。也就是说，每 3～6 个月就必须有一定的成果，包括阶段性成果。

（2）**业务驱动、IT 落地**。数据项目要成功，就必须由业务部门承担最终的责任，这不是说 IT 部门不重要，任何数据项目都需要由 IT 部门来落地，没有 IT 部门，数据项目落不了地。但是，项目最终的责任人必须由业务部门承担。关于这一点，DAMA 内部前后争论了整整 15 年，最后大家通过事实得出如下结论：数据项目的驱动力应该来自业务部门。

（3）**上下联动、左右协调**。数据项目一般是跨业务、跨系统的，CDO 在开展数据项目时，需要协调各方利益。CDO 不一定能够调动所有的资源，所以需要"一把手"的参与，同时还需要识别利益相关方，把利益相关方拉进来，成立数据项目组协调委员会。

（4）**继承发展、迭代升级**。无论是政府还是企业，通常已经有一定的信息系统，也有可能数据项目正在进行。但无论好坏，我们都不应该简单地否定已有的项目，而应该充分评估和整合利用现有的数据资源，以数据共享为重点，适度超前布局，预留发展空间，加快推进数据平台建设和迭代升级，不断提升数据应用支撑能力。

（5）**需求导向、应用牵引**。从企业和群众需求出发，从具体业务场景入手，以业务应用牵引数据管理和有序流动，加强数据赋能，推进跨部门、跨层级业务协同与应用，使数据更好地服务企业和群众。

（6）**创新驱动、安全可控**。创新和安全是一对矛盾。数据项目应该坚持新发展理念，积极运用云计算、区块链、人工智能等技术提升数据管理和服务能力，加快数字化转型，提供更多数字化服务，推动实现决策科学化、管理精准化、服务智能化。与此同时，坚持总体安全观，树立网络安全底线思维，围绕数据全生命周期安全管理，落实安全主体责任，促进安全协同共治，运用安全可靠技术和产品，推进数据安全体系规范化建设，推动创新与安全的协调发展。

（7）**从业务和 IT 两个角度来评估**。考虑到数据项目有时很难评估 ROI，CDO 应该首先强调项目的业务价值，如降本增效、提升客户满意度等。但对于部分不是很容易做业务评估的项目，应该从 IT 角度进行评估。例如，元数据管理尽管和业务不一定有直接的关系，但这是数据管理的起点。没有元数据，我们几乎无法开展数据的分类分级，也就无从了解自己的数据家底，这会导致一系列的 IT 问题，最终无法满足业务的数据要求，影响业务部门的工作。

30.4　数据项目管理的内容

30.4.1　传统型数据项目

数据项目管理工作至少包括数据标准管理、数据模型管理、元数据管理、主数据管理、数据质量管理、数据安全管理六大方面，它们共同构成了数据项目管理的核心内容。

1. 数据标准管理

数据标准管理的主要目的是保障组织在使用和交换数据要素时，能够保持组织内部数据使用和组织外部数据共享交换过程中数据要素的一致性、准确性和规范性。数据标准管理工作包括理解数据标准化的需求、制定数据标准体系与规范、完成数据标准化相关的管理办法和实施要求。

2. 数据模型管理

数据模型管理是对现实世界中的数据进行描述并形成相关活动的数据特征，然后通过各种数据模型工具实施并达到实践效果的过程。数据模型主要包括概念模型、逻辑模型和物理模型三种。概念模型是面向用户需求的，旨在将用户需求转为数据库的架构搭建关系。逻辑模型是面向具体业务的，用于指导数据库系统实现一系列的逻辑架构。物理模型是面向计算机的，关注的是操作系统、硬件、软件等基础上的数据存储结构和数据流方式。

3. 元数据管理

元数据旨在描述数据的结构、属性和数据之间的关系，是描述数据的数据。元数据管理的一个重点是进行数据的"血缘分析"，可通过数据间的"血缘关系"来了解数据的来源和走向。机构通过构建数据清单或数据地图，便可提取元数据，掌握数据资产的总体情况，为明确数据管理的风险环节提供依据。

4. 主数据管理

主数据是能够在机构内部不同部门之间或机构与外部之间共享的数据要素，比如与零售机构的客户、供应商、业务部门、客户和员工有关的数据。主数据管理通过促进机构内外的跨系统数据共享，可以保持数据的一致性和准确性，降低数据使用的成本和复杂度，支撑跨部门、跨系统的数据融合应用需求。

5. 数据质量管理

数据质量管理旨在对数据要素本身的规范性、一致性、准确性、完整性和时效性等进行评估。数据质量管理要兼顾相关工作开展的经济成本、人力成本和时间成本。数据质量管理最终是为了更好地实现数据服务战略和业务需求，其关键活动包括数据质量监测与分析、数据问题溯源、数据质量持续改善方案的制定等多个方面。

6. 数据安全管理

数据安全管理的重点是通过数据安全等级的设定防范相关风险的发生。数据安全管理相关的技术规范包括数据的生成、存储、使用、共享、销毁等活动的事前、事中、事后风险管控标准，从而实现数据的全生命周期闭环管理。

30.4.2 基于数据生命周期的传统型数据项目

数据项目按照数据的生命周期来划分，包括 4 个主要步骤，它们构成了数据管理的闭环过程。这 4 个主要步骤分别是数据采集、数据清洗和加工、数据分析和应用、数据运维和运营。组织在开展数据项目的相关管理工作之前，在数据标准体系建立、服务于业务场景的数据平台搭建、符合自身技术和管理能力的数据应用方案制定等方面都要做好充足的准备。

1. 数据采集

组织应根据数据需求进行数据采集。数据采集是对目标的特定原始数据进行收集的过程，又称数据获取。数据根据采集的来源不同，包括商业数据、互联网数据、传感器数据等。数据采集的来源广泛，数据量巨大，数据类型丰富，需要针对包括结构化、半结构化、非结构化数据在内的不同数据制定不同的采集策略。

2. 数据清洗和加工

数据清洗和加工是指对初次采集的原始数据，通过完成数据的清洗、填补、平滑、合并、规格化和一致性验证等工作，对原始数据进行标签、分类、排序、汇总等。可通过数据清洗和加工，将原本杂乱无章的原始数据，转为结构一致且便于处理的数据集，达到快速分析和应用的要求。

数据清洗和加工具体可分为数据清理、数据集成、数据规约三项工作。数据清理是指对数据的缺失值、噪声数据和不一致的数据结构进行处理。数据集成是指将来自不同数据源的数据，通过一定的处理，整合并存储到统一的数据库中。数据规约是指从庞大的数据库中，根据数据分析和应用的需求，以特定的规则抽取所用的数据，以达到节约成本的目的。

3. 数据分析和应用

数据分析和应用旨在对海量瞬变、复杂多元、快速迭代的数据资产，通过一定的算法和模型的组合处理，实现更优的决策、洞察和发现，以及流程优化。例如，零售行业通过数据分析挖掘消费者的潜在需求，高效整合供应链，快速响应消费者的个性化需求，提高自身收益水平。银行和保险行业利用数据分析工具来挖掘交易数据背后的商业价值，提高保险类业务的精算水平，增加投资收益。医疗行业基于大量的病例、病理报告、治愈方案、药物报告等数据，建立针对不同病症的医疗数据库，辅助医学科研者进行实验、研究和临床诊断。政府则利用经济数据、产业数据和政务服务数据，挖掘和分析地区经济运行和产业发展情况，依据结果为宏观政策的制定提供科学依据。

4. 数据运维和运营

除上述工作外，数据项目管理的最后一个环节还需要设置专业的数据团队或部门，来对数据进行例行的维护工作。这些工作主要包括根据数据分析和应用需求提供和上传数据，定期对数据进行更新和纠错以保证数据的时效性和有效性，设置数据的访问权限等级，对重要的数据进行备份，以及定期评估现有数据项目管理工作的执行成效并给出调整优化的建议等。以上这些都属于数据运维的范畴。

数据运营和数据运维以前是可以互换的两个术语，数据运营现在已经被赋予不同的含义。和数据运维不一样，数据运营更侧重于数据价值的实现，强调数据如何为业务赋能，从而间接实现其价值。此外，数据运营还包括使数据作为生产要素进入流通环节，通过交易直接实现其价值。

30.4.3　与数据资产和数据要素相关的数据项目

数据资产化是开展数据项目管理的基石，同时也是实现数据价值化目标的基本前提，更是把数据要素转为数据生产力的必由之路。作为一种新业态，与数据要素相关的数据项目目前是组织不可或缺的重要组成部分，特别是政府和国企的数据。

为了明确数据资产化的内涵，我们首先需要弄清楚资产和数据资产的概念。

1. 资产

在传统的管理学中，资产被认为是由一个机构过去的交易或事项形成的，由这个机构拥有或掌握实际控制权的，预期将会带来收益的资源。这里讲的资产所带来的收益一般指经济收益。

2. 数据资产

数据资产即由一个机构过去的经营行为或事项形成的，由这个机构拥有所有权或由这个机构采集且符合法律规定的，能够为该机构带来预期经济收益的数据要素资源。数据要素实现经济收益的"变现"过程就是数据资产化。

例如，金融机构拥有的失信人数据，对于互联网公司的借贷业务来说就是极其重要的参考信息，通过金融机构和互联网公司的合法交易，就可以使失信人数据实现资产化。当然，这个过程涉及个人隐私和数据脱敏问题，因此在数据要素的交易过程中，需要对失信人的原始数据做处理，以形成可供交易的数据产品。互联网公司通过失信人数据的应用，可以高效地识别用户的潜在还款风险，增强自身的辨别能力，提高风险控制能力。

为了实现数据价值化的目标，需要对数据交易制定合理的价格区间，数据要素的资产价值也需要进行评估。评估指标的选择和设定受很多因素的影响，大体可从以下 4 个角度来考虑。

（1）**成本角度**。数据最终的价值受到数据采集、清洗、分析、安全处理等步骤产生的成本的影响。数据要素的应用场景则受到数据存储、加工、运维等环节活动产生的成本的约束。

（2）**质量角度**。数据质量是影响数据要素资产价值的关键因素。数据的准确度、时效性和完整性是评估数据质量的基础。

（3）**应用角度**。数据应用不是简单的数据分析结果展示，而是分为面向运营、面向管理、面向服务等不同的应用场景。依据数据场景的稀缺性和多维性，数据应用贡献的价值是不同的。

（4）**风险角度**。数据作为生产要素，其使用和交易受到相关部门的监管。数据泄露、数据违规使用、数据隐私侵犯等行为都会受到不同程度的限制。数据的合规性和安全性则会影响数据要素的价值水平。

30.4.4　数据外包项目的管理

数据管理工作的外包无论在国内还是国外，都是非常普遍的一种现象。重点是，工作可以外包，但责任不可以外包。比如，甲方拥有大量数据，甲方把对这些数据管理的工作通过项目外包形式给了乙方，如果乙方管理不善，最后导致甲方数据泄露，那么在这种情况下，主责是甲方，乙方承担连带责任。

数据外包无形中增加了数据安全的复杂程度。这些数据安全问题看似是企业外部的问题，其实是企业内部的问题。

30.5　数据驱动的项目管理

数据类项目需要管理，需要管理学的理论和最佳实践的指导；数据对管理本身也起到了量化的支持。

30.5.1　数据在项目管理中的作用

在大数据时代，项目管理的效率与效能越来越依赖于数字化技术的支撑，这是一个难以阻挡的趋势。数据驱动在项目管理决策方面的重要性越来越突出，或者说，科学且迅捷的项目管理决策体系越来越需要数据驱动的支持。将大数据与项目管理相结合，推进项目管理数字化及现代化已成为理论界和实务界的共识。

在项目管理中，每一个环节都包含大量的数据，可利用数据技术对项目管理过程中涉及的信息资料进行深入分析，以使管理人员能够更好地进行项目管理预测与优化。目前，项目管理中的数据预测及优化方法有数理统计、机器学习及数学建模等。

与以往从经验/直觉输入到规则输出的流程驱动相比，数据驱动的项目管理决策更重视数据的输入，尤其是高质量的数据加载。通过整合和链接以往认知所未能到达的被隔离对象信息，依托数据建模与机器学习等大数据的技术路径和方法，可在不同的数据集之间形成了一个集中的、共同的、可度量的、更紧密的、反应更敏捷的项目管理决策系统。

30.5.2　数据驱动的项目管理的实施流程

数据驱动的项目管理的实施流程如下。

（1）**全息化数据采集**：对有效数据进行初步过滤，同时对敏感数据进行脱敏处理，以确保实现对隐私数据的可靠保护，经过数据清洗和数据沉淀，实现数据整合。

（2）**智能化分析计算**：基于最新的深度学习技术和神经网络，通过提炼数据、信息、知识的关联结构，构建内容之间的深度联系，对采集层汇聚得来的数据与决策模型进行适配处理。

（3）**精准化决策支持**：通过内置决策模型、数据开发及管理平台、可视化输出等举措辅助决策制定。

（4）**体系化治理机制**：为确保最终计算的精确性，同时提升数据深度加工效率，在数仓体系建立时建立全流程、全生命周期的数据治理机制。

（5）**系统化运营保障**：围绕最终的决策输出，建立系统化的数据体系、运营体系、方法体系和组织体系，保障整个系统的高效能运转。

（6）**立体化评价反馈**：评价机制是基于"效"的价值评判，贯穿于整个系统的每个子系统和子流程节点，并通过实时反馈来校验数据质量和数据价值实现。

数据是静态的，数据应用是动态的。数据作为组织的战略资产越来越受到重视，从最初的数据协助业务协同，转为数据驱动业务、数据驱动运营，直至数据驱动决策。数据驱动是一个催化过程，实现了"静态"数据向"动态"应用的价值转换。正确理解这种转换机理并掌握应用的方法，是理解数据驱动系统的关键所在。

30.6　本章小结

数据项目主要有两种：一种是传统的数据管理相关的项目，可进一步按照类别或数据的生命周期来划分；另一种是数据要素相关的项目。企业和组织在进行数字化转型时，必然以项目的形式去实现。数据项目在实施时因其主要作用对象是数据，在项目管理方面与其他信息应用类项目相比有很大的区别。企业和组织进行数字化的过程本身也是一个大的项目集的实施过程，在此过程中，CDO 是一个非常关键的角色。本章主要阐述了项目管理的知识领域和所需的技能，以及数据项目的管理内容及实施流程，最后顺便介绍了数据驱动的项目管理。

推荐阅读：

[1] 姚小涛, 亓晖, 刘琳琳, 等. 企业数字化转型：再认识与再出发[J]. 西安交通大学学报（社会科学版）, 2022, 42(3): 1-9. DOI:10.15896/j.xjtuskxb.202203001.

[2] 李广乾. 如何理解数据是新型生产要素[EB/OL]. [2022-12-20].

[3] 冠英股份. 制造业数字化转型路径："6 模式-4 阶段-5 步骤-6 能力" [EB/OL]. [2022-12-20].

[4] 孙新波管理哲学. 数字化与数据化——概念界定与辨析[EB/OL]. [2022-12-25].

[5] 数字化企业. 数据要素如何创造价值？[EB/OL]. [2022-12-30].

[6] 李学龙, 龚海刚. 大数据综述[J]. 中国科学：信息科学, 2015, 45(1).

[7] 程学旗, 靳小龙, 王元卓, 等. 大数据系统和分析技术综述[J]. 软件学报, 2014, 25(9): 1889-1908.

[8] 惊鸿伴你终生成长. 一文带你了解项目管理的发展史[EB/OL]. [2023-01-04].

[9] 丁锐. 项目管理理论综述[J]. 合作经济与科技, 2009(366): 50-51.

[10] 普华永道. 数据要素视角下的数据资产化研究报告[R]. 2022.

[11] 艾瑞咨询. 2022 年中国数据中台行业研究报告[R]. 2022

[12] Gartner. Hype Cycle for Security in China [R]. 2022.

[13] 数据学堂. 数据资产管理的 5 个步骤和 6 个要素[EB/OL]. [2022-1-7].

[14] DataFocus. 数据分析项目的实施和管理建议[EB/OL]. [2019-8-4].

[15] 李翔宇, 刘涛. 认识数字新基建[M]. 北京: 机械工业出版社, 2022.

[16] 叶雅珍, 朱扬勇. 数据资产[M]. 北京: 人民邮电出版社, 2021.

[17] 张峰. 大数据：一个新的政府治理命题[J]. 广西社会科学, 2015(8): 133-138.

[18] 邓亚当. 利用大数据推进政府治理创新[J]. 辽宁行政学院学报, 2017(3): 23-27.

[19] 段忠贤, 刘强强, 黄月又. 政策信息学：大数据驱动的政策科学发展趋势[J]. 电子政务, 2019(8): 2-13.

[20] COUCH N, ROBINS B. Big Data for Defense and Security[M]. London: Royal United Services Institute, 2013: 161-163.

[21] 维克托·迈尔-舍恩伯格, 肯尼斯·库克耶. 大数据时代：生活工作与思维的大变革[M]. 盛杨燕, 周涛, 译. 杭州: 浙江人民出版社, 2013: 22-25.

[22] 布瑞恩·戈德西. 数据即未来[M]. 陈斌, 译. 北京: 机械工业出版社, 2018: 20-21.

第五篇

新技术、新模式、新业态

第 31 章

新型数据科技

一方面，科技本应属于 CIO 的职责范围，然而许多技术都是为了管理和应用数据，因为牵扯到数据，所以与科技相关的决策必须有 CDO 的参与。另一方面，CDO 必须充分了解甚至熟练掌握现代科技，特别是战略性新型数据平台的采购和建设。

31.1 战略性新型数据平台

战略性新型数据平台有时也称为"数字底座"。

数据平台作为承载企业数据收集、存储、加工、应用和流通等重要数据环节的载体，是企业数据基础设施建设的核心部分。2022 年 1 月，国务院印发《"十四五"数字经济发展规划》，重点强调了"支持有条件的大型企业打造一体化数字平台，全面整合企业内部信息系统，强化全流程数据贯通，加快全价值链业务协同，形成数据驱动的智能决策能力，提升企业整体运行效率和产业链上下游协同效率"。2023 年 2 月，中共中央、国务院印发《数字中国建设整体布局规划》，强调了要打通数字基础设施大动脉，引导通用数据中心、超算中心、智能计算中心、边缘数据中心等合理梯次布局。数据平台作为各级数据中心、计算中心建设的关键节点，其重要性再一次显现出来。

企业战略性新型数据平台的采购和建设应充分考虑新一代数字技术的发展现状，这些数字技术包括现代数据架构、湖仓一体、数据编织（Data Fabric）、数据网格（Data Mesh）、数据联邦（Data Federation）、DataOps、数据可视化（Data Visualization）、数字孪生、隐私计算、区块链等。企业战略性新型数据平台的建设还应考虑到国家"信创"的要求、开源系统的发展情况，以及新型数据管理知识体系的发展情况。

31.2 现代数据架构

为了适应快速变化的数据需求，数据架构也在不断地迭代更新。在以数据驱动为主的企业数字化转型的背景下，现代数据架构也呈现出自身的发展特点，新的趋势包括湖仓一体、云上数据架构、面向数据管理的数据架构等。

31.2.1 现代数据架构的特点

从 2016 年左右开始，随着云计算的大规模推广，现代数据架构在西方国家成为主流。现代数据架构是指一组灵活的工具和软件功能，它们可以帮助企业更有效地收集、存储、管理和使用数据。现代数据架构有如下三个关键特性。

- **为各种用户提供自助服务。** 数据使用者已经不再仅限于 IT 人员，现在的业务人员也需要有足够的数据素养来自助使用甚至管理数据，关键点是"各种用户"和"自助服务"。

- **"敏捷"的数据管理**。这主要指的是 DataOps（敏捷数据运营）。以前建设数仓（数据仓库的简称）很可能需要一年的时间，现在因为有了像 Fivetran 和 Snowflake 这样的工具，用户也许在不到 30 分钟的时间内就能够建立数仓。现代数据架构很容易设置，现收现付，即插即用。
- **云优先**（cloud-first）**和云原生**（cloud-native）。数据生命周期的各个阶段以在云端运作作为第一优先，或者说，数据本来就是云原生的。

31.2.2 云上数据架构的兴起

随着云计算的普及和发展，大数据平台进入云数据时代。国外有 Redshift、Snowflake、Databricks 等云数据平台公司，阿里云作为国内云平台的代表，也推出了 MaxCompute、PAI、EMR 等云上计算引擎，以及 DataWorks、Dataphin 等云数据开发平台。

1. 云上数据湖仓技术：Snowflake 和 Databricks

Snowflake 公司创立于 2012 年，总部位于美国加州的圣马特奥，2014 年推出专用 SQL 云数据平台 Snowflake，提供基于云端的数据存储和分析服务［也称为 DWaaS（Data Warehouse as a Service）］，是近几年客户增长速度非常快的云数据仓库供应商。Snowflake 是一种多租户、事务性、安全、高度可扩展的弹性系统，具备完整的 SQL 支持和半结构化、schema-less 数据模式支持。Snowflake 在 Amazon 云上提供现付即用的服务，用户只需要将数据导入 Amazon 云，就可以立即利用自己所熟悉的工具和界面对数据进行管理和查询。

另一家大数据公司 Databricks 成立于 2013 年，并一直致力于提供基于 Spark 的云服务，打造了 Delta Lake。Databricks 现在已将其能力大幅扩展到传统数据仓库，并且正在打造 Data Lakehouse——一种新颖的数据湖仓。

Databricks 最初是一家数据湖公司，但其一直在添加数仓功能。Snowflake 则反过来，作为一家数仓起家的公司，却一直忙于拥抱数据湖。

2. 云上数据架构的发展趋势

目前，云上数据架构的演化表现出存算分离和云原生等趋势。

在当下企业数据中心网络进入万兆、十万兆带宽，数据规模增长显著高于数据计算需求的背景下，存算资源很难进行合理分配，存算耦合的优势变得越来越弱。另外，数据湖、云原生、对象存储等技术的发展，也推动了企业大数据基础设施朝着存算分离的架构方向演进。

云原生的架构优势在于资源弹性化、数据云上化。在该架构下，存储集群、资源调度、计算引擎是高度解耦的，底层存储可以是 HDFS（Hadoop Distributed File System，Hadoop 分布式文件系统），也可以是 S3（Simple-Storage-Service）协议实现等；资源调度则完全拥抱 K8S（Kubernetes 的简称），计算引擎可以支持多种主流引擎。

此外，云上数据架构还表现出多元计算/存储/分析引擎、流批一体与湖仓一体结合、混合云及多云部署等特点。

31.2.3 主动型元数据管理

为了充分管理和应用云端数据，现代数据架构中的元数据管理至关重要。云端数据来源复杂、格式多样、种类繁多、更新速度频繁，在现代数据架构中，元数据的管理远比数据质量和数据安全的管理重要。

具体来讲，通过数据架构中的元数据可以了解组织的数据情况；数据资源目录应该使 IT 人员和业务人员都能够自助查询和获取数据；与数据标准相关的元数据使数据管理人员能够了解组织的各项标准；与数据模型相关的元数据使得业务人员及数据库设计人员能够进行规范化的数据库设计；数据分布使得数据使用人员能够根据业务流程定位可信数据和建立血缘关系，并进行影响分析和血缘分析。

没有元数据和数据资源目录，组织甚至无法开展云端数据的管理和应用。

31.3 湖仓一体

湖仓一体的概念早在十几年前就已经被提出，但相较于数仓和数据湖而言，湖仓一体还是一个比较新的概念。

31.3.1 数据仓库

数据仓库（Data Warehouse）的概念最早出现于 20 世纪 80 年代。数据仓库有两个重要组成部分：集成了大量数据的数据库，以及与数据库相关的用于收集、清理、转换和存储来自各种操作和外部数据源的数据的软件程序。

在数据仓库的建设方法上，Bill Inmon（被誉为"数据仓库之父"）和 Ralph Kimball（数据仓库和商务智能领域的权威专家）分别提出了不同的思路。Inmon 把数据仓库定义为"面向主题的、整合的、随时间变化的、相对稳定的支持管理决策的数据集合"，用规范化的关系模型来存储和管理数据。Kimball 则把数据仓库定义为"为查询和分析定制的交易数据的副本"，Kimball 的方法通常被称作多维模型。

传统数据仓库主要关注结构化数据和商务智能。但随着文档、图片、视频等大量非结构化数据的出现，数据仓库针对非结构化数据的处理就显得有点无能为力了。

31.3.2 数据湖

数据湖（Data Lake）的出现是为了弥补传统数据仓库在数据（特别是大数据和非结构化数据）存储和分析方面的不足。

数据湖是一个集中式的存储库，允许使用者以任何规模存储有多个来源的几乎任意格式的数据，包括结构化数据和非结构化数据。可以原样存储数据，而无须对数据进行结构化处理，并支持不同的数据分析技术以实现对数据的加工。数据湖提供了多种功能，具体包括：

- 数据科学家挖掘和分析数据的环境；
- 原始数据的集中存储区域；
- 为历史数据提供备用存储；
- 数据的归档区域；
- 流数据处理环境。

数据湖可以使用多种存储系统，如 HDFS、对象存储、文件系统等。为了建立数据湖中的内容清单，在数据被提取时对元数据进行管理至关重要，否则数据湖将迅速成为数据沼泽。采集引擎在采集数据后需要对数据进行剖析，从而识别出数据域、数据管理和数据质量问题，并打上标签，后续处理程序可以根据标签识别数据湖中的数据内容。

根据中国信息通信研究院云计算与大数据研究所发布的《湖仓一体数据平台技术要求》，数据湖与数据仓库各有优劣势，无法相互直接替代，表 31-1 对数据湖和数据仓库进行了对比。

表 31-1　数据湖与数据仓库的对比

差异项	数据湖	数据仓库
数据类型	所有数据类型	历史的、结构化的数据
Schema	读取型 Schema	写入型 Schema
计算能力	支持多计算引擎用于处理、分析所有类型的数据	处理结构化数据,可转为多维数据、报表,以满足后续高级报表及数据分析需求
成本	存储计算成本低,使用和运维成本高	存储计算绑定、不够灵活、成本高
数据可靠性	数据质量一般,容易形成数据沼泽	高质量、高可靠性、事务隔离性好
扩展性	高扩展性	扩展性一般,扩展成本高
产品形态	一种解决方案,配合系列工具实现业务需求,灵活性更强	一般是标准化的产品
潜力	实现数据的集中式管理,为企业挖掘新的运营需求	存储和维护长期数据,数据可按需访问

除了表 31-1 所示的区别之外,数据仓库和数据湖还有如下两个不同之处。

- 在数据加载方式方面,数据仓库一般使用 ETL,而数据湖一般使用 ELT。
- 在数据应用方面,数据仓库一般侧重 BI,是对已经发生的事情的总结和呈现;而数据湖侧重 AI,更多是对未来的预测和数据挖掘。

数据湖目前主要有如下三大开源方案。

(1) **Delta Lake**。Delta Lake 是由 Databricks 推出的一种基于 Apache Spark 和 Apache Parquet 的开源数据湖技术。Delta Lake 提供了 ACID[①]、数据版本控制、数据一致性控制、数据可靠性控制、数据质量控制等功能,使得数据湖更加稳健和易于管理。Delta Lake 还支持 SQL 查询、Scala/Python/Java API、Spark Streaming、Delta Lake Connectors 等功能。

(2) **Apache Hudi**。Apache Hudi 是由 Uber 提出的一种基于 Apache Hadoop 和 Apache Spark 的开源数据湖技术。Apache Hudi 提供了支持增量更新和删除、支持数据版本控制和数据访问控制、支持数据一致性和数据质量控制等功能。Apache Hudi 还支持多种存储格式和存储介质,包括 Parquet、ORC、HDFS、S3 协议实现等。

(3) **Apache Iceberg**。Apache Iceberg 是由 Netflix 提出的一种基于 Apache Hadoop 和 Apache Spark 的开源数据湖技术。Apache Iceberg 提供了快速的数据写入和查询、数据版本控制、数据质量控制等功能。Apache Iceberg 支持多种存储介质和存储格式,包括 Parquet、ORC、Avro、HDFS、S3 协议实现等。此外,Apache Iceberg 还支持 SQL 查询、Java API、Spark API 等多种数据访问方式。

31.3.3　湖仓一体

湖仓一体(Data Lakehouse)技术可以将数据仓库的高性能及管理能力与数据湖的灵活性融合起来,形成统一的数据平台。

根据中国信息通信研究院云计算与大数据研究所发布的《湖仓一体数据平台技术要求》,湖仓一体数据平台所需具备的能力包含湖仓数据集成、湖仓存储、湖仓计算、湖仓数据治理、湖仓其他能力共 5 个能力域,见图 31-1。其中处于核心地位的是湖仓数据治理,湖仓数据治理能够替客户屏蔽底层异构数据平台的复杂性,给客户带来更好的体验。表 31-2 列出了部分湖仓一体供应商及其产品。

① ACID 代表事务的 4 个特性,其中的 A(Atomicity)代表不可分割性,C(Consistency)代表一致性,I(Isolation)代表隔离性,D(Durability)代表持久性。

湖仓数据集成	湖仓储存	湖仓计算	湖仓数据治理	湖仓其他功能
数据源管理	存算分离	储存生态支持	统一元数据管理	异地容灾
湖仓数据转换能力	储存分级	认证授权	统一数据管理	
入湖能力	数据湖格式	统一开发平台	统一湖仓血缘	
	储存加速	弹性能力	数据评估能力	
	储存加密	多场景融合分析	数据标准及数据质量	
		统一资源管理	动态数据加密	
		多计算模式支持	数据建模能力	

图 31-1　湖仓一体数据平台的 5 个能力域

表 31-2　部分湖仓一体供应商及其产品

厂商名称	湖仓一体产品
Snowflake	Snowflake
Databricks	Lakehouse Platform
阿里云	MaxCompute/Hologres 湖仓一体
华为云	FusionInsight MRS 云原生数据湖
腾讯云	云原生智能数据湖
Amazon 云	AWS（Amazon Web Services）智能湖仓

31.3.4　数据中台

数据中台目前并无统一的定义。市场调研机构 Gartner 认为，数据中台是一种组织战略和技术的实践。通过数据中台，不同业务线的用户能够依据单一事实源，高效地使用企业数据进行决策。中国信息通信研究院认为，数据中台是企业为了使数据产生业务价值所需构建的能力集合，包括数据开发、数据服务、数据管理、数据资产运营等能力。

综合来看，数据中台并不是全新的技术或产品，而更多是由一些技术组件组合形成的一种综合性的数据应用解决方案。

根据中国信息通信研究院发布的数据中台能力成熟度模型，典型的数据中台能力架构见图 31-2。

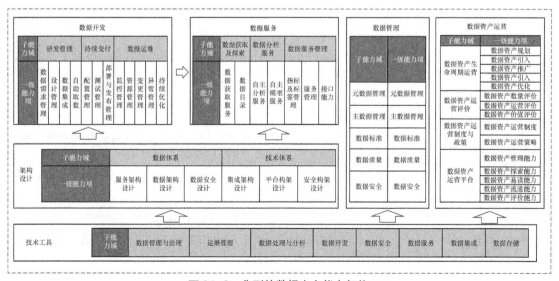

图 31-2　典型的数据中台能力架构

31.4　数据民主化

数据民主化（Data Democratization）是相对较新的一个术语。我们通常认为，数据民主化强调的是让所有人共享数据的一种理念和机制。

Gartner 表示，通过采用数据民主化，组织可以解决资源短缺问题，减少瓶颈，并使业务部门能够更轻松地处理自己的数据请求。通过使数据民主化，组织可以通过让更多的人参与数据分析和解释来改进决策；增加组织内团队之间的协作；提高透明度，因为更多的人可以获得信息，并且可以看到数据驱动的决策是如何做出的。

不过，数据民主化更强调数据的责任。举个最简单的例子，在政务数据管理中，我们采用的一般是"大集中"的模式。我们把各县市的数据集中到地市，再把地市的数据集中到省级数据中心。除地市数据外，省级数据中心还收集各个厅局的数据。这种"大集中"的模式是否是最佳的、必需的？就责任机制而言，数据质量到底谁负责？

按照数据民主化的理论，各个地市的数据和各个厅局的数据其实不一定需要集中到省级数据中心，相反，这些数据应该由各地、各厅局自己分布存储；省级数据中心可以制定标准和要求，并进行监督、审计和考核；当需要使用数据时，可以直接通过专线从各地和各厅局调取。

数据的质量问题也应该由各地和各厅局自己负责。各个地市和条线是数据质量的第一道防线。省级数据中心是第二道防线。有关审计部门是第三道防线。数据质量的管理如此，数据安全的管理也应该如此。

在技术实现上，数据民主化与数据编织（Data Fabric）和数据网格（Data Mesh）直接相关。换言之，数据编织和数据网格的技术及理论来自数据民主化的理念。

31.5　数据编织

数据编织和数据网格是新兴的数据管理概念，旨在解决组织变革以及在混合多云生态系统中理解、管理和处理企业数据的复杂性。

自 2019 年起，Gartner 连续 3 年将数据编织列为年度数据和分析技术领域的十大趋势之一。

Gartner 将数据编织定义为"一种设计概念，用作数据和连接过程的集成层。数据编织利用对现有的、可发现的和推断的元数据的持续分析来支持所有环境（包括混合云和多云平台）的集成和可重用数据集的设计、部署和使用。"

如图 31-3 所示，Gartner 将数据编织的典型结构自下而上分为 5 个层次。

从本质上讲，数据编织是一种元数据驱动的方式，用于连接不同的数据工具集合，以自助方式解决数据项目中的访问、发现、转换、集成、安全、治理、沿袭和编排等工作，从而提高数据工程的生产率，节省数据消费者实现价值的时间。

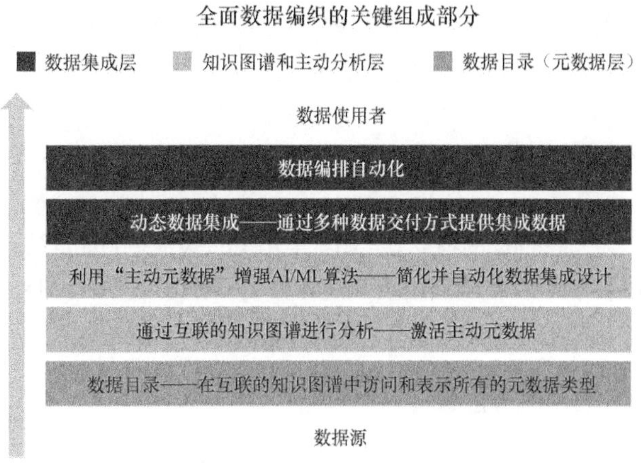

图 31-3　数据编织的典型结构

31.6 数据网格

根据 Forrester 的说法,"数据网格是一种去中心化的社会技术方法,用于在组织内部或跨组织的复杂和大规模环境中共享、访问和管理分析数据。"

数据网格是一种按业务域或功能将数据源与数据所有者对齐的方法。通过数据所有权的去中心化,数据所有者可以为各自的领域创建数据产品,这意味着数据消费者,包括数据科学家和商业用户在内,可以将这些数据产品的组合用于数据分析和数据科学。

数据网格的价值在于能够将数据产品的创建转移到上游的主题专家(主题专家最了解业务领域)身上,而不是依赖数据工程师来清理和集成下游的数据产品。

数据网格与数据编织的关系如下。

- 虽然数据网格旨在解决许多与数据编织相同的问题,也就是解决在异构数据环境中管理数据的难题,但它们是以完全不同的方式解决问题的。
- 数据编织试图在分布式数据之上构建单一的虚拟管理层,数据网格则鼓励分布式团队在其认为合适的时候各自管理数据,尽管它们有一些共同的治理规定。
- 数据网格和数据编织都基于分布式存储,但数据编织是中心化的,而数据网格是去中心化的。
- 数据网格和数据编织的区别还在于用户访问它们的位置不同。数据网格和数据编织都提供了跨不同技术和平台访问数据的架构,但数据编织以技术为中心,而数据网格专注于组织变革。数据网格更多是关于人和流程的,而不是关于架构的;数据编织则是一种架构方法,它以一种可以很好地协同工作的智能方式处理数据和元数据的复杂性。

数据网格和数据编织可以共存。在数据管理方面,数据编织通过自动化创建数据产品和管理数据产品生命周期所需的许多任务,为数据网格各项功能的充分发挥和利用,提供有效的技术支持。

31.7 数据联邦

数据联邦(Data Federation)和数据编织大体上是一样的,除了一些细微的区别之外,它们的核心理念完全一致。尽管现在已经不再被经常提起,但数据联邦的概念出现得比数据编织早。

数据联邦提供了一种集成的统一数据视图的方法,数据从逻辑上看只存在一个位置,但实际的物理位置可能在多个数据源中。也可以说,数据联邦具有一种为数据提供逻辑的而不是物理的数据接口的能力。这种由多个数据源组成的虚拟视图可使数据消费者不再需要知道数据的物理位置、数据结构和保存方式。

31.8 DataOps

DataOps 的概念在 2014 年由 Lenny Liebmann 提出。Lenny Liebmann 将 DataOps 看作优化数据科学团队和运营团队之间协作的一些实践集。2018 年,Gartner 首次将 DataOps 纳入数据管理的技术成熟度曲线;2022 年,DataOps 进入该曲线的第二阶段——"过热期"。

31.8.1 定义

对于 DataOps,目前业内有不同的定义。

- **Gartner** 认为 DataOps 是一种协作型的数据管理实践,专注于改善整个组织的数据管理者和数据消费者之间的沟通、整合，以及数据流的自动化。

- **IBM** 认为 DataOps 是人员、流程和技术的有机结合，用于快速向数据公民提供可信的高质量数据。
- **Wikipedia** 认为 DataOps 是一套实践、流程和技术，旨在将综合的、面向流程的数据观点与敏捷软件工程中的自动化和方法相结合，以提高质量、速度和协作，促进数据分析领域的持续改进。
- **中国信息通信研究院**认为 DataOps 是一种面向数据全生命周期，以价值最大化为目标的最佳实践，聚焦于协同从数据需求输入到交付物输出的全过程，旨在明确研发运营目的，细化实施步骤，在价值运营、系统工具、组织模式、安全风险管理的支撑下，实现数据研发运营的一体化、敏捷化、精益化、自动化、智能化、价值显性化理念。

尽管 DataOps 在业内并无统一的定义，但我们通常认为，DataOps 是将 DevOps 的敏捷开发和持续集成应用到数据领域，并完成从数据获取到交付数据产品的数据流水线工作。

31.8.2 DataOps 架构

如图 31-4 所示，DataOps 架构主要由三部分组成，它们分别是数据管道、数据技术和数据处理。

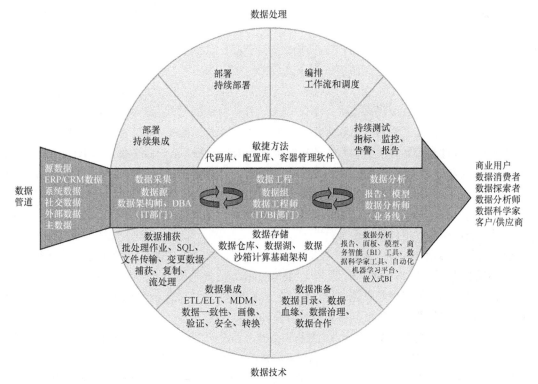

图 31-4　DataOps 架构

在图 31-4 中，中间的深灰色箭头是数据管道，源数据需要经过数据采集、数据工程和数据分析三个阶段的处理。数据管道代表了一条数据供应链，数据供应链可以处理、优化和丰富数据，以供各种应用使用。

数据管道的下方是 DataOps 所涉及的主要技术，涉及数据捕获、数据集成、数据准备和数据分析。数据存储是支持数据技术和数据团队的关键，包括数据仓库、数据湖和数据沙箱。计算基础架构原来更多地基于云。

数据处理涉及明确的过程和方法来构建、更改、测试、部署、运行及跟踪新功能和更改后的功能，并且需要管理这些过程所生成的所有工件，包括代码、数据、源数据、脚本、指标、维度、层次结构等。

31.8.3　数据中台与 DataOps 的关系

国内流行的数据中台和 DataOps 既有共同之处，也有许多差异。共同之处在于，二者都要实现数据的规范管理，打破数据孤岛，提升数据研发和使用的效率。差异之处在于，数据中台强调数据的统一管理，还强调数据能力的抽象、共享和复用；而 DataOps 强调数据应用的开发和运维效率的提升。数据中台描述的是最终目标，DataOps 对此提供了一条最佳路径。DataOps 可以作为数据中台建设、开发和运营的方法论来考虑。

31.8.4　DataOps 的主要技术

DataOps 的主要方法论仍处于快速发展阶段。像 Meta 和 Twitter 这样的公司，通常会有专门的数据平台团队来处理数据运营并实现数据项目。但是，它们的实现方式大多与公司现有的运营基础设施集成，因而不适用于其他公司。不过，我们可以从它们的成功中学习经验，并建立一个可以由每家公司轻松实施的通用大数据平台。要构建 DataOps 所需的通用大数据平台，通常需要掌握以下技术。

（1）云架构：必须使用基于云的基础架构来支持资源管理和运营效率。无论底层硬件基础设施如何，配置新系统环境都应该快速而简单。部署新应用程序应该花费几秒而不是几小时或几天的时间。

（2）容器化：容器在 DevOps 的实现中至关重要，并且容器对 DataOps 也不可或缺。容器化是极具颠覆性的计算机资源隔离技术，不仅 CPU、存储空间的额外开销非常小，还可以实现秒级的开启和关闭。容器化在资源隔离和提供一致的开发、测试、运维环境方面也至关重要。

（3）实时处理和流数据处理：数据的实时需求越来越普遍，来自业务部门的 RTD（Real Time Decision，实时决策）、NRT（Near Real Time，准实时）和流数据的需求也越来越多。数据平台应保证系统和应用程序的可扩展性、可用性和可靠性，要能够利用负载平衡（load balance）、高容错（fail over）、CDC（Change Data Capture，变更数据捕获）和流处理技术，将数据管道转换成实时流，及时为利益相关方提供数据服务。

（4）分析引擎组合：为了满足不同人群的数据需求，DataOps 需要一系列的数据分析工具，并针对不同的人群提供不同的软件系统。MapReduce 是传统的分布式处理框架，但 Spark 和 TensorFlow 等框架的使用也越来越普遍，用户应该能够选择他们想要用于数据开发和分析的工具，随时拿到他们可用的数据，并根据需要轻松开发和应用数据。

（5）多租户和安全性：DataOps 中的数据一般是多租户的，数据的安全性应该有充分的保障，包括审计和访问控制。所有数据都在一个支持多租户的安全环境中以连贯和受控的方式得到管理。平台应为每个人提供一个安全的环境，使每个人都可以使用这些数据并对每个操作进行授权、验证和审核。

31.8.5　DataOps 的价值

DataOps 的价值如下。

（1）提高数据生产力。DataOps 可以优化组织的生产力和效率。速度是 DataOps 的主要驱动力。简化且高度自动化的流程有助于快速交付新功能和新数据，并减少人工劳动。此外，较短的反馈和测试周期有助于加快对不断变化的业务需求的反应并提高灵活性。

（2）提高团队协作能力。DataOps 鼓励团队之间的协作和信任，目标是模糊部门和职能之间的界限，促进团队之间的无缝沟通和协作，鼓励知识交流，减少冲突，并建立相应的企业文化，促进团队合作。

（3）**提高数据的质量和可靠性**。DataOps 通过构建一个统一的、标准化的、同源的数据协作平台，来提高数据的透明度。DataOps 还通过定义明确的数据流程，以及通过不同角色的融合，来提高数据的质量，从而实现数据的价值。

简而言之，DataOps 遵循类似于 DevOps 的方法，通过标准化大量的大数据组件，快速建立生产级的大数据应用并充分实现数据的价值。

31.9　数据可视化

数据可视化（Data Visualization）是关于数据视觉表现形式的技术。数据可视化使用了统计图形、图表等工具，以便更清晰有效地传递信息。数据可视化是科学和艺术的结合，它使得复杂的数据更容易理解和使用。

在数据的展示方面，一般通过折线图、柱形图、条形图、堆积图、直方图、箱形图、饼图、圆环图、散点图、气泡图、雷达图等图形来展示数据。也有一些新型的数据图形展示方式，它们使得数据的显示更富有美感，比如漏斗图、词云图、迷你图、聚合气泡图、南丁格尔玫瑰图、瀑布图、热力图等。

在数据可视化工具建设方面，传统的软件有 SAP BO、Oracle BIEE、QlikView 等。近年来，Power BI、Tableau 等敏捷型 BI 工具也取得长足的发展。

在数据可视化设计中，需要注意的事项如下。

- 不可"以图害意"。也就是说，不要过分追求华而不实的数据可视化图表，而忽视图表所要传递的业务信息，要把握好设计与功能之间的平衡。
- 不要试图在一张图表里传达所有信息，也不要让图表显得过分臃肿和沉重。
- 图表之间要遵循或构建内在的业务逻辑，而不能简单地堆砌。

在企业的实际应用中，为了展现实时的、动态的数据，可视化大屏是较为常见的一种数据展示方式。目的不是对数据进行简单的平铺，更不是将数据设计成天马行空的揣测，而是以一种高度提炼的方式，从数据中高度提炼出信息，再以丰富的大屏形式呈现出来，见图31-5。

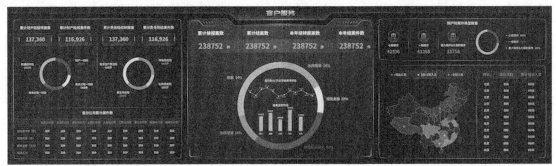

图 31-5　可视化大屏示例

31.10　数字孪生

数字孪生（Digital Twins）是充分利用传感器、物理模型、运行历史等数据，集成多学科、多物理量、多尺度、多概率的仿真过程，在虚拟空间中完成映射，从而反映相应的实体装备或实物的全生命周期过程。图 31-6 展示了数字孪生工厂的数字化架构。

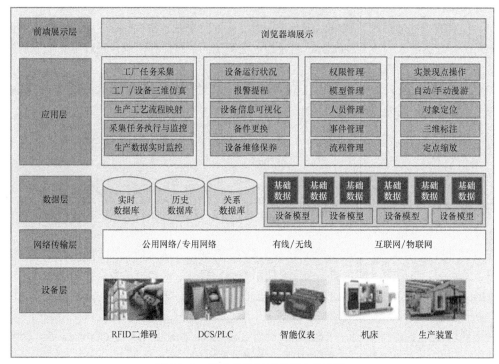

图 31-6　数字孪生工厂的数字化架构

数字孪生的应用通常是在工厂建设或管理过程中,在虚拟空间中对工厂进行仿真和模拟,并将真实的参数传递给工厂管理者,以指导建设或发现设备问题。在工程设计、产品设计、产品制造、医学分析等不同的场景中,均可以使用数字孪生。

除工厂制造外,目前数字孪生已被广泛应用于城市管理、安防、水利等领域。

在智慧城市建设中,可以通过数字孪生技术,如 BIM(Building Information System)、CIM(City Information System)等,得到城市的虚拟版本,给城市管理者和市民提供更全面的城市信息和服务。

数字孪生可以为城市管理者提供实时的城市运营数据,比如城市的人流、交通、能源、水资源情况等,以及城市的突发事件、犯罪率等数据。城市管理者可以通过这些数据及时掌握城市基本情况,并及时做出响应和采取措施,提高城市内部的安全水平和管理效率。数字孪生还可以为市民提供便捷和个性化的服务,比如节假日人流预警、定制化的交通路线、便民服务通知推送、基于用户喜好的商业推送等。

数字孪生技术的应用可以提高城市治理和公共安全水平,提高城市运营能力,提高城市管理者和市民的交流互动效率,从而提升市民的生活幸福感。

31.11　隐私计算

在数字经济时代,企业需要与同行或产业上下游合作,开展数据共享,以释放数据的应用价值。尤其是近年来,我国将数据列为新型的生产要素,与土地、劳动力、资本、技术等传统要素并列,提出加快建设数字经济、数字社会、数字政府,建设数字中国,打造数字经济新优势。在这种情况下,数据的开放、共享和流通更是成为刚性需求。然而,在合作过程中,数据的隐私保护和合规也成为亟待解决的问题。企业需要处理和分析海量的数据,但同时也会导致用户隐私、重要数据及企业核心数据的泄露，给用户、企业和社会带来损失。为了保护多方数据权益，消除行业数据孤岛现象，让数据相互之间联合协作，隐私计算应运而生。

31.11.1 隐私计算的定义和相关的主要技术

隐私计算的英文，国内用 Privacy Computing，IBM 用 Confidential Computing，还有用 Privacy Preserving Computing 的。隐私计算又称多方安全计算（secure Multi-Party Computation，简称 MPC），指的是"一组互不信任的参与方在需要保护隐私信息，以及没有可信第三方的前提下进行协同计算"。

隐私计算涉及的主要技术如下。

- **多方安全计算**：如图 31-7 所示，隐私计算主要针对在无可信第三方的情况下，如何安全地计算一个约定函数的问题，包括密钥共享及混淆电路。

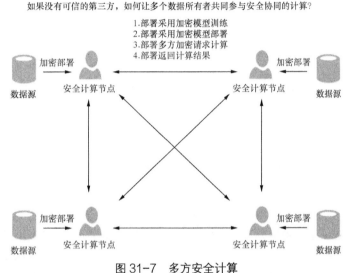

图 31-7 多方安全计算

- **联邦学习**（Federated Learning，FELE）：旨在建立一个基于分布数据集的联邦学习模型，解决多方参与的机器学习问题，适用于大多数常用模型。
- **可信计算环境**（Trusted Execution Environment，TEE）：可以通过可信、抗篡改的软/硬件构建一个可信的安全环境。数据在这个环境中由可信程序进行处理，以此来保护程序代码或数据不被其他应用程序窃取或篡改。

31.11.2 隐私计算在数据要素流通中的应用

在当前数据要素市场建设的大背景下，隐私计算得到了广泛应用，主要原因如下。

- 隐私计算具备原始数据不出域、计算过程加密、不共享明文数据等优势，可有效保障数据安全和用户隐私。
- 基于合法合规的数据利用，保障数据各方权利，打破数据壁垒，赋能多方协作，驱动业务创新。
- 通过分离数据所有权与数据使用权，不交易数据本身，仅交易数据的计算结果，让数据交易与价值核算合理化。

2022 年 12 月，《中共中央 国务院关于构建数据基础制度更好发挥数据要素作用的意见》对外发布，其中明确提出，"鼓励公共数据在保护个人隐私和确保公共安全的前提下，按照'原始数据不出域、数据可用不可见'的要求，以模型、核验等产品和服务等形式向社会提供"，表达了我国利用隐私计算赋能数据要素市场、激发数据要素价值的决心。目前，上海数据交易所、广州数据交易所、深圳市数据交易所都通过引入多方安全计算、联邦学习等隐私计算技术，实现了数据"可用不可见"，数据交易服务覆盖智能交通、智能制造、智慧金融、医疗健康等多个行业和领域。

31.12　区块链

区块链是一种去中心化的技术，旨在提供可靠的数据存储和验证机制，利用分布式节点共识算法生成和更新数据，并利用密码学的方式保证数据传输和访问加密，确保数据的安全性和真实性。

区块链的应用场景有很多，涉及金融、医疗、供应链管理、物联网、公共服务、版权保护等领域。区块链最常见的应用场景有金融支付、跨境汇款、证券交易、保险、物流管理等。此外，区块链还可以用于智能合约、数字身份认证、公共服务、社会救助等。

区块链在政务数据和数字化城市运营中也被当作数据确权的一种方法。例如，交通部门的数据可通过上链来确认数据的持有权或所有权。确认后，在后期相关数据的交易中，就可以通过区块链账本来分享收益。以一笔 100 万元的交易为例，数据来自三家不同的公司，A 公司贡献了 30%的数据，B 公司贡献了 30%的数据，C 公司贡献了剩余 40%的数据，那么这笔 100 万元交易的费用就应该按照三家公司贡献的比例来分享，而记录这个贡献比例的优秀方法之一就是区块链。

需要注意的是，区块链并不保证上链前数据的真实性。上链前数据的真实性需要通过数据管理来确保。

31.13　ChatGPT 带来的革命性变革

OpenAI 公司于 2022 年 11 月发布的 ChatGPT 是人工智能发展史上的革命性事件。

和传统的人工智能主要用于分析和做出预测不同，ChatGPT 是"生成式人工智能"。关于生成式人工智能，国外一般简称 GAI（Generative AI），国内一般简称 AIGC（AI Generated Content）。生成式人工智能可以创建与其训练数据相似的新数据，并且可以通过自我学习和适应来提高自身的性能和功能。因此，生成式人工智能可以创造出新的内容，如文本、图像或音乐，而不是只能对输入的数据进行处理，做出预测或挖掘等。

生成式人工智能将将对数据行业的发展产生深远的影响。

首先，自然语言处理（NLP）技术将会得到进一步的发展。ChatGPT 是自然语言处理技术的典型应用，ChatGPT 的成功证明了在 NLP 领域人们之前所没有注意到的一些应用方向，将进一步推动 NLP 技术的发展。

其次，提升数据管理的工作效率。ChatGPT 可以用于自动化的数据标注和数据清洗任务，减少人工处理的工作量和时间，提升工作效率。

再就是，支持知识学习和辅助决策。通过与 ChatGPT 进行交互式对话，数据管理从业者将快速获取答案进行学习，并利用 ChatGPT 进行辅助决策。

最后，进行自动化的数据分析。ChatGPT 可以从海量数据中提取、归纳有价值的信息，为数据管理人员和企业管理者提供决策支持。

目前，生成式人工智能已经有了一些落地场景。在搜索引擎领域，Google、百度等公司都已经引入了类似 ChatGPT 的生成式人工智能问答模块；在办公软件领域，OpenAI 公司正在进行一个名为 OpenAI Office 的项目，旨在开发一款新的办公应用，该应用将利用 OpenAI 公司的自然语言处理技术和机器学习技术，帮助用户更高效地完成工作；在创作领域，只要在 Midjourney 中输入文字,就能通过人工智能产出对应的图片,耗时只有大约一分钟。

ChatGPT 仍在快速迭代,我们期待它有更大的突破,为数据管理行业带来更方便、更智能的变化。

31.14 "信创"及其对企业数据技术发展的影响

"信创"的全称是"信息技术应用创新产业"。信创是网络安全、数据安全的基础,也是新基建的重要组成部分。信创产业的发展对我国信息技术产业的建设产生了重大影响,是 CDO 在进行数字技术选型、软件采购和建设时必须考虑的重要因素。

31.14.1 信创产业发展的背景

发展信创产业有着非常强的必要性。党的二十大报告把国家安全放在了前所未有的重要位置。没有网络和信息安全,就没有国家安全。然而一直以来,国内的关键信息基础设施大多依赖海外。在 2015 年之前,全球网络根域名服务器由美国掌控,中国 90%以上的高端芯片依赖美国的几家企业提供;90%以上的操作系统也由美国企业提供。我国在政务、金融、能源、电信、交通等领域的信息化系统主机装备中,近一半是国外产品。从 2011 年伊朗核电站遭遇病毒攻击,到 2013 年震惊世界的"棱镜门"事件,各国普遍认识到,互联网安全不仅关乎公民人身财产安全,更关乎国家经济发展和国防安全。关键信息基础设施对国家安全、经济安全、社会稳定、公众健康和安全至关重要。只有保障关键信息基础设施的供应链安全,才能维护国家安全。

当今世界局势正在发生深刻的变化。越来越多的中国企业和实体进入美国的管制清单。形势严峻,核心技术必须掌握在自己手中才行。在这样的形势下,2016 年 3 月,中国电子工业标准化技术协会信息技术应用创新工作委员会成立,这成为中国信创产业正式发展的标志性事件。信创的本质是发展国产信息产业,实现对国外产品的替代。信创产业的发展过程就是中国基础软/硬件厂商的崛起过程,"这已经不仅仅是对 Wintel 架构(即 Windows-Intel 架构)安全与否的质疑,更是要发展中国 IT 产业完整的产业链和核心竞争力",从而塑造在操作系统、芯片、云服务等领域的中国企业。

31.14.2 信创产业发展的成就

经过几年的发展,我国的信创产业取得了丰硕的成果。软件国产化经历了从"不可用"到"可用",再从"可用"到"好用"的三个阶段。根据东吴证券 2022 年发布的发展研究报告,软件国产化已经达到"可用"阶段,有些方面已经在朝着"好用"发展。

1. 基础硬件

基础硬件主要指芯片。集成电路产业主要包括材料、设备、设计、制造、封装、测试。我国的集成电路行业已逐渐形成"设计-制造-封测"专业分工的产业格局。

2. 基础软件

基础软件主要包括操作系统、数据库以及各种中间件。

- **操作系统**。国外的主要有 Windows、Linux、Android、iOS 等,国内自主的主要是各种基于 Linux 改造的操作系统。中国电子信息产业集团旗下的中标麒麟和银河麒麟整合后的麒麟软件在党政软件市场中占比超 90%。在手机市场上,华为公司于 2019 年 8 月正式发布鸿蒙系统(HarmonyOS)。2023 年 8 月,HarmonyOS 4 正式发布,目前鸿蒙系统已经涵盖行业终端、手机、平板和家庭终端,加起来大概已经有 6 亿用户,世界排名第三。
- **数据库**。在关系数据库领域,达梦、人大金仓、GaussDB 等都表现不错,但金融、电信等行业的替代推进仍比较艰难。

- **中间件。** 中间件的范围较广，普元、东方通、宝兰德都占据一定份额。

3. 应用软件

相比基础软件和基础硬件，应用软件最成熟。在办公软件方面，WPS、永中 Office 是应用软件国产化的成功范例；在协同办公软件方面，国产应用软件有飞书、钉钉、企业微信等。

4. 云计算服务

在云计算领域，相比信创领域，政务基本已经要求全面上云，阿里云、腾讯云、华为云等公有云发展迅猛。

31.14.3　信创产业的发展趋势

与传统信息技术产业相比，信创产业更加强调生态体系的打造。从根本上讲，信创整体解决方案就是通过打造以 CPU 和操作系统为重点的国产化生态体系，系统性地保证整个国产化信息技术体系可生产、可用、可控和安全。为打破行业壁垒，实现相互赋能，通过充分发挥产、学、研、用、资、创等各方面资源，国内各大厂商纷纷加入产业链生态的搭建中来，形成信创生态全链体系。在多方利好政策的支持下，信创产业迎来新一轮发展机遇，必将实现高质量发展。

以"信创"为契机，国内各关键领域的企业纷纷入局，争夺信创市场的份额。业界普遍认为，未来 3～5 年，信创产业将迎来黄金发展期。中国 IT 产业将在基础硬件、基础软件、应用软件等领域，迎来前所未有的国产替代潮。根据艾媒咨询的数据，2022 年中国信创产业规模为 17 000 亿元，到 2027 年有望达到 37 000 亿元，发展前景广阔。不过，信创产业也面临众多挑战，具体如下。

（1）关键技术仍未完全突破，尤其是上游核心技术，部分关键技术被国外企业垄断，需要进一步加强技术攻关和资源扶持。

（2）从全球范围来看，信创产业的绝对用户数量仍然难以与国外巨头抗衡，需要加强产品研发和营销推广，在国际上赢得用户和市场的认可。

（3）信创产业格局较为分散，真正具有很强实力的国内龙头企业不多，产业链条较为零散，面对国际巨头，尚无法发挥合力优势。

（4）信创产业人才仍然不足，人才梯队结构不合理，影响信创产业的长远发展。

31.15　开源

开源（Open Source）一词起源于软件开发领域，因此也称为开放源代码，对应的软件则称为开源软件（Open Source Software）。除了我们所熟知的开源软件以外，开源的表现形式还有开源硬件（Open Source Hardware）、开放设计（Open Design）、开放文档（Open Document）等。

开源是一种分散的生产模式，允许任何人修改和共享技术，因为其设计可公开访问。任何人都可以贡献新的想法，进一步改进技术，使其有机发展。开源软件创造了一些最重要、应用最广泛的技术，其中包括操作系统、网页浏览器和数据库。如果没有开源软件，世界将无法运转，至少无法像现在一样顺利运转。

31.15.1　开源软件的条件

开源软件的思想起源于黑客文化。1984 年，美国国家工程院院士 Richard Stallman 建立起操作系统 GNU，这标志着基于"自由软件"思想的操作系统落成。GNU 的诞生，揭开了开源运动的序幕。时至今日，开源运动已经在操作系统、协议基础、开源软件语言等方面取得众多的优秀成果。一些耳熟能详的产品都是开源软件，如 Linux、Apache HTTP Server、MySQL、Python、Git、

Docker、Kubernetes、TensorFlow、Ansible、PostgreSQL 等。

需要注意的是，并非公开源代码的软件就是开源软件。按照 OSIA（Open Source Initiative Association）的定义，除了公开源代码之外，开源软件的发行还必须符合表 31-3 所列的 10 个条款。

表 31-3　开源软件必须符合的 10 个条款

序号	条款	简单说明
1	Free Redistribution	允许自由地再次发布软件
2	Source Code	程序必须包含所有源代码
3	Derived Works	可以修改和派生新的软件
4	Integrity of The Author's Source Code	发布时保持软件源代码的完整性
5	No Discrimination Against Persons or Groups	不得歧视任何个人或团体
6	No Discrimination Against Fields of Endeavor	不得歧视任何应用领域（如商业领域）
7	Distribution of License	许可证的发布具有延续性
8	License Must Not Be Specific to a Product	许可证不能针对某个产品
9	License Must Not Restrict Other Software	许可证不能限制其他软件
10	License Must Be Technology-Neutral	许可证必须是技术中立的

通过这些条款，我们可以得出开源软件的定义：开源软件是一种技术和立场中立的、使用许可证约束的、开放源代码的软件。

开源软件需要保持开放，并对任何技术和立场都做到客观公正。软件在开放源代码时，须遵循开源许可协议，以允许任何人使用、复制、修改以及重新发布软件。开源许可协议主要分为宽松许可协议（如 Apache、BSD、MIT 等）和严格许可协议（如 GPL、GPLv3、LGPL、Mozilla 等）两大类。除此之外，一款优秀的、可持续发展的开源软件，还需要公开发布项目技术文档和其他材料、二进制文件（可选）等，并建立开放性社区，以接收用户和开发者的反馈，共同探讨开源软件的发展。

31.15.2　开源的优势及劣势

开源的优势是，开源框架开箱即用，可供选择的方案比较多，另有非常完善的文档、交流群、各种经验分享等，这可以极大节省开发的时间并提高成功的可能性。Gartner 公司和 Linux 基金会的调查报告显示，企业平均有 29% 的软件代码来自开源软件，在互联网背景下，开源软件的占比高达 80%。

当然，在产品中大规模嵌入开源代码，甚至直接使用开源软件，可能会产生一系列研发管理问题，具体如下。

- 版权许可证选择不当会导致知识产权纠纷等法律风险。
- 在产品研发初期，如何从类似的众多开源组件中选择合适的代码？方向选择错误会导致陷入产品生态与业界不兼容的困境，面临放弃重写还是继续往下走的两难抉择。
- 在进行产品开发时，难免会对代码进行修改，修改后的商用代码是闭源还是开源？
- 关键人员离职的问题，社区管理人员个人知名度的提升会增加他们被猎头公司挖走的风险。
- 软件在开发过程中或完成后，如果出现同类开源软件，该如何处理？

31.15.3　关于开源的一些问题

开源可能会面临如下问题。

- **收费问题**。开源并不等同于完全免费。绝大多数的开源软件是免费的，但这并不意味着开源就不能收费。比如，软件是免费的，但售后服务可以收费。再比如，应用市场提供收费的软件以便用户下载，只要用户愿意，就可以收费。

- **优劣问题**。一般可以根据需求来选择开源还是闭源。不能简单地定义开源是好的，闭源就是不好的。开源项目参与人数较多，可以快速促进项目成长和产品的开发。但也正是因为参与人数较多，开源社区的维护需要投入更多的精力，很容易导致项目停止维护，从而导致开源项目的不稳定甚至终止。

- **版权问题**。开源并不意味作者没有版权/著作权。在使用开源软件时，大家都需要严格遵守项目的开源许可证（又称开源许可协议）。开源许可证是对开源软件著作人版权的保护，在开放源代码的同时，也确保开源软件的权利是受到保护的。比如，GPL、MIT、BSD 等比较流行的开源许可证允许使用者修改源代码，但是需要保留版权信息。再比如，Copyleft 许可证要求修改后的代码不得闭源。

- **工作量的问题**。开源项目需要有一套完整的项目管理流程以支撑开源项目的健康发展。开源社区通常会提供一套完整的项目管理流程，包括开放源代码、社区协作流程、项目质量管理等。此外，开源发起人还需要考虑社区传承等重大问题。

- **开源项目的安全问题**。闭源软件和商业软件也存在安全问题，相对安全的闭源模式和专业的维护质量可以帮助降低安全隐患。开源软件更容易暴露漏洞，但反过来也能够更快地打上补丁。在一定程度上，开源软件的健康完全取决于开源社区的网络安全水平，同时也要看开源社区是否能够提供及时的维护和补丁。

- **开源项目的技术支持问题**。开源项目的技术支持和开源社区的发展息息相关，发展良好的开源社区能够为开源项目带来比较多的贡献者，通过共同建设，带来比较完善的技术支持。此外，企业也会支持开源项目，为开源项目保驾护航，比如 RedHat 的开源版本 CentOS。当然，有可能一些较小的开源项目（如个人项目）只能依赖于维护者的个人技术支持，支持力度比较小。

31.15.4　主要的软件基金会和平台

下面介绍主要的软件基金会和平台。

1. Apache 软件基金会

Apache 软件基金会成立于 1999 年，是世界上最大的开源基金会，管理着 2.27 亿行以上的代码，监管着 350 多个开源项目，其中包括 Apache HTTP Server（全球应用最广泛的网站服务器软件）、Apache Hadoop（大数据分析平台）和 Apache Tomcat（Java 应用服务器）。这些开源项目都是采用 Apache 许可证发行的，免费向公众提供。

2. SFC

SFC（Software Freedom Conservancy）是另一家为开源项目提供大本营和服务的基金会。SFC 目前管理 33 个项目；还运作一个 GNU GPL（General Public License，通用公共许可）合规项目，该项目旨在执行 GPL。

3. Linux 基金会

Linux 基金会支持 Linux 内核，也支持其他软件项目，比如与软件定义网络、物联网、移动开发、嵌入式软件、云计算和容器等有关的项目。

4. Eclipse 基金会

Eclipse 基金会成立于 2004 年，旨在支持软件开发开源社区，以便构建、部署和管理软件。Eclipse 基金会最知名的项目是 Eclipse 开发环境，但 Eclipse 基金会还支持其他大约 200 个处于不同成熟阶段的项目，包括与商务智能、报表工具以及物联网等有关的项目。

5. OpenStack 基金会

OpenStack 基金会致力于 OpenStack 云操作系统的开发、发布和使用。OpenStack 基金会提供了一系列共享资源，扩大了 OpenStack 公有云和私有云的普及范围，以服务于广大开发人员、用户和整个生态系统。OpenStack 基金会支持看好 OpenStack 的技术厂商，并且帮助开发人员开发云软件。

6. 开源中国

开源中国是中国最早的开源组织，成立于 2004 年，致力于推广开源技术、培养开源人才以及促进产、学、研、用的合作，是国家支持的非营利社会组织。开源中国拥有丰富的社区资源和开发人员，是中国最大的开源社区和开发者社区，影响力较大。

7. GitHub

GitHub 是一个基于 Git 版本控制的代码托管平台，在全球程序员中已成为非常重要的开源平台之一。GitHub 的特点是开放性、协作化、免费和安全可靠。GitHub 在正式上线后，发挥了日益重要的作用，成为开源社区的中心之一。

31.15.5　中国开发者对 Apache 顶级项目做出的贡献

根据 Apache 基金会的报告，在其 2021 财年中，有来自 228 个国家和地区的用户共访问 410 次，其中接近三分之一的流量来自中国，国内用户成为 Apache 项目的主要使用者。由中国开发者贡献的 Apache 项目也逐年增多。

目前，有多个来自中国的 Apache 顶级项目，具体如下。

（1）**Apache ShardingSphere** 是由一套开源的分布式数据库中间件解决方案组成的生态圈，提供标准化的数据分片、分布式事务和数据库治理等功能。

（2）**Apache IoTDB** 是一个聚焦工业物联网、高性能、轻量级的时序数据管理系统，由清华大学软件学院研发，是国内首个来自高校的 Apache 顶级项目。

（3）**Apache CarbonData** 是一种新的大数据文件格式，使用先进的柱状存储、索引、压缩和编码技术来提高计算效率，有助于在 PB①级别的数据上提高查询速度。

（4）**Apache Eagle** 由 eBay 中国开源，专注于提供大数据分布式实时监控和预警解决方案，以及智能实时地识别大数据平台上的安全和性能问题。

（5）**Apache Kylin** 是一个开源的分布式分析引擎，提供了 Hadoop 之上的 SQL 查询接口及多维分析能力以支持超大规模数据。

（6）**Apache APISIX** 是一个高性能的、动态的、实时的 API 网关，基于 Nginx 和 OpenResty 而实现。

（7）**Apache Dolphin Scheduler** 是一个分布式的、易扩展的可视化 DAG（Directed Acyclic Graph，有向无环图）工作流任务调度系统。

（8）**Apache Echarts** 由百度开发团队捐献，是一个纯 JavaScript 的图表库，旨在提供直观、生动、可交互、可高度个性化定制的数据可视化图表。

（9）**Apache Dubbo** 是阿里巴巴公司开源的一个优秀的高性能分布式服务框架，致力于提供高性能和透明化的 RPC（Remote Procedure Call，远程过程调用）方案以及 SOA（Service-Oriented Architecture，面向服务架构）治理方案。

（10）**Apache Griffin** 是一个建立在 Apache Hadoop 和 Apache Spark 之上的数据质量服务平台（Data Quality Services Platform，DQSP）。它提供了一个全面的框架来处理不同的任务，如定义数

---

① 1 PB = 2^{10} TB = 2^{20} GB = 2^{30} MB = 2^{40} KB = 2^{50} B。

据质量模型、执行数据质量测量、自动化数据分析和验证，以及跨多个数据系统的统一数据质量可视化，旨在解决大数据应用中数据质量领域的挑战。

（11）**Apache HAWQ** 是一个 Hadoop 原生大规模并行 SQL 分析引擎，采用 MPP 架构，针对分析型应用。

（12）**Apache RocketMQ** 是阿里巴巴开源的一款高性能、高吞吐量的分布式消息中间件。

（13）**Apache ServiceComb** 由华为公司捐献给 Apache 基金会，是业界第一个 Apache 微服务顶级项目，也是一个开源微服务解决方案。

（14）**Apache SkyWalking** 是分布式系统的应用程序性能监视工具，专为微服务、云原生架构和基于容器的架构（如 Docker、k8s、Mesos 等）而设计。

（15）**Apache bRPC** 是一款工业级 RPC 框架，常用于搜索、存储、机器学习、广告、推荐等高性能系统，于 2022 年 12 月 24 日发布。

（16）**Apache Doris** 由百度 Palo 团队捐献，是一个基于 MPP（Massively Parallel Processing，大规模并行处理）架构的高性能、实时的分析型数据库，于 2022 年 6 月 16 日发布。

（17）**Apache ShenYu** 是一个使用 Java Reactor 开发的响应式 API 网关，名称取自中华民族历史上著名的故事"大禹治水"。

（18）**Apache InLong** 最初是由腾讯捐献给 Apache 社区的一站式海量数据集成框架，可以为大数据开发者提供百万亿级数据流高性能处理能力，以及千亿级数据流高可靠服务。

（19）**Apache Linkis** 由微众银行大数据平台团队捐献。Apache Linkis 是介于底层引擎和上层应用工具之间的一个通用的"计算中间件"的中间层，它统一了上层应用工具到底层计算存储引擎的入口。Apache Linkis 于 2023 年 1 月由 Apache 基金会正式发布。

（20）**Apache Kyuubi** 由网易数帆团队捐献，是一个支持分布式和多租户的 Thrift JDBC/ODBC 服务，用于在数据仓库和湖仓上提供无服务器 SQL。

（21）**Apache EventMesh** 由微众银行开发团队捐献，是一个用于解耦应用和后端中间件层的动态云原生事件驱动架构基础设施，于 2023 年 3 月由 Apache 基金会正式发布。

（22）**Apache SeaTunnel** 是一个高性能、分布式的海量数据集成平台，于 2023 年 6 月 1 日由 Apache 基金会正式发布。

除上述项目外，还有一些来自中国的项目已经进入 Apache 孵化器，如 Apache MesaTEE，这里不再一一列举。来自中国的开发者对 Apache Groovy、Apache Cassandra、Apache Flink 等项目也做出了大量的贡献。

31.15.6　开源项目的发展趋势

作为一种新的技术产生方式，开源越来越受到社会各界的重视。开源项目的发展趋势主要如下。

- 开源社区的运作越来越正规。近年来，开源逐步过渡到公司化正规运作的模式。自由参与、自由管理的时代已经过去。例如，Linux 基金会下的很多项目，包括核心基础架构联盟（Core Infrastructure Initiative，CII），都由各公司集体出资，而后共同经营，更像一种合资公司的运营模式；OpenStack 基金会还有明确的章程、组织结构、晋升机制、会议制度等，具有十分正规的运作流程。

- 开源将成为另一种标准制定的方式。标准的制定有多种方式，开源越来越像团标的建设模式。从云计算 OpenStack 的接口定义等社区实践来看，开源已成为另一种标准制定的方式，标准的开源化已成趋势。

- 开源将重新定义主次关系。过去的生态合作伙伴关系，大家都围绕 IBM、惠普等大的厂商进行。进入云计算时代后，这种方式发生了微妙的变化，开源扮演着集成角色，各厂商（包括存储、网络、防火墙厂商等）等都到开源平台上进行集成和对接。

- 开源有可能受到国际关系的影响。尽管大家普遍认为开源是一个大的趋势，但不可否认开源会受到多种因素的约束，从而受到一定的影响。这也正是我们需要重视"信创"的重要原因。

31.16 数据空间和国际数据空间

数据空间（Data Space）是一个比较宽泛的概念，涉及数据的存储、处理、查询和使用等，旨在解决大规模、多样化、复杂的数据处理和管理问题。

国际数据空间（International Data Space，IDS）是一个由众多数据端点（国际数据空间连接器）连接而成的分布式网络，可实现数据的安全交换并保证数据主权。

关于国际数据空间的倡议是由弗劳恩霍夫协会（Fraunhofer-Gesellschaft）于 2015 年发起的，并最终在 2016 年成立了国际数据空间协会（International Data Spaces Association，IDSA）。此后，IDS 的倡议都由 IDSA 推进和实现。IDSA 是一个开放的非营利组织，截至 2023 年 10 月，由来自 20 多个国家的 140 多个成员单位组成。

弗劳恩霍夫协会的总部位于德国，是世界领先的应用研究组织，注重面向未来的关键新科技和新技术，并将研究成果商业化。弗劳恩霍夫协会在德国工业创新过程中发挥了重要作用。作为创新发展和卓越研究的开拓者和引领者，弗劳恩霍夫协会正在帮助我们塑造人类社会和未来。

需要注意的是，在 IDSA 的英文全称中，对应词语"空间"的英文单词是复数形式。IDSA 解释说，国际数据空间是所有领域的所有数据端点的总和，只有进行大量的多种数据的共享，数据的价值才能最大化，所以数据空间不可以是单数，否则意味着不可共享的数据孤岛。

国际数据空间用于交换特别敏感的数据，数据提供商为这些数据定义使用策略以保护它们。国际数据空间还用于公司之间的数据交换。在数据空间中，所有参与者之间的接口标准化是必要的。数据空间的目标是使国际数据空间成为数据交换的标准，并在国际上建立相应机制和系统，从而推广使用。国际数据空间提供标准化接口，并定义数据的技术使用策略。

国际数据空间体系结构的设计使得国际数据空间可以在公司现有的 IT 基础设施上实施。这里的技术接口是称为连接器的软件网关。弗劳恩霍夫协会开发的组件大多是开源软件，一些成熟度非常高的特定组件则需要获得许可证。IDS 连接器可以由各种产品组装而成。弗劳恩霍夫协会以外的公司开发的解决方案则必须根据具体情况进行审查、认证。

IDS 生态系统由连接器（Connector）、中继器（Broker）、应用商店（App Store）和清算所（Clearing House）等组件组成。参与 IDS 生态系统的公司至少需要安装一个连接器作为网关，以实现与 IDS 兼容的数据交换。该连接器与其他连接器及中央 IDS 组件（如中继器、应用商店和清算所等）进行通信。

国际数据空间允许数据提供商在交换数据时保留其数据主权。数据主权是指自然人或法人对其数据资产所拥有的专属自决权。国际数据空间允许在没有中央基础设施的情况下，通过使用类似于对等的连接器，在所有领域的参与者之间共享数据。这确保了公司之间的数据能直接交换，而无须第三方对数据进行外部存储。

弗劳恩霍夫协会的任务是为国际数据空间开发参考体系结构模型，并在选定的用例中进行测试，使国际数据空间为市场做好准备。这项活动是由德国联邦教育及研究部资助的。

尽管国际数据空间最初是从工业（特别是汽车行业）数据开始的，但它并不受行业的限制，在各个领域都可以使用，并且已经有了大量用例。我国也有一些机构（如中国信息通信研究院等）在参与，相信我国也会有一些落地的案例，特别是在数据跨境流通领域。

数据空间不仅包括传统的结构化数据，还包括半结构化和非结构化数据，如文本、图像、音频等。这些数据的多样性和复杂性要求研究人员从多个学科的角度来研究数据的管理、存储、共享和使用问题。计算机科学在数据空间的研究中起到关键作用，涉及的技术包括分布式存储、数据索引和查询、数据安全和隐私保护等。统计学则帮助研究人员理解和分析数据空间中的大量数据，挖掘其中的模式和规律。经济学在数据空间中的应用主要涉及数据的价值和市场交易等方面，而生物学则将数据空间应用于生物信息学和医学等领域。数据空间成了一个跨学科的研究领域，涵盖计算机科学、统计学、经济学、生物学等多个学科。

随着互联网和云计算技术的发展，数据空间的概念逐渐形成。在这一时期，数据不仅在科学研究领域发挥了重要作用，也在商业、政府、社会等各个领域发挥了重要作用。许多政府机构、学术机构和企业正在开展数据空间的研究和应用。例如，美国国家科学基金会、欧盟委员会、中国国家自然科学基金委员会等机构都在资助数据空间的研究项目。同时，许多企业和组织也在开展数据空间的应用，如华为、腾讯、百度、阿里巴巴等 IT 企业，以及医疗、金融、零售等其他行业的企业。

数据空间正朝着更加智能化、高效化和安全化的方向发展。随着人工智能技术的发展，数据空间将能够更好地实现自动化数据处理和分析，提高数据处理效率和质量。同时，随着云计算技术的发展，数据空间将能够更好地实现数据存储和计算的分布式和并行化，提高数据处理效率和能力。此外，随着区块链技术的发展，数据空间将能够更好地实现数据的安全和隐私保护。

数据空间的应用前景非常广阔。随着各行各业数字化转型的加速，数据将成为重要的生产要素和战略资源。数据空间将能够为各行各业提供更好的数据基础设施和服务，促进数字化转型和创新发展。同时，随着人工智能、云计算、区块链等技术的发展，数据空间将能够为各行各业提供更加高效、智能、安全的数据管理和服务，推动各行各业的数字化转型和创新发展。

31.17　本章小结

尽管 IT 不一定属于 CDO 的管理范围，但数据管理需要 IT。数据的全生命周期管理自然涉及各种 IT 系统，从数据的采集到数据的传输，再从数据的建模到数据的架构，以及从 BI 软件到战略性新型数据平台，都需要 IT 系统。本章对一些崭新的技术和理念做了介绍，作为 CDO，这些都应该有所了解，有些则需要熟练掌握。

推荐阅读：

[1]　王紫敬, 王世杰. 东吴计算机: 信创产业发展研究[R]. 2022.

[2]　EDA 创新中心. 美国黑名单上的中国实体猛增至 1110 家[EB/OL]. 2023-04-03.

[3]　Kip Yego. Augmented data management: Data fabric versus data mesh [EB/OL]. 2022-04-27.

[4]　Dlimeng. 数据编织（Data Fabric）VS 数据网格（Data Mesh）[EB/OL]. 2023-02-28.

[5]　Eric Broda. 数据网格（Data Mesh）[EB/OL]. 2022-05.

[6]　奕信. 从数据到价值，DataOps 精益数据运营概述[EB/OL]. 阿里云开发者社区. 2023-01.

[7]　元亨利贞. 常见的三大数据湖技术——Delta、Hudi、Iceberg[EB/OL]. ITpub 博客. 2023-02.

[8]　原攀峰. 新一代云数据平台架构演进之路[EB/OL]. 51CTO 博客. 2023-03.

[9]　Peter Levine. 开源：从社区到商业化[EB/OL]. 新浪科技. 2019-10.

[10]　帆软公司. 什么是可视化数据大屏？信息化企业最重视这 3 点作用？[EB/OL]. 帆软公司官网. 2022-08.

[11]　BDI 数聚观. 隐私计算技术实现数据要素安全可信流通[EB/OL]. 2022-07.

[12]　大数据技术标准推进委员会. 湖仓一体技术与产业研究报告[EB/OL]. 2023-06.

第32章

基于数据的商业运营新模式

从最初的业务驱动型运营模式到后来的技术驱动型运营模式，再到流程驱动型运营模式，商业运营模式一直在迭代，也一直在提高。对数据的深度利用是数字化转型的核心工作，与之相随的、数据驱动的、以数据为中心的、基于指标数据的运营模式也越来越受到认可。

32.1 传统的运营模式

有一点需要首先说明，"传统"的并不一定意味着过时和没有价值。相较于数据湖而言，数仓属于传统技术；而相较于湖仓一体而言，数据湖也属于传统技术。但是直到今天，数仓仍具有强大的生命力。再比如，SQL 到今天已经有 50 多年的历史，但 SQL 仍然是迄今为止应用最广的数据库语言。同样，相较于 NoSQL 数据库而言，关系数据库是一种传统数据库。NoSQL 的全称本来是 No More SQL（意思是传统的关系数据库已经不再需要），直到后来人们意识到传统的关系数据库仍有大量的应用，才改为 Not Only SQL（意思是不仅要有传统的关系数据库，也要有新型的非关系数据库）。

32.1.1 传统的业务驱动型运营模式

传统的业务驱动型运营模式又称市场驱动型运营模式。业务驱动型运营模式的核心是通过业务需求来进行决策和运营，十分注重业务需求。这种模式在工业革命早期十分常见，主要是因为当时企业的业务需求相对简单。

传统的业务驱动型运营模式有以下优缺点。

- **以业务需求为导向**：传统的业务驱动型运营模式通常以业务需求为导向，根据业务需求来设计和实施各个系统。这种模式强调业务部门的需求和意见，并将 IT 系统的设计和发展与业务目标紧密联系了起来。
- **以应用系统为中心**：传统的业务驱动型运营模式以应用系统为中心，注重应用程序的设计和实现，但是这种模式很有可能忽视业务需求与技术实现的平衡，导致应用程序无法满足实际业务的真正需求。
- **缺乏数据整合**：由于缺乏整体规划，传统的业务驱动型运营模式可能导致企业 IT 系统难以扩展和维护，并导致大量的数据孤岛。这种模式通常缺乏统一的数据平台和数据管理机制，导致各个系统之间的数据不兼容，难以实现信息共享和集成。

32.1.2 传统的技术驱动型运营模式

传统的技术驱动型运营模式是一种利用技术手段对产品、服务和运营策略进行优化，以提高企业运营效率、提升用户满意度和增加收益的运营模式。

传统的技术驱动型运营模式注重技术研发和科技创新，通过不断地进行技术创新来推动企业产品或服务的升级和改进，从而满足市场需求和提高企业竞争力。传统的技术驱动型运营模式具有如下特点。

- **高成长性**：技术驱动型企业的核心是技术创新。如果企业能够成功地实现技术创新并得到市场的认可，其成长速度就会非常快，能够在短时间内快速扩张甚至盈利。
- **高风险性**：技术驱动型企业由于主要依靠技术创新来发展，因此面临较高的风险。企业需要不断投资于技术，早期难以盈利，同时需要投入大量的资金。
- **重研发、轻资产**：技术驱动型企业关注持续的技术投资，并且更加注重研发能力和技术优势的培养，而不依赖于固定资产的投资。

传统的技术驱动型运营模式过于依赖技术研发和科技创新，而忽略了其他要素，如市场、用户需求、运营等，因此往往存在一些问题，具体如下。

- **缺乏数据驱动的决策**：传统的技术驱动型运营模式往往基于经验和直觉进行决策，而不是基于数据和分析。这种模式可能导致决策不准确、不科学，甚至决策错误。
- **缺乏市场调研和用户需求分析**：传统的技术驱动型运营模式在市场调研和用户需求分析方面重视不足，可能缺乏敏捷性和灵活性，导致产品或服务与市场需求不匹配，无法满足用户需求，进而影响企业的市场竞争力。
- **缺乏运营管理**：传统的技术驱动型运营模式重技术、轻运营，导致企业的生产效率低下、成本高昂、服务质量差，无法有效地吸引和留住用户。
- **高昂的研发成本**：传统的技术驱动型运营模式需要进行大量的研发投入，以保持技术的领先地位。这些成本可能很高，尤其在技术更新换代的情况下。此外，企业较难评估技术创新的风险和回报，技术创新具有很高的不确定性。

32.1.3　阿米巴运营模式

阿米巴运营模式是稻盛和夫在 1980 年至 1990 年间推出的企业经营管理模式。

阿米巴源自拉丁语，意思是单个原生体。阿米巴是一种虫体柔软的变形虫，它的身体能够随外界环境的变化而变化，不断地通过自我调整来适应所面临的生存环境，这是阿米巴最大的特点。

阿米巴运营模式的特点是可以通过组织的不断裂变，根据需要细分为一个个的小集体，这样的每个小集体都被称为"阿米巴"，像公司一样独立运营、独立核算，从而实现全员参与的经营，凝聚全体员工的力量。

阿米巴经营模式的核心如下。

- **确立与市场挂钩的部门核算制度**。将企业的整体盈利目标与每个阿米巴的部门核算相联系，使每个阿米巴都尽心尽力地创造价值，从而实现企业整体盈利的最大化。
- **培养具有经营意识的人才**。通过将企业划分为小的经营单位，可以使每个员工更清楚地了解企业的经营状况和目标，从而更好地理解企业的战略和目标。此外，每个阿米巴都有自己的负责人，他们需要对阿米巴的经营结果负责，这有助于培养员工的责任感和经营意识。
- **实现全员参与的经营**。阿米巴运营模式还强调员工参与决策和共同制订计划的过程。企业鼓励员工提出自己的建议和意见，并积极参与企业的决策和计划制订。这样员工就可以更好地了解企业的战略和目标，从而更好地参与企业的经营。

32.1.4　传统的流程驱动型运营模式

传统的流程驱动型运营模式又称价值驱动型运营模式。传统的流程驱动型运营模式是指在企业的运营管理中，将企业的运营过程视为一系列相互关联的流程，通过对这些流程进行系统化的管理和优化，来提高企业的运营效率和服务质量。这种模式具有以下特点。

- 基于流程来设置组织，流程定义角色及职责，组织承载流程的角色和要求，并分配资源来执行流程。
- 业务流程化后，要使业务顺畅高效地运作，就必须建设与之配套的流程化组织。
- 只有当组织或个人在某些方面有所作为（即有为）时，才有可能获得重要的位置（有位）。只有那些能够在流程中创造价值的组织才能获得成长的机会。
- 流程与组织及能力越匹配，流程运作就越顺畅和高效，管理也就越简单。
- 流程化组织建设的目标如下：确保流程清晰简洁，易于理解且高效运行；确保组织架构和流程设计高度匹配并高效运作；建立集成的、一致的、高效的管理体系；优化运营流程，提高工作效率；形成持续改进的质量文化和契约交付的项目文化。

传统的流程驱动型运营模式的价值主要体现在以下几个方面。

- **价值主张**：通过产品或服务满足客户的特定需求和期望。
- **客户选择**：企业根据自身的定位和目标对客户进行细分选择，针对不同客户群体提供个性化的解决方案。
- **价值交付**：通过优化流程、提升效率、降低成本，满足客户需求和期望，提供高质量的产品或服务，实现价值增值。
- **客户关系**：建立长期、稳定、互信的客户关系，通过客户满意度和忠诚度的提升，实现持续增长。
- **财务指标**：关注收入、利润、成本等关键财务指标，通过优化流程降低成本，提高利润率。
- **资源管理**：有效管理和优化内部资源，包括人力、物力、财力等，以支持价值交付和业务发展。
- **风险管理**：识别和管理潜在的业务风险，包括市场风险、财务风险、操作风险等，确保业务稳健发展。

32.2 基于数据的新模式

基于数据的新模式主要有三种：数据驱动的新模式、以数据为中心的新模式、基于指标数据的新模式。

32.2.1 数据驱动的新模式

当说到数据驱动时，意味着大到战略决策，小到产品推荐，都基于对相关数据的分析和解释。换句话说，企业充分利用商务智能来提高自身对客户和市场的认知，从而在正确的时间、正确的地点，将正确的产品以正确的价格向正确的客户推销。

举个例子，假设一家电子商务网站发现一位客户多次访问其商品页面，但始终没有购买商品，那么数据驱动的营销技术将在商品有促销活动时提醒这位客户。基于数据的推荐既简单，又高效。

随着企业业务系统的进一步完善和对数据应用的加深，企业的业务模式更多地从流程驱动发展为数据驱动。

在传统的流程驱动型运营模式下，企业的运营主要基于既定的流程和规则。从流程驱动发展为数据驱动，企业通常会经历如下5个阶段。

（1）**数据文化的建设**。企业需要培养数据驱动的文化，推动组织成员对数据的重视和使用，提高企业数据素养，逐渐将数据驱动作为企业决策和运营的核心方式。

（2）**企业数据组织的建设**。企业需要建立合适的数据组织，并在必要时任命CDO、成立数据管理委员会和数据管理部门等。

（3）**企业数据工具的建设**。企业需要采购数据存储、加工、分析应用的工具，以对数据进行合理的加工、处理和应用。

（4）**数据驱动的决策**。在决策过程中，依据数据和洞察来指导和支持企业，逐步从主观经验判断向数据驱动决策的模式转移。

（5）**数据驱动优化**。可利用数据来不断优化和改进业务流程及运营效率，并通过数据分析和挖掘等手段，识别数据处理过程中的瓶颈、问题和机会，基于洞察采取相应的措施来改进管理过程。

表 32-1 对流程驱动和数据驱动进行了对比。

表 32-1　流程驱动和数据驱动的对比

内容	流程驱动	数据驱动
驱动方法	流程驱动以流程为主线，将相互关联的业务活动串联和协同起来，使一组业务活动以流程设定的方式有序进行，从而完成特定的活动目标	数据驱动以数据为核心，根据数据所映射的内外部环境的要求及变化，通过进行数据的获取、建模、分析、执行来驱动业务活动的决策和运行，以实现数据价值创造
应用场景	流程驱动往往用在企业的制度、管理、监督和考核等较为稳定和规范的业务场景中	数据驱动则用在更注重数据分析、用户行为分析、市场趋势分析等需要灵活应对的业务场景中
需要构建的系统	流程驱动需要构建一套流程体系来管理业务活动	数据驱动需要构建统一的数据管理平台来满足不同业务场景的数据需求
自动化	流程驱动由于有人的参与，整个过程是非自动化的	数据驱动则可以完全自动化
过程	流程驱动是一个可解释且可视化的过程，当出现变化时，需要重新设计流程，迭代速度比较慢	数据驱动的过程大部分不可见，当出现变化时，数据模型就得重新训练，增量学习迭代速度快于流程驱动

为了实现数据驱动的运营模式，我们需要拥有：

- **丰富的数据资源**，数据是数据驱动的基础，没有数据，一切都无从谈起；
- **高效的智能算法**，以利用大数据、人工智能等技术，洞察消费者需求，优化产品和服务，实现精准营销和个性化服务；
- **开放的平台连接**，以线上线下、全域融合的形态特征，对实体与线上平台进行深度融合，形成全渠道、全场景、全覆盖的消费服务体系；
- **足够的底层算力**，如今的大模型，如果没有足够的算力，就无法计算，也就不可能提供精准服务；
- **强大的数据文化**，数据驱动的运营模式需要企业有足够的数据素养，同时还要建设以人为本、以需求为导向的人文特征，充分考虑并尊重人的意愿和需求，从而体现人文关怀和社会责任。

32.2.2　以数据为中心的新模式

以数据为中心的新模式是一种思维方式，也是一种新型的商业运营模式，其核心思想在于承认数据的价值，并将数据视为企业独立的核心资产。关键在于"独立"二字。数据不再只被当作业务或 IT 过程中产生的附属品，而是一种独立的资产。

以数据为中心的新模式将数据从单体应用堆栈中释放了出来，可以为企业加速数字化转型提供更多的机会。以数据为中心的新模式具有以下三个特点。

（1）**数据是独立的**：尽管数据的产生和收集来源于许多特定的业务过程和应用程序，但数据在产生和收集后，便不再依赖特定的业务过程和应用程序。数据独立于业务过程和应用程序。这样数据就可以在多个应用程序之间共享和重用，从而为更广泛的利益相关者提供数据量化支持，而不再仅仅为单个应用程序或部门提供这种支持。

（2）**数据是需要管理的**：数据是数字经济的基础，但数据是需要管理的。得不到管理的数据，不但不可能成为"黄金"和"石油"，反而有可能带来巨大的风险。对个人和企业是这样，对国家更是这样。

（3）**数据是可共享的**：数据可以在合规的前提下在企业内外进行开放和共享，数据可以通过数据操作或 API 进行访问和使用，从而实现更好的数据智能决策。

32.2.3　基于指标数据的新模式

基于指标数据的新模式（指标驱动型运营模式）旨在建立一套数据指标体系，运用数据收集、处理、分析和应用等方法，以数据驱动运营决策和优化策略，从而提高业务运营效率、提升用户体验和实现业务目标。

在一定的意义上，基于指标数据的新模式是传统的业务驱动和新型的数据驱动的一种组合。也正因为如此，数据指标体系需要作为独立的一个系统来建设，而不再仅仅作为数仓建设的附属品。

基于指标数据的新模式可以帮助企业更好地理解用户行为和需求，优化产品设计、提升用户体验、提高用户转化率和留存率等，进而实现业务目标。同时，通过进行数据分析和应用，企业可以更好地掌握市场动态和竞争态势，调整和优化运营策略，提升市场竞争力。

基于指标数据的新模式可以从以下 4 个方面来构建。

（1）**建立数据指标体系**。根据业务具体需求，制定需要监控的指标，如用户转化率、活跃度、客户价值、留存率等。而后将这些指标和用户场景相结合，形成一套完整的数据指标体系。

（2）**进行数据收集与处理**。通过各种渠道收集用户数据和业务数据，并使用数据清洗、整合等方法，对数据进行处理和转换，得到可分析的标准化数据。

（3）**进行数据分析与应用**。利用 BI、统计学、机器学习等技术对处理后的数据进行深入分析，发现数据背后的规律和趋势，为企业运营决策提供数据支持。

（4）**评估与优化**。根据分析结果，评估运营效果和目标实现情况，针对发现的问题和不足进行优化和改进，进一步促进企业运营效果的提升。

基于指标数据的新模式是一个不断循环的过程，需要持续地收集和分析数据，不断地改进和优化产品或服务，以实现业务目标。

32.3　与数据相关的其他新模式

尽管不一定算得上商业"运营模式"，但本节将要介绍的两种新模式也与数据有关：一种是从 2020 年开始的数据交易新模式，另一种是数据管理本身的新模式——基于云端的数据管理模式，后者已经成为一种新的趋势。

32.3.1　数据交易的新模式

我国的第一批数据交易所包括贵阳大数据交易所、武汉东湖大数据交易中心、上海数据交易中心、陕西省大数据交易所、北京国际大数据交易所、广东数据交易所等。

其中，曾经的全国第一家大数据交易所——贵阳大数据交易所，累计交易额曾达 11 亿元，但因为数据确权难、数据质量差、数据安全保护不足等诸多问题，导致其发展停滞。

第一批数据交易所普遍存在一系列的问题，比如：

- 数据的权属不明确，缺乏清晰的界定，容易产生纠纷；

- 缺乏统一的数据交易规则和标准，还缺乏有效的监管和法律约束，导致数据交易机构存在数据泄露、信息不透明等问题；
- 数据交易机构缺乏专业的技术人才和团队，无法提供高效、安全、可靠的数据交易服务；
- 数据交易机构缺乏有效的商业模式和盈利途径，无法实现可持续发展。

最为关键的问题是交易模式。这些数据交易所交易的是数据本身。比如，甲方把原始数据卖给乙方，乙方获得这些数据的一个副本，这很难保证乙方不会把这些数据卖给丙方。如此循环，甲方的利益就会受到巨大的冲击，数据拥有方陷入"不愿共享、不敢共享、不能共享"的困境。

从 2020 年开始，隐私计算技术开辟了一种全新的数据交易模式。隐私计算提供了"数据可用不可见"的技术解决方案，在保证数据提供方不泄露原始数据的前提下，对数据进行处理和分析，实现数据的流通和共享，同时避免数据被泄露和滥用，做到数据的隐私保护和安全流通，同时实现数据价值的转化和利用。

2023 年年底，国家数据局提出"数据要素×"计划，呼吁发挥数据要素的乘数作用。可见数据交易的新模式一直在探索过程中。

32.3.2   基于云端的数据管理模式

随着数字化时代的到来，企业数据管理方式也发生了巨大的变化。过去，企业数据通常存储在本地服务器上（基于数据中心的数据管理模式）或私有云中，只有内部员工才能访问和使用。但现在，随着云计算技术的不断发展，越来越多的企业开始将数据存储在云端（基于云端的数据管理模式），并利用云计算平台来管理和使用数据。

基于云端的数据管理模式主要借助云计算平台和相关技术，对企业的数据资产进行集中管理、统一调度和高效利用。基于云端的数据管理模式可以帮助企业更好地管理和利用数据资产，提高企业的竞争力和可持续发展能力。

基于云端的数据管理模式的主要特点如下。

- **基于现代数据架构**：基于云端的数据管理模式可以快速响应业务需求和场景的变化，实现数据的高效利用。另外，借助云计算技术，可以实现对数据的快速处理和高效分析，为企业提供更加及时、准确、全面的数据支持。
- **降低成本**：尽管业界对这个特性仍持有不同的意见，但绝大多数人同意通过云计算平台提供的数据管理服务，企业可以减少在硬件设备、软件许可等方面的投入，降低数据管理成本。
- **增强数据安全性**：借助云计算平台提供的安全机制，可以实现数据的加密存储、访问控制和备份恢复等，保障数据的安全性和完整性。云端数据的安全性不一定就不如数据中心的安全性。
- **支持多业务场景**：基于云端的数据管理模式可以支持不同的业务场景，如企业数据分析（BI）、大数据挖掘（AI）等，满足企业不同业务的需求。

基于云端的数据管理模式的标准和相关的成熟度评估在国内还没有开展起来。不过，国外的EDMC 已经有了相关的成功实践。

32.4   本章小结

本章介绍了市场上普遍接受的几种商业运营模式，包括传统的业务驱动型运营模式、传统的技术驱动型运营模式、阿米巴运营模式，以及传统的流程驱动型运营模式。本章还介绍了基于数据的一些新模式，包括数据驱动的新模式、以数据为中心的新模式，以及基于指标数据的新模式。最后介绍了数据交易的新模式和基于云端的数据管理模式。

第33章

基于数据的新业态

随着数据行业的发展，数据已经不仅仅是企业内部促进管理优化和营销改进的工具，而且可以直接作为商品进行市场流通，为企业带来直接的利润。随之出现了一系列崭新的基于数据的业态。

33.1 背景

在政策方面，自 2022 年 12 月《中共中央 国务院关于构建数据基础制度更好发挥数据要素作用的意见》（简称"数据二十条"）发布以来，数据要素的研究在全国得到了蓬勃的发展，带来了新的研究课题。

数据确权和定价是数据要素流通中的关键问题。数据作为生产要素，与土地、劳动力等生产要素的区别比较明显，主要表现为非排他性、可复制性等。"数据二十条"虽然提出了数据持有权、加工权、经营权"三权分置"的思路，但确权授权流程如何，交易中和交易后的产权如何保障，产权的持有形式等一系列难题的存在，导致政府和产业界无所适从，缺位、越位、错位现象时有发生。另外，数据要经过诸多加工和交易的环节，传统定价方式难以满足要素的价值衡量体系。数据交易中的复杂度、安全性等问题也需要解决。企业数据产品如何在交易所内开展有效运营，也是摆在企业面前的一个重要课题。

在数据流通交易的过程中，则面临数据要素市场本身的发展，以及多层次数据交易市场的发展等问题，数据价值化正朝着资源化、资产化和资本化三个阶段推动。

在技术方面，以体系化技术安排构建数据应用空间；在市场方面，以多类型、多层次、多样化的数据要素市场，解决流通难题；在制度方面，以产权交易、分配、安全、治理、制度的设计来破解制度障碍。从以上三个维度，共同发力推动我国数据要素价值由资源化加速向资产化、资本化方向演进。

33.2 数商新生态

各地数据交易所的成立，将催生一批以往没有的新业态，其中之一就是数商。数商是数字经济时代催生的新业态。数商是以数据作为业务活动的主要对象的经济主体，是数据要素一次价值、流通价值和二次价值的发现者，也是价值实现的赋能者，还是跨组织数据要素的联结者和服务提供者。

具体来讲，数商既包括传统 IT 服务市场中的各类大数据服务角色，也包括数据交易相关的服务商，如数据产品供应商、数据合规评估服务商、数据质量评估服务商、数据资产评估服务商、数据交易经纪服务商、数据交付服务商、数据交易仲裁服务商等角色。

数商在数据要素市场中承担的角色如图 33-1 所示。

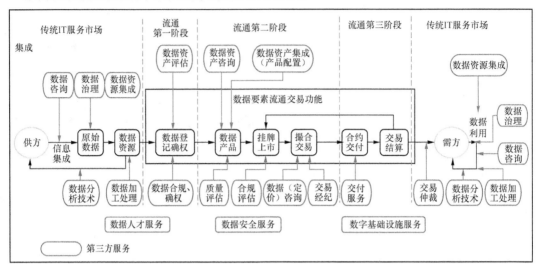

图 33-1　数商在数据要素市场中承担的角色

随着数据要素市场的发展，数商的规模在我国快速增长。从 2015 年到 2022 年，数商的规模由 15 万家增长到 192 万家，年平均复合增长率达到约 44%。

数商在数字经济的发展中有着突出的作用。首先，数商的发展必将带动数字经济的增长，通过数据的共享，将数据的价值放大 20~30 倍。其次，数商的发展将直接带动数字经济重点产业的发展，包括云计算、大数据、物联网、工业互联网、区块链、人工智能、虚拟现实和增强现实。最后，数商的发展将有助于推动数字经济与实体经济的融合。

数据交易催生的新业态还包括数据交易主体、数据合规咨询、质量评估、资产评估、交付等。比如，数据经纪人类似于中介，可以帮助传统企业更容易地找到数据资源，满足其数据需求。再比如，数据产品在挂牌之前，都要进行合规与质量评估，这带来了"数据合规评估""数据质量评估"等新的业务。

除数据评估机构外，与数据相关的法律事务机构、数据审计机构等也将产生，这些机构的主要职能是审查数据有没有被合规使用。此外，基于数据信托衍生的数据托管商或数据信托服务机构等也将出现。

33.3　数据信托

"数据二十条"提出了"探索由受托者代表个人利益，监督市场主体对个人信息数据进行采集、加工、使用的机制""有效培育数据托管、数据保险等第三方专业服务机构"等的指引，为使用信托工具推动提升当前数据保护、利用及监督水平，更好赋能数字经济发展提供了依据。

数据信托是指在数据主体与数据控制人之间创设出信托法律关系，数据控制人基于数据主体的信任对数据享有更大的管理运用权限，同时也承担更严格的法律义务。

数据信托制度是信托制度在大数据时代的应用。数据信托机制应在传统信托理论上进行创新改造，通过引入独立机构明确各方主体责任，筑牢信任基石。在新型数据信托机制下，数据受托者应作为不直接处理数据的第三方主体，在数据主体的授权下与数据处理者的需求进行匹配，并为数据主体维护合法权益以及获取相应收益。

数据信托机制在建设过程中还应逐步完善标的物确认、组织架构设计、技术架构设计、治理架构设计等不同的工作。

随着数据信托业务的开展，一系列相关的业态也将越来越成熟。

33.4　数据跨境流通

数据跨境流通是一个崭新的领域，随之也正在产生一种新的业态——数据跨境流通。

国家互联网信息办公室在 2023 年 9 月，为保障国家数据安全、保护个人信息权益、进一步规范和促进数据依法有序自由流动，依据有关法律，起草了《规范和促进数据跨境流动规定（征求意见稿）》，并向社会公开征求意见，具体条款如下。

一、国际贸易、学术合作、跨国生产制造和市场营销等活动中产生的数据出境，不包含个人信息或者重要数据的，不需要申报数据出境安全评估、订立个人信息出境标准合同、通过个人信息保护认证。

二、未被相关部门、地区告知或者公开发布为重要数据的，数据处理者不需要作为重要数据申报数据出境安全评估。

三、不是在境内收集产生的个人信息向境外提供，不需要申报数据出境安全评估、订立个人信息出境标准合同、通过个人信息保护认证。

四、符合以下情形之一的，不需要申报数据出境安全评估、订立个人信息出境标准合同、通过个人信息保护认证：

（一）为订立、履行个人作为一方当事人的合同所必需，如跨境购物、跨境汇款、机票酒店预订、签证办理等，必须向境外提供个人信息的；

（二）按照依法制定的劳动规章制度和依法签订的集体合同实施人力资源管理，必须向境外提供内部员工个人信息的；

（三）紧急情况下为保护自然人的生命健康和财产安全等，必须向境外提供个人信息的。

五、预计一年内向境外提供不满 1 万人个人信息的，不需要申报数据出境安全评估、订立个人信息出境标准合同、通过个人信息保护认证。但是，基于个人同意向境外提供个人信息的，应当取得个人信息主体同意。

六、预计一年内向境外提供 1 万人以上、不满 100 万人个人信息，与境外接收方订立个人信息出境标准合同并向省级网信部门备案或者通过个人信息保护认证的，可以不申报数据出境安全评估；向境外提供 100 万人以上个人信息的，应当申报数据出境安全评估。但是，基于个人同意向境外提供个人信息的，应当取得个人信息主体同意。

七、自由贸易试验区可自行制定本自贸区需要纳入数据出境安全评估、个人信息出境标准合同、个人信息保护认证管理范围的数据清单（以下简称负面清单），报经省级网络安全和信息化委员会批准后，报国家网信部门备案。

负面清单外数据出境，可以不申报数据出境安全评估、订立个人信息出境标准合同、通过个人信息保护认证。

八、国家机关和关键信息基础设施运营者向境外提供个人信息和重要数据的，依照有关法律、行政法规、部门规章规定执行。

向境外提供涉及党政军和涉密单位敏感信息、敏感个人信息的，依照有关法律、行政法规、部门规章规定执行。

九、数据处理者向境外提供重要数据和个人信息，应当遵守法律、行政法规的规定，履行数据安全保护义务，保障数据出境安全；发生数据出境安全事件或者发现数据出境安全风险增大的，应当采取补救措施，及时向网信部门报告。

十、各地方网信部门应当加强对数据处理者数据出境活动的指导监督，强化事前事中事后监管，发现数据出境活动存在较大风险或者发生安全事件的，要求数据处理者进行整改消除隐患；对拒不改正或者导致严重后果的，依法责令其停止数据出境活动，保障数据安全。

十一、《数据出境安全评估办法》《个人信息出境标准合同办法》等相关规定与本规定不一致的，按照本规定执行。

33.5　数据标注

人工智能的进步离不开数据标注。近几年自动驾驶的发展，带动了数据标注市场的发展。2023年大模型兴起，给数据标注行业再添一把火，大量基于大模型训练场景的数据需要标注。数据标注作为一种崭新的与数据相关的业态，正越来越受到数据人士的重视。

考虑到人力成本，一些技术公司正在尝试使用 AI 自动合成数据，供 AI 训练。合成数据是指基于少量真实数据，用 AI 无限生成无须标注的数据，而不再依赖人工标注。数据显示，国外用于人工智能的基础数据中，已有 70% 是合成数据。

不过，一些复杂的问题仍需要人工标注。比如，大模型会给出很多答案，需要有人来阅读每一个答案，挑出错误，并按照质量逐一打分，5 分为满分，1 分最低，3 分以下的答案则需要划分错误类型。答非所问时，直接给最低分；要是碰到敏感问题，则不打分，判为"其他"。排序、打分、评估，这些略显复杂的环节，至少目前仍需要人工标注。OpenAI 公司在训练 ChatGPT 的过程中采用了 RLHF（Reinforcement Learning from Human Feedback，从人类反馈中强化学习），刚开始也是人工标注，这是为了让大模型能够用人类的价值观和思维方式来考虑问题。早在 ChatGPT "走红"前，OpenAI 公司就组织了十几位博士生来"打标"。仅仅 8 年的时间，OpenAI 公司训练大模型就花了 10 亿美元。

33.6　Web 3.0 和元宇宙

作为新兴技术的代表，Web 3.0、元宇宙（Metaverse）、NFT（Non-Fungible Tokens，非同质化代币）和区块链都与"虚拟化""不可篡改"等特征有一定的联系。

1. 元宇宙

于 2021 年大火的元宇宙并不是一种新的技术，而由一系列互联的虚拟/增强现实和 3D 环境构成。这个虚拟的多维空间，允许用户在其中创建、交互和体验内容，进行社交、商务、娱乐、教育等各种活动。

2. Web 3.0

Web 3.0 强调去中心化、区块链技术和智能合约的应用，是对互联网的下一代演进的描述。Web 3.0 的核心理念是将权利从中心化的机构转移到用户手中，实现用户数据的所有权和控制权。Web 3.0 通过区块链技术确保透明性、安全性和可验证性，允许用户直接进行点对点交互、数字资产管理和智能合约执行。

元宇宙和 Web 3.0 是相辅相成、一体两面的依存关系。元宇宙代表我们对一种虚拟世界的想象，而 Web 3.0 强调通过浏览器即可实现复杂的系统程序，使用户在互联网上拥有自己的数据，并能够在不同的网站上使用。在元宇宙中，VR/AR[①]解决元宇宙前端的技术需要，Web 3.0 则在后

---

① VR 表示虚拟现实（Virtual Reality），AR 表示增强现实（Augmented Reality）。

端提供技术支撑。

元宇宙的业态非常大，实体经济中的一切都可以在元宇宙中重塑一次，DNA 重塑的基础仍然是数据。

33.7　NFT

NFT 是一种基于区块链技术的数字资产，每一个 NFT 都具有独特性和不可互换性，与传统的加密货币（如比特币或以太坊）不同。NFT 可以代表数字内容的所有权，如艺术品、音乐、游戏物品等。NFT 的区块链技术确保了其唯一性、所有权的可追溯性和交易的不可篡改性。

区块链技术是 NFT、Web 3.0、元宇宙的基石之一。区块链使得 Web 3.0 能够实现用户对个人数据的控制权，确保数据的安全和透明；区块链还记录了 NFT 的所有权和交易历史，使 NFT 的真实性和可追溯性得到保证；在元宇宙中，所有的交易都通过区块链进行验证和记录，以保证交易的真实性和安全性。

由于 NFT 的独特性和不可互换性，它被用作在元宇宙中创建、购买、拥有和交易数字资产的一种方式，这些数字资产包括土地、房屋、艺术品、虚拟物品等。

33.8　ESG

ESG 是环境（Environment）、社会（Social）和治理（Governance）的英文简称，主要职能是衡量企业在环境保护、社会责任以及合规性方面的表现。ESG 在本质上是联合国契约组织为 "可持续发展" 相关议题提出的一个相对清晰的分类原则。

随着企业的发展，企业对周围社区和社会的影响日益增大，从而有可能引发公众对其承担社会责任的担忧。为了避免投资者非财务因素方面的投资风险，就有了所谓的 ESG 信息披露，旨在通过分析企业 ESG 方面的状况、风险或趋势，为投资者提供参考。

目前，国际上比较流行的有 MSCI 的 ESG 评价体系和 Thomson Reuters 的 ESG 评价体系。前者包含 3 大类、10 项主题和 37 项关键指标，侧重考察各指标对企业的影响时间和行业的影响程度；后者除了包含 3 大类 10 个主题之外，还增加了对企业争议项的评分，将两部分综合考察后给出 ESG 评分。

围绕 ESG，一些新的职务、服务商等都在各地纷纷成立，形成一种崭新的业态。ESG 的基础仍是相关各种数据的收集、处理和应用。

33.9　碳达峰与碳中和

碳达峰是指某地区或行业的二氧化碳排放量（以年为单位），在某个年份达到历史最高值，随后持续下降；碳中和是指在规定时期内通过等量清除二氧化碳排放，在某个区域内实现二氧化碳净零排放。碳达峰与碳中和简称 "双碳"。2020 年 9 月，我国明确提出 2030 年 "碳达峰" 与 2060 年 "碳中和" 的目标。

33.10　ESG 与 "双碳" 之间的联系与区别

ESG 与 "双碳" 的关注点并不完全相同，但是二者之间也有重要的联系。ESG 重视企业在环境保护和资源利用方面的表现，这与 "双碳" 密切相关；ESG 还重视社会责任的评价并重视治理，企业在社会方面的表现也与"双碳"密切相关。"双碳"是目标，ESG 侧重于环境保护的评估；"双碳"是 ESG 理念的重要组成部分，它可以作为 ESG 效应显性化的重要推动力，为企业的高质量发展带来契机。

ESG 主要关注企业的社会责任和可持续经营，强调长期的价值创造和稳健的风险管理；而"双碳"更加聚焦于应对气候变化，通过减少碳排放和提升碳汇来实现碳中和，强调短期内的碳排放控制和转型升级。

从短期来看，企业推动"双碳"与提升 ESG 绩效目标存在一定的冲突。企业为了实现"双碳"，极有可能经历成本上升，影响社会维度和治理维度绩效的实现。但是从长期来看，"双碳"与 ESG 是有机统一的。企业推动"双碳"可以有效提升自身在融资市场上的竞争力；企业在推动碳中和的过程中可以形成绿色竞争优势，形成产品差异，扩大利润空间，提升社会和管理绩效。

33.11　本章小结

本章介绍了基于数据和数字技术的几种新型数据业态。无论是数商，还是元宇宙或 ESG，它们都有赖于数据的采集、处理、分析和应用。

推荐阅读：

[1] 一步一个脚印. ESG 和双碳区别与联系——环保与可持续发展的双重挑战[EB/OL]. 2023-04.

[2] 周辉，张心宇. 探索建立新型数据信托机制[J]. 学习时报. 2023-05.

[3] 上海市数商协会，上海数据交易所有限公司，复旦大学，等. 全国数商产业发展报告(2022) [R/OL]. 2022-11.